高等职业教育系列教材

西门子 S7-1200 PLC 编程及应用教程　第 2 版

主　编　侍寿永
参　编　夏玉红　王　玲　王立英
主　审　朱　静

机 械 工 业 出 版 社

本书介绍了西门子 S7-1200 PLC 的基础知识、编程与应用。通过大量案例，通俗易懂地介绍了 S7-1200 PLC 的位逻辑指令、功能指令、函数块与组织块、模拟量与脉冲量、网络通信、顺序控制系统的编程及应用，并融入了部分 1+X 职业技能等级证书考核内容。

书中每个案例均配有详细的电路原理图、I/O 地址分配表、I/O 接线图、控制程序、调试步骤及相关训练，每个案例都紧密联系工业应用，既经典又易于操作与实现，便于激发读者的学习热情。本书内容和形式的安排旨在让读者通过本书的学习，能尽快地掌握 S7-1200 PLC 的基本知识及其应用技能。

本书可作为高职高专院校电气自动化、机电一体化等相关专业及技术培训的教材，也可作为工程技术人员自学或参考用书。

本书配有电子课件、习题解答和源程序，需要的教师可登录 www.cmpedu.com 免费注册，审核通过后下载，或联系编辑索取（微信：13261377872，电话：010-88379739）。书中视频可通过扫二维码观看。

图书在版编目（CIP）数据

西门子 S7-1200 PLC 编程及应用教程/侍寿永主编．—2 版．—北京：机械工业出版社，2021.7（2024.2 重印）
高等职业教育系列教材
ISBN 978-7-111-68400-8

Ⅰ.①西…　Ⅱ.①侍…　Ⅲ.①PLC 技术-程序设计-高等职业教育-教材　Ⅳ.①TM571.61

中国版本图书馆 CIP 数据核字（2021）第 107849 号

机械工业出版社（北京市百万庄大街 22 号　邮政编码 100037）
策划编辑：李文铁　　责任编辑：李文铁
责任校对：张艳霞　　责任印制：李　昂
北京联兴盛业印刷股份有限公司印刷

2024 年 2 月第 2 版 · 第 11 次印刷
184mm×260mm · 15.5 印张 · 378 千字
标准书号：ISBN 978-7-111-68400-8
定价：59.00 元

电话服务	网络服务
客服电话：010-88361066	机　工　官　网：www.cmpbook.com
010-88379833	机　工　官　博：weibo.com/cmp1952
010-68326294	金　　书　　网：www.golden-book.com
封底无防伪标均为盗版	机工教育服务网：www.cmpedu.com

前　言

党的二十大报告提出，要加快建设制造强国。智能制造是基于新一代信息通信技术与先进制造技术深度融合，贯穿于设计、生产、管理、服务等制造活动的各个环节，具有自感知、自学习、自决策、自执行、自适应等功能的新型生产方式。PLC 技术作为自动化技术与新兴信息技术深度融合的关键技术，在工业自动化领域中的地位愈发重要。

本书是进行 S7-1200 PLC 学习的入门级优秀教材，它根据高职高专技术技能型人才培养目标，并结合高职学生学情和课程改革，本着“教、学、做”一体化的原则编写而成。

PLC 早已成为自动化控制领域不可或缺的设备之一，西门子 S7 系列 PLC 已经广泛应用于我国工业生产中。S7-1200 PLC 是西门子公司推出的面向离散自动化系统和独立自动化系统的一款小型控制器，代表了新一代 PLC 的发展方向，它采用模块化设计并集成了以太网接口，具有很强的工艺集成性，适用于多种应用现场，可满足不同的自动化需求。为此，编者结合多年的工程经验及电气自动化方面的教学经验，并在企业技术人员大力支持下编写了本书，旨在使学生或具有一定电气控制基础知识的工程技术人员能较快地熟悉并掌握 S7-1200 PLC 的编程和应用技能。

本书分为 6 章，较为全面地介绍了 S7-1200 PLC 的博途编程软件的使用、硬件的安装及组态、指令的编程及应用，案例的编程及调试等。

第 1 章介绍了 PLC 的基础知识、硬件的安装与拆卸、博途编程软件的安装与使用、基本指令及定时器与计数器指令的使用、程序调试的方法等。

第 2 章介绍了数据处理、运算、程序控制、运行时控制等功能指令的编程及应用。

第 3 章介绍了函数、函数块、组织块的创建、编程和使用。

第 4 章介绍了模拟量模块、高速计数器、高速脉冲输出等硬件的组态、编程与应用。

第 5 章介绍了串口通信中的自由口通信的编程与应用，与 S7-200 SMART PLC、S7-300 及 S7-1200 PLC 之间以太网通信的编程与应用。

第 6 章介绍了顺序控制系统中顺序功能图的绘制、顺序功能图的结构、顺序控制程序的设计方法及其编程与应用。

为了便于教学和自学，并激发读者的学习热情，书中列举的案例均较为简单，且易于操作和实现。为了巩固所学知识，各章均配有相关的习题及训练。

本书是按照项目化教学的思路进行编排的，具备一定实验条件的院校可以按照编排的顺序进行教学。本书电子资源包括各项目的源程序、电子课件和习题答案等，可在机械工业出版社教育服务网（www.cmpedu.com）注册后下载。

本书的编写得到了江苏电子信息职业学院领导和智能制造学院领导的关心和支持，得到江苏高校“青蓝工程”资助，同时也得到陆成军及秦德良两位企业高级工程师的帮助，他们提供了很好的建议和素材，在此表示衷心的感谢。

本书是机械工业出版社组织出版的“高等职业教育系列教材”之一，由江苏电子信息职业学院侍寿永担任主编，夏玉红、王玲、王立英参编，朱静担任主审。侍寿永编写第 1、2、3、4 章，夏玉红和王玲编写第 5 章，王立英编写第 6 章。

由于编者水平有限，书中难免存在疏漏和不妥之处，恳请广大读者批评指正。

编　者

目　　录

前言
第1章　基本指令的编程及应用……………………………………… 1
1.1　PLC概述 ……………………………………………………… 1
1.1.1　PLC的产生及定义 ………………………………………… 1
1.1.2　PLC的结构及特点 ………………………………………… 2
1.1.3　PLC的分类及应用 ………………………………………… 3
1.1.4　PLC的工作过程…………………………………………… 4
1.1.5　PLC的编程语言…………………………………………… 5
1.1.6　PLC的物理存储器 ………………………………………… 6
1.2　S7-1200的硬件……………………………………………… 7
1.2.1　CPU模块 …………………………………………………… 7
1.2.2　信号板与信号模块 ………………………………………… 10
1.2.3　集成的通信接口与通信模块……………………………… 11
1.3　编程软件 ……………………………………………………… 12
1.4　案例1　S7-1200的安装与拆卸 …………………………… 15
1.4.1　目的 ………………………………………………………… 15
1.4.2　任务 ………………………………………………………… 15
1.4.3　步骤 ………………………………………………………… 15
1.4.4　训练 ………………………………………………………… 18
1.5　案例2　博途编程软件的安装与使用 ……………………… 19
1.5.1　目的 ………………………………………………………… 19
1.5.2　任务 ………………………………………………………… 19
1.5.3　步骤 ………………………………………………………… 19
1.5.4　训练 ………………………………………………………… 24
1.6　S7-1200的存储器及寻址…………………………………… 24
1.6.1　存储器 ……………………………………………………… 24
1.6.2　寻址 ………………………………………………………… 27
1.7　位逻辑指令 …………………………………………………… 27
1.7.1　触点指令…………………………………………………… 27
1.7.2　线圈指令…………………………………………………… 28
1.7.3　置位/复位指令 …………………………………………… 28
1.7.4　边沿指令…………………………………………………… 30
1.8　案例3　进给电动机的PLC控制 …………………………… 31

1.8.1 目的 …… 31
1.8.2 任务 …… 31
1.8.3 步骤 …… 31
1.8.4 训练 …… 38
1.9 案例4 主轴电动机的PLC控制 …… 38
1.9.1 目的 …… 38
1.9.2 任务 …… 38
1.9.3 步骤 …… 38
1.9.4 训练 …… 41
1.9.5 进阶 …… 42
1.10 定时器及计数器指令 …… 43
1.10.1 定时器指令 …… 43
1.10.2 计数器指令 …… 48
1.11 案例5 主轴及润滑电动机的PLC控制 …… 51
1.11.1 目的 …… 51
1.11.2 任务 …… 51
1.11.3 步骤 …… 51
1.11.4 训练 …… 56
1.11.5 进阶 …… 57
1.12 案例6 搅拌电动机的PLC控制 …… 58
1.12.1 目的 …… 58
1.12.2 任务 …… 58
1.12.3 步骤 …… 58
1.12.4 训练 …… 68
1.12.5 进阶 …… 68
1.13 习题 …… 68
第2章 功能指令的编程及应用 …… 70
2.1 PLC数据类型 …… 70
2.1.1 基本数据类型 …… 70
2.1.2 复杂数据类型 …… 71
2.2 数据处理指令 …… 72
2.2.1 移动指令 …… 72
2.2.2 比较指令 …… 77
2.2.3 移位指令 …… 79
2.2.4 转换指令 …… 81
2.3 案例7 跑马灯的PLC控制 …… 83
2.3.1 目的 …… 83
2.3.2 任务 …… 83
2.3.3 步骤 …… 83

2.3.4 训练 …… 86
2.4 案例8 流水灯的PLC控制 …… 86
2.4.1 目的 …… 86
2.4.2 任务 …… 86
2.4.3 步骤 …… 86
2.4.4 训练 …… 88
2.5 运算指令 …… 88
2.5.1 数学运算指令 …… 88
2.5.2 逻辑运算指令 …… 93
2.6 案例9 9s倒计时的PLC控制 …… 96
2.6.1 目的 …… 96
2.6.2 任务 …… 96
2.6.3 步骤 …… 96
2.6.4 训练 …… 100
2.7 程序控制指令和运行时控制指令 …… 101
2.7.1 程序控制指令 …… 101
2.7.2 运行时控制指令 …… 103
2.8 案例10 闪光频率的PLC控制 …… 104
2.8.1 目的 …… 104
2.8.2 任务 …… 105
2.8.3 步骤 …… 105
2.8.4 训练 …… 107
2.9 习题 …… 108
第3章 函数块与组织块的编程及应用 …… 109
3.1 函数与函数块 …… 109
3.1.1 函数 …… 109
3.1.2 函数块 …… 113
3.1.3 多重背景数据块 …… 116
3.2 案例11 多级分频器的PLC控制 …… 117
3.2.1 目的 …… 117
3.2.2 任务 …… 117
3.2.3 步骤 …… 117
3.2.4 训练 …… 122
3.3 组织块 …… 122
3.3.1 事件和组织块 …… 122
3.3.2 程序循环组织块 …… 123
3.3.3 启动组织块 …… 124
3.3.4 循环中断组织块 …… 125
3.3.5 延时中断组织块 …… 127
3.3.6 硬件中断组织块 …… 127

3.3.7 时间错误组织块 …… 129
3.3.8 诊断错误组织块 …… 129
3.4 案例12 电动机断续运行的PLC控制 …… 130
3.4.1 目的 …… 130
3.4.2 任务 …… 130
3.4.3 步骤 …… 130
3.4.4 训练 …… 133
3.5 案例13 电动机定时起停的PLC控制 …… 133
3.5.1 目的 …… 133
3.5.2 任务 …… 133
3.5.3 步骤 …… 133
3.5.4 训练 …… 137
3.6 习题 …… 137
第4章 模拟量与脉冲量的编程及应用 …… 139
4.1 模拟量 …… 139
4.1.1 模拟量模块 …… 139
4.1.2 模拟量模块的地址分配 …… 140
4.1.3 模拟量模块的组态 …… 140
4.1.4 模拟值的表示 …… 142
4.2 PID控制 …… 143
4.2.1 PID控制原理 …… 143
4.2.2 PID指令及组态 …… 145
4.3 案例14 面漆线烘干系统的PLC控制 …… 152
4.3.1 目的 …… 152
4.3.2 任务 …… 152
4.3.3 步骤 …… 153
4.3.4 训练 …… 155
4.4 案例15 面漆线供水系统的PLC控制 …… 155
4.4.1 目的 …… 155
4.4.2 任务 …… 155
4.4.3 步骤 …… 155
4.4.4 训练 …… 158
4.5 脉冲指令 …… 159
4.5.1 编码器 …… 159
4.5.2 高速计数器 …… 159
4.5.3 高速脉冲输出 …… 166
4.6 案例16 钢包车行走的PLC控制 …… 171
4.6.1 目的 …… 171
4.6.2 任务 …… 171
4.6.3 步骤 …… 171

4.6.4 训练 …… 175
4.7 习题 …… 175
第5章 网络通信的编程及应用 …… 176
5.1 通信简介 …… 176
5.1.1 通信基础知识 …… 176
5.1.2 RS-485标准串行接口 …… 177
5.1.3 S7-1200支持的通信类型 …… 178
5.2 自由口通信 …… 178
5.2.1 S7-1200 PLC之间 …… 178
5.2.2 S7-1200 PLC与S7-200 SMART PLC之间 …… 183
5.3 案例17 两台电动机的异地起停控制 …… 185
5.3.1 目的 …… 185
5.3.2 任务 …… 185
5.3.3 步骤 …… 186
5.3.4 训练 …… 188
5.4 以太网通信 …… 189
5.4.1 S7-1200 PLC之间 …… 189
5.4.2 S7-1200 PLC与S7-200 SMART PLC之间 …… 198
5.4.3 S7-1200 PLC与S7-300 PLC之间 …… 202
5.5 案例18 两台电动机的同向运行控制 …… 210
5.5.1 目的 …… 210
5.5.2 任务 …… 210
5.5.3 步骤 …… 210
5.5.4 训练 …… 215
5.6 习题 …… 215
第6章 顺序控制系统的编程及应用 …… 216
6.1 顺序控制系统 …… 216
6.1.1 典型顺序控制系统 …… 216
6.1.2 顺序控制系统的结构 …… 216
6.2 顺序功能图 …… 217
6.2.1 顺序控制设计法 …… 217
6.2.2 顺序功能图的结构 …… 217
6.2.3 顺序功能图的类型 …… 219
6.3 顺序功能图的编程方法 …… 220
6.3.1 起保停设计法 …… 220
6.3.2 置位/复位指令设计法 …… 222
6.4 案例19 折弯机系统的PLC控制 …… 225
6.4.1 目的 …… 225
6.4.2 任务 …… 225

6.4.3 步骤 …… 226
6.4.4 训练 …… 229
6.5 案例 20 剪板机系统的 PLC 控制 …… 229
6.5.1 目的 …… 229
6.5.2 任务 …… 229
6.5.3 步骤 …… 230
6.5.4 训练 …… 233
6.6 习题 …… 233
参考文献 …… 235

第 1 章　基本指令的编程及应用

1.1　PLC 概述

1.1.1　PLC 的产生及定义

1. PLC 的产生

20 世纪 60 年代，当时的工业控制主要是以继电器-接触器组成的控制系统。该系统存在着设备体积大，调试和维护工作量大，通用性及灵活性差，可靠性低，功能简单，不具有现代工业控制所需要的数据通信、运动控制及网络控制等功能。

1968 年，美国通用汽车制造公司为了适应汽车型号的不断翻新，试图寻找一种新型的工业控制器，以解决继电器-接触器控制系统普遍存在的问题。因而设想把计算机的完备功能、灵活及通用等优点与继电器控制系统的简单易懂、操作方便和价格便宜等优点结合起来，制成一种适于工业环境的通用控制装置，并把计算机的编程方法和程序输入方式加以简化，使不熟悉计算机的人也能方便地使用。

1969 年，美国数字设备公司根据通用汽车的要求首先研制成功第一台可编程序控制器，称之为可编程序逻辑控制器（Programmable Logic Controller，PLC），并在通用汽车公司的自动装配线上试用成功，从而开创了工业控制的新局面。

2. PLC 的定义

1985 年，国际电工委员会（IEC）PLC 定义为："可编程序控制器是一种数字运算操作的电子系统，专为工业环境下的应用而设计。它作为可编程序的存储器，用来在其内部存储并执行逻辑运算、顺序控制、定时、计数和算术运算等操作的指令，且通过数字式、模拟式的输入和输出，控制各种类型的机械或生产过程。可编程序控制器及其有关设备，都应按易于使工业控制系统形成一个整体，易于扩充其功能的原则设计。"

PLC 是可编程序逻辑控制器的英文缩写，随着科技的不断发展，现已远远超出逻辑控制功能，应称之为可编程序控制器（PC），为了与个人计算机（Personal Computer，PC）相区别，故仍将可编程序控制器简称为 PLC。几款常见的 PLC 外形如图 1-1 所示。

图 1-1　几款常见的 PLC 外形

码 1-1　PLC 产生与发展

1.1.2 PLC的结构及特点

1. PLC的结构

PLC一般由CPU（中央处理器）、存储器、通信接口和输入/输出模块几部分组成，PLC的结构框图如图1-2所示。

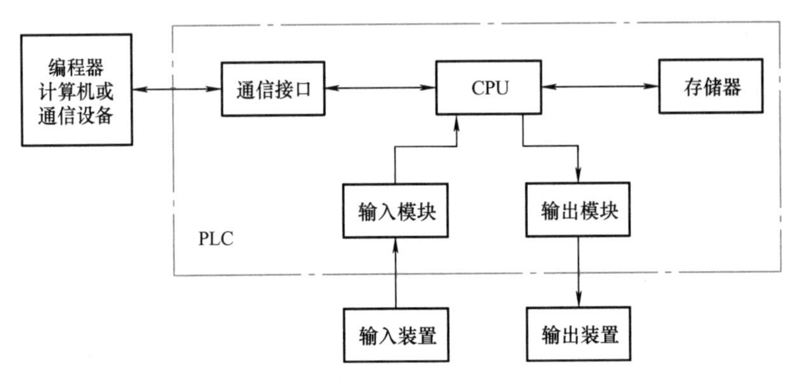

图1-2 PLC的结构框图

（1）CPU

CPU的功能是完成PLC内所有的控制和监视操作，一般由控制器、运算器和寄存器组成。CPU通过控制总线、地址总线和数据总线与存储器、输入/输出接口电路连接。

（2）存储器

在PLC中有两种存储器：系统程序存储器和用户程序存储器。

系统程序存储器用来存放由PLC生产厂家编写好的系统程序，并固化在ROM（只读存储器）内，用户不能直接更改。存储器中的程序负责解释和编译用户编写的程序、监控I/O接口的状态、对PLC进行自诊断、扫描PLC中的用户程序等。

用户程序存储器是用来存放用户根据控制要求而编制的应用程序。目前大多数PLC采用可随时读写的快闪存储器（Flash）作为用户程序存储器，它不需要后备电池，掉电时数据也不会丢失。

用户程序存储器属于随机存储器（RAM），主要用于存储中间计算结果和数据、系统管理，主要包括I/O状态存储器和数据存储器。

（3）输入/输出模块

PLC的输入/输出模块是PLC与工业现场设备相连接的接口。PLC的输入和输出信号可以是数字量或模拟量，其接口是PLC内部弱电信号和工业现场强电信号联系的桥梁。接口主要起到隔离保护作用（电隔离电路使工业现场与PLC内部进行隔离）和信号调整作用（把不同的信号调整成CPU可以处理的信号）。

2. PLC的特点

（1）编程简单，容易掌握

梯形图是使用最多的PLC编程语言，其电路符号和表达式与继电器电路原理图相似，梯形图语言形象直观，易学易懂，熟悉继电器电路图的电气技术人员很快就能学会梯形图语言，并用来编制用户程序。

（2）功能强，性价比高

PLC 内有成百上千个可供用户使用的编程元器件，有很强的功能，可以实现非常复杂的控制功能。与相同功能的继电器控制系统相比，具有很高的性价比。

（3）硬件配套齐全，用户使用方便，适应性强

PLC 产品已经标准化、系列化和模块化，配备有品种齐全的各种硬件装置供用户选用，用户能灵活方便地进行系统配置，组成不同功能、不同规模的系统。硬件配置确定后，可以通过修改用户程序，方便快速地适应工艺条件的变化。

（4）可靠性高，抗干扰能力强

传统的继电器控制系统使用了大量的中间继电器、时间继电器。由于触点接触不良，容易出现故障。PLC 用软件代替大量的中间继电器和时间继电器，PLC 外部仅剩下与输入和输出有关的少量硬件元器件，因触点接触不良造成的故障大为减少。

（5）系统的设计、安装、调试及维护工作量少

由于 PLC 采用了软件来取代继电器控制系统中大量的中间继电器、时间继电器等器件，控制柜的设计、安装和接线工作量大为减少。同时，PLC 的用户程序可以先模拟调试通过后再到生产现场进行联机调试，这样可减少现场的调试工作量，缩短设计、调试周期。

（6）体积小、重量轻、功耗低

复杂的控制系统使用 PLC 后，可以减少大量的中间继电器和时间继电器，PLC 的体积较小，且结构紧凑、坚固、重量轻、功耗低。由于 PLC 的抗干扰能力强，易于装入设备内部，是实现机电一体化的理想控制设备。

1.1.3 PLC 的分类及应用

1. PLC 的分类

PLC 发展很快，类型很多，可以从不同的角度进行分类。

（1）按控制规模分：微型、小型、中型和大型

微型 PLC 的 I/O 点数一般在 64 点以下，其特点是体积小、结构紧凑、重量轻和以数字量控制为主，有些产品具有少量模拟量信号处理能力。

小型 PLC 的 I/O 点数一般在 256 点以下，除数字量 I/O 接口外，一般都有模拟量控制功能和高速控制功能。有的产品还有多种特殊功能模板或智能模块，有较强的通信能力。

中型 PLC 的 I/O 点数一般在 1024 点以下，指令系统更丰富，内存容量更大，一般都有可供选择的系列化特殊功能模板，有较强的通信能力。

大型 PLC 的 I/O 点数一般在 1024 点以上，软、硬件功能极强，运算和控制功能丰富。具有多种自诊断功能，一般都有多种网络功能，有的还可以采用多 CPU 结构，具有冗余能力等。

（2）按结构特点分：整体式、模块式

整体式 PLC 多为微型、小型，特点是将电源、CPU、存储器、I/O 接口等部件都集中装在一个机箱内，结构紧凑、体积小、价格低和安装简单，输入/输出点数通常为 10~60 点。

模块式 PLC 是将 CPU、输入和输出单元、电源单元以及各种功能单元集成一体。各模块结构上相互独立，构成系统时，则根据要求搭配组合，灵活性强。

（3）按控制性能分：低档机、中档机和高档机

低档 PLC 具有基本的控制功能和一般运算能力，工作速度比较低，可配置的输入和输出模块数量比较少，输入和输出模块的种类也比较少。

中档 PLC 具有较强的控制功能和较强的运算能力，它不仅能完成一般的逻辑运算，也能完成比较复杂数据运算，工作速度比较快。

高档 PLC 具有强大的控制功能和较强的数据运算能力，可配置的输入和输出模块数量很多，输入和输出模块的种类也很全面。这类 PLC 不仅能完成中等规模的控制工程，也可以完成规模很大的控制任务。在联网中一般作为主站使用。

2. PLC 的应用

（1）数字量控制

PLC 用“与”“或”“非”等逻辑控制指令来实现触点和电路的串、并联，代替继电器进行组合逻辑控制、定时控制与顺序逻辑控制。

（2）运动控制

PLC 使用专用的运动控制模块，对直线运行或圆周运动的位置、速度和加速度进行控制，可以实现单轴、双轴、三轴和多轴位置控制。

（3）闭环过程控制

闭环过程控制是指对温度、压力和流量等连续变化的模拟量的闭环控制。PLC 通过模拟量 I/O 模块，实现模拟量和数字量之间的相互转换，并对模拟量实行闭环的 PID 控制。

（4）数据处理

现代的 PLC 具有数学运算、数据传送、转换、排序、查表和位操作等功能，可以完成数据的采集、分析与处理。

（5）通信联网

PLC 可以实现 PLC 与外设、PLC 与 PLC、PLC 与其他工业控制设备、PLC 与上位机、PLC 与工业网络设备等之间通信，实现远程的 I/O 控制。

1.1.4 PLC 的工作过程

PLC 是采用循环扫描的工作方式，其工作过程主要分为 3 个阶段：输入采样阶段、程序执行阶段和输出刷新阶段，PLC 的工作过程如图 1-3 所示。

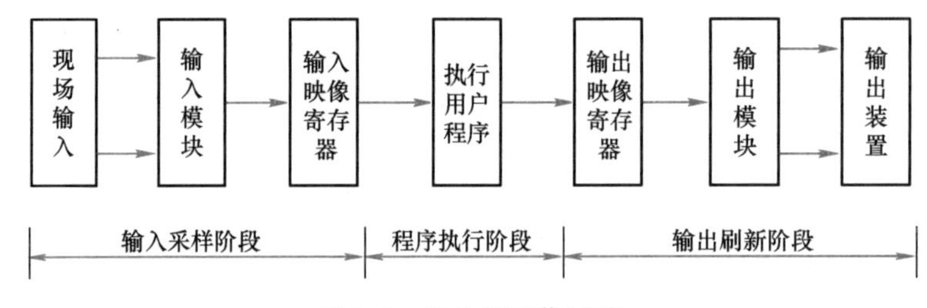

图 1-3 PLC 的工作过程

（1）输入采样阶段

PLC 在开始执行程序之前，首先按顺序将所有输入端子信号读入到寄存输入状态的输入映像寄存器中存储，这一过程称为采样。PLC 在运行程序时，所需要的输入信号不是取自现时输入端子上的信息，而是取自输入映像寄存器中的信息。在本工作周期内这个采样结果的内

容不会改变，只有到下一个输入采样阶段才会被刷新。

（2）程序执行阶段

PLC 按顺序进行扫描，即从上到下、从左到右地扫描每条指令，并分别从输入映像寄存器、输出映像寄存器以及辅助继电器中获得所需的数据进行运算和处理。再将程序执行的结果写入到输出映像寄存器中保存。但这个结果在全部程序未被执行完毕之前不会送到输出端子上。

（3）输出刷新阶段

在执行完用户所有程序后，PLC 将输出映像寄存器中的内容送到寄存输出状态的输出锁存器中进行输出，驱动用户设备。

PLC 重复执行上述 3 个阶段，每重复一次的时间称为一个扫描周期。PLC 在一个工作周期中，输入采样阶段和输出刷新阶段的时间一般为毫秒级，而程序执行时间因用户程序的长度而不同，一般容量为 1 KB 的程序扫描时间为 10 ms 左右。

1.1.5　PLC 的编程语言

PLC 有 5 种编程语言：梯形图㊀（Ladder Diagram，LD）、语句表（Statement List，STL）、功能块图（Function Block Diagram，FBD）、顺序功能图（Sequential Function Chart，SFC）、结构文本（Structured Text，ST）。最常用的是梯形图和语句表，如图 1-4 所示。

1. 梯形图

梯形图是使用最多的 PLC 图形编程语言。梯形图与继电器控制系统的电路图相似，具有直观易懂的优点，很容易被工程技术人员所熟悉和掌握。梯形图程序设计语言具有以下特点：

1）梯形图由触点、线圈和用方框表示的功能块组成。

2）梯形图中触点只有常开和常闭，触点可以是 PLC 输入点接的开关，也可以是 PLC 内部继电器的触点或内部寄存器、计数器等的状态。

3）梯形图中的触点可以任意串、并联。

4）内部继电器、寄存器等均不能直接控制外部负载，只能作中间结果使用。

5）PLC 是按循环扫描事件，沿梯形图先后顺序执行，在同一扫描周期中的结果留在输出状态寄存器中，所以输出点的值在用户程序中可以当作条件使用。

2. 语句表

语句表是使用助记符来书写程序的，又称为指令表，类似于汇编语言，但比汇编语言通俗易懂，属于 PLC 的基本编程语言。它具有以下特点：

1）利用助记符号表示操作功能，容易记忆，便于掌握。

2）在编程设备的键盘上就可以进行编程设计，便于操作。

3）一般 PLC 程序的梯形图和语句表可以互相转换。

4）部分梯形图及另外几种编程语言无法表达的 PLC 程序，必须使用语句表才能编程。

3. 功能块图

功能块图采用类似于逻辑门电路的图形符号，逻辑直观、使用方便，如图 1-5 所示。该

㊀ 西门子公司将梯形图简称为 LAD（Ladderlogic Programming Language）。

编程语言中的方框左侧为逻辑运算的输入变量，右侧为输出变量，输入、输出端的小圆圈表示“非”运算，方框被“导线”连接在一起，信号从左向右流动，图 1-4 的控制逻辑与图 1-5 相同。功能块图程序设计语言有如下特点：

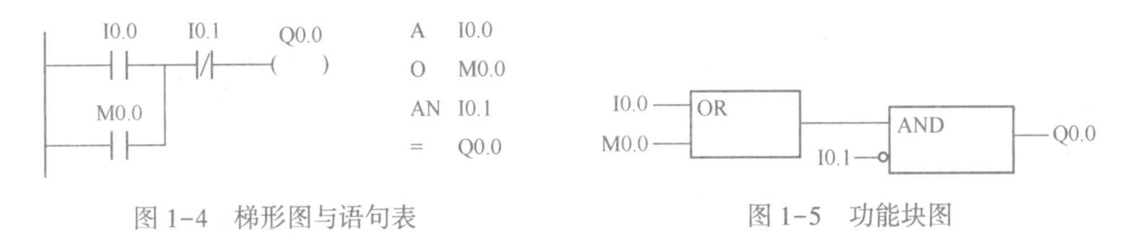

图 1-4 梯形图与语句表　　图 1-5 功能块图

1）以功能模块为单位，从控制功能入手，使控制方案的分析和理解变得容易。

2）功能模块是用图形化的方法描述功能，它的直观性大大方便了设计人员的编程和组态，有较好的易操作性。

3）对控制规模较大、控制关系较复杂的系统，由于控制功能的关系可以较清楚地表达出来，因此编程和组态时间可以缩短，调试时间也能减少。

4. 顺序功能图

顺序功能图也称为流程图或状态转移图，是一种图形化的功能性说明语言，专用于描述工业顺序控制程序，使用它可以对具有并行、选择等复杂结构的系统进行编程。顺序功能图程序设计语言有如下特点：

1）以功能为主线，条理清楚，便于对程序操作的理解和沟通。

2）对大型的程序，可分工设计，采用较为灵活的程序结构，可节省程序设计时间和调试时间。

3）常用于系统规模较大，程序关系较复杂的场合。

4）整个程序的扫描时间较其他程序设计语言编制的程序扫描时间大大缩短。

5. 结构文本

结构文本是一种高级的文本语言，可以用来描述功能、功能块和程序的行为，还可以在顺序功能流程图中描述步、动作和转换的行为。结构文本程序设计语言有如下特点：

1）采用高级语言进行编程，可以完成较复杂的控制运算。

2）需要有计算机高级程序设计语言的知识和编程技巧，对编程人员要求较高。

3）直观性和易操作性较差。

4）常被用于采用功能模块等其他语言较难实现的一些控制场合。

本书以西门子公司新一代小型 PLC S7-1200 为讲授对象，它只使用梯形图和功能块图这两种编程语言。

1.1.6 PLC 的物理存储器

存储器分为系统程序存储器和用户程序存储器。系统程序相当于个人计算机的操作系统，它使可编程控制器具有基本的智能，能够完成可编程控制器设计者规定的各种工作。系统程序由可编程控制器生产厂家设计并固化在 ROM 中，用户不能读取。用户程序由用户设计，它使可编程控制器完成用户要求的特定功能。存储器的容量以字节为单位。可编程控制器使用以下物理存储器。

1. 随机存取存储器（RAM）

用户可以用编程装置读出 RAM 的内容，也可以将用户程序写入 RAM，因此 RAM 又叫读写存储器，它是易失性的存储器，它的电源中断后，存储的信息将会丢失。RAM 的工作速度快，价格便宜，改写方便。在关断可编程控制器的外部电源后，可用锂电池保存在 RAM 中的用户程序和某些数据，锂电池可用 2~5 年，需要更换锂电池时，由可编程控制器发出信号，通知用户。现在部分可编程控制器仍用 RAM 来存储用户程序。

2. 只读存储器（ROM）

ROM 的内容只能读出，不能写入。它是非易失性的，它的电源消失后，仍能保存存储的内容。ROM 一般用来存放可编程控制器的用户程序。

3. 可电擦除可编程的只读存储器（E^2PROM）

它是非易失性的，但是可以用编程装置对它编程，兼有 ROM 的非易失性和 RAM 的随机存取的优点，但是将信息写入它需要的时间比 RAM 长得多。E^2PROM 用来存放用户程序和断电时需要保存的重要数据。

1.2 S7-1200 的硬件

S7-1200 是西门子公司的新一代小型 PLC，它将微处理器、集成电源、输入和输出电路组合到一个设计紧凑的外壳中以形成强大的功能，它具有集成的 PROFINET 接口、强大的工艺集成性和灵活的可扩展性等特点，为各种小型设备提供简单的通信和有效的解决方案。

1.2.1 CPU 模块

打开其编程软件可见 S7-1200 目前有 7 种型号 CPU 模块，CPU 1211C、CPU 1212C、CPU 1214C、CPU 1215C、CPU 1217C、CPU 1214FC、CPU 1215FC，CPU 模块类型如图 1-6 所示。

S7-1200 PLC 的外形及结构（已拆卸上、下两盖板）如图 1-7 所示，其中①是 3 个指示 CPU 运行状态的 LED（发光二极管）；②是集成 I/O（输入/输出）的状态 LED；③是信号板安装处（安装时拆除盖板）；④是 PROFINET 以太网接口的 RJ-45 连接器；⑤是存储器插槽（在盖板下面）；⑥是可拆卸的接线端子板。

1. CPU 面板

S7-1200 PLC 不同型号的 CPU 面板是类似的，在此以 CPU 1214C 为例进行介绍：CPU 有 3 类运行状态指示灯，用于提供 CPU 模块的运行状态信息。

（1）STOP/RUN 指示灯

STOP/RUN 指示灯的颜色为纯橙色时指示 STOP 模式，纯绿色时指示 RUN 模式，绿色和橙色交替闪烁时指示 CPU 正在起动。

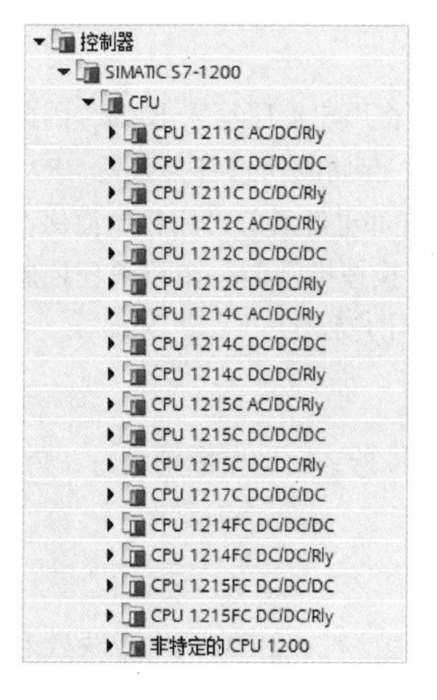

图 1-6　CPU 模块类型

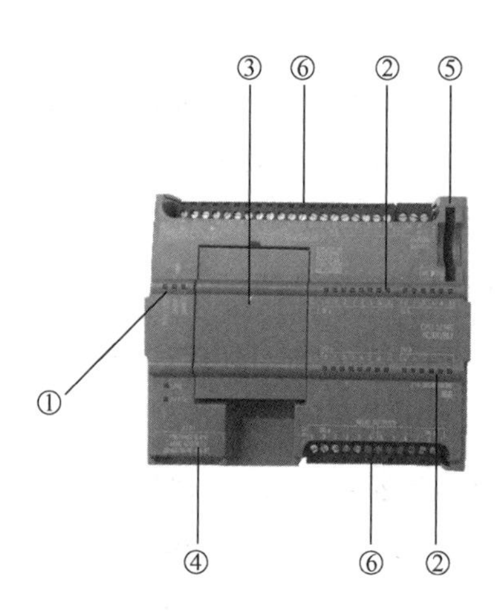

图 1-7　CPU 模块外形与结构

（2）ERROR 指示灯

ERROR 指示灯为红色闪烁状态时指示有错误，如 CPU 内部错误、存储卡错误或组态错误（模块不匹配）等，纯红色时指示硬件出现故障。

（3）MAINT 指示灯

MAINT 指示灯在每次插入存储卡时闪烁。

CPU 模块上的 I/O 状态指示灯用来指示各数字量输入或输出的信号状态。

CPU 模块上提供一个以太网通信接口用于实现以太网通信，还提供了两个可指示以太网通信状态的指示灯。其中“Link”（绿色）点亮表示连接成功，“Rx/Tx”（黄色）点亮指示进行传输活动。

拆卸下 CPU 上的挡板可以安装一个信号板（Signal Board，SB），通过信号板可以在不增加空间的前提下给 CPU 增加数字量或模拟量的 I/O 点数。

2. CPU 技术性能指标

S7-1200 PLC 是西门子公司 2009 年推出的面向离散自动化系统和独立自动化系统的紧凑型自动化产品，定位在原有的 S7-200 PLC 和 S7-300 PLC 产品之间。表 1-1 给出了目前 S7-1200 PLC 系列不同型号的性能指标。

表 1-1　S7-1200 PLC 系列 CPU 的性能指标

性能指标	型　号				
	CPU 1211C	CPU 1212C	CPU 1214C	CPU 1215C	CPU 1217C
CPU	DC/DC/DC，AC/DC/RLY，DC/DC/ RLY（3 种）				DC/DC/DC（1 种）
物理尺寸/mm×mm×mm	90×100×75		110×100×75	130×100×75	150×100×75

（续）

性能指标	型　号				
	CPU 1211C	CPU 1212C	CPU 1214C	CPU 1215C	CPU 1217C
工作存储器容量/KB 装载存储器容量/MB 保持性存储器容量/KB	50 KB 1 MB 10 KB	75 KB 1 MB 10 KB	100 KB 4 MB 10 KB	125 KB 4 MB 10 KB	150 KB 4 MB 10 KB
集成数字量 I/O 集成模拟量 I/O	6 路输入/4 输出 2 路输入	8 路输入/6 输出 2 路输入	14 路输入/10 输出 2 路输入	14 路输入/10 输出 2 路输入/2 路输出	
过程映像存储器容量/B	1024（输入）和 1024（输出）				
位存储器（M）容量/B	4096 B		8192 B		
信号扩展模块数量/个	无	2	8		
信号板数量/个	1				
最大本地 I/O 数量/个（数字量）	14	82	284		
最大本地 I/O 数量/个（模拟量）	3	19	67	69	
通信模块数量/个	3（左侧扩展）				
高速计数器	3 路	5 路	6 路	6 路	6 路
单相高速计数器	3 个，100 kHz	3 个，100 kHz 1 个，30 kHz	3 个，100 kHz 3 个，30 kHz	3 个，100 kHz 3 个，30 kHz	4 个，1 MHz 2 个，100 kHz
正交相位高速计数器	3 个，80 kHz	3 个，80 kHz 1 个，20 kHz	3 个，80 kHz 3 个，20 kHz	3 个，80 kHz 3 个，20 kHz	3 个，1 MHz 3 个，100 kHz
脉冲输出	最多 4 路，CPU 本体可输出 100 kHz，通过信号板可输出 200 kHz（CPU1217 最多支持 1 MHz 的输出）				
存储卡类型	SIMATIC 存储卡（选件）				
实时保持时间/天	通常为 20 天，40℃时最少 12 天				
PROFINET 以太网通信端口/个	1 个			2 个	
实数数学运算执行速度/(μs/指令)	2.3 μs/指令				
布尔运算执行速度/(μs/指令)	0.08 μs/指令				

CPU 1211C、CPU 1212C、CPU 1214C、CPU 1215C 四款 CPU 根据电源信号、输入信号、输出信号的类型又有 3 种版本，分别为 DC/DC/DC、DC/DC/ RLY，AC/DC/RLY、其中 DC 表示直流、AC 表示交流、RLY（Relay）表示继电器，如表 1-2 所示。

表 1-2　S7-1200 CPU 的 3 种版本

版　本	电 源 电 压	DI 输入电压	DQ 输出电压	DQ 输出电流
DC/DC/DC	DC 24 V	DC 24 V	DC 24 V	0.5 A，MOSFET
DC/DC/ RLY	DC 24 V	DC 24 V	DC 5~30 V，AC 5~250 V	2 A，DC 30W/AC 200 W
AC/DC/RLY	AC 120~240 V	DC 24 V	DC 5~30 V，AC 5~250 V	2A，DC 30 W/AC 200 W

1.2.2 信号板与信号模块

S7-1200 PLC 提供多种 I/O 信号板和信号模块，用于扩展其 CPU 能力。各种 CPU 的正面都可以增加一块信号板，信号模块连接到 CPU 的右侧，各种 CPU 其连接扩展模块数量见表 1-1。

1. 信号板

信号板（如图 1-8 所示）可以用于只需要少量附加 I/O 的情况下，又不增加硬件的安装空间，安装时将信号板直接插入 S7-1200 CPU 正面的槽内，安装信号板如图 1-9 所示。信号板有可拆卸的端子，因此可以很容易地更换。

图 1-8　信号板

图 1-9　安装信号板

目前，信号板已有多种，主要包括数字量输入、数字量输出、数字量输入/输出、模拟量输入和模拟量输出等类型，如表 1-3 所示。

表 1-3　S7-1200 PLC 数字量/模拟量输入/输出模块对应的信号板

SB 1221 DC 对应的 DI 信号板	SB 1222 DC 对应的 DQ 信号板	SB 1223 DC/DC 对应的 DI 和 DQ 信号板	SB 1231 对应的 AI 信号板	SB 1232 对应的 AQ 信号板
DI 4×24 V DC	DQ 4×24 V DC	DI 2×24 V DC/ DQ 2×24 V DC	AI 1×12 BIT 2.5 V、5 V、10 V、0~20 mA	AQ1×12 BIT ±10 V DC/0~20 mA
DI 4×5 V DC	DQ 4×5V DC	DI 2×5 V DC/ DQ 2×5 V DC	AI 1×RTD	
			AI 1×TC	

2. 信号模块

相对信号板来说，信号模块可以为 CPU 系统扩展更多的 I/O 点数。信号模块包括数字量输入模块、数字量输出模块、数字量输入/输出模块、模拟量输入模块、模拟量输出模块、模拟量输入/输出模块等，如图 1-10 所示，其参数如表 1-4 所示。

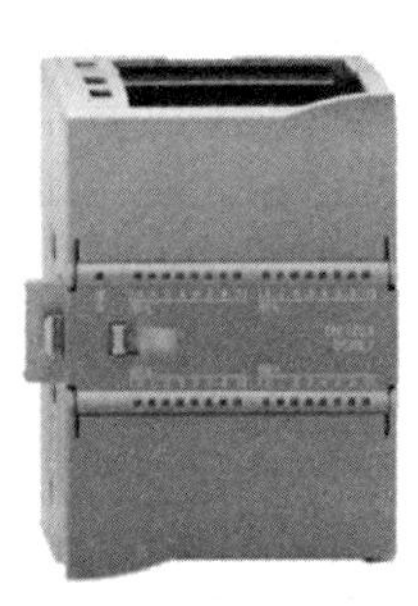

图 1-10　信号模块

表 1-4　S7-1200 PLC 信号模块

信 号 模 块	SM 1221 DC	SM 1221 DC		
数字量输入	DI 8×24 V DC	DI 16×24 V DC		
信号模块	SM 1222 DC	SM 1222 DC	SM 1222 RLY	SM 1222 RLY
数字量输出	DQ 8×24 V DC 0.5 A	DQ 16×24 V DC 0.5 A	DQ 8×RLY 30 V DC / 250 V AC 2 A	DQ 16×RLY 30 V DC/ 250 V AC 2 A
信号模块	SM 1223 DC/DC	SM 1223 DC/DC	SM 1223 DC/RLY	SM 1223 DC/RLY
数字量 输入/输出	DI 8×24 V DC/DQ 8×24 V DC 0.5 A	DI16×24 V DC/DQ 16×24 V DC 0.5 A	DI8×24 V DC/DQ 8×RLY 30 V DC/ 250 V AC 2 A	DI16×24 V DC/DQ 16×RLY 30 V DC/ 250 V AC 2 A
信号模块	SM 1231 AI	SM 1231 AI		
模拟量输入	AI 4×13 Bit ±10 V DC/0~20 mA	AI 8×13 Bit ±10 V DC/0~20 mA		
信号模块	SM 1232 AQ	SM 1232 AQ		
模拟量输出	AQ 2×14 Bit ±10 V DC/0~20 mA	AQ 4×14 Bit ±10 V DC/0~20 mA		
信号模块	SM 1234 AI/AQ			
模拟量 输入/输出	AI 4×13 Bit ±10 V DC/0~20 mA AQ 2×14 Bit ±10 V DC/0~20 mA			

各数字量信号模块还提供了指示模块状态的诊断指示灯。其中，绿色指示模块处于运行状态，红色指示模块有故障或处于非运行状态。

各模拟量信号模块为各路模拟量输入和输出提供了 I/O 状态指示灯。其中，绿色指示通道已组态且处于激活状态，红色指示个别模拟量输入或输出处于错误状态。此外，各模拟量信号模块还提供有指示模块状态的诊断指示灯，其中绿色指示模块处于运行状态，而红色指示模块有故障或处于非运行状态。

1.2.3　集成的通信接口与通信模块

1. 集成的 PROFINET 接口

工业以太网是现场总线发展的趋势，已经占有现场总线的半壁江山。PROFINET 是基于工业以太网的现场总线，是开放式的工业以太网标准，它使工业以太网的应用扩展到了控制网络最底层的现场设备。

通过以太网通信协议 TCP/IP，S7-1200 提供的集成 PROFINET 接口可用于编程软件 STEP 7 通信，以及与 SIMATIC HMI 精简系列面板通信，或与其他 PLC 通信。此外它还通过开放的以太网通信协议 TCP/IP 和 ISO-on-TCP 支持与第三方设备的通信。该接口的 RJ-45 连接器具有自动交叉网线功能，数据传输速率为 10 Mbit/s 或 100 Mbit/s，支持最多 16 个以太网连接。该接口能实现快速、简单、灵活的工业通信。

CSM 1277 是一个 4 端口的紧凑型交换机，用户可以通过它使 S7-1200 PLC 连接到最多 3 个附加设备。除此之外，如果将 S7-1200 和 SIMATIC NET 工业无线局域网组件一起使用，还可以构建一个全新的网络。

2. 通信模块

S7-1200 PLC 最多可以增加 3 个通信模块和 1 个通信信号板，如 CM 1241 RS232、CM 1241 RS485、CP1241 RS232、CP1241 RS485、CB1241 RS485，它们安装在 CPU 模块的左边和 CPU 的面板上，通信模块如图 1-11 所示。

图 1-11　通信模块

RS-485 和 RS-232 通信模块为点对点（PtP）的串行通信提供连接。STEP 7 工程组态系统提供了扩展指令或库功能、USS 驱动协议、Modbus RTU 主站协议和 Modbus RTU 从站协议，用于串行通信的组态和编程。

1.3　编程软件

码 1-2　S7-1200 PLC 硬件模块

博途（Portal）是西门子最新的全集成自动化（Totally Integrated Automation，TIA）软件平台，是未来西门子软件编程的方向，它是将 PLC 编程软件、运动控制软件、可视化的组态软件集成在一起，形成功能强大的自动化软件。其中 SIMATIC STEP 7 Basic 版本只能对 S7-1200 PLC 编程，而 SIMATIC STEP 7 Professional 版本既能对 S7-1200 PLC 编程，还支持对 S7-300、S7-400，S7-1500 的编程。本书使用 STEP 7 Professional V13 对 S7-1200 PLC 进行编程。

STEP 7 Professional V13 为用户提供两种视图：Portal 视图和项目视图。用户可以在两种不同的视图中选择一种最适合的视图，两种视图可以相互切换。

1. Portal 视图

Portal 视图如图 1-12 所示，在 Portal（门户）视图中可以概览自动化项目的所有任务。初学者可以借助面向任务的用户指南（类似于向导操作，可以一步一步进行相应的选择），以及最适合其自动化任务的编辑器来进行工程组态。

选择不同的“入口任务”可处理启动、设备与网络、PLC 编程、运动控制、可视化、在线和诊断等各种工程任务。在已经选择的任务入口中可以找到相应的操作，例如选择“启动”任务后，可以进行“打开现有项目”“创建新项目”“移植项目”“关闭项目”等操作。“与已选操作相关的列表”显示的内容与所选的操作相匹配，例如选择“打开现有项目”后，列表将显示最近使用的项目，可以从中选择打开。

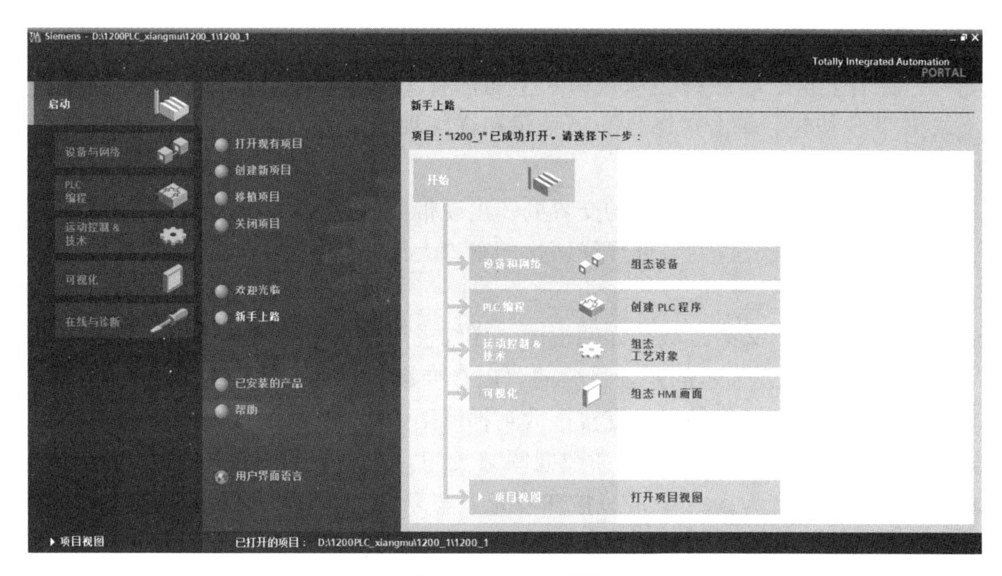

图 1-12 Portal 视图

2. 项目视图

项目视图如图 1-13 所示，在项目视图中整个项目按多层结构显示在项目树中，在项目视图中可以直接访问所有的编辑器、参数和数据，并进行高效的工程组态和编程，本书主要使用项目视图。

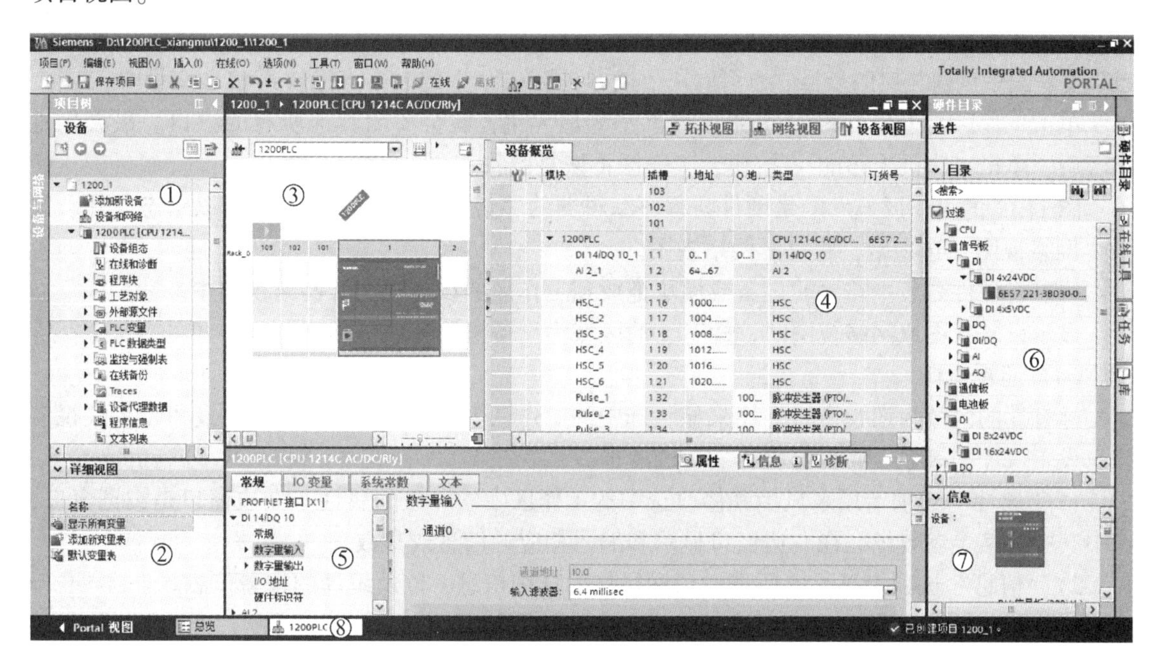

图 1-13 项目视图

项目视图类似于 Windows 界面，包括项目树、详细视图、工作区、巡视窗口、编辑器栏、任务卡等。

(1) 项目树

项目视图的左侧为项目树（或项目浏览器），即标有①的区域，可以用项目树访问所有设备和项目数据，添加新的设备，编辑已有的设备，打开处理项目数据的编辑器。

单击项目树右上角的◀按钮，项目树和下面标有②的详细视图消失，同时在最左边的垂直条的上端出现▶按钮。单击它将打开项目树和详细视图。可以用类似的方法隐藏和显示右边标有⑥的任务卡。

将鼠标的光标放到两个显示窗口的交界处，出现带双向箭头的光标时，按住鼠标的左键移动鼠标，可以移动分界线，以调节分界线两边的窗口大小。

(2) 详细视图

项目树窗口下面标有②的区域是详细视图，详细视图显示项目树被选中的对象下一级的内容。图 1-13 中的详细视图显示的是项目树的“PLC 变量”文件夹中的内容。详细视图中若为已打开项目中的变量，可以将此变量直接拖放到梯形图中。

单击详细视图左上角的⌄按钮，详细视图被关闭，只剩下紧靠最下端“Portal 视图”的标题，标题左边的按钮变为›。单击该按钮将重新显示详细视图。可以用类似的方法显示和隐藏标有⑤的巡视窗口和标有⑦的信息窗口。

(3) 工作区

标有③的区域为工作区，可以同时打开几个编辑器，但是一般只在工作区显示一个当前打开的编辑器。打开的编辑器在最下面标有⑧的编辑器栏中显示。没有打开编辑器时，工作区是空的。

单击工具栏上的⊟、⊞按钮，可以垂直或水平拆分工作区，同时显示两个编辑器。

在工作区同时打开程序编辑器和设备视图，将设备视图中的 CPU 放大到 200%以上，可以将 CPU 上的 I/O 点拖放到程序编辑器中指令的地址域，这样不仅能快速设置指令的地址，还能在 PLC 变量表中创建相应的条目。也可以用上述方法将 CPU 上的 I/O 点拖放到 PLC 变量中。

单击工作区右上角上的□按钮，将工作区最大化，将会关闭其他所有的窗口。最大化工作区后，单击工作区上角的□按钮，工作区将恢复原状。

图 1-13 的工作区显示的是硬件与程序编辑器的“设备视图”选项卡，可以组态硬件。选中“网络视图”选项卡，将打开网络视图。

可以将硬件列表中需要的设备或模块拖放到工作区的设备视图和网络视图中。

显示设备视图或网络视图时，标有④的区域为设备概览区或网络概览区。

(4) 巡视窗口

标有⑤的区域为巡视窗口，用来显示选中的工作区中的对象附加的信息，还可以用巡视窗口来设置对象的属性。巡视窗口有 3 个选项卡。

1)“属性”选项卡用来显示和修改选中的工作区中的对象的属性。左边窗口是浏览窗口，选中其中的某个参数组，在右边窗口显示和编辑相应的信息或参数。

2)“信息”选项卡显示已所选对象和操作的详细信息，以及编译的报警信息。

3)“诊断”选项卡显示系统诊断事件和组态的报警事件。

(5) 编辑器栏

巡视窗口下面标有⑧的区域是编辑器栏，显示打开的所有编辑器，可以用编辑器栏在打开的编辑器之间快速地切换。

(6) 任务卡

标有⑥的区域为任务卡，任务卡的功能与编辑器有关，可以通过任务卡进行进一步的或附加的操作。例如从库或硬件目录中选择对象，搜索与替换项目中的对象，将预定义的对象拖放到工作区。

可以用任务卡最右边竖条上的按钮来切换显示的内容。图 1-13 中的任务卡显示的是硬件目录，任务卡的下面标有⑦的区域是选中的硬件对象的信息窗口，包括对象的图形、名称、版本号、订货号和简要的描述。

1.4 案例 1 S7-1200 的安装与拆卸

码 1-3 博途软件的视窗介绍

1.4.1 目的

1）掌握安装和拆卸 CPU 的方法。
2）掌握安装和拆卸信号模块的方法。
3）掌握安装和拆卸通信模块的方法。
4）掌握安装和拆卸信号板的方法。
5）掌握安装和拆卸端子板的方法。

1.4.2 任务

对 S7-1200 PLC 的硬件进行安装与拆卸，包括 CPU、信号模块、通信模块、信号板和端子板。

1.4.3 步骤

S7-1200 PLC 尺寸较小，易于安装，可以有效地利用空间。安装时应注意以下几点。

1）可以将 S7-1200 PLC 水平或垂直安装在面板或标准导轨上。

2）S7-1200 PLC 采用自然冷却方式，因此要确保其安装位置的上、下部分与邻近的设备之间至少留出 25 mm 的空间，并且 S7-1200 PLC 与控制柜外壳之间的距离至少为 25 mm（安装深度）。

3）当采用垂直安装方式时，其允许的最大环境温度要比水平安装方式降低 10℃，此时要确保 CPU 被安装在最下面。

1. 安装与拆卸 CPU

通过导轨卡夹可以很方便地安装 CPU 到标准 DIN 导轨或面板上，安装 CPU 模块如图 1-14 所示。首先要将全部通信模块连接到 CPU 上，然后将它们作为一个单元来安装。将 CPU 安装到 DIN 导轨上的步骤如下。

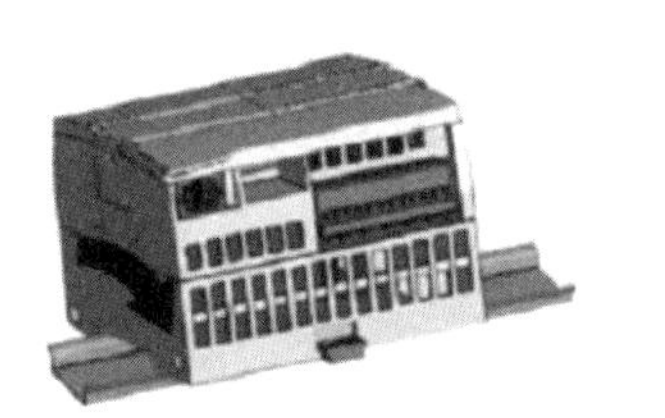

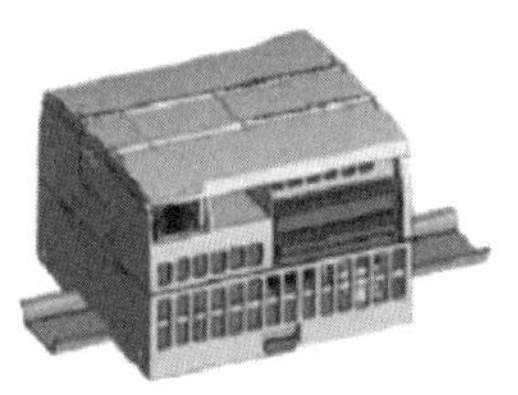

图 1-14 安装 CPU 模块

1）安装 DIN 导轨，将导轨按照每隔 75 mm 的距离分别固定到安装板上。

2）将 CPU 挂到 DIN 导轨上方。

3）拉出 CPU 下方的 DIN 导轨卡夹，以便将 CPU 安装到导轨上。

4）向下转动 CPU 使其在导轨上就位。

5）推入卡夹将 CPU 锁定到导轨上。

若要准备拆卸 CPU，先断开 CPU 的电源及其 I/O 连接器、接线或电缆。将 CPU 和所有相连的信号模块作为一个整体单元拆卸。所有信号模块应保持安装状态。如果信号模块已连接到 CPU，则需要使用螺钉旋具先缩回总线连接器，拆卸 CPU 模块如图 1-15 所示。拆卸步骤如下。

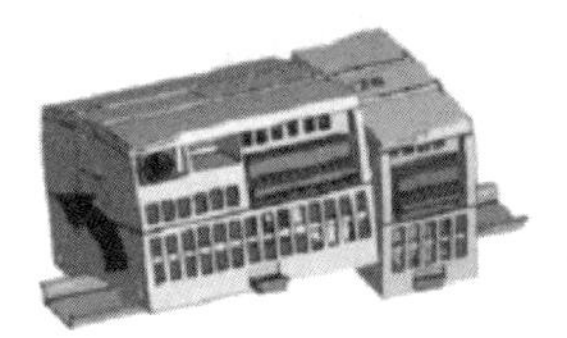

图 1-15　拆卸 CPU 模块

1）将螺钉旋具放到信号模块上方的小接头旁。

2）向下按，使连接器与 CPU 分离。

3）将小接头完全滑到右侧。

4）拉出 DIN 导轨卡夹，从导轨上松开 CPU。

5）向上转动 CPU，使其脱离导轨，然后从系统中卸下 CPU。

2. 安装与拆卸信号模块

在安装 CPU 之后才能安装信号模块（SM），如图 1-16 所示。

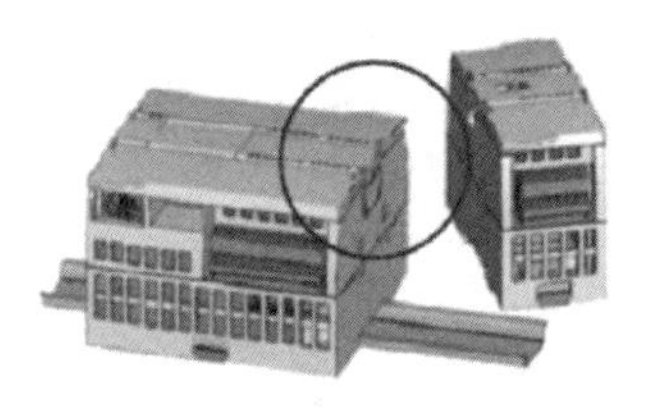

图 1-16　安装信号模块

其具体步骤如下。

1）卸下 CPU 右侧的连接器盖。将螺钉旋具插入盖上方的插槽中，将其上方的盖轻轻撬出并卸下盖，收好以备再次使用。

2）将 SM 挂到 DIN 导轨上方，拉出下方的 DIN 导轨卡夹，以便将 SM 安装到导轨上。

3）向下转动 CPU 旁的 SM，使其就位，并推入下方的卡夹，将 SM 锁定到导轨上。

4）伸出总线连接器，即为信号模块建立了机械和电气连接。

可以在不卸下 CPU 或其他信号模块处于原位时卸下 SM，如图 1-17 所示。若要准备拆卸 SM，断开 CPU 的电源并卸下 SM 的 I/O 连接器和接线即可。

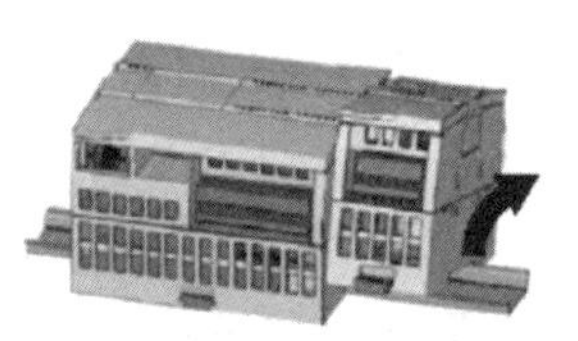

图 1-17　拆卸信号模块

其具体步骤如下。

1）使用螺钉旋具缩回总线连接器。

2）拉出 SM 下方的 DIN 导轨卡夹，从导轨上松开 SM，向上转动 SM，使其脱离导轨。

3）盖上 CPU 的总线连接器。

3. 安装与拆卸通信模块

要安装通信模块（CM），首先将 CM 连接到 CPU 上，然后再将整个组件作为一个单元安装到 DIN 导轨或面板上，安装通信模块如图 1-18 所示。

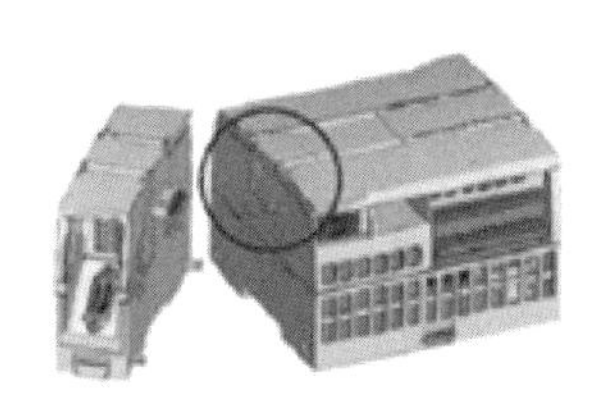
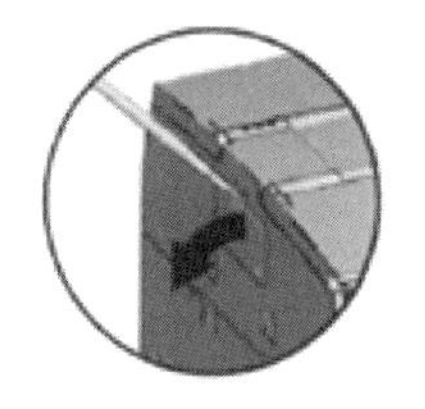

图 1-18　安装通信模块

其具体步骤如下。

1）卸下 CPU 左侧的总线盖。将螺钉旋具插入总线盖上方的插槽中，并轻轻撬出上方的盖。

2）使 CM 的总线连接器和接线柱与 CPU 上的孔对齐。

3）用力将两个单元压在一起直到接线柱卡入到位。

4）将该组合单元安装到 DIN 导轨或面板上即可。

拆卸时，将 CPU 和 CM 作为一个完整单元从 DIN 导轨或面板上卸下。

4. 安装与拆卸信号板

要安装信号板（SB），首先要断开 CPU 的电源并卸下 CPU 上部和下部的端子板盖子，如图 1-19 所示。

图 1-19　安装信号板

其具体步骤如下。

1）将螺钉旋具插入 CPU 上部接线盒盖背面的插槽中。

2）轻轻将盖撬起，并从 CPU 上卸下。

3）将 SB 直接向下放至 CPU 上部的安装位置中。

4）用力将 SB 压入该位置，直到卡入就位。

5）重新装上端子板盖子。

从 CPU 上准备拆卸 SB，要断开 CPU 的电源并卸下 CPU 上部和下部的端子盖子，拆卸信号板如图 1-20 所示。

图 1-20　拆卸信号板

其具体步骤如下。

1）将螺钉旋具插入 SB 上部的槽中。

2）轻轻将 SB 撬起，使其与 CPU 分离。

3）将 SB 直接从 CPU 上部的安装位置中取出。

4）重新装上 SB 盖。

5）重新装上端子板盖子。

5. 安装与拆卸端子板

安装端子板示意图如图 1-21 所示。

其具体步骤如下。

1）断开 CPU 的电源并打开端子板的盖子，准备端子板安装的组件。

2）使连接器与单元上的插针对齐。

3）将连接器的接线边对准连接器座沿的内侧。

4）用力按下并转动连接器，直到卡入到位。

5）仔细检查，以确保连接器已正确对齐并完全啮合。

拆卸 S7-1200 PLC 端子板之前要断开 CPU 的电源，拆卸端子板示意图如图 1-22 所示。

其具体步骤如下。

1）打开连接器上方的盖子。

2）查看连接器的顶部并找到可插入螺钉旋具头的槽。

3）将螺钉旋具插入槽中。

4）轻轻撬起连接器顶部，使其与 CPU 分离，连接器从夹紧位置脱离。

5）抓住连接器并将其从 CPU 上卸下。

图 1-21　安装端子板示意图

图 1-22　拆卸端子板示意图

1.4.4　训练

按上述介绍方法，对 CPU 模块、信号模块、通信模块、信号板、端子板进行安装与拆卸训练，以达到熟练拆装的效果。

1.5 案例 2 博途编程软件的安装与使用

1.5.1 目的

1）了解 TIA 博途编程软件的安装环境。
2）掌握 TIA 博途编程软件的安装步骤及方法。
3）掌握 S7-1200 项目的创建步骤和方法。

1.5.2 任务

安装 TIA 博途编程软件并创建新项目。

1.5.3 步骤

1. 安装 TIA 博途编程软件

（1）TIA 博途 V13 的安装环境

安装 TIA 博途 V13 对计算机软硬件的最低要求如下。

- 处理器：CoreTM i5-3320M 3.3 GHz 或者相当配置标准。
- 内存：至少 8G。
- 硬盘：300 GB SSD（固态硬盘）。
- 图形分辨率：最小为 1920 像素×1080 像素。
- 显示器：15.6 英寸宽屏显示（1920 像素×1080 像素）。
- 网络：10 Mbit/s 或 100 Mbit/s 以太网卡。
- 安装 TIA 博途 V13 需要管理员权限。
- 操作系统中（Windows 7 操作系统：32 位或 64 位）：MS Windows 7 Professional SP1；MS Windows 7 Enterprise SP1；MS Windows 7 Ultimate SP1；Microsoft Windows 8.1 Pro；Microsoft Windows 8.1 Enterprise 等。

在安装过程中自动安装自动化许可证。卸载 TIA Portal 时，自动化许可证也被自动卸载。

TIA Portal V13 不能与下列产品同时安装，或者有兼容性问题：WinCC flexible 2008 或更低的版本，WinCC V6.2 SP3 或更低的版本。

（2）安装 TIA 博途 V13 编程软件

安装时应关闭所有打开的软件。打开安装软件文件夹 STEP 7 Professional，双击文件夹中的“SIMATIC_STEP_7_Professional_V13”应用程序，开始安装软件。

注意：如果开始提示重新启动，选择“否”。然后在开始框中输入 regedit，按〈回车〉键后进入注册表编辑器\HKEY_LOCAL_MACHINE\SYSTEM\ControlSet001\Control\Session Manager，选中 Pending File Rename Operations 然后删除便可。

最初出现的视窗是初始化，告之用户初始化可能需要几分钟。在选择安装语言对话框中，选择“简体中文”，单击“下一步”按钮。解压完压缩包后，在产品语言对话框中，选择“中文”，单击“下一步”按钮。在产品组态对话框中，给出了 C 盘默认的安装路径。单击“浏览”按钮，可以设置安装软件的目标文件夹，选择安装路径如图 1-23 所示。

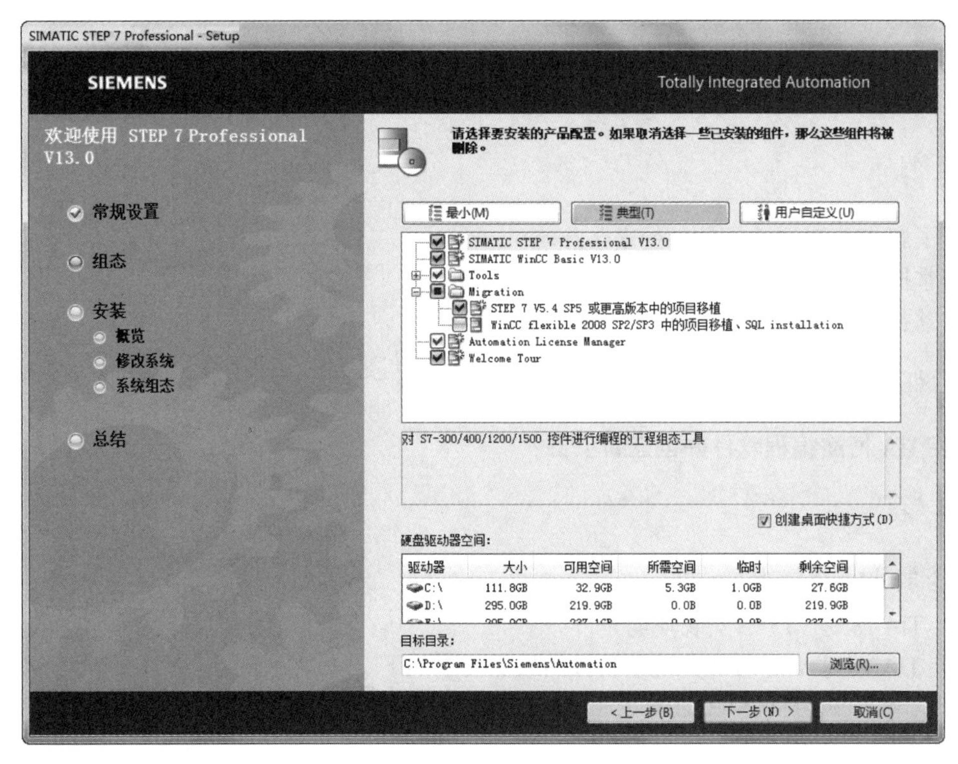

图 1-23　选择安装路径

在接受所有许可证条款对话框中，勾选“本人接受所列出的许可协议中的所有条款”和“本人特此确认，已阅读并理解了有关产品安全操作的安全信息”选项，然后单击“下一步”按钮。

在安全控制对话框，勾选“接受此计算机上的安全和权限设置”选项，然后单击“下一步”按钮。

在概览对话框中给出了前面设置的产品配置、产品语言和安装路径，然后单击“安装”按钮开始安装，安装过程对话框如图 1-24 所示。

安装完成后，弹出是否重新启动计算机信息，默认的设置是立即重新启动计算机，单击“重新启动”按钮，重新启动计算机。

安装完 STEP 7 Professional V13 后，自动安装自动化许可证管理器和微软公司的 SQL 数据库服务器。接下来，用户可以选择安装 SIMATIC_WinCC_Professional_V13 和 SIMATIC_S7_PLCSIM_V13，安装步骤同上。

接下来安装上述已安装软件的密钥，否则上述软件只能获得短期的试用。打开许可证密钥文件夹 Sim_EKB_Install_2017_01_17，双击打开应用程序。选中弹出窗口左侧 TIA Portal 文件夹下的 TIA Portal V13，如图 1-25 所示，然后在窗口右侧选择要安装的密钥，选择安装路径后，单击窗口中“优先安装”选项区域的“长密钥”按钮即可。图 1-25 是编者计算机上部分已安装的密钥。

双击桌面上的图标，打开自动化许可证管理器，如图 1-26 所示，双击左边窗口中的 C 盘，在右边窗口可以看到自动安装的没有时间限制的许可证。这一操作不是使用 STEP 7 Professional V13 所必需的。

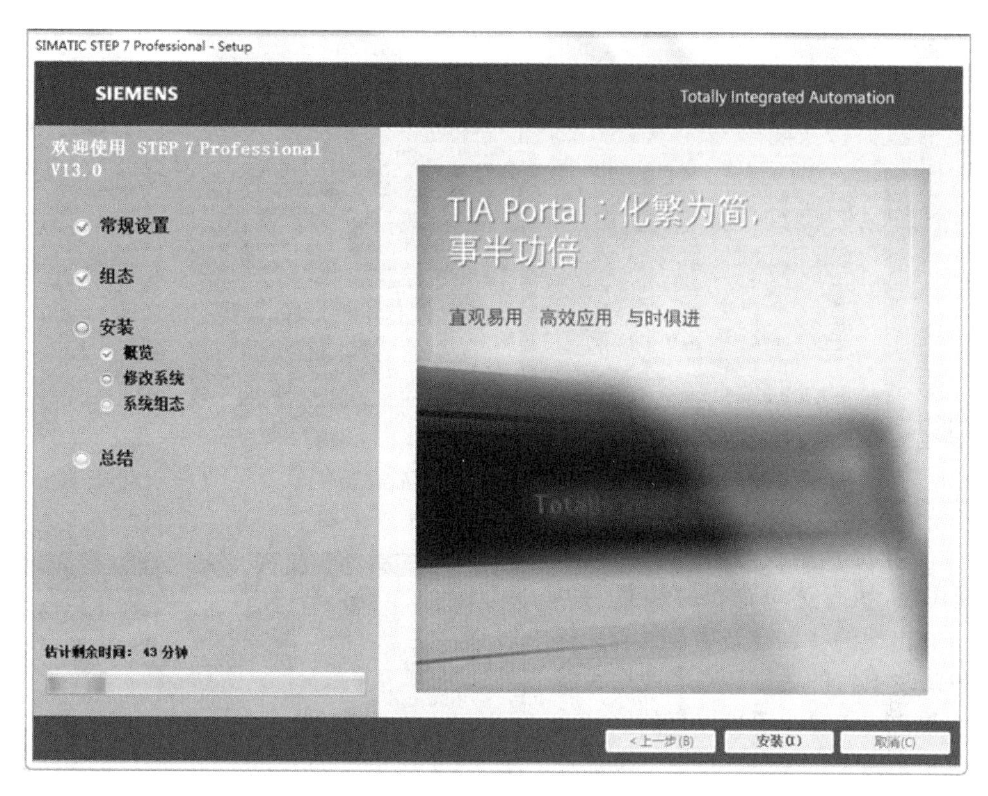

图 1-24 安装过程窗口

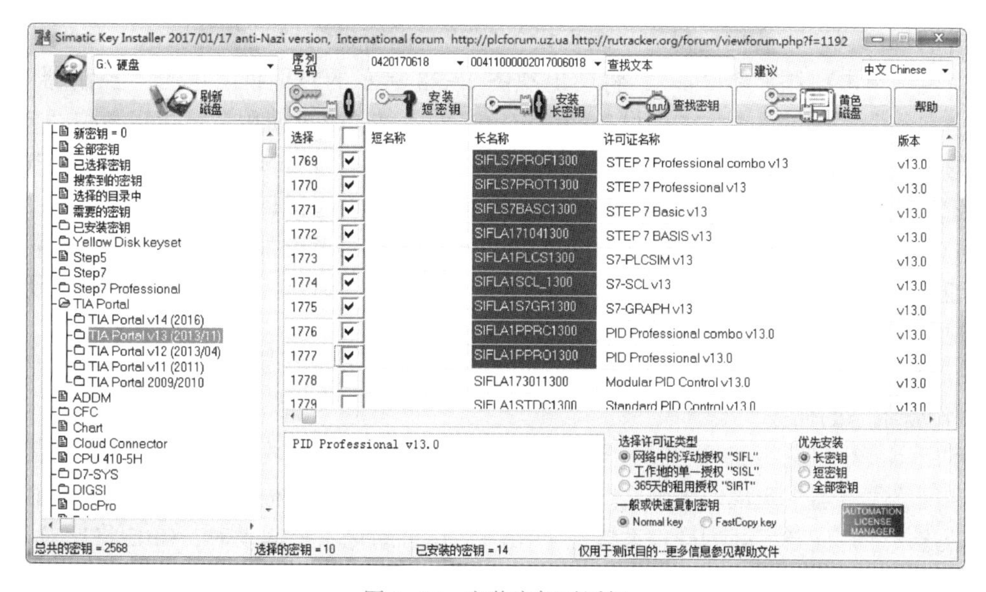

图 1-25 安装密钥对话框

2. TIA 博途的使用（创建新项目）

（1）新建一个项目

双击桌面上的 图标，打开博途软件，在 Portal 视图中选择“创建新项目”，输入项目名称“1200_first”，可更改项目保存路径，然后单击“创建”按钮则自动进入图 1-12 所示的“新手上

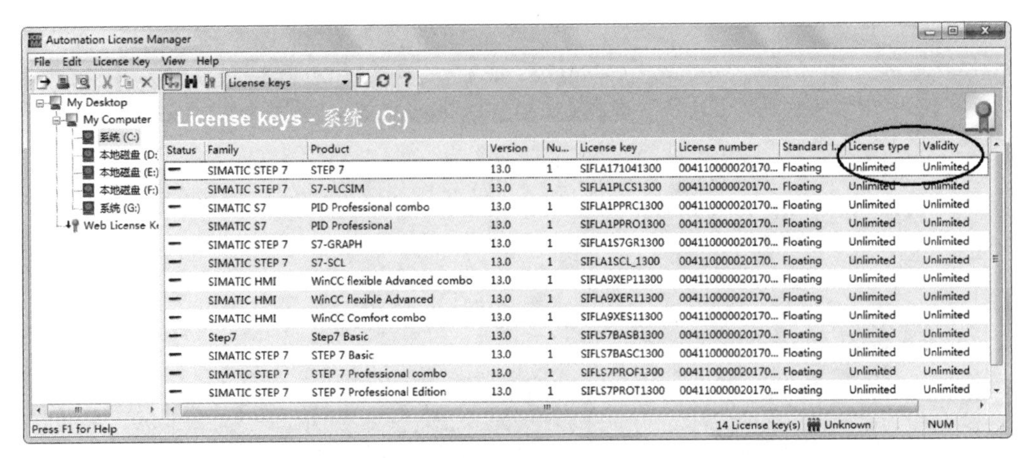

图 1-26 自动化许可证管理器

路”界面。若打开博途软件后，切换到“项目视图”，执行菜单命令“项目”→“新建”，在出现的“创建新项目”对话框中，可以修改项目的名称，或者使用系统指定的名称，可以更改项目保存的路径或使用系统指定路径，单击“创建”按钮便可生成项目，如图 1-27 所示。

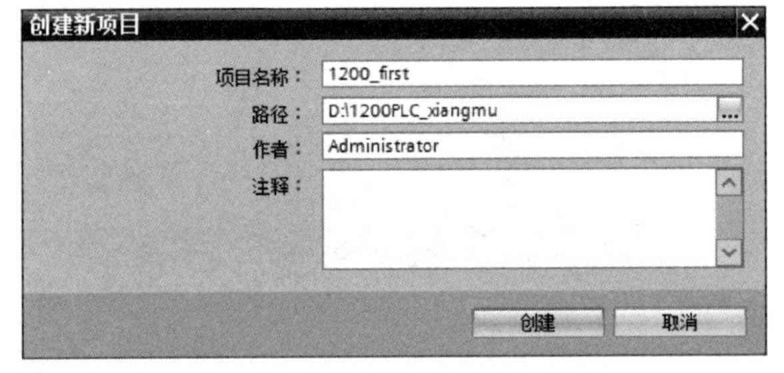

图 1-27 “创建新项目”对话框

（2）添加新设备

单击“项目视图”右侧窗口的“组态设备”或左侧窗口的“设备与网络”选项，在弹出窗口项目树中单击“添加新设备”，将会出现图 1-28 所示的对话框。单击“控制器”按钮，在“设备名称”栏中输入要添加的设备的用户定义的名称，也可使用系统指定名称“PLC_1”，在中间的项目树中通过单击各项前的 ▾ 图标或双击项目名打开 SIMATIC S7-1200→CPU→CPU 1214C AC/DC/Rly，选择与硬件相对应订货号的 CPU，在此选择订货号为 6ES7 214-1BG40-0XB0 的 CPU，在项目树的右侧将显示选中设备的产品介绍及性能。单击窗口右下角的“添加”按钮或双击已选择 CPU 的订货号，均可以添加一个 S7-1200 设备。在项目树、硬件视图和网络视图中均可以看到已添加的设备。

（3）硬件组态

1）设备组态的任务。

设备组态（Configuring，配置/设置，在西门子自动化设备中被译为“组态”）的任务就是在设备和网络编辑器中生成一个与实际的硬件系统对应的虚拟系统，模块的安装位置和设备之间的通信连接，都应与实际的硬件系统完全相同。在自动化系统起动时，CPU 将比对两系统，如果两系统不一致，将会采取相应的措施。

此外还应设置模块的参数，即给参数赋值，或称为参数化。

2）在设备视图中添加模块。

打开项目树中的“PLC_1”文件夹，双击其中的“设备组态”，打开设备视图，可以看到 1 号槽中的 CPU 模块。

在硬件组态时，需要将 I/O 模块或通信模块放置在工作区的机架插槽内，有两种放置硬件对象（模块）的方法。

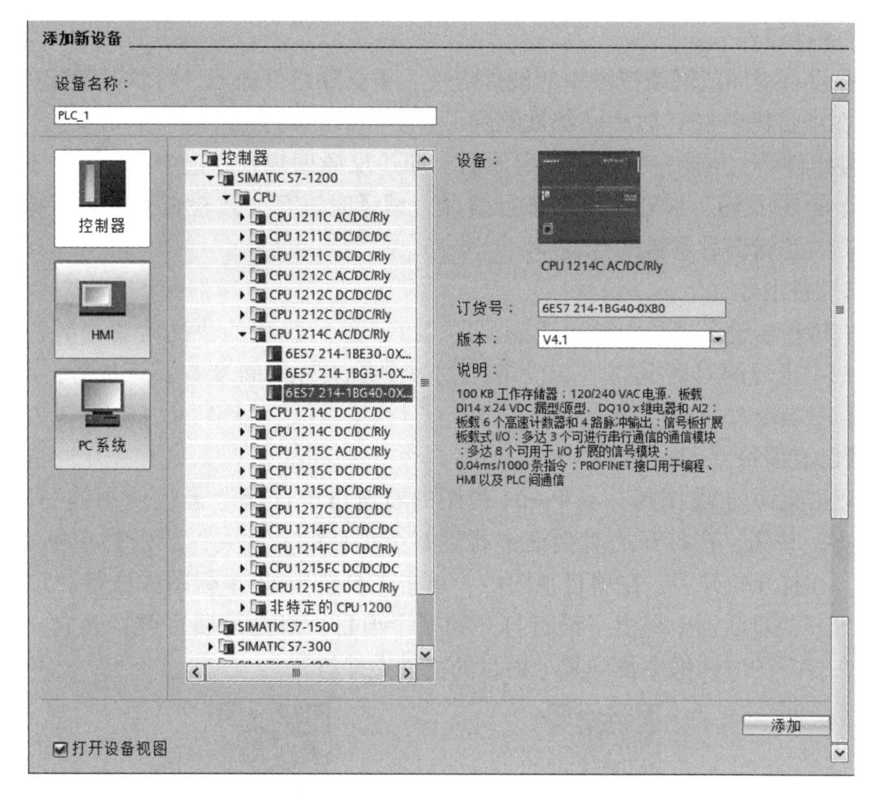

图 1-28 “添加新设备”对话框

- 用“拖放”的方法放置硬件对象。

单击图 1-13 中最右边竖条上的“硬件目录”，打开硬件目录窗口。选中文件夹“\DI\DI8×24 V DC”中订货号为 6SE7-221-1BF30-0XB0 的 8 点 DI 模块，其背景变为深色，如图 1-29 所示。

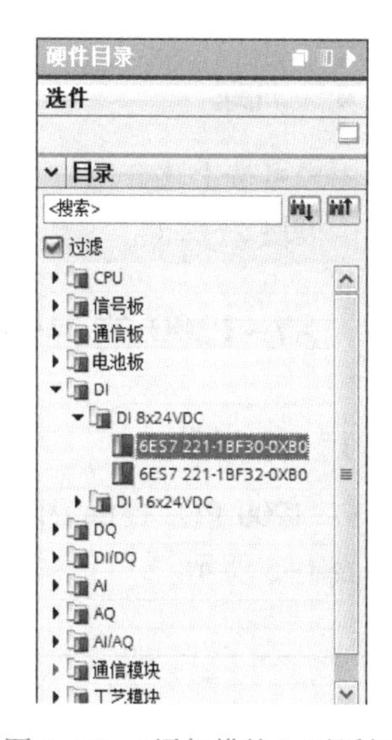

图 1-29 “添加模块”对话框

所有可以插入该模块的插槽四周出现深蓝色的方框，只能将该模块插入这些插槽。用鼠标左键按住该模块不放，移动鼠标，将选中的模块“拖”到机架中 CPU 右边的 2 号槽，该模块浅色的图标和订货号随着光标一起移动。没有移动到允许放置该模块的工作区时，光标的形状为⊘（禁止放置）。反之光标的形状变为（允许放置）。此时松开鼠标左键，被拖动的模块被放置到工作区。

用上述方法将 CPU 或 HMI 或驱动器等设备拖放到网络视图，可以生成新的设备。

- 用双击的方法放置硬件对象。

放置模块还有一个简便的方法，首先用鼠标左键单击机架中需要放置模块的插槽，使它的四周出现深蓝色的边框。用鼠标左键双击目录中要放置的模块，该模块便出现在选中的插槽中。

放置通信模块和信号板的方法与放置信号模块的方法相同，信号板安装在 CPU 模块内，通信模块安装在 CPU 左侧的 101~103 号槽。

可以将信号模块插入已经组态的两个模块中间（只能用拖放的方法放置）。插入点右边的模块将向右移动一个插槽的位置，新的模块被插入到空出来的插槽上。

3）删除硬件组件。

可以删除设备视图或网络视图中的硬件组件，被删除组件的地址可供其他组件使用。若删除 CPU，则在项目树中整个 PLC 站都被删除了。

删除硬件组件后，可能在项目中产生矛盾，即违反插槽规则。选中指令树中的“PLC_1”，单击工具栏上的按钮，对硬件组态进行编译。编译时进行一致检查，如果有错误将会显示错误信息，应改正错误后重新进行编译。

4）更改设备型号。

用鼠标右键单击设备视图中要更改型号的 CPU，执行出现的快捷菜单中的“更改设备类型”命令，选中出现的对话框的“新设备”列表中用来替换的设备的订货号，单击“确定”按钮，设备型号被更改。

5）打开已有项目。

用鼠标双击桌面的图标，在 Portal 视图的右窗口中选择“最近使用的”列表中项目，或单击“浏览”按钮，在打开的对话框中找到某个项目的文件夹，双击其中标有的文件，打开该项目。或打开软件后，在项目视图中，单击工具栏上的标图或执行“项目”→“打开”命令，打开的对话框中列出了最近打开的某个项目，双击该项目可打开它。或单击“浏览”按钮，在打开的对话框中找到某个项目的文件夹并打开。

码 1-4　项目的创建

码 1-5　硬件组态

1.5.4 训练

用户可按上述介绍方法安装所需要的软件，并创建一个项目及添加 CPU 模块和信号模块或通信模块。

1.6 S7-1200 的存储器及寻址

1.6.1 存储器

S7-1200 PLC 提供了以下用于存储用户程序、数据和组态的存储器，S7-1200 PLC 的存储区如表 1-5 所示。

表 1-5　S7-1200 PLC 的存储区

类　型	作　用
装载存储器	用于动态装载存储器 RAM
	用于可保持装载存储器 E^2PROM
工作存储器 RAM	用于用户程序，如逻辑块等
系统存储器 RAM	用于过程映像输入/输出表
	用于位存储器
	用于临时存储器（L）
	用于数据块（DB）

1. 装载存储器

装载存储器用于非易失性地存储用户程序、数据和组态。项目被下载到 CPU 后，首先存储在装载存储器中。每个 CPU 都具有内部装载存储器。该内部装载存储器的大小取决于所使用的 CPU。该内部装载存储器可以用外部存储卡来替代。如果未插入存储卡，CPU 将使用内部装载存储器；如果插入了存储卡，CPU 将使用该存储卡作为装载存储器。但是，可使用的外部装载存储器大小不能超过内部装载存储器的大小，即使插入的存储卡有更多空闲空间。该非易失性存储区能够在断电后继续保持。

2. 工作存储器

工作存储器是易失性存储器，用于执行用户程序时存储用户项目的某些内容。CPU 会将一些项目内容从装载存储器复制到工作存储器中。该易失性存储区将在断电后丢失，而在恢复供电时由 CPU 恢复。

3. 系统存储器

系统存储器是 CPU 为用户程序提供的存储组件，被划分为若干个地址区域，如表 1-6 所示。使用指令可以在相应地地址区内对数据直接进行寻址。系统存储器用于存放用户程序的操作数据，例如过程映像输入/输出、位存储器、数据块、临时存储器，物理输入/输出区域等。

表 1-6　系统存储器的存储区

存　储　区	描　　述	强　　制	保　　持
过程映像输入（I）	在扫描循环开始时，从物理输入复制的输入值	Yes	No
物理输入（I_:P）	通过该区域立即读取物理输入	No	No
过程映像输出（Q）	在扫描循环开始时，将输出值写入物理输出	No	No
物理输出（Q_:P）	通过该区域立即写物理输出	No	No
位存储器（M）	用于存储用户程序的中间运算结果或标志位	No	Yes
临时存储器（L）	块的临时局部数据，只能供块内部使用	No	No
数据块（DB）	数据存储器与 FB 的参数存储器	No	Yes

（1）过程映像输入

过程映像输入在用户程序中的标识符为 I，它是 PLC 接收外部输入的数字量信号的窗口。输入端可以接常开触点或常闭触点，也可以接多个触点组成的串并联电路。

在每次扫描循环开始时，CPU 读取数字量输入模块的外部输入电路的状态，并将它们存入过程映像输入区。

（2）过程映像输出

过程映像输出在用户程序中的标识符为 Q，每次循环周期开始时，CPU 将过程映像输出的数据传送给输出模块，再由后者驱动外部负载。

用户程序访问 PLC 的输入和输出地址区时，不是去读、写数字量模块中信号的状态，而是访问 CPU 的过程映像区。在扫描循环中，用户程序计算输出值，并将它们存入过程映像输出区。在下一循环扫描开始时，将过程映像输出区的内容写到数字量输出模块。

I 和 Q 均可以按位、字节、字和双字来访问，如 I0.0、QB1、IW2 和 QD4。

（3）物理输入

在 I/O 点的地址或符号地址的后边加“:P”，可以立即访问物理输入或物理输出。通过给输入点的地址附加“:P”，如 I0.3:P 或 Start:P，可以立即读取 CPU、信号板和信号模块的数字量输入和模拟量输入。访问时使用 I_:P 取代 I 的区别在于前者的数字直接来自被访问的输入点，而不是来自过程映像输入。因为数据从信号源被立即读取，而不是从最后一次被刷新的过程映像输入中复制，这种访问被称为“立即读”访问。

由于物理输入点从直接连接在该点的现场设备接收数据值，因此写物理输入点是被禁止的，即 I_:P 访问是只读的。

I_:P 访问还受到硬件支持的输入长度的限制。以被组态为从 I4.0 开始的 2DI/2DQ 信号板的输入点为例，可以访问 I4.0:P、I4.1:P 或 IB4:P，但是不能访问 I4.2:P~I4.7:P，因为没有使用这些输入点。也不能访问 IW4:P 和 ID4:P，因为它们超过了信号板使用的字节范围。

用 I_:P 访问物理输入不会影响存储在过程映像输入区中的对应值。

（4）物理输出

在输出点的地址后面附加“:P”，如 Q0.0:P，可以立即写 CPU、信号板或信号模块的数字量和模拟量输出。访问时使用 Q_:P 取代 Q 的区别在于前者的数字直接写给被访问的物理输出点，同时写给过程映像输出。这种访问被称为“立即写”，因为数据被立即写给目标点，不用等到下一次刷新时将过程映像输出中的数据传送给目标点。

由于物理输入点直接控制与该点连接的现场设备，因此读物理输出点是被禁止的，即 Q_:P 访问是只写的。与此相反，可以读写 Q 区的数据。

Q_:P 访问还受到硬件支持的输出长度的限制。以被组态为从 Q4.0 开始的 2DI/2DQ 信号板的输入点为例，可以访问 Q4.0:P、Q4.1:P 或 QB4:P，但是不能访问 Q4.2:P~Q4.7:P，因为没有使用这些输出点。也不能访问 QW4:P 和 QD4:P，因为它们超过了信号板使用的字节范围。

用 Q_:P 访问物理输出同时影响物理输出点和存储在过程映像输出区中的对应值。

（5）位存储器

位存储器（或称为 M 存储器）用来存储运算的中间操作状态或其他控制信息。可以用位、字节、字或双字读/写存储器区，如 M0.0、MB2、MW10 和 MD200。

（6）数据块

数据块（Data Block）简称为 DB，用来存储代码块使用的各种类型的数据，包括中间操作状态、其他控制信息，以及某些指令（如定时器、计数器）需要的数据结构。可以设置数据块有写保护功能。

数据块关闭后，或有关代码的执行开始或结束后，数据块中存放的数据不会丢失。有两种类型的数据块。

- 全局数据块：存储的数据可以被所有的代码块访问。
- 背景数据块：存储的数据供指定的功能块（FB）使用，其结构取决于 FB 的界面区的参数。

（7）临时存储器

临时存储器用于存储代码块被处理时使用的临时数据。PLC 为起动和程序循环组织块提供 16 KB 的临时存储器；为标准的中断事件和时间错误的中断事件均提供 4 KB 的临时存储器。

临时存储器类似于 M 存储器，二者的主要区别在于 M 存储器是全局的，而临时存储器是局部的。

1.6.2 寻址

SIMATIC S7 CPU 中可以按位、字节和双字对存储单元进行寻址。

二进制数的一位（Bit）只有 0 和 1 两种不同的取值，可用来表示数字量的两种不同的状态，如触点的断开和接通，线圈的断电和通电等。8 位二进制数组成一个字节（Byte），其中的第 0 位为最低位、第 7 位为最高位。两个字节组成一个字（Word），其中的第 0 位为最低位，第 15 位为最高位。两个字组成一个双字（Double Word），其中的第 0 位为最低位，第 31 位为最高位。

S7 CPU 不同的存储单元都是以字节为单位。

对位数据的寻址由字节地址和位地址组成，如 I1.2，其中的区域标识标“I”表示寻址输入（Input）映像区，字节地址为 1，位地址为 2，“.”为字节地址与位地址之间的分隔符，这种存取方式为“字节.位”寻址方式，如图 1-30 所示。

对字节、字和双字数据的寻址时需指明区域标识符、数据类型和存储区域内的首字节的地址。例如字节 MB10 表示由 M10.7~M10.0 这 8 位（高位地址在前，低位地址在后）组成的 1 个节字，M 为位存储区域标识符，B 表示字节（B 是 Byte 的缩写），10 为首字节地址。相邻的两个字节组成一个字，MW10 表示由 MB10 和 MB11 组成的 1 个字，M 为位存储区域标识符，W 表示字（W 是 Word 的缩写），10 为首字节的地址。MD10 表示由 MB10~MB13 组成的双字，M 为位存储区域标识符，D 表示双字（D 是 Double Word 的缩写），10 为起始字节的地址。位、字节、字和双字的构成示意图如图 1-31 所示。

图 1-30 位寻址举例
MSB—最高有效位 LSB—最低有效位

图 1-31 位、字节、字和双字构成示意图

1.7 位逻辑指令

1.7.1 触点指令

1. 常开触点和常闭触点

触点分为常开触点和常闭触点，常开触点在指定的位为 1 状态（ON）时闭合，为 0 状态（OFF）时断开；常闭触点在指定的位为 1 状态（ON）时断开，为 0 状态（OFF）时闭合。触点符号中间的“/”表示常闭，触点指令中变量的数据类型为位（BOOL）型，在编程时触点

可以并联和串联使用，但不能放在梯形图的最后，触点和线圈指令的应用举例如图 1-32 所示。

注意：在使用绝对寻址方式时，绝对地址前面的“%”符号是编程软件自动添加的，无需用户输入。

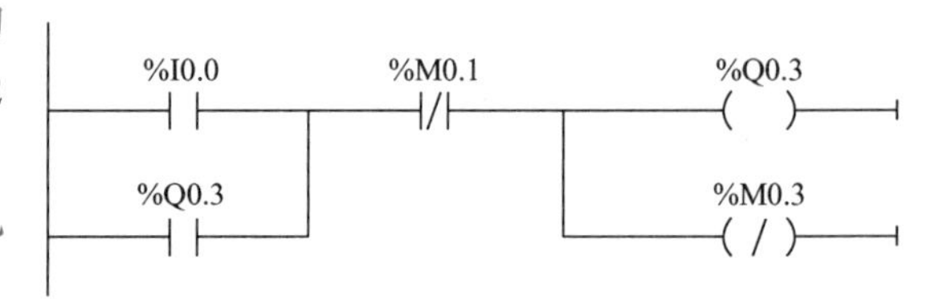

图 1-32　触点和线圈指令的应用举例

2. NOT（取反）触点

NOT 触点用来转换能流流入的逻辑状态。如果没有能流流入 NOT 触点，则有能流流出。如果有能流流入 NOT 触点，则没有能流流出。在图 1-33 中，若 I0.0 为 1，Q0.1 为 0，则有能流流入 NOT 触点，经过 NOT 触点后，则无能流流向 Q0.5；或 I0.0 为 1，Q0.1 为 1，或 I0.0 为 0，Q0.1 为 0（或为 1）则无能流流入 NOT 触点，经过 NOT 触点后，则有能流流向 Q0.5。

图 1-33　NOT（取反）触点指令应用举例

1.7.2　线圈指令

线圈指令为输出指令，是将线圈的状态写入到指定的地址。驱动线圈的触点电路接通时，线圈流过“能流”指定位对应的映像寄存器为 1，反之则为 0。如果是 Q 区地址，CPU 将输出的值传送给对应的过程映像输出，PLC 在 RUN（运行）模式时，接通或断开连接到相应输出点的负载。输出线圈指令可以放在梯形图的任意位置，变量类型为 BOOL 型。输出线圈指令既可以多个串联使用，也可以多个并联使用。建议初学时将输出线圈单独或并联使用，并且放在每个电路的最后，即梯形图的最右侧，如图 1-32 所示。

取反线圈中间有“/”符号，如果有能流经过图 1-32 中 M0.3 的取反线圈，则 M0.3 的输出位为 0 状态，其常开触点断开，反之 M0.3 的输出位为 1 状态，其常开触点闭合。

码 1-6　触点与线圈指令

1.7.3　置位/复位指令

1. 置位/复位指令

S（Set，置位或置 1）指令将指定的地址位置位（变为 1 状态并保持，一直保持到它被另一个指令复位为止）。

R（Reset，复位或置 0）指令将指定的地址位复位（变为 0 状态并保持，一直保持到它被另一个指令置位为止）。

置位和复位指令最主要的特点是具有记忆和保持功能。在图 1-34 中，若 I0.0=1，M0.0=0 时，Q0.0 被置位，此时即使 I0.0 和 M0.0 不再满足上述关系，Q0.0 仍然保持为 1，直到 Q0.0 对应的复位条件满足，即当 I0.2=1，Q0.3=0 时，Q0.0 被复位为零。

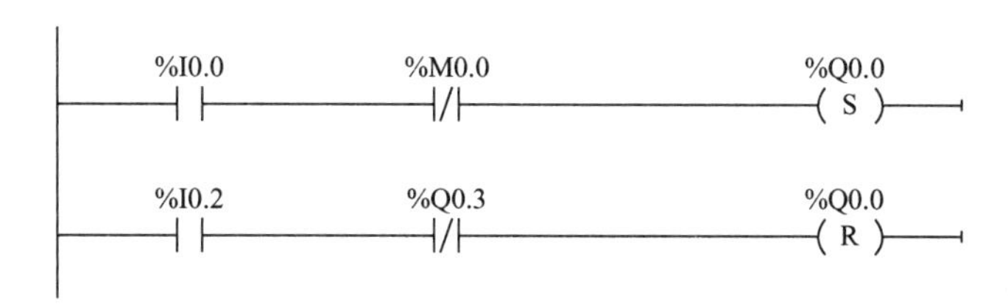

图 1-34　置位/复位指令应用举例

注意：与 S7-200 和 S7-300/400 不同，S7-1200 的梯形图允许在一个程序段内输入多个独立电路，建议初学者在一个程序段中只输入一个独立电路。

2. 多点置位/复位指令

SET_BF（Set bit field，多点置位）指令将指定的地址开始的连续若干个（n）位地址置位（变为 1 状态并保持，一直保持到它被另一个指令复位为止）。

码 1-7　置位指令和复位指令

RESET_BF（Reset bit field，多点复位）指令将指定的地址开始的连续若干个（n）位地址复位（变为 0 状态并保持，一直保持到它被另一个指令置位为止）。

在图 1-35 中，若 I0.1=1，则从 Q0.3 开始的 4 个连续的位被置位并保持为 1 状态，即 Q0.3～Q0.6 一起被置位；当 M0.2=1，则从 Q0.3 开始的 4 个连续的位被复位并保持为 0 状态，即 Q0.3～Q0.6 一起被复位。若多点置位和复位指令线圈下方的 n 值为 1 时，功能等同于置位和复位指令。

图 1-35　多点置位/复位指令应用举例

3. 触发器的置位/复位指令

触发器的置位/复位指令如图 1-36 所示。可以看出触发器有置位输入和复位输入两个输入端，用于根据输入端的逻辑运算结果（RLO）= 1，分别对存储器位置位和复位。当 I0.0=1，I0.1=0 时，Q0.0 被复位，Q0.1 被置位；当 I0.0=0，I0.1=1 时，Q0.0 被置位，Q0.1 被复位。若两个输入的信号逻辑结果全为 1，则触发器的哪一个输入端在下面哪个起作用，即触发器的置位/复位指令分为置位优先和复位优先两种。

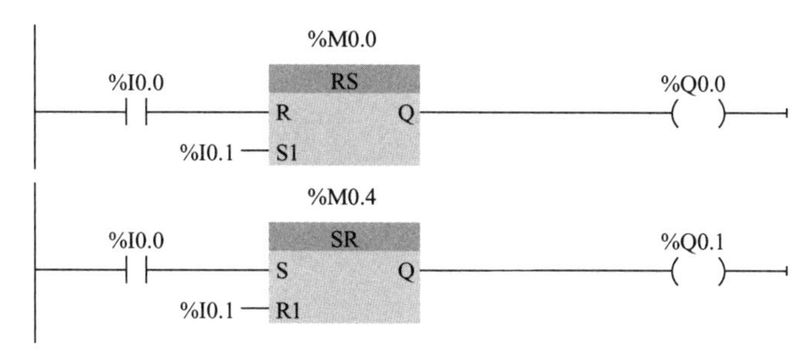

图 1-36　触发器的置位/复位指令应用举例

触发器指令上的 M0.0 和 M0.1 称为标志位，R、S 输入端首先对标志位进行复位和置位，然后再将标志位的状态送到输出端。如果用置位指令把输出置位，则当 CPU 全起动时输出被复位。若在图 1-36 中，将 M0.0 声明为保持，则当 CPU 全起动时，它就一直保持置位状态，被起动复位的 Q0.0 再次赋值为 1（ON）状态。

后面介绍的诸多指令通常也带有标志位，其含义类似。

1.7.4 边沿指令

1. 边沿检测触点指令

边沿检测触点指令包括 P 触点和 N 触点指令，当触点地址位的值从“0”到“1”（上升沿或正边沿，Positive）或从“1”到“0”（下降沿或负边沿，Negative）变化时，该触点地址保持一个扫描周期的高电平，即对应常开触点接通一个扫描周期。触点边沿指令可以放置在程序段中除分支结尾外的任何位置。在图 1-37 中，当 I0.0 为 1，且当 I0.1 有从 0 到 1 的上升沿时，Q0.6 接通一个扫描周期。当 I0.2 从 1 到 0 的下降沿时，Q1.0 接通一个扫描周期。

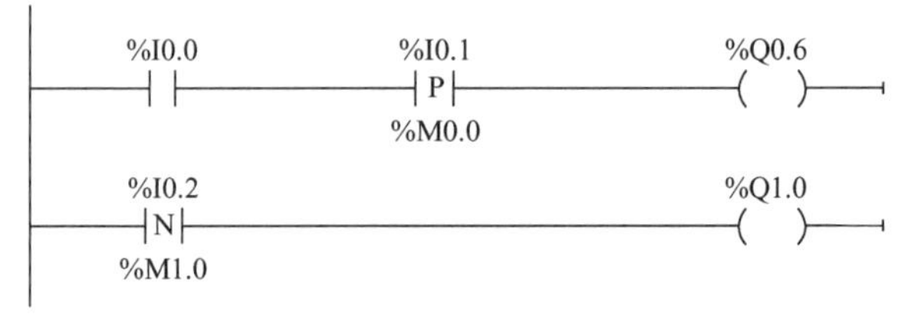

图 1-37 边沿检测触点指令应用举例

码 1-8 边沿检测触点指令

2. 边沿检测线圈指令

边沿检测线圈指令包括 P 线圈指令和 N 线圈指令，是当进入线圈的能流中检测到上升沿或下降沿变化时，线圈对应的位地址接通一个扫描周期。线圈边沿指令可以放置在程序段中的任何位置。在图 1-38 中，线圈输入端的信号状态从“0”切换到“1”时，Q0.0 接通一个扫描周期。当 M0.3=0，I0.1=1 时，Q0.2 被置位，此时 M0.2=0，当 I0.1 从“1”到“0”时，M0.2 接通一个扫描周期，Q0.2 仍为 1。

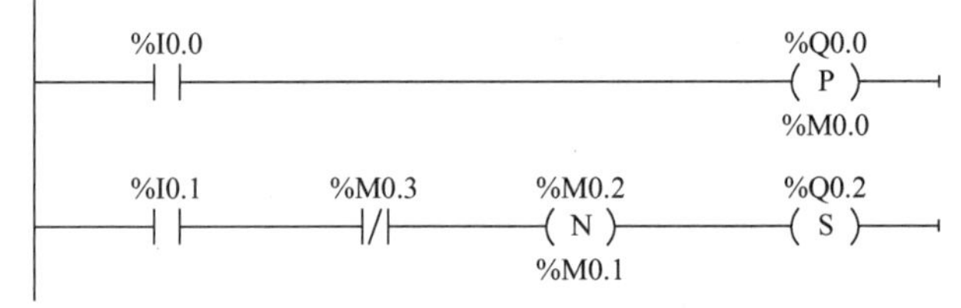

图 1-38 边沿检测线圈指令应用举例

3. TRIG 边沿检测指令

TRIG 边沿检测指令包括 P_TRIG 和 N_TRIG 指令，当在“CLK”输入端检测到上升沿或下降沿时，输出端接通一个扫描周期。在图 1-39 中，当 I0.0 和 M0.0 相与的结果有一个上升沿时，Q0.3 接通一个扫描周期，I0.0 和 M0.0 相与的结果保存在 M1.0 中。当 I1.2 从“1”到“0”时，M2.0 接通一个扫描周期，此行中的 N_TRIG 指令功能同 I1.2 下边沿检测触点指令。

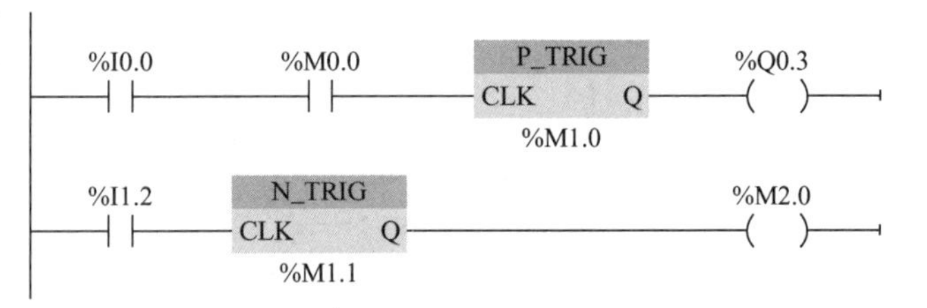

图 1-39 TRIG 边沿检测指令应用举例

注意：P_TRIG 和 N_TRIG 指令不能放在电路的开始处和结束处。

1.8 案例3 进给电动机的PLC控制

1.8.1 目的

1）掌握触点指令和线圈输出指令的应用。
2）掌握S7-1200 PLC输入/输出接线方法。
3）掌握TIA博途编程软件的简单使用。
4）掌握S7-1200 PLC项目的下载方法。
5）掌握PLC的控制过程。

1.8.2 任务

使用S7-1200 PLC实现镗床进给电动机的控制。机床上进给电动机主要做快速进给运动，以点动控制为主，本案例的任务主要是用S7-1200 PLC对电动机实现点动控制。

1.8.3 步骤

1. I/O分配

在PLC控制系统中，较为重要的是确定PLC的输入和输出元器件。对于初学者来说，经常搞不清哪些元器件应该作为PLC的输入，哪些元器件应该作为PLC的输出。其实很简单，只要记住一个原则即可：发出指令的元器件作为PLC的输入，如按钮、开关等；执行动作的元器件作为PLC的输出，如接触器、电磁阀、指示灯等。

根据本案例任务要求，按下按钮SB时，交流接触器KM线圈得电，电动机直接起动并运行（即快速移动）；松开按钮SB时，交流接触器KM线圈失电，电动机则停止运行（即停止移动）。可以看出，发出指令元器件是按钮，则SB作为PLC的输入元器件；通过交流接触器KM的线圈得失电，其主触点闭合与断开，使得电动机运行或停止，则执行元器件为交流接触器KM的线圈，即交流接触器KM的线圈应作为PLC的输出元件。根据上述分析，进给电动机的PLC控制I/O分配如表1-7所示。

表1-7 进给电动机的PLC控制I/O分配表

输入		输出	
输入继电器	元器件	输出继电器	元器件
I0.0	按钮SB	Q0.0	交流接触器KM线圈

2. 主电路及I/O接线图

根据控制要求，进给电动机应为直接起动，其主电路如图1-40所示。而根据表1-7可绘制出进给电动机PLC控制的I/O接线图，如图1-41所示。

如不特殊说明，本书均采用CPU 1214C（AC/DC/RLY，交流电源/直流输入/继电器输出）型西门子 S7-1200 PLC。

注意：对于继电器输出型 PLC 的输出端子来说，允许额定电压为 AC 5~250 V，或 DC 5~30 V，故接触器的线圈额定电压应为 220 V 及以下。

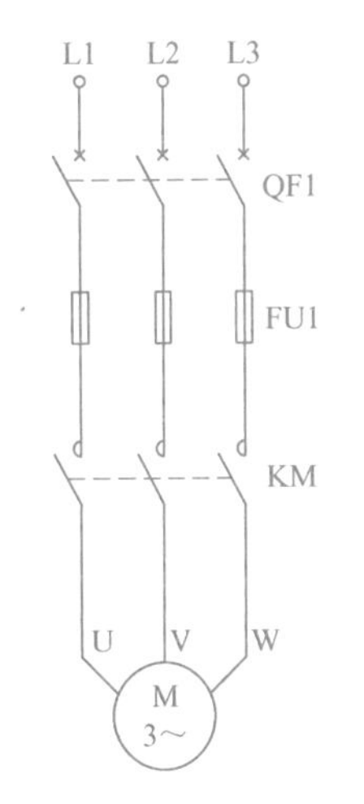

图 1-40　进给电动机控制主电路

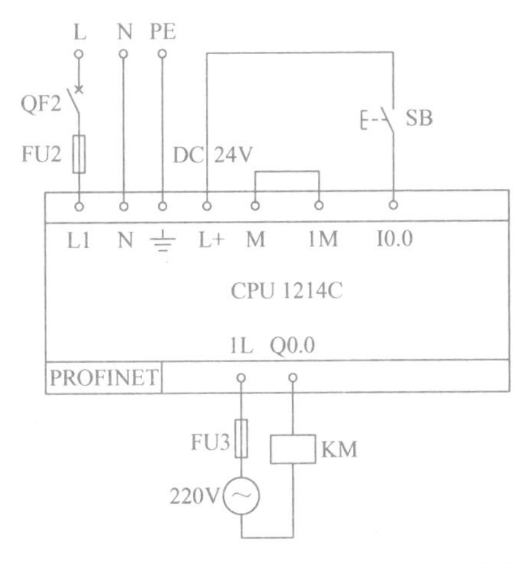

图 1-41　进给电动机的 PLC 控制的 I/O 接线图

3. 硬件连接

（1）主电路连接

首先使用导线将三相断路器 QF1 的出线端与熔断器 FU1 的进线端对应相连接，其次使用导线将熔断器 FU1 的出线端与交流接触器 KM 主触点的进线端对应相连接，最后使用导线将交流接触器 KM 主触点的出线端与电动机 M 的电源输入端对应相连接，电动机连接成星形或三角形，取决于所选用电动机铭牌上的连接标注。

（2）控制电路连接

在连接控制电路之前，必须断开 S7-1200 PLC 的电源。

首先进行 PLC 输入端的外部连接：使用导线将 PLC 本身自带的 DC 24 V 负极性端子 M 与其相邻的接线端子 1M（PLC 输入信号的内部公共端）相连接，将 DC 24 V 正极性端子 L+与按钮 SB 的进线端相连接，将按钮 SB 的出线端与 PLC 输入端 I0.0 相连接；

其次进行 PLC 输出端的外部电路连接：使用导线将交流电源 220 V 的火线端 L 经熔断器 FU3 后接至 PLC 输出点内部电路的公共端 1L，将交流电源 220 V 的零线端 N 接到交流接触器 KM 线圈的出线端，将交流接触器 KM 线圈的进线端与 PLC 输出端 Q0.0 相连接。

注意：S7-1200 PLC 的电源端在左上方，以太网接口在左下方，输入端在上方，输出端在下方。

4. 创建工程项目

（1）创建项目

双击桌面上的图标，打开博途编程软件，在 Portal 视图中选择“创建新项目”，输入项目名称“M_Diandong”，选择项目保存路径，然后单击“创建”按钮创建项目完成。

（2）硬件组态

选择“组态设备”选项，单击“添加新设备”，在“控制器”中选择 CPU 1214C AC/DC/RLY V4.1 版本（当然，在此用户必须选择与硬件一致的 CPU 型号及版本号），双击选中的 CPU 型号或单击左下角的“添加”按钮，添加新设备成功，并弹出编程窗口。

（3）编写程序

单击项目树下的“程序块”，打开“程序块”文件夹，用鼠标双击主程序块 Main[OB1]，在项目树的右侧，即编程窗口中显示程序编辑器窗口。打开程序编辑器时，自动选择程序段 1，如图 1-42a 所示。

单击程序编辑器工具栏上的常开触点按钮 ⊣⊢，（或打开指令树中基本指令列表“位逻辑运算”文件夹后，双击文件夹中常开触点行 ⊣⊢ -||-），在程序行的最左边出现一个常开触点，触点上面红色的问号 <??.?> 表示地址未赋值，同时在“程序段 1”的左边出现 ⊗ 符号，表示此程序段正在编辑中，或有错误，如图 1-42b 所示。

继续单击程序编辑器工具栏上的常开触点按钮 -()-（或打开指令树中基本指令列表“位逻辑运算”文件夹后，双击文件夹中线圈行 -()- -( )-），在梯形图的最右端出现一个线圈，如图 1-42c 所示。单击或双击常开触点上方 <??.?> 处输入常开触点的地址 I0.0（不区分大小写），输入完成后，按 1 次计算机的〈Enter〉键或单击或双击线圈上方 <??.?> 处，或输完地址 I0.0 后连续按两次计算机的〈Enter〉键，光标自动移至下一需要输入地址处，再输入线圈的地址 Q0.0，如图 1-42d 所示。每生成一个触点或线圈时，也可在它们的上方立即添加相应的地址。程序段编辑正确后，左边的 ⊗ 符号自动消失。

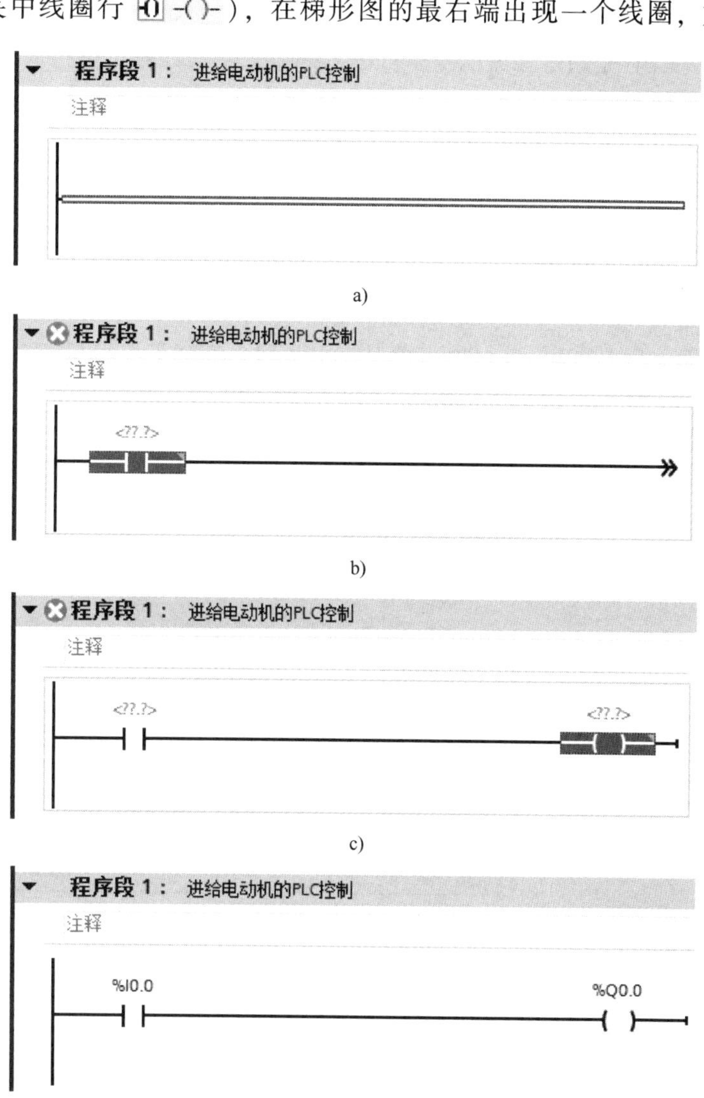

图 1-42 生成的梯形图

可以将常用的编程元件拖放到指令列表的“收藏夹”文件夹中，在编程时比较方便。

可以在“程序段 1：”后面或下一行的程序段的“注释”行中注明本程序段的程序注释。为了扩大编辑器视窗，可单击工具栏中的“启用/禁用程序段注释”图标 ☰ 隐藏或显示程序段的注释。也可以将鼠标的光标放在 OB1 的程序区最上面的分隔条上，按住鼠标左键，往上拉动分隔条来扩大编辑器视窗。分隔条上面是代码块的接口（Interface）区，下面是程序区。将分隔条拉至编辑器视窗的顶部，不再显示接口区，但是它仍然存在。单击代码块的“块接口”水平条，代码块的接口区又重新出现，或单击“块接口”下方的倒三角按钮。使用编辑器视窗右上角的最大化图标□来使编辑窗口最大化，再通过单击最大化窗口右上角的嵌入图标□使编辑器视窗恢复。

程序编写后，需要对其进行编译。单击程序编辑器工具栏上的“编译”按钮，对项目进行编译。如果程序错误，编译后在编辑器下面的巡视窗口中将会显示错误的具体信息。必须改正程序中所有的错误才能下载。如果没有编译程序，在下载之前博途编程软件将会自动地对程序进行编译。

用户编写或修改程序时，应对其保存，即使程序块没有输入完整，或者有错误，也可以保存项目，只要单击工具栏上的“保存项目”按钮 保存项目 便可。

5. 通信设置和项目下载

CPU 是通过以太网与运行 TIA 博途软件的计算机进行通信。计算机直接连接单台 CPU 时，可以使用标准的以太网电缆，也可以使用交叉以太网电缆。一对一的通信不需要交换机，两台以上的设备通信则需要交换机。下载之前得先对 CPU 和计算机进行正确的通信设置，方可保证成功下载。

（1）CPU 的 IP 设置

双击项目树中 PLC 文件夹内的“设备组态”，或单击巡视窗口设备名称（添加新设备时，设备名称默认为 PLC_1），打开该 PLC 的设备视图。选中 CPU 后再单击巡视窗口的“属性”选项，在“常规”选项卡中选中“PROFINET 接口”下的“以太网地址”，可以采用（图 1-43 所示）的右边窗口默认的 IP 地址和子网掩码，设置的地址在下载后才起作用。

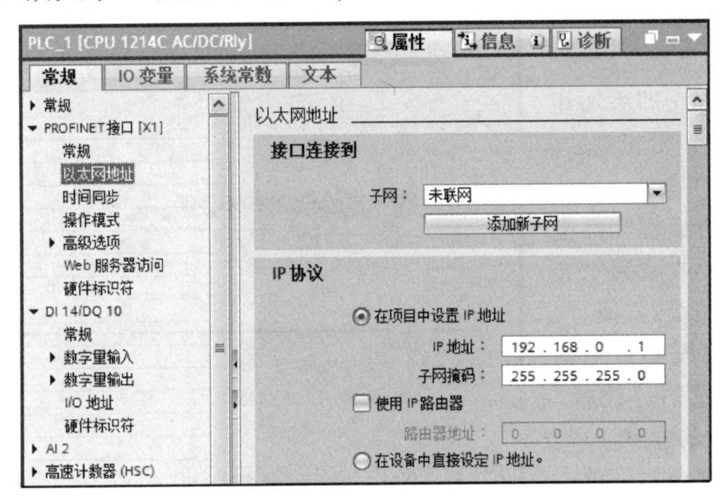

图 1-43　设置 CPU 集成的以太网接口的 IP 地址

子网掩码的值通常为 255. 255. 255. 0，CPU 与编程设备的 IP 地址中的子网掩码应完全相同。同一个子网中各设备的子网内的地址不能重叠。如果在同一个网络中有多个 CPU，除了一台 CPU 可以保留出厂时默认的 IP 地址，必须将其他 CPU 默认的 IP 地址更改为网络中唯一的 IP 地址，以避免与其他网络用户冲突。

（2）计算机网卡的 IP 设置

如果是 Windows 7 操作系统，用以太网电缆连接计算机和 CPU，并接通 PLC 电源。打开

"控制面板"，单击"查看网络状态和任务"，再单击"本地连接"（或用鼠标右键单击桌面上的"网络"图标，选择"属性"），打开"本地连接状态"对话框，单击"属性"按钮，在"本地连接属性"对话框中（如图 1-44 所示），选中"此连接使用下列项目"列表框中的"Internet 协议版本 4"，单击"属性"按钮，打开"Internet 协议版本 4（TCP/IPv4）属性"对话框。用单选框选中"使用下面的 IP 地址"，输入 PLC 以太网端口默认的子网地址 192.168.0.×，IP 地址的第 4 个字节是子网内设备的地址，可以取 0~255 的某个值，但是不能与网络中其他设备的 IP 地址重叠。单击"子网掩码"输入框，自动出现默认的子网掩码 255.255.255.0。一般不用设置网关的 IP 地址。设置结束后，单击各级对话框中的"确定"按钮，最后关闭"本地连接"对话框。

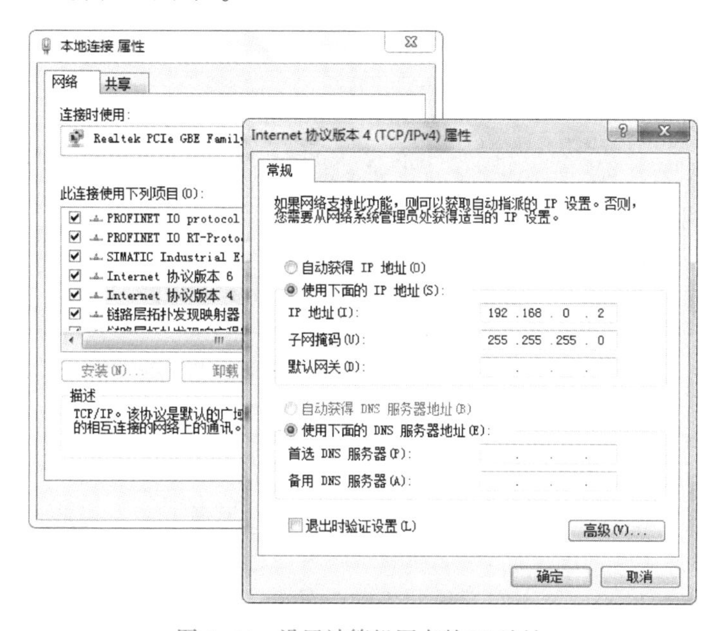

图 1-44　设置计算机网卡的 IP 地址

如果是 Windows XP 操作系统，打开计算机的控制面板，用鼠标双击其中的"网络连接"图标。在"网络连接"对话框中，用鼠标右键单击通信网卡对应的连接图标，如"本地连接"图标，执行出现的快捷菜单中的"属性"命令，打开"本地连接属性"对话框。选中"此连接使用下列项目"列表框最下面的"Internet 协议（TCP/IP）"，单击"属性"按钮，打开"Internet 协议（TCP/IP）属性"对话框，设置计算机网卡的 IP 地址和子网掩码。

（3）项目下载

做好上述准备后，选中项目树中的设备名称"PLC_1"，单击工具栏上的"下载"按钮，（或执行菜单命令"在线"→"下载到设备"）打开"扩展的下载到设备"对话框，如图 1-45 所示。将"PG/PC 接口的类型"选择为"PN/IE"，如果计算机上有不止一块以太网卡（如笔记本式计算机一般有一块有线网卡和一块无线网卡），用"PG/PC 接口"选择为实际使用的网卡。

选中复选框"显示所有兼容的设备"，单击"开始搜索"按钮，经过一段时间后，在下面的"目标子网中的兼容设备"列表中，出现网络上的 S7-1200 CPU 和它的以太网地址，计算机与 PLC 之间的连线由断开变为接通。CPU 所在方框的背景色变为实心的橙色，表示 CPU 进入在线状态，此时"下载"按钮变为亮色，即有效状态。

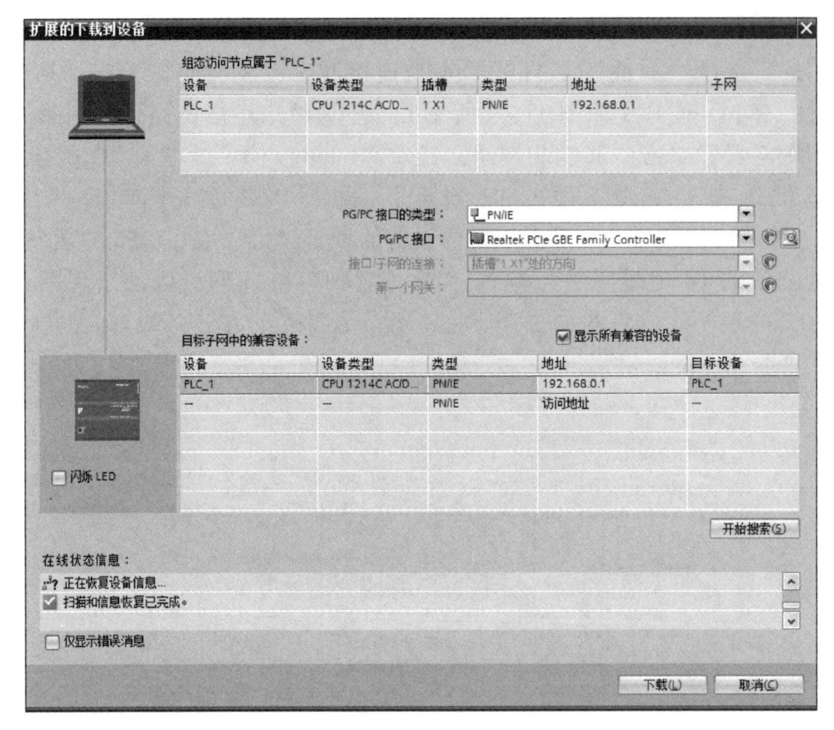

图 1-45　扩展的下载对话框

如果同一个网络上有多个 CPU，为了确认设备列表中的 CPU 与硬件设备中哪个 CPU 相对应，可选中列表中的某个 CPU，单击左边的 CPU 图标下面的“闪烁 LED”复选框，对应的硬件设备 CPU 上的 3 个运行状态指示灯闪烁，再次单击“闪烁 LED”复选框，3 个运行状态指示灯停止闪烁。

选中列表中的 S7-1200，单击右下角“下载”按钮，编程软件首先对项目进行编译，并进行装载前检查（如图 1-46 所示），如果出现检查有问题，此时单击“无动作”后的倒三角按钮，选择“全部停止”，此时“下载”按钮会再次变为亮色，单击“下载”按钮，开始装载组态，完成组态后，单击“完成”按钮，即下载完成。

下载预览

下载前检查

状态	!	目标	消息	动作
	!	PLC_1	由于不满足前提条件，将不执行下载！	
	!	停止模块	模块因下载到设备而停止。	无动作
		软件	将软件下载到设备	一致性下载
		文本库	下载所有报警文本和文本列表文本	一致性下载

刷新

完成　下载　取消

图 1-46　下载前检查对话框

单击工具栏上的“起动 CPU”图标 将 PLC 切换到 RUN 模式，RUN/STOP LED 变为绿色。

打开以太网接口上面的盖板，通信正常时 Link LED（绿色）亮，Rx/Tx LED（橙色）周期性闪动。

（4）上载程序块

为了上载 PLC 中的程序，首先要生成一个新的项目。在项目中生成一个 PLC 设备，其型号和订货号与实际的硬件相同。

用以太网电缆连接好编程计算机和 CPU 的以太网接口后，打开文件夹“PLC_1”和“在线访问”，选中使用的网卡 Realtek PCle GBE Family Controller，双击“更新可访问的设备”选项，在巡视窗口“信息”栏中会出现“扫描接口 Realtek PCle GBE Family Controller 上的设备已完成。在网络上找到了 1 个设备。”然后在此网卡下显示已连接上的 PLC 的 IP 地址，如图 1-47 所示。

单击已连接上的 PLC 的 IP 地址，打开其文件夹，单击打开其中“程序块”文件夹，会看到文件夹中有一主程序块“Main[OB1]”，用鼠标双击打开此主程序组织块，即将已连接上的 PLC 中的程序上传到计算机中。S7-1200 和 S7-200 及 S7-300/400 不同，它在项目下载时，其中的变量表和程序中的注释都下载到 CPU 中，因此在上传时可以得到 CPU 中的变量表和程序中的注释，它们对于程序的阅读是非常有用的。

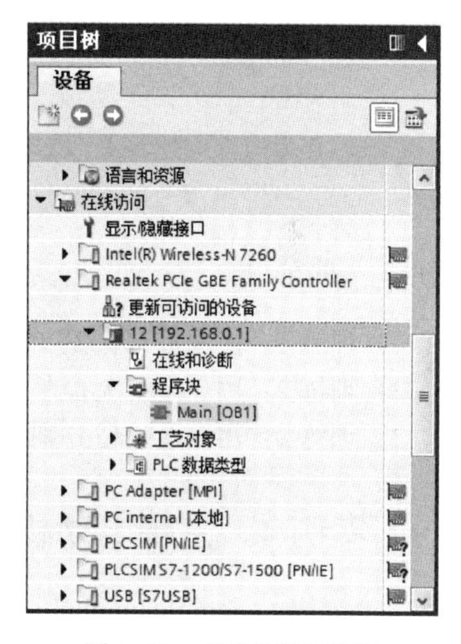

图 1-47 在线访问对话框

（5）上传硬件配置

上传硬件配置的操作步骤如下。

1）将 CPU 连接到编程设备上，创建一个新的项目。

2）添加一个新设备，但要选择“非特定的 CPU 1200”，而不是选择具体的 CPU。

3）执行菜单命令“在线”→“硬件检测”，打开“PLC_1 的硬件检测”对话框。选择“PG/PC 接口的类型”为“PN/IE”和“PG/PC 接口”为“Realtek PCle GBE Family Controller”，然后单击“开始搜索”按钮，找到 CPU 后，单击选中“所选接口的兼容可访问节点”列表中的设备，单击右下角的“检测”按钮，此时在设备视图窗口便可看到已上传的 CPU 和所有模块（SM、SB 或 CM）的组态信息。如果已为 CPU 分配了 IP 地址，将会上传该 IP 地址，但不会上传其他设置（如模拟量 I/O 的属性）。必须在设备视图中手动组态 CPU 和各模块的配置。

6. 调试程序

本案例项目下载完成后，先断开主电路电源，按下按钮 SB，使其常开触点接通，观察交流接触器 KM 线圈是否得电？再松开，使其常开触点断开，观察交流接触器 KM 线圈是否失电？若上述现象与控制要求一致，则程序编写正确，且 PLC 的外部线路连接正确。

在程序及控制线路均正确无误后，合上主电路的断路器 QF1，再按上述方法进行调试，如果电动机起停正常，则说明本案例控制任务实现。

上述通过按钮的控制过程分析如下：如图 1-48 所示（将 PLC 的输入电路等效为一个输入继电器线圈），合上断路器 QF1→接通按钮 SB→输入继电器 I0.0 线圈得电→其常开触点接通→线圈

Q0.0 中有信号流流过→输出继电器 Q0.0 线圈得电→其常开触点接通→接触器 KM 线圈得电→其常开主触点接通→电动机起动并运行。

松开按钮 SB→输入继电器 I0.0 线圈失电→其常开触点复位断开→线圈 Q0.0 中没有信号流流过→输出继电器 Q0.0 线圈失电→其常开触点复位断开→接触器 KM 线圈失电→其常开主触点复位断开→电动机停止运行。

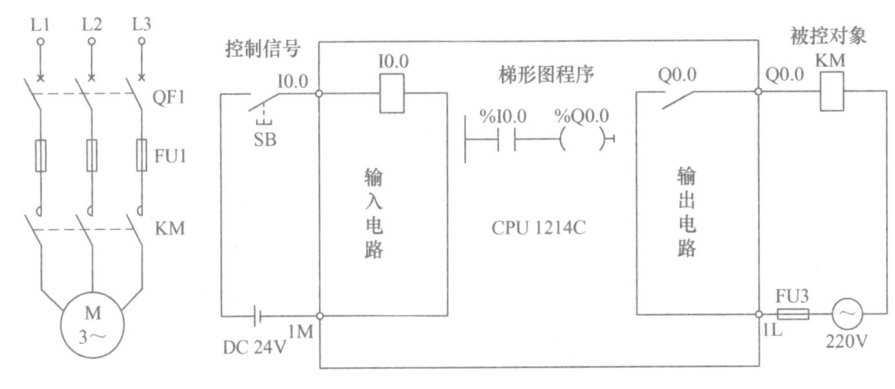

图 1-48　控制过程分析图

1.8.4　训练

1）训练 1：使用外部直流 24 V 电源作为 PLC 的输入信号电源实现本案例。

2）训练 2：用一个开关控制一盏直流 24 V 指示灯的亮灭。

3）训练 3：用两个按钮分别实现两台电动机的点动运行控制。

1.9　案例 4　主轴电动机的 PLC 控制

1.9.1　目的

1）掌握自锁和互锁的编程方法。

2）掌握热继电器在 PLC 控制中的应用。

3）掌握输入信号外部电源连接方法。

4）掌握变量表的使用。

1.9.2　任务

使用 S7-1200 PLC 实现机床主轴电动机的控制。机床主轴电动机在对机械零件加工时需要连续正向或反向运行。本案例的任务主要是用 S7-1200 PLC 对电动机实现正反向连续运行控制。

1.9.3　步骤

1. I/O 分配

根据 PLC 输入/输出点分配原则及本案例控制要求，进行 I/O 地址分配，如表 1-8 所示，在此将热继电器触点接到 PLC 的输出回路。

表 1-8　主轴电动机的 PLC 控制 I/O 分配表

输　入		输　出	
输入继电器	元器件	输出继电器	元器件
I0. 0	停止按钮 SB1	Q0. 0	正向接触器 KM1 线圈
I0. 1	正向起动按钮 SB2	Q0. 1	反向接触器 KM2 线圈
I0. 2	反向起动按钮 SB3		

2. 主电路及 I/O 接线图

根据控制要求及表 1-8 的 I/O 分配表，主轴电动机的 PLC 控制的主电路如图 1-49 所示，I/O 接线图如图 1-50 所示。因电动机正转时不能反转，反转时不能正转，除在程序中要设置互锁外，还须在 PLC 输出线路中设置电气互锁。

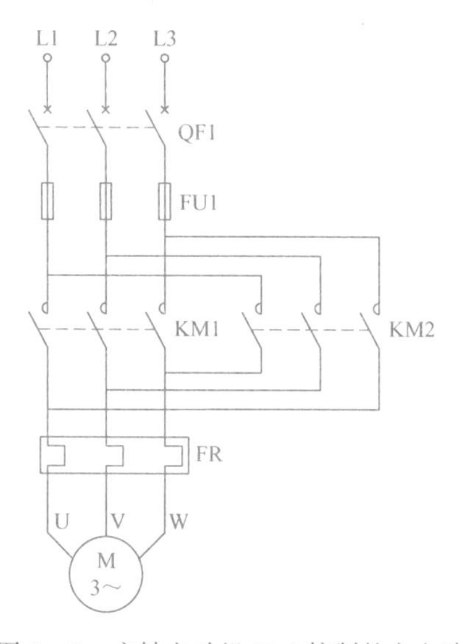

图 1-49　主轴电动机 PLC 控制的主电路

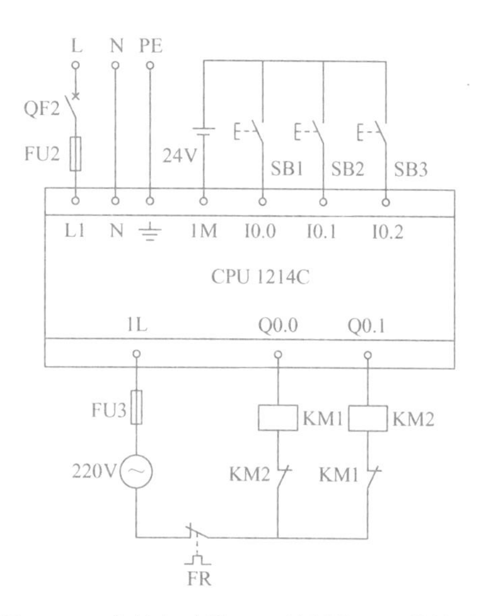

图 1-50　主轴电动机 PLC 控制的 I/O 接线图

3. 创建工程项目

用鼠标双击桌面上的图标，打开博途编程软件，在 Portal 视图中选择“创建新项目”，输入项目名称“M_ZFlianxu”，选择项目保存路径，然后单击“创建”按钮创建项目完成。硬件组态过程同案例 3，不需要信号模块、通信模块和信号板，后续项目若未做特殊说明亦同本项目。

码 1-9　数字量输入输出端口的配置

4. 编辑变量表

在软件较为复杂的控制系统中若使用的输入/输出点较多，在阅读程序时每个输入/输出点对应的元器件不易熟记，因此使用符号地址则会大大提高阅读和调试程序的便利。S7-1200 提供变量表功能，可以用变量表来定义变量的符号地址或常数的符号。可以为存储器类型 I、Q、M、DB 等创建变量表。

(1) 生成和修改变量

打开项目树的“PLC 变量”文件夹，用鼠标双击其中的“添加新变量表”，在“PLC 变量”文件夹下生成一个新变量表，名称为“变量表_1 [0]”，其中“0”表示目前变量表里没有变量。用鼠标双击打开新生成的变量表（如图 1-51 所示），在变量表的“名称”列输入变量的名称；单击“数据类型”列右侧隐藏的按钮，设置变量的数据类型（只能使用基本数据类型），在此项目中，均为“BOOL”型；在“地址”列输入变量的绝对地址，“%”是自动添加的。

首先用 PLC 变量表定义变量的符号地址，然后在用户程序中使用它们。也可以在变量表中修改自动生成的符号地址的名称。图 1-51 为主轴电动机 PLC 控制的变量表。

变量表_1

	名称	数据类型	地址	保持	可从 HMI 访问	在 HMI 可见	注释
1	停止SB1	Bool	%I0.0		☑	☑	
2	正向起动SB2	Bool	%I0.1		☑	☑	
3	反向起动SB3	Bool	%I0.2		☑	☑	
4	正转KM1	Bool	%Q0.0		☑	☑	
5	反转KM2	Bool	%Q0.1		☑	☑	
6	<添加>				☑	☑	

图 1-51　主轴电动机 PLC 控制的变量表

（2）变量表中变量的排序

单击变量表中的“地址”，其后出现向上的三角形，各变量按地址的第一个字母（I、Q 和 M 等）升序排列（从 A 到 Z）。再单击一次该单元，各变量按地址的第一个字母降序排列。可以用同样的方法，根据变量的名称和数据类型等来排列变量。

（3）快速生成变量

用鼠标右键单击变量“正转 KM1”，执行出现的快捷菜单中的“插入行”命令，在该变量上面出现一个空白行。选中变量“正转 KM1”左边的标签，用鼠标按住标签左下角的蓝色小正方形不放，向下拖动鼠标，在空白行生成新的变量，它继承了上一行的变量“正转 KM1”的数据类型和地址，其名称为上一行名称依次增 1；或选中“名称”，然后鼠标按住右下角的蓝色小正方形不放，向下拖动鼠标，也同样生成一个或多个新的相同数据和地址类型。如果选中最下面一行的变量并向下拖动，可以快速生成多个同类型的变量。

（4）设置变量的断电保持功能

单击编程窗口工具栏上的按钮，可以用打开的“保持性存储器”对话框设置 M 区从 MB0 开始的具有断电保持功能的字节数，如图 1-52 所示。设置后有保持功能的 M 区的变量的“保持性”列的多选框中出现“√”。将项目下载到 CPU 后，M 区的保持功能起作用。

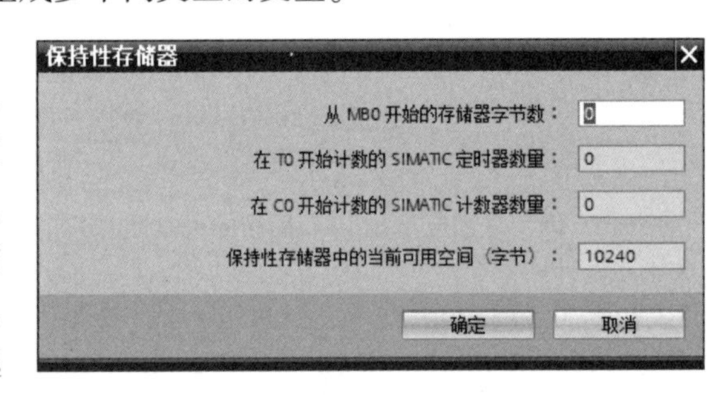

图 1-52　设置保持性存储器

（5）设置程序中地址的显示方式

单击编程窗口工具栏上的按钮可以用下拉式菜单选择只显示绝对地址、只显示符号地址，或同时显示两种地址。

单击编程窗口工具栏上的按钮可以在上述 3 种地址显示方式之间切换。

（6）全局变量与局部变量

PLC 变量表中的变量可用于整个 PLC 中所有的代码块，在所有代码块中具有相同的意义和唯一的名称，可以在变量表中，为输入 I、输出 Q 和位存储器 M 的位、字节、字和双字定义全局变量。在程序中，全局变量被自动添加双引号，如“停止 SB1”。

局部变量只能在它被定义的块中使用，而且只能通过符号寻址访问，同一个变量的名称可以在不同的块中分别使用一次。可以在块的接口区定义块的输入/输出参数（Input、Output 和 Inout 参数）和临时数据（Temp），以及定义 FB 的静态变量（Static）。在程序中，局部变量被自动添加#号，如“#正向起动 SB2”。

（7）使用详细窗口

打开项目树下的详细窗口，选中项目树中的“PLC 变量”，详细窗口显示出变量表中的符号。可以将详细窗口中的符号地址或代码块的接口区中定义的局部变量，拖放到程序中需要设置地址的<??.?>处。拖放到已设置的地址上时，原来的地址将会被替换。

5. 编写程序

根据要求，使用起保停方法编写本案例如图 1-53 所示。在此编程过程中，需要运用编程窗口工具栏中的打开分支按钮和关闭分支按钮。

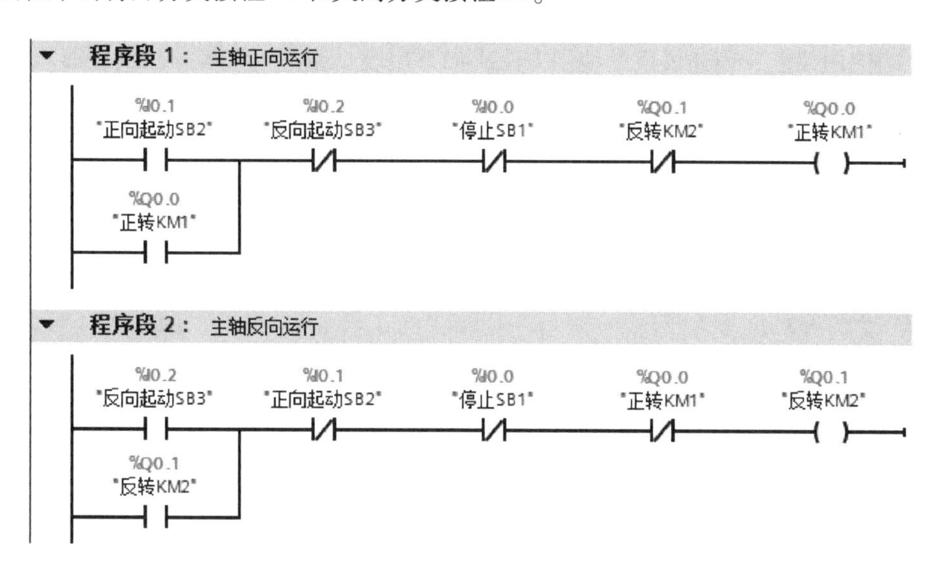

图 1-53　主轴电动机的 PLC 控制程序

6. 调试程序

按照案例 3 介绍的方法将本案例程序下载到 CPU 中。首先进行控制电路的调试，确定程序编写及控制线路连接正确的情况下再接通主电路，进行整个系统的联机调试。按下正向起动按钮 SB2，观察电动机是否正向起动并运行，再按下反向起动按钮 SB3，观察电动机能否反向起动并运行。同样，先反向起动电动机，再按正向起动按钮，观察电动机的运行状态是否与控制要求一致。若上述调试现象与控制要求一致，则说明本案例任务实现。

1.9.4　训练

1）训练 1：用置位/复位指令及触发器的置位/复位指令实现本案例，并且要求将热继电器触点作为输入信号。

2）训练 2：用 PLC 实现电动机点动和连续运行的控制，要求用一个转换开关、一个起动按钮和一个停止按钮实现其控制功能。

3）训练 3：用 PLC 实现电动机自动往返的控制，即正向运行时遇到末端行程开关则反向运行，反向运行时遇到首端行程开关则正向运行，如此循环，直至按下停止按钮。

1.9.5 进阶

维修电工中级（四级）职业资格考试中，PLC 部分由“实操+笔试”组成，考核时间为 120 min，要求考生按照电气安装规范，依据提供的继电器-接触器控制系统的主电路及控制电路原理图绘制 PLC 的 I/O 接线图，正确完成 PLC 控制线路的安装、接线和调试。

笔试部分涉及：

1）正确识读给定的电路图，将控制电路部分改为 PLC 控制，正确绘制 PLC 的 I/O 口接线图并设计 PLC 梯形图。

2）正确使用工具，简述工具的使用注意事项，如电烙铁、剥线钳、螺钉旋具等。

3）正确使用仪表，简述仪表的使用方法，如万用表、钳形电流表、兆欧表等。

4）了解安全文明生产方面知识？

操作部分涉及：

1）按照电气安装规范，依据所提供的主电路和绘制的 I/O 接线图正确完成 PLC 控制线路的安装和接线。

2）正确编制程序并输入到 PLC 中。

3）通电试运行。

本部分考核相对简单，主要涉及的指令为 PLC 中的位逻辑指令、定时器及计数器指令，现列举部分考题仅供参考。

任务 1：用 PLC 实现电动机的点动和连续运行复合控制的装调，所提供的继电器-接触器控制电路如图 1-54 所示，即使用两个起动按钮和一个停止按钮实现电动机的点动和连续运行复合控制功能。请读者根据图 1-54 的电路及控制功能自行绘制 PLC 的 I/O 接线图，并编写相应控制程序。

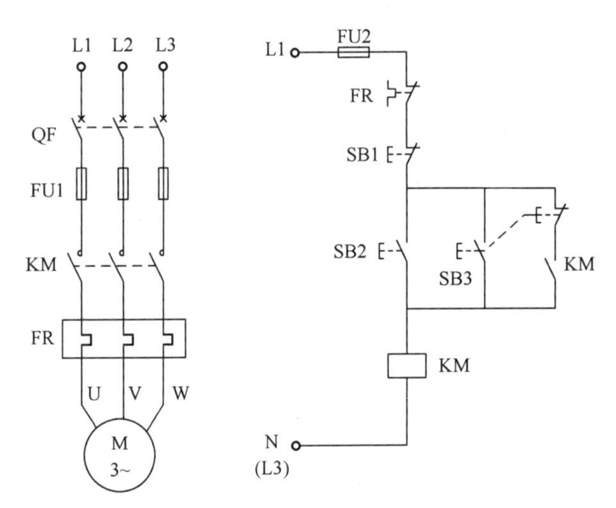

图 1-54　电动机的点动和连续运行复合控制电路

有些读者会使用移植法将图 1-54 转换为相应的梯形图，结果按下点动和连续按钮电动机均连续运行。原因是继电器-接触器式控制系统与 PLC 的工作原理不同，前者同一元器件的所有触点同时处于受控状态，后者梯形图中各个软继电器都处于周期循环扫描工作状态，即线圈工作和它触点动作并不同时发生。

注意：有的考题要求使用一个起动按钮、一个停止按钮和一个转换开关实现点动和连续运行复合控制功能，此控制电路请读者自行绘制，并且用 PLC 实现其控制功能。

任务 2：要求用 PLC 实现三相交流异步电动机位置控制的装调，所提供的继电器-接触器控制电路如图 1-55 所示。请根据图 1-55 电路及控制功能自行绘制 PLC 的 I/O 接线图并编写相应控制程序。

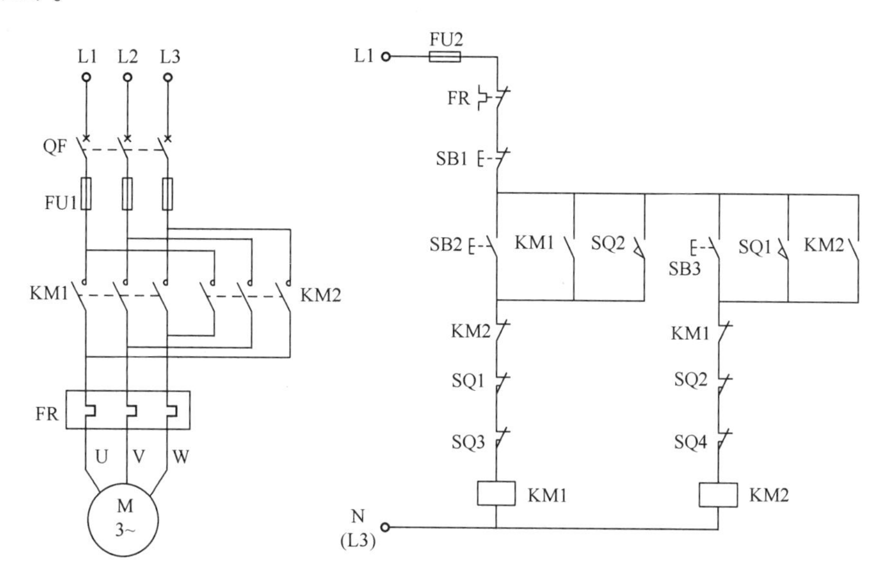

图 1-55　三相交流异步电动机位置控制电路

1.10　定时器及计数器指令

1.10.1　定时器指令

S7-1200 PLC 提供了 4 种类型的定时器，如表 1-9 所示。

表 1-9　S7-1200 PLC 的定时器

类　　型	功 能 描 述
脉冲定时器（TP）	脉冲定时器可生成具有预设宽度时间的脉冲
接通延时定时器（TON）	接通延时定时器输出 Q 在预设的延时过后设置为 ON
关断延时定时器（TOF）	关断延时定时器输出 Q 在预设的延时过后设置为 OFF
保持型接通延时定时器（TONR）	保持型接通延时定时器输出在预设的延时过后设置为 ON

定时器的作用类似于继电器-接触器控制系统中的时间继电器，但种类和功能比时间继电器强大得多。在使用 S7-1200 的定时器时需要注意每一个定时器都使用一个存储在数据块中的结构来保存定时器数据，而 S7-200、S7-300/400 中的定时器不需要。在程序编辑器中放置定时器时即可分配该数据块，可以采用默认设置，也可以手动自行设置。在函数块中放置定时器指令后，可以选择多重背景数据块选项，各数据结构的定时器结构名称可以不同。

1. 脉冲定时器

在梯形图中输入脉冲定时器指令时，打开右边的指令窗口，将“定时器操作”文件夹中的定时器指令拖放到梯形图中适当的位置。在出现的“调用选项”对话框中，可以修改将要生成的背景数据块的名称，或采用默认的名称，单击“确定”按钮，自动生成数据块。

脉冲定时器类似于数字电路中上升沿触发的单稳态电路，其应用如图1-56a所示，图1-56b为其工作时序图。在图1-56a中，“%DB1”表示定时器的背景数据块（此处只显示了绝对地址，因此背景数据块地址显示为“%DB1”，也可设置显示符号地址），TP表示脉冲定时器。脉冲定时器的工作原理如下。

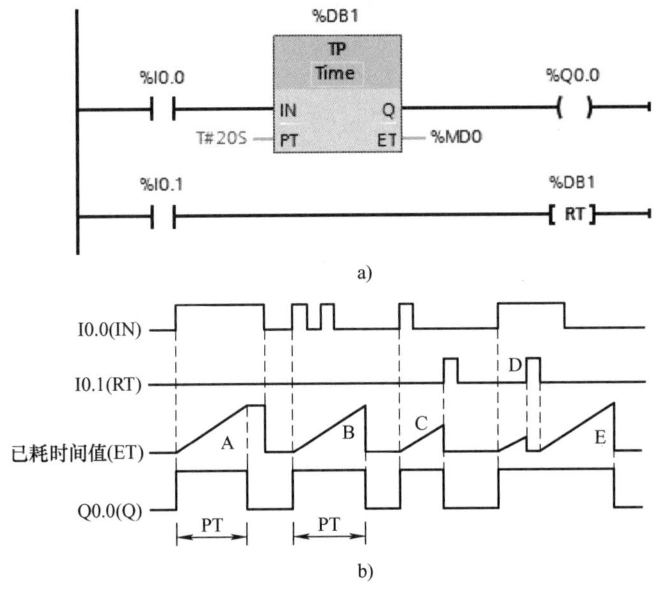

图1-56 脉冲定时器及其时序图

a）脉冲定时器 b）时序图

1）起动：当输入端IN从“0”变为“1”时，定时器起动，此时输出端Q也置为“1”，开始输出脉冲。到达PT（Preset Time）预置的时间时，输出端Q变为“0”状态（见图1-56b波形A、B、E）。IN输入的脉冲宽度可以小于Q端输出的脉冲宽度。在脉冲输出期间，即使IN输入发生了变化又出现上升沿（见波形B），也不影响脉冲的输出。到达预设值后，如果IN输入为“1”，则定时器停止定时且保持当前定时值。若IN输入为“0”，则定时器定时时间清零。

2）输出：在定时器定时过程中，输出端Q为“1”，定时器停止定时，不论是保持当前值还是清零当前值其输出皆为0。

3）复位：当图1-56a中的I0.1为“1”时，定时器复位线圈（RT）通电，定时器被复位。如果此时正在定时，且IN输入为“0”状态，将使已耗时间值清0，Q输出也变为0（见波形C)。如果此时正在定时，且IN输入为“1”状态，将使已耗时间值清0，Q输出保持为“1”状态（见波形D)。如果复位信号I0.1变为“0”状态时，如果IN输入为“1”状态，将重新开始定时（见波形E)。

图1-56a ET（Elapsed Time）为已耗时间值，即定时开始后经过的时间，它的数据类型为32位的Time，采用T#标识符，单位为ms，最大定时时间长达T#24D_20H_31M_23S_647MS（D、H、M、S、MS分别为日、小时、分、秒和毫秒），可以不给输出ET指定地址。

用1.11节中介绍的程序状态功能可以监控已耗时间值的变化情况，定时开始后，已耗时间值从0ms开始不断增大，达到PT预置的时间时，如果IN为“1”状态，则已耗时间值保持不变。如果IN为“0”状态，则已耗时间值变为0s。

定时器指令可以放在程序段的中间或结束处。IEC定时器没有编号，在使用对定时器复位的RT（Reset Time）指令时，可以用背景数据块的编号或符号名来指定需要复位的定时器。如果没有必要，不用对定时器使用RT指令。

打开定时器的背景数据块后（在项目树的“程序块”的系统块中双击打开其背景数据块），可以看到其结构含义如图1-57所示，其他定时器的背景数据块也是类似，不再赘述。

IEC_Timer_0_DB

	名称	数据类型	启动值	保持性	可从 HMI ...	在 HMI ...	设置值	注释
1	▼ Static			☐	☐	☐	☐	
2	ST	Time	T#0ms	☐	☑	☑	☐	
3	PT	Time	T#0ms	☐	☑	☑	☐	
4	ET	Time	T#0ms	☐	☑	☑	☐	
5	RU	Bool	false	☐	☐	☐	☐	
6	IN	Bool	false	☐	☑	☑	☐	
7	Q	Bool	false	☐	☑	☑	☐	

图 1-57　定时器的背景数据块结构

【例 1-1】 按下起动按钮 I0.0，电动机立即直接起动并运行，工作 2h 后自动停止。在运行过程中若发生故障（如过载），或按下停止按钮 I0.1，电动机立即停止运行，如图 1-58 所示。

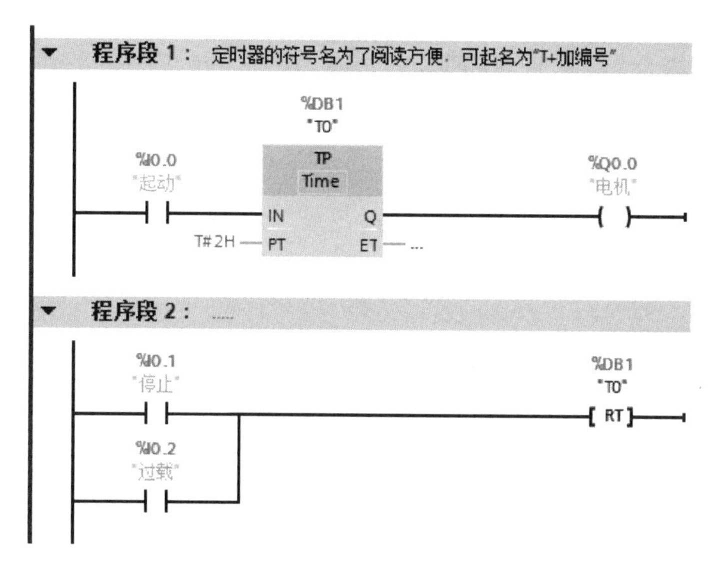

图 1-58　电动机起动运行后自动停止程序——使用脉冲定时器

2. 接通延时定时器

接通延时定时器如图 1-59a 所示，图 1-59b 为其工作时序图。在图 1-59a 中，“%DB2”表示定时器的背景数据块，TON 表示接通延时定时器。接通延时定时器的工作原理如下。

1）起动：接通延时定时器的使能输入端 IN 的输入电路由“0”变为“1”时开始定时。定时时间大于等于预置时间 PT 指定的设定值时，定时器停止计时且保持为预设值，即已耗时间值 ET 保持不变（见图 1-59b 的波形 A），只要输入端 IN 为“1”，定时器就一直起作用。

2）输出：当定时时间到，且输入 IN 为“1”，此时输出 Q 变为“1”状态。

3）复位：IN 输入端的电路断开时，定时器被复位，已耗时间值被清零，输出 Q 变为“0”状态。CPU 第一次扫描时，定时器输出 Q 被清零。如果 IN 输入在未达到 PT 设定的时间变为“0”（见波形 B），输出 Q 保持“0”状态不变。图 1-59a 中的 I0.1 为“1”状态时，定时器复位线圈 RT 通过（见波形 C），定时器被复位，已耗时间值被清零，Q 输出端变为“0”状态。I0.1 变为“0”状态，如果 IN 输入为“1”状态，将开始重新定时（见波形 D）。

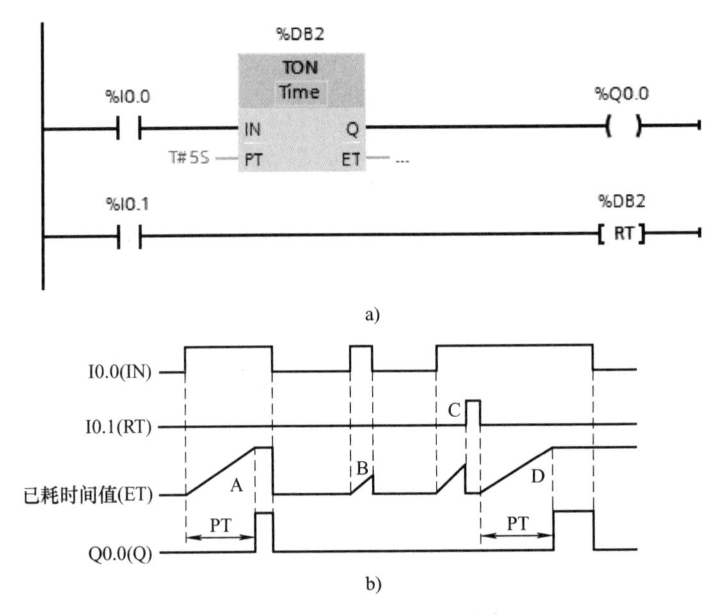

图 1-59　接通延时定时器及其时序图

a）接通延时定时器　b）时序图

【例 1-2】 使用接通延迟定时器实现【例 1-1】中电动机的起停控制，如图 1-60 所示。

码 1-10　接通延时定时器指令

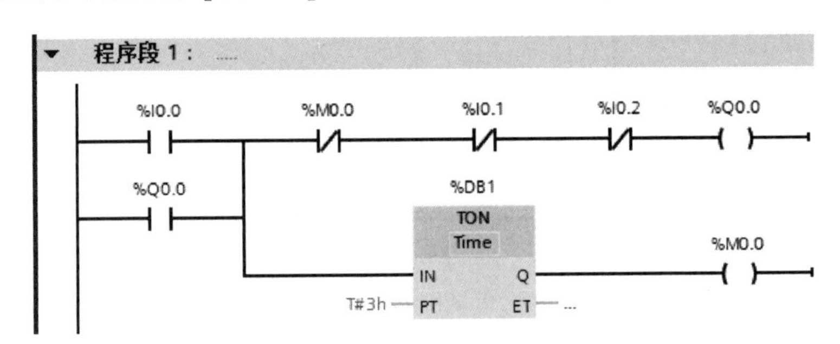

图 1-60　电动机起动运行后自动停止程序——使用接通延时定时器

3. 关断延时定时器

关断延时定时器如图 1-61a 所示，图 1-61b 为其工作时序图。在图 1-61a 中，TOF 表示关断延时定时器。关断延时定时器的工作原理如下。

1）起动：关断延时定时器的 IN 输入由“0”变为“1”时，定时器尚未定时且当前定时值清零。当 IN 输入由“1”变为“0”时，定时器起动开始定时，已耗时间值从 0 逐渐增大。当定时器时间到达预设值时，定时器停止计时并保持当前值（见图 1-61a 波形 A）。

2）输出：当 IN 输入从“0”变为“1”时，输出 Q 变为“1”状态，如果 IN 输入又变为“0”，则输出继续保持“1”，直到到达预设的时间。如果已耗时间未达到 PT 设定的值时，IN 输入又变为“1”状态，输出 Q 将保持 1 状态（见波形 B）。

3）复位：当I0.1为“1”时，定时器复位线圈RT通电。如果IN输入为“0”状态，则定时器被复位，已耗时间值被清0，输出Q变为“0”状态（见波形C）。如果复位时IN输入为“1”状态，则复位信号不起使用（见波形D）。

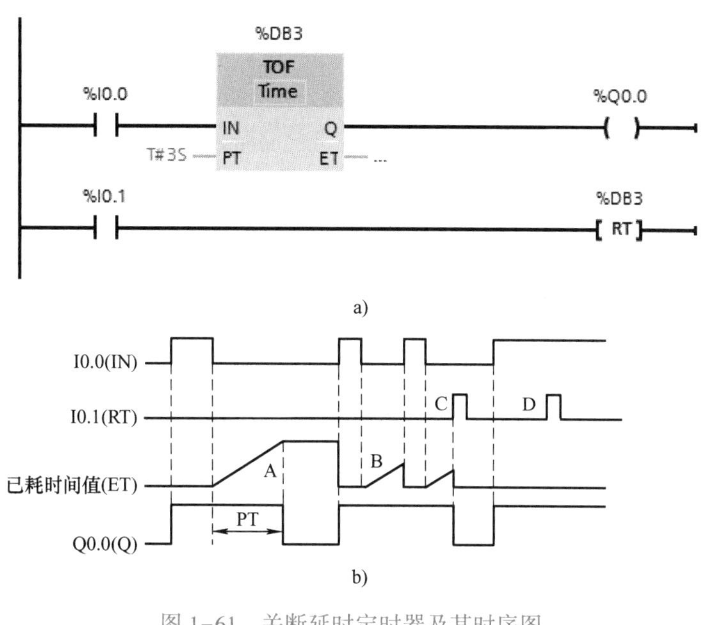

图1-61　关断延时定时器及其时序图

a）关断延时定时器　b）时序图

【例1-3】 使用关断延迟定时器实现电动机停止后其冷却风扇延时2 min后停止，如图1-62所示。

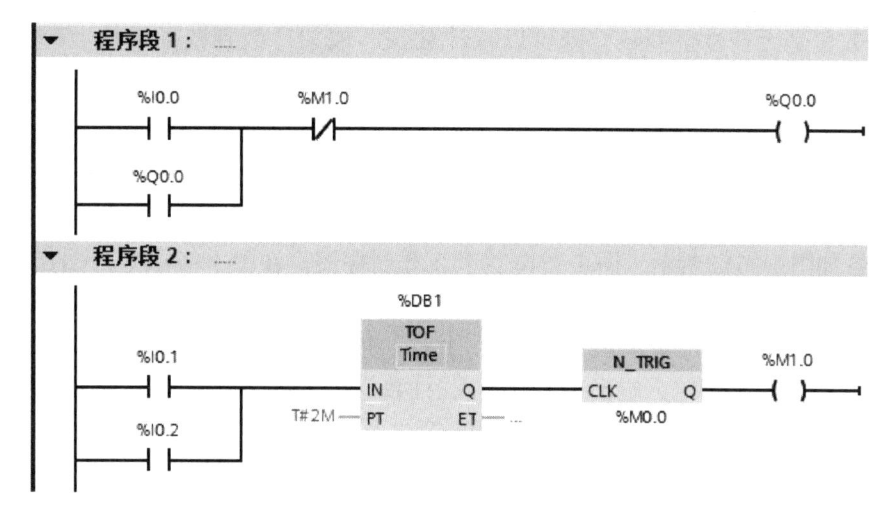

图1-62　冷却风扇延时停止程序

4. 保持型接通延时定时器

保持型接通延时定时器如图1-63a所示，图1-63b为其工作时序图。在图1-63a中，TONR表示保持型接通延时定时器。其工作原理如下。

1）起动：当定时器的 IN 输入从“0”到“1”时，定时器起动开始定时（见图 1-63b 波形 A 和 B），当 IN 输入变为“0”时，定时器停止工作并保持当前计时值（累计值）。当定时器的 IN 输入又从“0”变为“1”时，定时器继续计时，当前值继续增加。如此重复，直到定时器当前值达到预设值时，定时器停止计时。

2）输出：当定时器计时时间到达预设值时，输出端 Q 变为“1”状态（见波形 D）。

3）复位：当复位输入 I0.1 为“1”时（见波形 C），TONR 被复位，它的累计时间值变为 0，同时输出 Q 变为“0”状态。

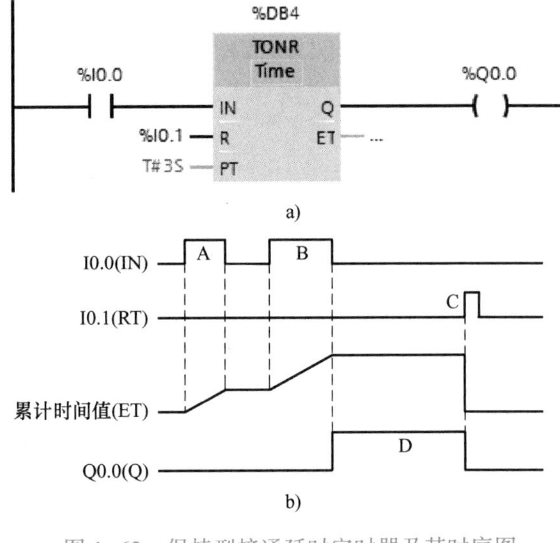

图 1-63　保持型接通延时定时器及其时序图

a）保持型接通延时定时器　b）时序图

1.10.2　计数器指令

S7-1200 PLC 提供 3 种计数器：加计数器、减计数器和加减计数器。它们属于软件计数器，其最大计数速率受到它所在 OB 的执行速率的限制。如果需要速度更高的计数器，可以使用内置的高速计数器。

与定时器类似，使用 S7-1200 的计数器时，每个计数器需要使用一个存储在数据块中的结构来保存计数器数据。在程序编辑器中放置计数器即可分配该数据块，可以采用默认设置，也可以手动自行设置。

使用计数器需要设置计数器的计数数据类型，计数值的数据范围取决于所选的数据类型。如果计数值是无符号整型数，则可以减计数到零或加计数到范围限值。如果计数值是有符号整数，则可以减计数到负整数限值或加计数到正整数限值。支持的数据类型包括有短整数 SInt、整数 Int、双整数 DInt、无符号短整数 USInt、无符号整数 UInt、无符号双整数 UDInt。

1. 加计数器

加计数器如图 1-64a 所示，图 1-64b 为其工作时序图。在图 1-64a 中，CTU 表示加计数器，图中计数器数据类型是整数，预设值 PV（Preset Value）为 3，其工作原理如下。

当接在 R 输入端的复位输入 I0.1 为“0”状态，接在 CU（Count Up）输入端的加计数脉冲从“0”到“1”时（即输入端出现上升沿），计数值 CV（Count Value）加 1，直到 CV 达到指定的数据类型的上限值。此后 CU 输入的状态变化不再起作用，即 CV 的值不再增加。

当计数值 CV 大于等于预置计数值 PV 时，输出 Q 变为“1”状态，反之为“0”状态。第一次执行指令时，CV 被清零。

各类计数器的复位输入 R 为“1”状态时，计数器被复位，输出 Q 变为“0”状态，CV 被清零。

打开计数器的背景数据块，可以看到其结构如图 1-65 所示，其他计数器的背景数据块与此类似，不再赘述。

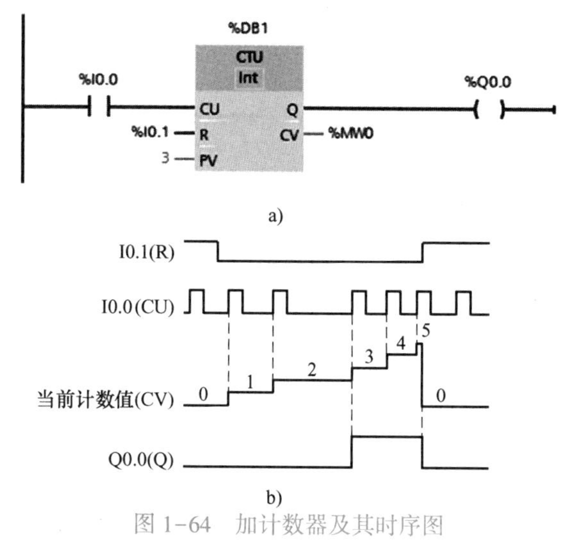

图 1-64　加计数器及其时序图

a）加计数器　b）时序图

IEC_Counter_0_DB

	名称	数据类型	启动值	保持性	可从 HMI 访问	在 HMI 中可见	设置值	注释
1	▼ Static			☐	☐	☐	☐	
2	CU	Bool	false	☑	☑	☑	☐	
3	CD	Bool	false	☑	☑	☑	☐	
4	R	Bool	false	☑	☑	☑	☐	
5	LD	Bool	false	☑	☑	☑	☐	
6	QU	Bool	false	☑	☑	☑	☐	
7	QD	Bool	false	☑	☑	☑	☐	
8	PV	Int	0	☑	☑	☑	☐	
9	CV	Int	0	☑	☑	☑	☐	

图 1-65　计数器的背景数据块结构

2. 减计数器

码 1-11　加计数器指令

减计数器如图 1-66a 所示，图 1-66b 为其工作时序图。在图 1-66a 中，CTD 表示减计数器，图中计数器数据类型是整数，预设值 PV 为 3，其工作原理如下。

减计数器的装载输入 LD（LOAD）为“1”状态时，输出 Q 被复位为 0，并把预置值 PV 装入 CV。在减计数器 CD（Count Down）的上升沿，当前计数值 CV 减 1，直到 CV 达到指定的数据类型的下限值。此后 CD 输入的状态变化不再起作用，CV 的值不再减小。

当前计数值 CV 小于等于 0 时，输出 Q 为“1”状态，反之输出 Q 为“0”状态。第一次执行指令时，CV 值被清零。

3. 加减计数器

加减计数器如图 1-67a 所示，图 1-67b 为其工作时序图。在图 1-67 中，CTUD 表示加减计数器，图中计数器数据类型是整数，预设值 PV 为 3，其工作原理如下。

在加计数输入 CU 的上升沿，加减计数器的当前值 CV 加 1，直到 CV 达到指定的数据类型的上限值。达到上限值时，CV 不再增加。

在减计数输入 CD 的上升沿，加减计数器的当前值 CV 减 1，直到 CV 达到指定的数据类型的下限值。达到下限值时，CV 不再减小。

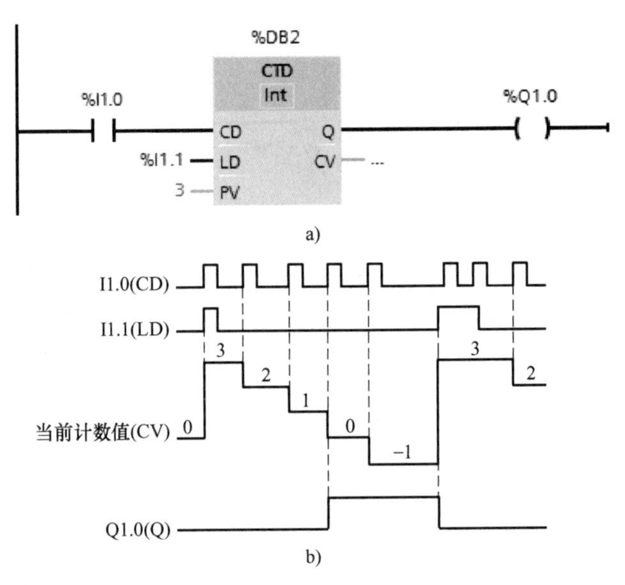

图 1-66　减计数器及其时序图
a）减计数器　b）时序图

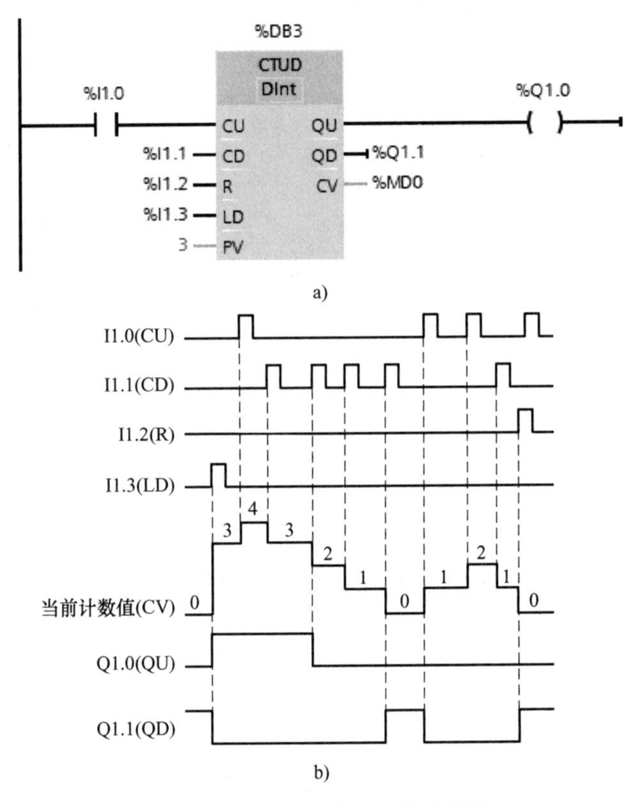

图 1-67　加减计数器及其时序图
a）加减计数器　b）时序图

如果同时出现计数脉冲 CU 和 CD 的上升沿，CV 保持不变。CV 大于等于预置值 PV 时，输出 QU 为“1”状态，反之为“0”状态。CV 值小于等于 0 时，输出 QD 为“1”状态，反之为“0”状态。

装载输入 LD 为“1”状态，预置值 PV 被装入当前计数值 CV，输出 QU 变为“1”状态，QD 被复位为“0”状态。

复位输入 R 为“1”状态时，计数器被复位，CU、CD、LD 不再起作用，同时当前计数值 CV 被清零，输出 QU 变为“0”状态，QD 被复位为“1”状态。

1.11 案例 5 主轴及润滑电动机的 PLC 控制

1.11.1 目的

1）掌握定时器指令的应用。

2）掌握不同电压等级负载的连接方法。

3）掌握使用程序状态功能调试程序的方法。

1.11.2 任务

使用 S7-1200 PLC 实现车床主轴及润滑电动机的控制：为了保护车床主轴电动机，主轴电动机在加工零件前需要润滑电动机（润滑油泵用的电动机）先行起动，然后主轴电动机才能起动；主轴电动机停止以后润滑油泵电动机才能停止，即实现两台电动机的顺序起动和逆序停止的控制，在此时间间隔均为 5 s，同时要求两电动机有运行指示。

1.11.3 步骤

1. I/O 分配

根据 PLC 输入/输出点分配原则及本案例控制要求，进行 I/O 地址分配，如表 1-10 所示。

表 1-10 主轴及润滑电动机的 PLC 控制 I/O 分配表

输入		输出	
输入继电器	元器件	输出继电器	元器件
I0.0	主轴电动机起动 SB1	Q0.0	主轴电动机 KM1
I0.1	主轴电动机停止 SB2	Q0.1	润滑电动机 KM2
I0.2	润滑电动机起动 SB3	Q0.2	主轴电动机指示 HL1
I0.3	润滑电动机停止 SB4	Q0.3	润滑电动机指示 HL2
I0.4	主轴电动机过载 FR1		
I0.5	润滑电动机过载 FR2		

2. I/O 接线图

根据控制要求及表 1-10 的 I/O 分配表，主轴及润滑电动机的 PLC 控制的主电路在此省略（两台电动机的主电路均为直接起动），本书后续项目如无特殊说明也将主电路省略，其 PLC 控制的 I/O 接线图如图 1-68 所示。

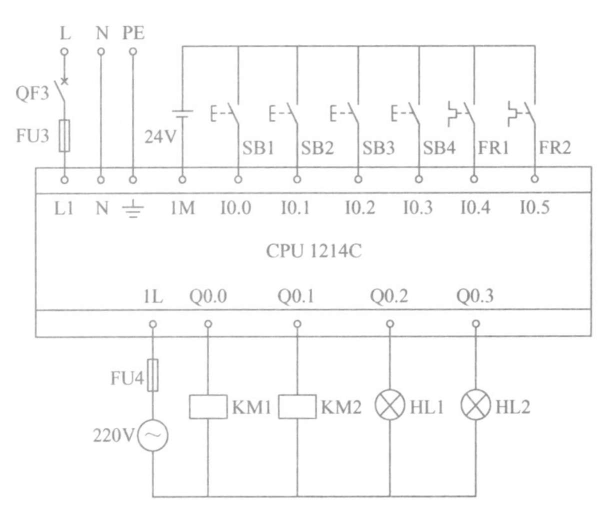

图 1-68　主轴及润滑电动机 PLC 控制的 I/O 接线图

在实际使用中，如果指示灯与交流接触器的线圈电压等级不相同，则不能采用图 1-68 所示的输出回路接法。如指示灯额定电压为直流 24 V，交流接触器的线圈额定电压为交流 220 V，则可采用图 1-69 所示的输出接法。CPU 1214C 输出点共有 10 点，分两组，每组 5 个输出点。其公共端为 1L 的输出点为：Q0. 0~Q0. 4，公共端为 2L 的输出点为：Q0. 5~Q1. 1。

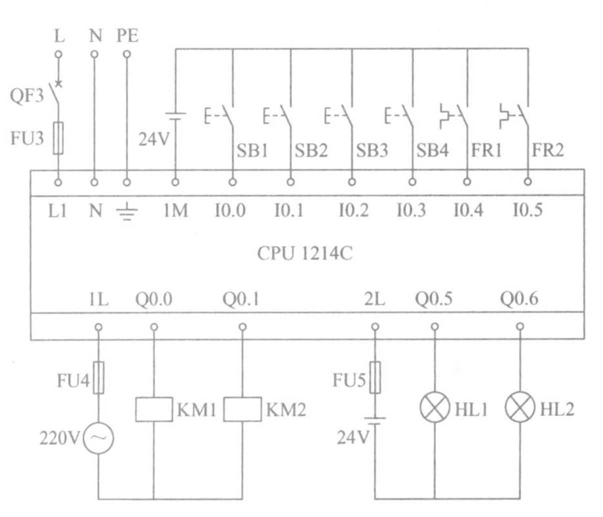

图 1-69　不同电压等级负载的接法之一

如果 PLC 的输出点不够系统分配，而且又需要有系统各种工作状态指示，可采用图 1-70（负载额定电压不同）和图 1-71（负载额定电压相同）所示的输出接法。

3. 创建工程项目

用鼠标双击桌面上的图标，打开博途编程软件，在 Portal 视图中选择“创建新项目”，输入项目名称“ZR_sqnt”，选择项目保存路径，然后单击“创建”按钮创建项目完成，并进行项目的硬件组态。

4. 编辑变量表

按案例 4 介绍的方法生成本案例变量表（只列出 PLC 的输入/输出变量，其他变量未列出，书中以后的案例也如此列出），如图 1-72 所示。

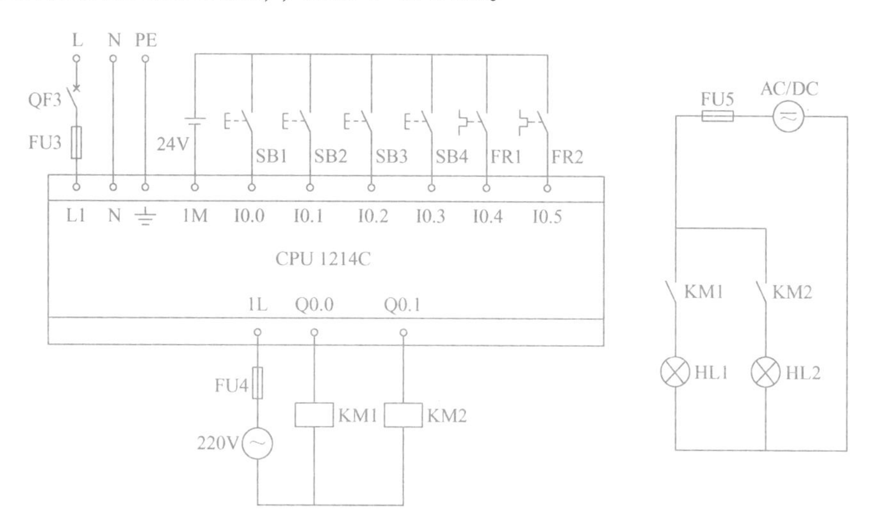

图 1-70　不同电压等级负载的接法之二

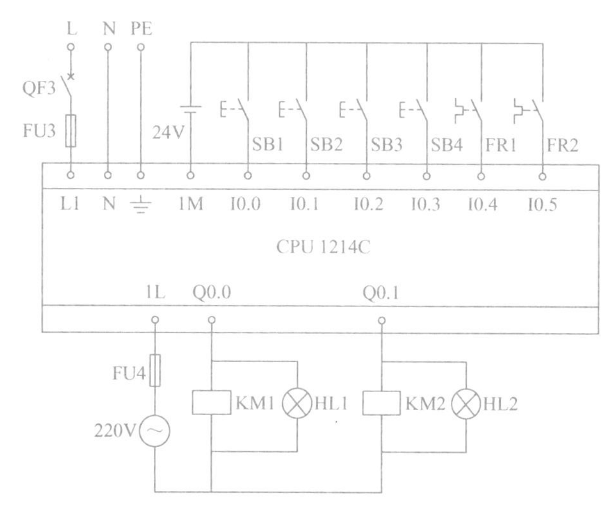

图 1-71　相同电压等级负载并联的接法

ZR_sqnt ▸ PLC_1 [CPU 1214C AC/DC/Rly] ▸ PLC 变量 ▸ 变量表_1 [10]

变量　用户常量

变量表_1

	名称	数据类型	地址	保持	在 H...	可从 ...	...
1	主轴电动机起动SB1	Bool	%I0.0	☐	☑	☑	
2	主轴电动机停止SB2	Bool	%I0.1	☐	☑	☑	
3	润滑电动机起动SB3	Bool	%I0.2	☐	☑	☑	
4	润滑电动机停止SB4	Bool	%I0.3	☐	☑	☑	
5	主轴电动机过载FR1	Bool	%I0.4	☐	☑	☑	
6	润滑电动机过载FR2	Bool	%I0.5	☐	☑	☑	
7	主轴电动机KM1	Bool	%Q0.0	☐	☑	☑	
8	润滑电动机KM2	Bool	%Q0.1	☐	☑	☑	
9	主轴电动机指示HL1	Bool	%Q0.2	☐	☑	☑	
10	润滑电动机指示HL2	Bool	%Q0.3	☐	☑	☑	

图 1-72　主轴及润滑电动机的 PLC 控制变量表

5. 编写程序

根据要求，按图 1-68 所示的 I/O 接线图编写本案例控制程序，如图 1-73 所示。图 1-73 中“Tag（标签）”是系统自动生成的默认的符号名。

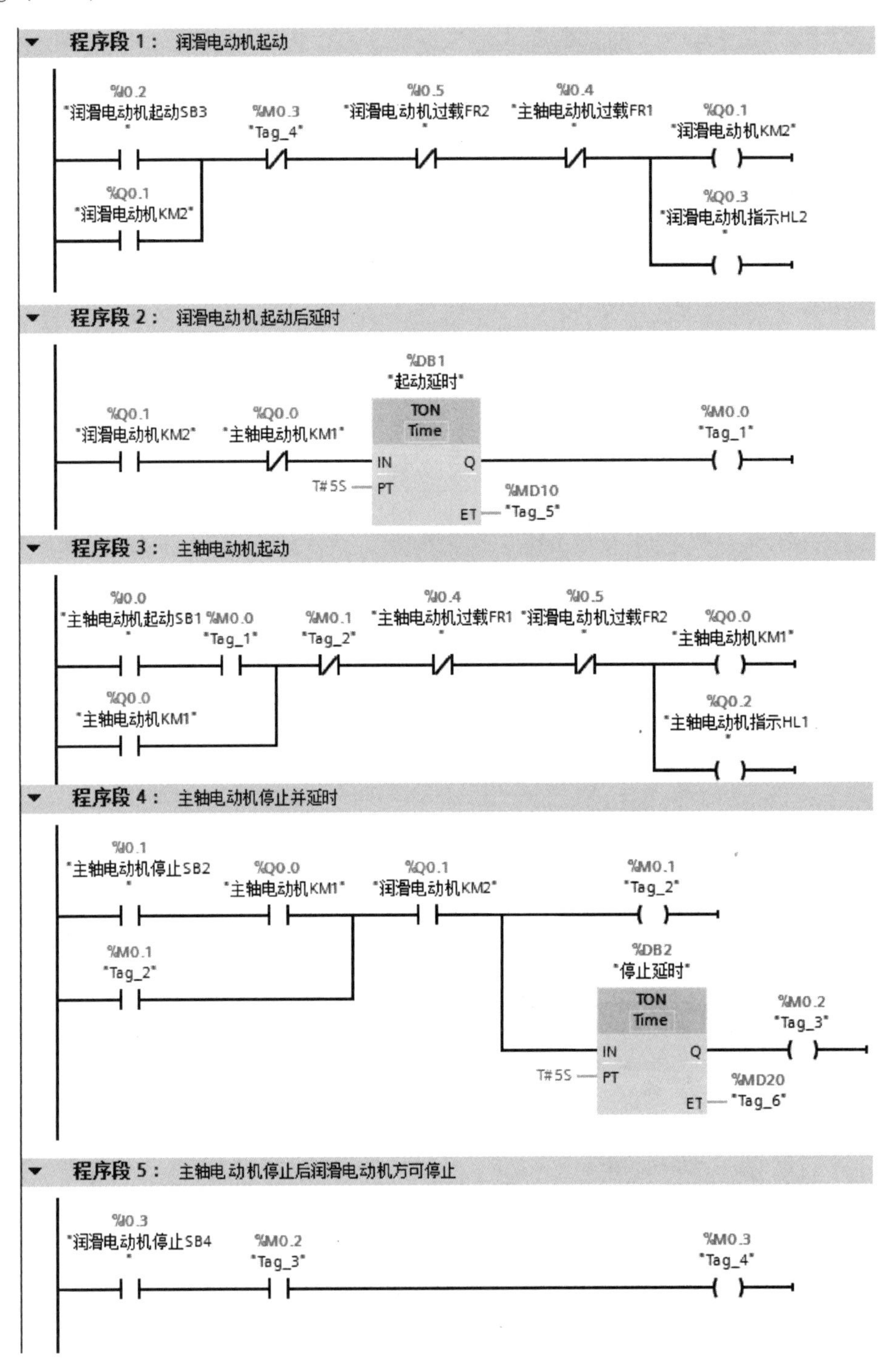

图 1-73 主轴及润滑电动机的 PLC 控制程序

6. 调试程序

对于相对复杂的程序，需要反复调试才能确定程序的正确性，然后方可投入使用。S7-1200 PLC 提供两种调试用户程序的方法：程序状态与监控表（Watch Table）。本节主要介绍程序状态法调试用户程序。当然使用博途软件仿真功能也可调试用户程序，但要求博途软件版本在 V13 及以上，且 S7-1200 PLC 的硬件版本在 V4.0 及以上方可使用该仿真功能。

程序状态可以监视程序的运行，可以显示程序中操作数的值和网络的逻辑运行结果（RLO），可以查找到用户程序的逻辑错误，还可以修改某些变量的值。

（1）起动程序状态监视

与 PLC 建立好在线连接后，打开需要监视的代码块，单击程序编辑器工具栏上的按钮，起动程序状态监视。如果在线（PLC 中的）程序与离线（计算机中的）程序不一致，将会出现警告对话框。需要重新下载项目，在线、离线的项目一致后，才能起动程序状态功能。进入在线模式后，程序编辑器最上面的标题栏变为橘红色。

如果在运行时测试程序出现功能错误，可能会对人员或设备造成严重损害，应确保程序调试完全正确再起动 PLC 以避免出现这样的危险情况。

（2）程序状态的显示

起动程序状态后，梯形图用绿色连续线表示状态满足，即有“能流”流过，见图 1-74 中较浅的实线。用蓝色虚线表示状态不满足，没有能流经过。用灰色连续线表示状态未知或程序没有执行，黑色表示没有连接。

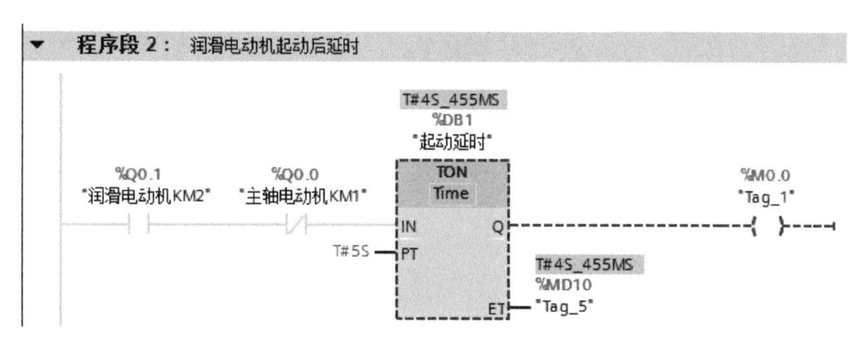

图 1-74　程序状态监视下的程序段 2——M0.0 线圈未得电

Bool 变量为“0”状态和“1”状态时，它们的常开触点和线圈分别用蓝色虚线和绿色连续线来表示，常闭触点的显示与变量状态的关系则反之。

进入程序状态之前，梯形图中的线和软元件因为状态未知，全部为黑色。起动程序状态监视后，梯形图左侧垂直的“电源”线和与它连接的水平线均为连续的绿线，表示有能流从“电源”线流出。有能流经过的处于闭合状态的触点、方框指令、线圈和“导线”均用连续的绿色线表示。

从图 1-74 中可以看出润滑电动机已起动，正处在主轴电动机起动延时阶段，TON 的 IN 输入端有能流流入，开始定时。TON 的已耗时间值 ET 从 0 开始增大，图 1-74 中已耗时间值为 4 s455 ms。当到达 5 s 时，定时器的输出位 M0.0 变为“1”状态，如图 1-75 所示，M0.0 的线圈通电，其常开触点接通，表示此时可以起动主轴电动机。

（3）在程序状态下修改变量的值

用鼠标右键单击程序状态中的某个变量，执行出现的快捷菜单中的某个命令，可以修改该

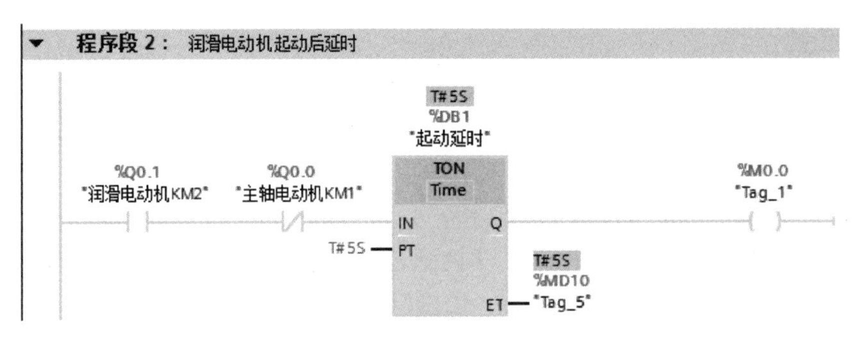

图 1-75　程序状态监视下的程序段 2——M0.0 线圈已得电

变量的值：对于 BOOL 变量，执行命令“修改”→“修改为 1”或“修改为 0”；对于其他数据类型的变量，执行命令“修改”→“修改操作数”；也可以修改变量在程序段中的显示格式，如图 1-76 所示。不能修改连接外部硬件输入电路的输入过程映像寄存器（I）的值。如果被修改的变量同时受到程序的控制（如受线圈控制的 BOOL 变量），则程序控制的作用优先。

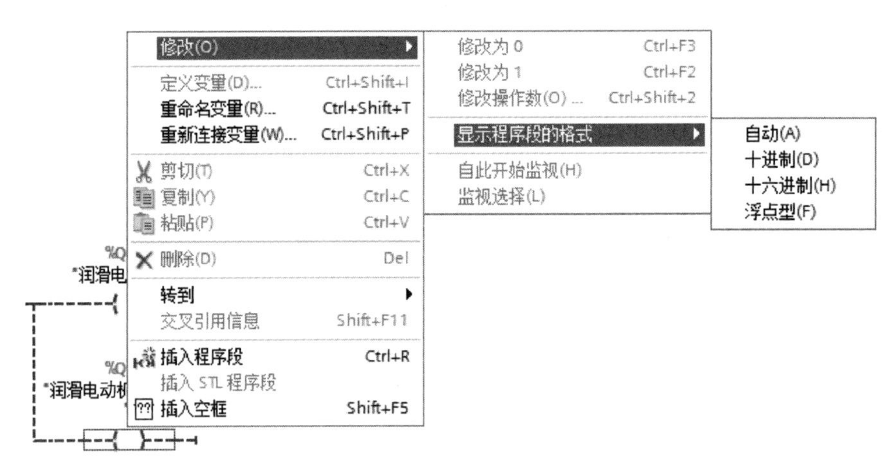

图 1-76　程序状态下修改变量值的对话框

将调试好的用户程序下载到 CPU 中，并连接好线路。按下润滑电动机起动按钮 SB3，观察润滑电动机是否起动并运行，同时观察定时器 DB1 的定时时间，延时 5 s 后，再按下主轴电动机起动按钮 SB1，观察主轴电动机是否起动并运行；按下润滑电动机停止按钮 SB4，观察润滑电动机是否停止运行，同时观察定时器 DB2 的定时时间，延时 5 s 后，再按下主轴电动机停止按钮 SB2，观察主轴电动机是否停止运行。若上述调试现象与控制要求一致，则说明本案例任务实现。

1.11.4　训练

1）训练 1：用定时器指令设计周期为 5 s 和脉宽为 3 s 的振荡电路。

2）训练 2：用定时器指令实现电动机的Y-△降压起动控制，即电动机在起动时将定时绕组接成“Y”形，运行时将定子绕组接成“△”形。

3）训练 3：用 PLC 实现两台小容量电动机的顺序起动和顺序停止控制，要求第一台电动机起动 3 s 后第二台电动机自行起动；第一台电动机停止 5 s 后第二台电动机自行停止。若任一台电动机过载，两台电动机均立即停止运行。

1.11.5 进阶

任务1：维修电工中级（四级）职业资格考核中，有一考题要求由PLC实现三相交流异步电动机可手动切换的星-三角降压起动的控制，并对其进行装调，所提供的继电器-接触器控制电路如图1-77所示。

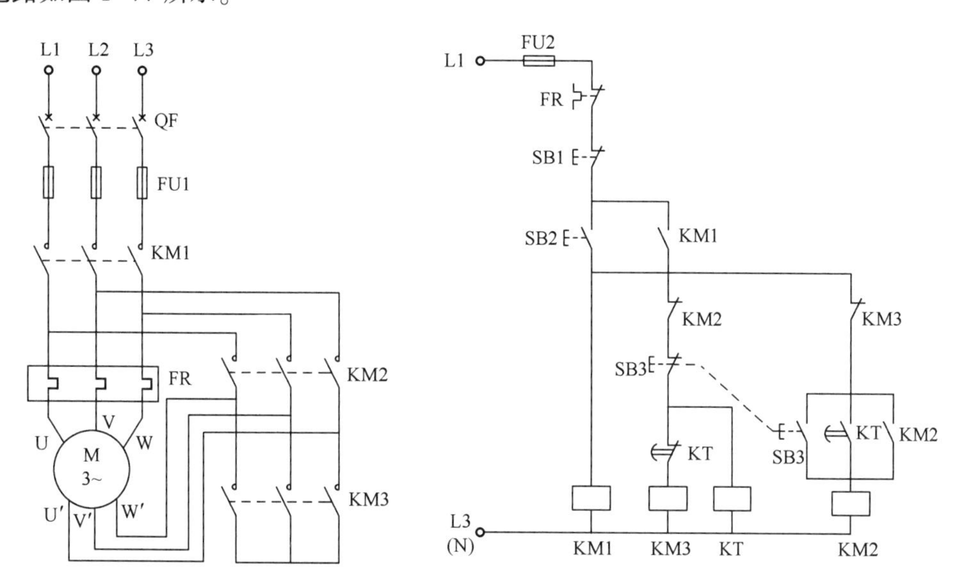

图1-77　三相交流异步电动机可手动切换的星-三角降压起动控制电路

请读者根据图1-77电路及控制功能自行绘制PLC的I/O接线图和编写相应控制程序。

任务2：维修电工中级（四级）职业资格考核中，有一考题要求由PLC实现三组限时抢答器的控制，并对其进行装调。在主持人按下开始按钮10 s内可以抢答，3组抢答按钮中按下任意一个按钮后，显示器能及时显示该组的编号，同时锁住抢答器，使其他组按下抢答按钮无效。如果在主持人按下开始按钮之前进行抢答，则显示器显示该组编号并以秒级闪烁，以示该组违规抢答，直至主持人按下复位按钮。如主持人按下停止按钮，则不能进行抢答，且显示器无显示。

请读者根据上述控制功能自行绘制PLC的I/O接线图、安装控制线路并编写相应控制程序。

任务3：维修电工中级（四级）职业资格考核中，有一考题要求由PLC实现手动切换的交通灯信号灯的控制，并对其进行装调。当转换开关处在“自动”模式时，系统起动后，东西方向绿灯亮25 s，闪烁3 s，黄灯亮3 s；红灯亮31 s；南北方向红灯亮31 s，绿灯亮25 s，闪烁3 s，黄灯亮3 s，如此循环。当转换开关处于“手动”模式时，东西南北方向交通灯切换方式由人工控制，每操作一次“单步”按钮，交通灯切换一次，即东西方向亮绿灯，南北方向亮红，按下单步按钮，东西方向绿灯闪烁3 s，黄灯闪烁3 s，然后东西方向红灯亮，同时，南北方向绿灯亮；再次按下单步按钮，南北方向绿灯闪烁3 s，黄灯闪烁3 s，然后南北方向红灯亮，同时，东西方向绿灯亮，如此循环。无论何时按下停止按钮，交通灯全部熄灭。

请读者根据上述控制功能自行绘制PLC的I/O接线图、安装控制线路并编写相应控制程序。

1.12 案例6 搅拌电动机的PLC控制

1.12.1 目的

1）掌握计数器指令的应用。
2）掌握直流输出型PLC驱动交流负载的方法。
3）掌握系统存储器字节和时钟存储器字节的使用。
4）掌握使用监控表监控和调试程序的方法。

1.12.2 任务

使用S7-1200 PLC实现搅拌电动机的控制。搅拌电动机的工作流程是：正向运行一段时间后，停止一段时间，然后再反向运行一段时间后，再停止一段时间，如此循环。本案例要求，搅拌电动机的正转和反转的时间均为15 s，间隔停止运行时间均为5 s，循环搅拌10次后搅拌工作结束。搅拌结束后要求有一指示灯以秒级周期闪烁。

1.12.3 步骤

1. I/O分配

根据PLC输入/输出点分配原则及本案例控制要求，进行I/O地址分配，如表1-11所示。

表1-11 搅拌电动机的PLC控制I/O分配表

输入		输出	
输入继电器	元器件	输出继电器	元器件
I0.0	搅拌电动机起动SB1	Q0.0	搅拌电动机正转KM1
I0.1	搅拌电动机停止SB2	Q0.1	搅拌电动机反转KM2
I0.2	搅拌电动机过载FR	Q0.2	搅拌电动机指示HL

2. I/O接线图

根据控制要求及表1-11的I/O分配表，搅拌电动机的PLC控制的I/O接线图如图1-78所示。如果用户只有DC/DC/DC型S7-1200 PLC，如何驱动交流类负载呢？应采用图1-79所示电路的连接方法。在很多PLC的工业应用现场，为了保护PLC，常将高电压等级的负载与PLC通过低电压直流中间继电器隔离，无论是继电器型输出或是直流型输出的PLC，均采用图1-79所示的接法。

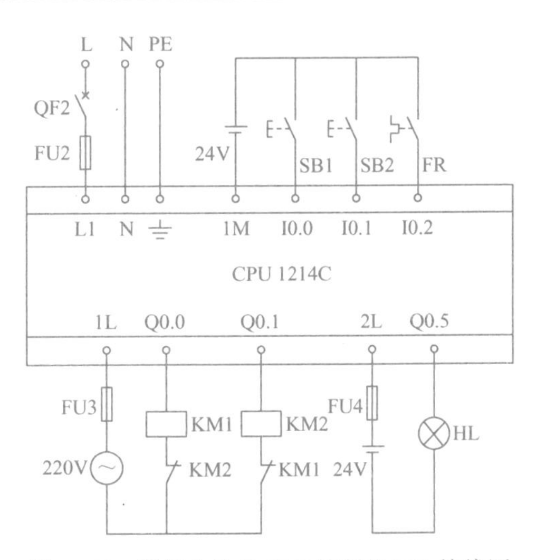

图1-78 搅拌电动机PLC控制的I/O接线图

3. 创建工程项目

用鼠标双击桌面上的图标，打开博途编程软件，在Portal视图中选择“创建新项目”，输入项目名称“M_jb”，选择项目保存路径，然后单击“创建”按钮创建项目完成，并进行项目的硬件组态。

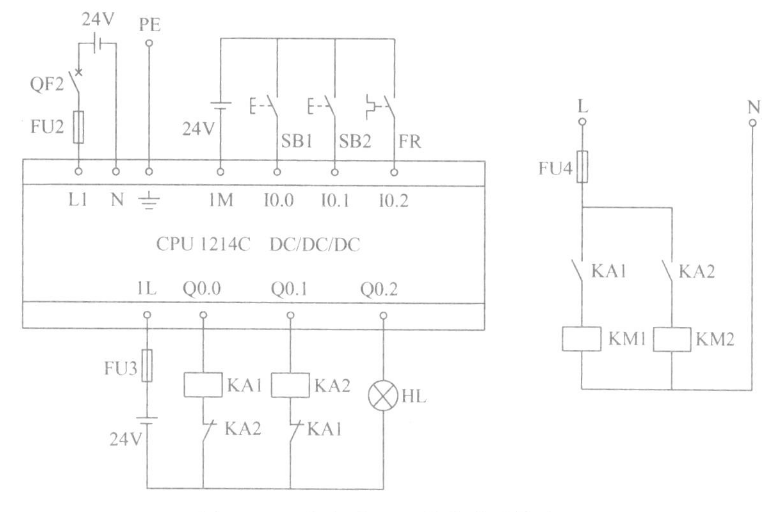

图 1-79　直流型 PLC 的负载连接方法

4. 编辑变量表

搅拌电动机的 PLC 控制变量表如图 1-80 所示。

M_jb ▸ PLC_1 [CPU 1214C AC/DC/Rly] ▸ PLC 变量 ▸ 变量表_1 [6]

变量　用户常量

变量表_1

	名称	数据类型	地址	保持	在 H...
1	搅拌电动机起动SB1	Bool	%I0.0	☐	☑
2	搅拌电动机停止SB2	Bool	%I0.1	☐	☑
3	搅拌电动机过载FR	Bool	%I0.2	☐	☑
4	搅拌电动机正转KM1	Bool	%Q0.0	☐	☑
5	搅拌电动机反转KM2	Bool	%Q0.1	☐	☑
6	搅拌电动机指示HL	Bool	%Q0.5	☐	☑
7	<添加>			☐	☑

图 1-80　搅拌电动机的 PLC 控制变量表

5. 编写程序

本案例要求搅拌工作结束后指示灯以秒级周期闪烁，秒级周期可通过定时器来实现，也可使用系统时钟存储器来实现。在此介绍系统存储器字节和时钟存储器字节的设置，本案例也采用默认设置。设置完成后，单击其窗口中“保存窗口设置”按钮 进行设置保存。

（1）系统存储器字节的设置

用鼠标双击项目树某个 PLC 文件夹中的“设备组态”，打开该 PLC 的设备视图。选中 CPU 后，再选中巡视窗口中“属性”下的“常规”选项，打开在“脉冲发生器”文件夹中的“系统和时钟存储器”选项，便可对它们进行设置。单击右边窗口的复选框“启用系统存储器字节”，采用默认的 MB1 作为系统存储字节，如图 1-81 所示，可以修改系统存储器字节的地址。

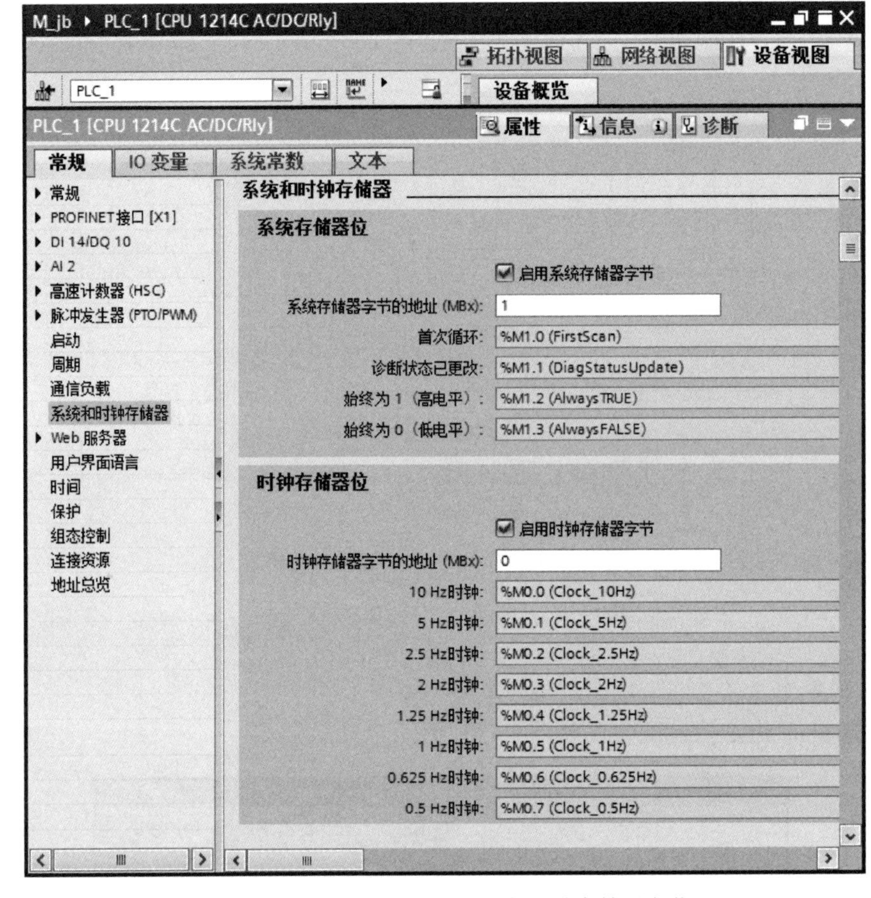

图 1-81　组态系统存储器字节与时钟存储器字节

将 MB1 设置为系统存储器字节后，该字节的 M1.0～M1.3 的意义如下。

- M1.0（首次循环）：仅在进入 RUN 模式的首次扫描时为“1”状态，以后为“0”状态。
- M1.1（诊断状态已更改）：CPU 登录了诊断事件时，在一个扫描周期内为“1”状态。
- M1.2（始终为 1）：总是为“1”状态，其常开触点总是闭合的。
- M1.3（始终为 0）：总是为“0”状态，其常闭触点总是闭合的。

（2）时钟存储器字节的设置

单击右边窗口的复选框“启用时钟存储器字节”，采用默认的 MB0 作为时钟存储器字节，如图 1-81 所示。可以修改时钟存储器字节的地址。

时钟脉冲是一个周期内“0”状态和“1”状态所占的时间各为 50%的方波信号，时钟存储器字节各位对应的时钟脉冲的周期和频率见表 1-12。CPU 在扫描循环开始时初始化这些位。

表 1-12　时钟存储器字节各位对应的时钟脉冲的周期与频率

性能指标	位							
	7	6	5	4	3	2	1	0
周期/s	2	1.6	1	0.8	0.5	0.4	0.2	0.1
频率/Hz	0.5	0.625	1	1.25	2	2.5	5	10

指定了系统存储器和时钟存储器字节后，这个字节就不能再用于其他用途，并且这个字节的 8 位只能使用触点，不能使用线圈，否则将会使用户程序运行出错，甚至造成设备损坏或人身伤害。

（3）编写程序

图 1-82 中符号地址比较长，若选择了显示符号地址或同时显示符号地址和绝对地址，程序编辑器将分两行或多行符号名，这样则增加了程序段的高度。当然可以通过设置程序编辑器的参数来加长显示符号的名称，执行工具栏的“选项”→“设置”命令，打开“设置”对话框，如图 1-83 所示。选中“PLC 编程”文件夹下的“LAD/FBD（梯形图/功能块图）”，在右侧窗口的“操作数域”的“宽度”栏增加其宽度（默认值为 8），并单击“保存窗口设置”按钮进行保存，再次打开程序块时，将执行“操作数域”的新的设置。

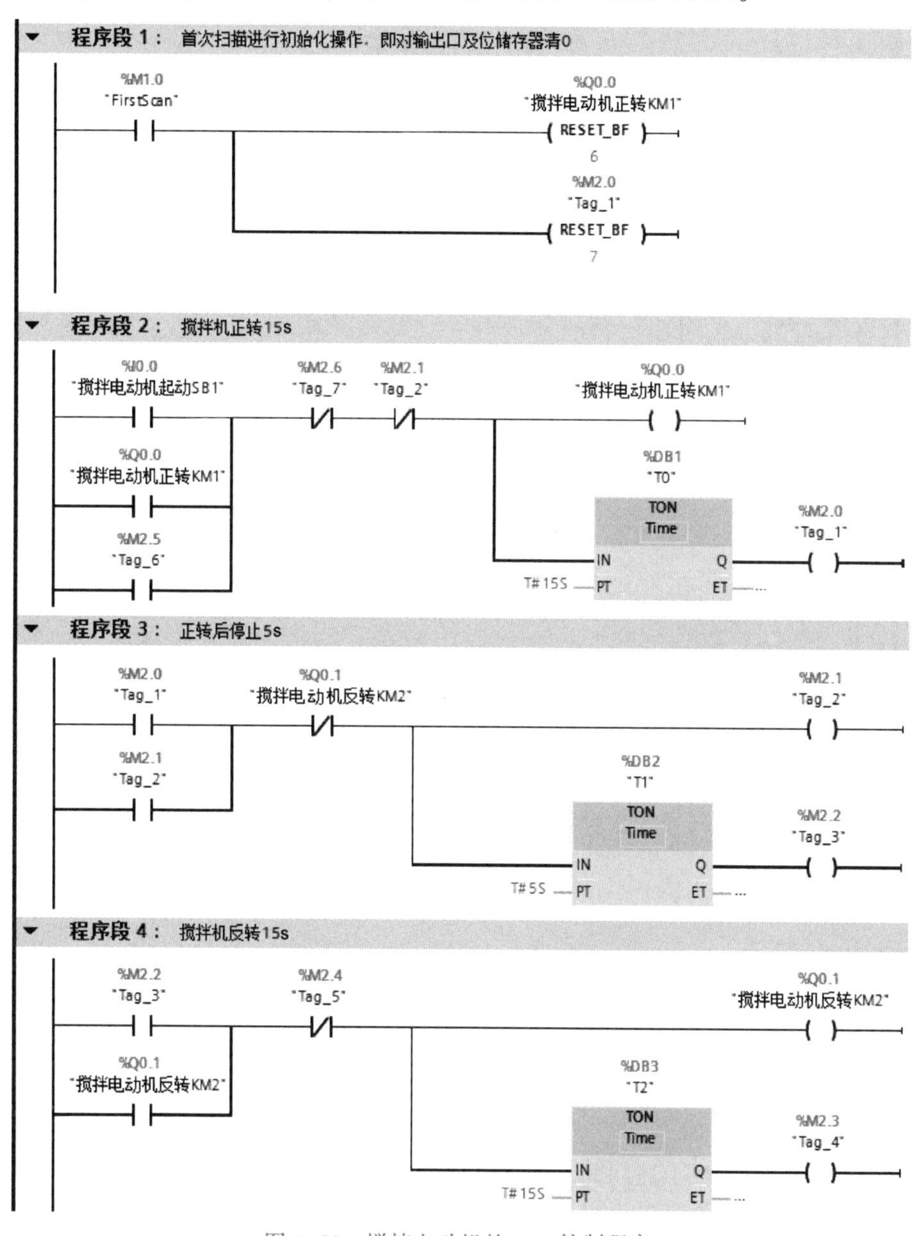

图 1-82　搅拌电动机的 PLC 控制程序

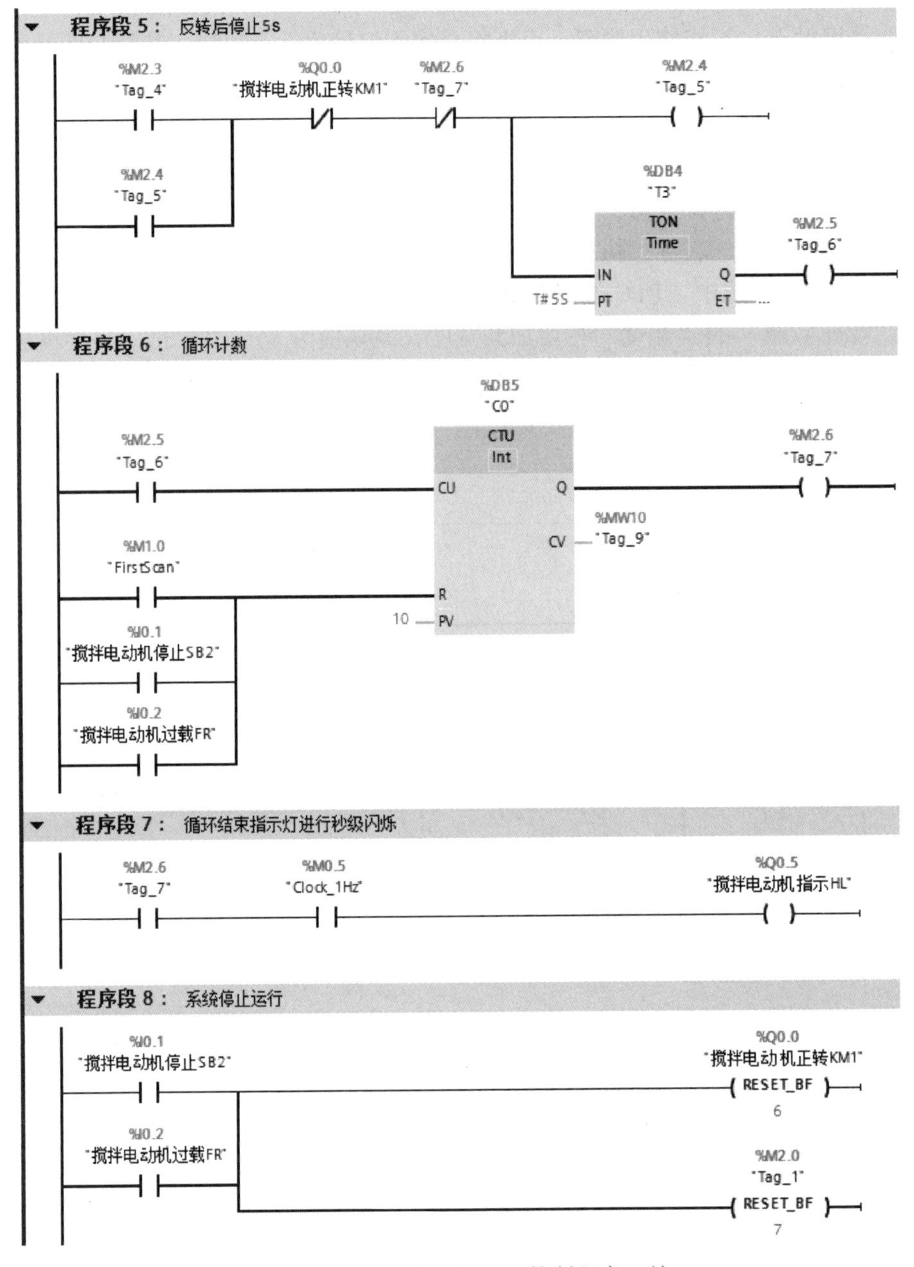

图 1-82　搅拌电动机的 PLC 控制程序（续）

6. 调试程序

使用程序状态功能，可以在程序编辑器中形象直观地监视梯形图程序的执行情况，触点和线圈的状态一目了然。但是程序状态功能只能在屏幕上显示一个或几个程序段，甚至只显示一个程序段的部分，调试较复杂的程序时，往往不能同时看到与某一程序功能有关的全部变量的状态。

监控表可以有效地解决上述问题。使用监控表可以在工作区同时监控、修改和强制用户感兴趣的全部变量。一个项目可以生成多个监控表，以满足不同的调试要求。

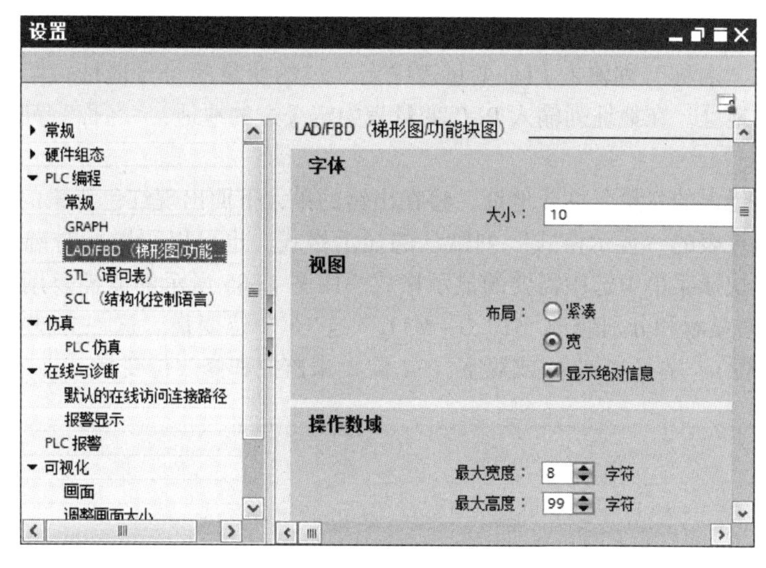

图 1-83 “设置”对话框

（1）用监控表监视与修改变量

监控表可以赋值或显示的变量包括过程映像（I 和 Q）、物理输入（I_：P）和物理输出（Q_：P）、位存储器 M 和数据块 DB 内的存储单元。

1）监控表的功能。

① 监控变量：显示用户程序或 CPU 中变量的当前值。

② 修改变量：将固定值赋给用户程序或 CPU 中的变量，这一功能可能会影响到程序运行结果。

③ 对物理输出赋值：允许在停止状态下将固定值赋给 CPU 的每一个物理输出点，可用于硬件调试时检查接线。

④ 强制变量：给物理输入点/物理输出点赋一个固定值，用户程序的执行不会影响被强制的变量的值。

⑤ 可以选择在扫描循环周期开始、结束或切换到 STOP 模式时读写变量的值。

2）用监控表监控和修改变量的基本步骤。

① 生成新的监控表或打开已有的监控表，生成要监控的变量，编辑和检查监控表的内容。

② 建立计算机与 CPU 之间的硬件连接，将用户程序下载到 PLC。

③ 将 PLC 由 STOP 模式切换到 RUN 模式。

④ 用监控表监控、修改和强制变量。

3）生成监控表。

打开项目树中 PLC 的“监控与强制表”文件夹，用鼠标双击其中的“添加新监控表”，如图 1-84 所示，生成一个新的监控表，并在工作区自动打开它。根据需要，可以为一台 PLC 生成多个监控表。应将有关联的变量放在同一个监控表内。

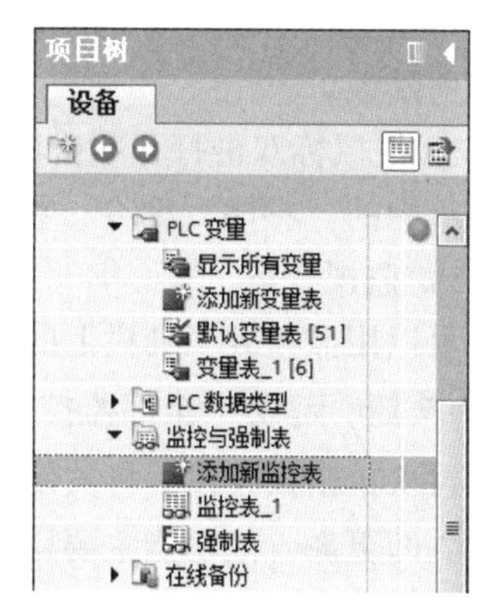

图 1-84 “添加新监控表”对话框

4）在监控表中输入变量（如图 1-85 所示）。

在监控表的“名称”列输入 PLC 变量表中定义过的变量的符号地址，“地址”列将会自动出现该变量的地址。在地址列输入 PLC 变量表中定义过的地址，“名称”列将会自动出现它的名称。

如果输入了错误的变量名称或地址，将在出错的单元下面出现红色背景的错误提示方框。

可以使用监控表的“显示格式”列默认的显示格式，也可以用鼠标右键单击该列的某个单元，在弹出的快捷菜单中选中需要的显示格式。用图 1-85 所示的监控表用二进制模式显示 MW10，可以同时显示和分别修改 M10.0～M11.7 这 16 个位变量。这一方法用于 I、Q 和 M，可以用字节（8 位）、字（16 位）或双字（32 位）来监控和修改位变量。

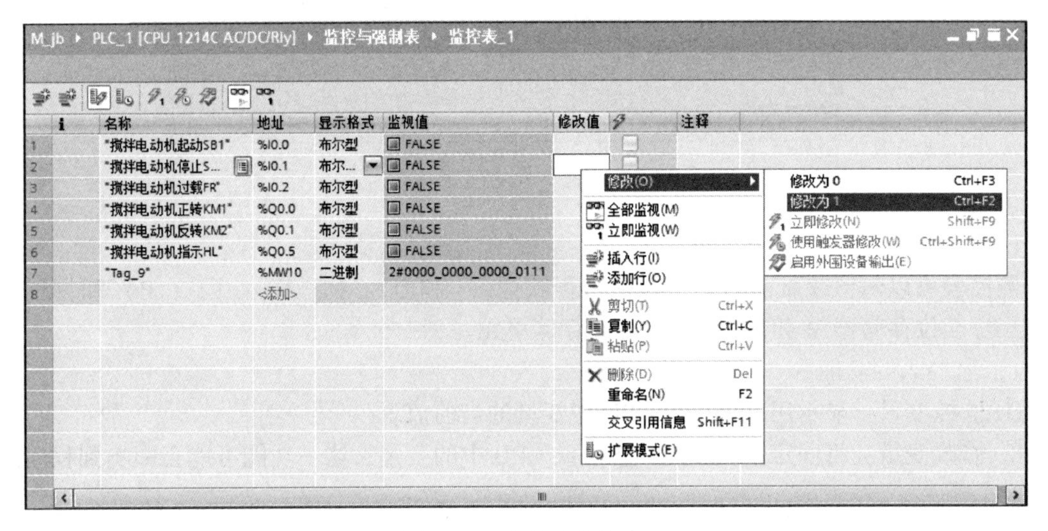

图 1-85　在线的监控表

复制 PLC 变量表中的变量名称，然后将它粘贴到监控表的“名称”列，可以快速生成监控表中的变量。具体方法如下：

① 用鼠标双击打开项目树中的“PLC 变量”，用鼠标单击变量表中某个变量最左边的序号单元，该变量被选中，整个行的背景色加深。按住〈Ctrl〉键，用同样的方法同时选中其他变量。用鼠标右键单击选中的变量，执行出现的快捷菜单中的“复制”命令，将选中的变量复制到剪贴板。

② 用鼠标双击打开项目树中的监控表，用鼠标右键单击监控表的空白行，执行出现的快捷菜单中的“粘贴”命令，将复制的变量粘贴到监控表。

5）监视变量。

可以用监控表工具栏上的按钮来执行各种功能。与 CPU 建立在线连接后，单击工具栏上的按钮，起动“全部监控”功能，将在“监视值”列连续显示变量的动态实际值。

再次单击该按钮，将关闭监控功能。单击工具栏上的按钮，可以对所选变量的数值作一次立即更新，该功能主要用于 STOP 模式下的监控和修改。

位变量为 TRUE（“1”状态）时，“监视值”列的方形指示灯为绿色。位变量为 FALSE（“0”状态）时，“监视值”列的方形指示灯为灰色。

图 1-85 中的 MW10 为已循环次数，在搅拌机工作循环过程中，MW10 的值不断增大。

6）修改变量。

监控表工具栏上的按钮用于显示或隐藏“修改值”列，在要修改的变量的“修改值”列输入变量新的值。输入 Bool 型变量的修改值“0”或“1”后，单击监控表的其他地方，它们将变为“FALSE”（假）或“TRUE”（真）。

单击工具栏上的“立即一次性修改所有选定值”按钮，或用鼠标右键单击变量，执行出现的快捷菜单中的“立即修改”命令，将修改值立即送入 CPU，如图 1-85 所示。

用鼠标右键单击某个位变量，执行出现的快捷菜单中的“修改为 0”或“修改为 1”命令，可以将选中的变量修改为“0”或“1”。

单击工具栏上的按钮，或在“监控表”中右击，执行出现的快捷菜单中的“使用触发器修改”命令，在定义的用户程序的触发点，修改所有选中的变量。

如果没有起动监控功能，在“监控表”中右击，执行快捷菜单中的“立即监视”命令，将读取一次监视值。

在 RUN 模式下修改变量时，各变量同时又受到用户程序的控制。假设用户程序运行的结果使 Q0.0 的线圈得电，用监控表不可能将 Q0.0 修改或保持为“1”状态。在 RUN 模式不能改变 I 区分配给硬件的数字量输入点的状态，因为它们的状态取决于外部输入电路的通断状态。

在程序运行时如果修改的变量值出错，可能导致人身或财产的损害。执行修改变量值之前，应确认不会有危险情况出现。

7）在 STOP 模式下改变物理输出的状态。

在调试设备时，这一功能可以用来检查输出点连接的过程设备的接线是否正确。以 Q0.0 为例，操作的步骤如下：

① 在监控表中输入物理输出点 Q0.0:P，如图 1-86 所示。

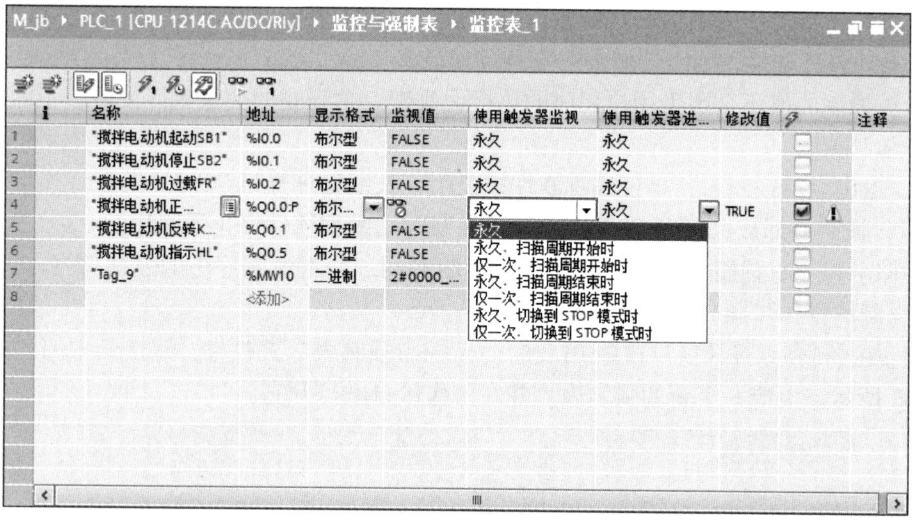

图 1-86　在 STOP 模式下改变物理输出的状态

② 将 CPU 切换到 STOP 模式。

③ 单击监控表工具栏上的“显示/隐藏扩展模式列”按钮，切换到扩展模式，出现与“触发器”有关的两列。

④ 单击工具栏上的按钮，启动监控功能。

⑤ 单击工具栏上的按钮，出现“启用外围设备输出”对话框，单击“是”按钮确认。

⑥ 用鼠标右键单击 Q0.0:P 所在行，执行出现的快捷菜单中的“修改”→“修改为 1”或“修改为 0”命令（如图 1-85 所示），CPU 上的 Q0.0 对应的 LED（发光二极管）亮或熄灭，监控表中的“监视值”列的值随之改变，表示命令被送给物理输出点。

CPU 切换到 RUN 模式后，工具栏上的按钮变成灰色，该功能被禁止，Q0.0 受到用户程序的控制。

如果有输入点或输出点被强制，则不能使用这一功能。为了在 STOP 模式下允许物理输出，应取消强制功能。

因为 CPU 只能改写，不能读出物理输出变量 Q0.0:P 的值，“监视值”列中符号表示该变量被禁止监视（不能读取）。将光标放到图 1-86 第 1 行的“监视值”列时，将会出现帮助信息，提示不能监控物理输出。

（2）用监控表强制变量

1）强制 CPU 中的变量值。

可以用监控表给用户程序中的单击个变量指定固定的值，这一功能被称为强制（Force）。强制应在与 CPU 建立连接时进行。使用强制功能时，不正确的操作可能会危及人员的生命或造成设备的损坏。

S7-1200 系列 PLC 只能强制物理 I/O 点，例如强制 I0.0:P 和 Q0.0:P。不能强制组态时指定给 HSC（高速计数器）、PWM（脉冲宽度调制）和 PTO（脉冲列输出）的 I/O 点。在测试用户程序时，可以通过强制 I/O 点来模拟物理条件，例如用来模拟输入信号的变化。

在执行用户程序之前，强制值被送至输入过程映像，在处理程序时，使用的是输入点的强制值。

写物理输出点时，强制值被送给输出过程映像，输出值被强制覆盖。强制值在物理输出点出现，并且被用于过程。

变量被强制的值不会因为用户程序的执行而改变。被强制的变量只能读取，不能用写访问来改变其强制值。

输入/输出点被强制后，即使编程软件被关闭，或编程计算机与 CPU 的在线连接断开，或 CPU 断电，强制值都被保持在 CPU 中，直到在线时用编程软件停止强制功能。

用存储卡将带有强制点的程序装载到别的 CPU 时，将继续程序中的强制功能。

2）强制的操作步骤。

① 生成强制表，打开项目树中 PLC 的“监控与强制表”文件夹，双击其中的“强制表”，如图 1-87 所示，生成一个新的强制表，并在工作区自动打开它。

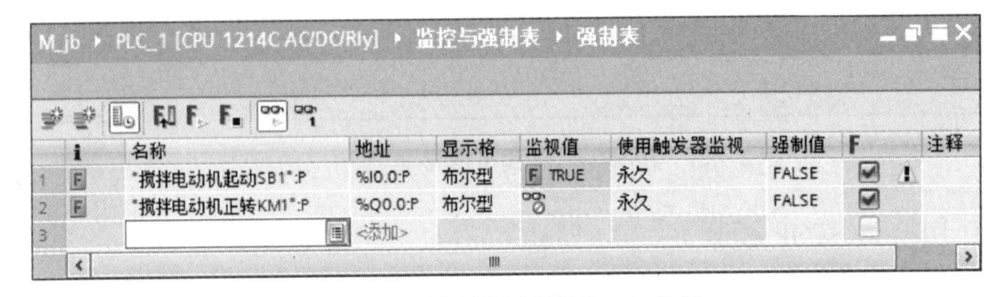

图 1-87　用强制表强制 I/O 变量

② 在强制表中输入物理输入点 I0.0:P 和物理输出点 Q0.0:P，如图 1-87 所示。

③ 将 CPU 切换到 RUN 模式。

④ 单击“强制表”工具栏上的按钮，起动监控功能。

⑤ 单击工具栏上的按钮，如图 1-87 所示，切换到扩展模式。

⑥ 在 I0.0:P 的“强制值”列输入 1，单击其他地方，1 变为 TRUE（本步也可以在第 7 步后面）。

⑦ 用 F 列的复选框选中变量（复选框内打勾），复选框的后面出现中间有惊叹号的黄色三角形，表示需要强制该变量。工具栏上的按钮变为亮色，表示可以强制变量。

⑧ 单击工具栏上的按钮，或用鼠标右键单击某个变量，执行出现的快捷菜单中的“全部强制”命令，起动所有在 F 列强制功能的变量的强制。

第一次强制某个变量时，出现“全部强制”对话框，以后修改变量的强制值时，单击按钮，出现“替换强制”信息，单击是“是”按钮确认。强制成功后强制表中该行“F”列黄色的三角形符号消失，被强制的变量所在的行最左边和“监视值”列出现红色的标有“F”的小方框，表示该变量被强制。

I0.0 被强制为“1”状态时，CPU 上对应的发光二极管不会亮，但是被强制的值在程序中起使用。用同样的方法强制 Q0.0:P 后，CPU 上 Q0.0 对应的 LED 亮，但是在“监视值”列仍显示（无法监视外围设备输出）。

也可以用鼠标右键单击要强制的位变量，执行出现的快捷菜单中的“强制 0”或“强制 1”命令，单击出现的对话框的“是”按钮确认，将选中的输入点变量的值强制为“0”或“1”。

3）停止强制。

用鼠标单击“强制表”工具栏按钮，或执行快捷菜单中的“强制”→“停止强制”命令，停止对所有地址的强制。被强制的变量最左边和输入点的“监视值”列红色标有“F”的方框消失，表示强制被停止。复选框后面的黄色三角形符号重新出现，表示该地址被选择强制，但是 CPU 中的变量没有被强制。

为了停止对单个变量的强制，可以清除该变量的强制列的复选框，然后重新起动强制。

4）显示 CPU 所有被强制的变量。

在调试结束，程序正式运行之前，必须停止对所有强制的变量的强制，否则会影响程序的正常运行，甚至造成事故。

上述停止强制的操作只能停止当前打开的强制表中被强制的变量。如果强制表不止一个，在别的强制表中也有变量被强制，强制表的表头最左边有图标闪动。用鼠标单击工具栏上的按钮，或执行快捷菜单中的“更新强制的操作数”命令，将在当前强制表中显示所有强制表中被强制了的地址，此时可以用当前的强制表停止全部被强制的变量。

如果被强制的全部变量在同一个强制表内，不能使用“更新强制的操作数”命令。

将调试好的用户程序和设备组态一起下载到 CPU 中（注意：因本案例设置了 CPU 的系统存储器字节和时钟存储器字节，它们属于“设备组态”，必须选中 PLC 文件夹将设备组态和程序块一起下载到 CPU 中，否则设备组态的内容将不会起效。后续项目若有设备组态项，下载项目同本案例），并连接好线路。

按下搅拌电动机起动按钮 SB1，观察搅拌电动机是否起动并正向运行，15 s 后是否停止运行，休息5 s后是否反向运行，反向运行15 s后是否再次正向运行，如此循环是否为10次。循环结束后指示灯是否以秒级闪烁，无论何时按下搅拌电动机停止按钮SB2，搅拌电动机是否立即停止，且循环结束指示灯熄灭。若上述调试现象与控制要求一致，则说明本案例任务实现。

1.12.4　训练

1）训练1：用PLC实现组合吊灯三档亮度控制，即按下第1次按钮只有1盏灯点亮，按下第2次按钮第1、2盏灯点亮，按下第3次按钮第1、2、3盏灯全部点亮，按下第4次按钮3盏灯全部熄灭。

2）训练2：用PLC实现电动机延时停止控制，要求使用计数器和定时器实现在电动机运行时按下停止按钮5 h后电动机停止运行。

3）训练3：用PLC实现地下车库有无空余车位显示控制，设地下车库共有100个停车位。要求有车辆入库时，空余车位数少1，有车辆出库时，空余车位数多1，当有空余车位时绿灯亮，无空余车位时红灯亮并以秒级闪烁，以提示车库已无空余车位。

1.12.5　进阶

任务：维修电工中级（四级）职业资格鉴定中，有一考题要求PLC控制小车自动往返运动控制装调，所提供的继电器—接触器控制电路如图1-55所示。要求小车起动后能实现自动循环运动，循环3次后自动停止运行，在发生过载时报警指示灯以秒级闪烁，直至按下停止按钮。

请读者根据图1-55电路及控制功能自行绘制PLC的I/O接线图并编写相应控制程序。

1.13　习题

1. 美国数字设备公司于________年研制出世界上第一台PLC。
2. PLC主要由________、________、________、________等组成。
3. PLC的常用语言有________、________、________、________、________等，而S7-1200的编程语言有________、________。
4. PLC是通过周期扫描工作方式来完成控制的，每个周期包括________、________、________。
5. 输出指令（对应于梯形图中的线圈）不能用于过程映像________寄存器。
6. 若设置系统存储器字节，则第________位在首次扫描时为ON，第________位一直为ON。
7. 接通延时定时器TON的使能（IN）输入电路________时开始定时，当前值大于等于预设值时其输出端Q为________状态。使能输入电路________时定时器的当前值被复位。
8. 保持型接通延时定时器TONR的使能输入电路________时开始定时，使能输入电路断开时，当前值________。使能输入电路再次接通时________。当________输入为“1”时，TONR被复位。
9. 关断延时定时器TOF的使能输入电路接通时，定时器输出端Q立即变为________，当前值被________。使能输入电路断开时，当前值从0开始________。当前值大于等于预设值时，定时器输出端Q变为________。

10. 若加计数器的计数输入电路 CU ________、复位输入电路 R ________，计数器的当前值加 1。当前值 CV 大于等于预设值 PV 时，输出 Q 变为________状态。复位输入电路为________时，计数器被复位，复位后的当前值________。

11. PLC 内部的“软继电器”能提供多少个触点供编程使用？

12. 输入继电器有无输出线圈？

13. 如何防止正反转直接切换或星-三角切换时短路现象的发生？

14. 用一个转换开关控制两盏 DC 24 V 指示灯，以示控制系统运行时所处的“自动”或“手动”状态，即向左旋转转换开关，其中一盏灯亮表示控制系统当前处于“自动”状态；向右旋转转换开关，另一盏灯亮表示控制系统当前处于“手动”状态。

15. 使用 CPU 1214C DC/DC/DC 型 PLC 设计两地均能控制同一台电动机的起动和停止。

16. 用 R、S 指令或 RS 指令编程实现电动机的正反转运行控制。

17. 要求将热继电器的常开或常闭触点作为 PLC 的输入信号实现案例 4 的控制任务。

18. 用两个按钮控制一盏 DC 24 V 指示灯的亮灭，要求同时按下两个按钮，指示灯方可点亮。

19. 用 PLC 实现小车往复运动控制，系统起动后小车前进，行驶 15 s，停止 3 s，再后退 15 s，停止 3 s，如此往复运动 20 次，循环结束后指示灯以秒级闪烁 5 次后熄灭（使用时钟存储器实现指示灯秒级闪烁功能）。

20. 用 PLC 实现按第 1 次按钮时第 1 盏灯亮，按第 2 次按钮时第 2 盏灯亮。按第 3 次按钮时第 3 盏灯亮，按第 4 次按钮时第 1、2、3 盏灯亮，按第 5 次按钮时第 1、2、3 盏灯全部熄灭。

第 2 章　功能指令的编程及应用

2.1　PLC 数据类型

数据类型是用来描述数据的长度（即二进制的位数）和属性。S7-1200 PLC 使用下列数据类型：基本数据类型、复杂数据类型、参数类型、系统数据类型和硬件数据类型。在此，只介绍基本数据类型和复杂数据类型。

2.1.1　基本数据类型

表 2-1 给出了基本数据类型的属性。

表 2-1　基本数据类型

数据类型	位数	取值范围	举　例
位（BOOL）	1	1/0	1、0 或 TRUE、FALSE
字节（BYTE）	8	16#00~16#FF	16#08、16#27
字（Word）	16	16#0000~16#FFFF	16#1000、16#F0F2
双字（DWord）	32	16#00000000~16#FFFFFFFF	16#12345678
字符（Char）	8	16#00~16#FF	'A'、'@'
有符号短整数（SInt）	8	-128~127	-111、108
整数（Int）	16	-32768~+32767	-1011、1088
双整数（DInt）	32	-2147483648~2147483647	-11100、10080
无符号短整数（USInt）	8	0~255	10、90
无符号整数（UInt）	16	0~65535	110、990
无符号双整数（UDInt）	32	0~4294967295	100、900
浮点数（Real）	32	±1.1755494e-38~±3.402 823e+38	12.345
双精度浮点数（LReal）	64	±2.2250738585072020e-308~ ±1.7976931348623157e+308	123.45
时间（Time）	32	T#-24d20h31m23s648ms~ T#+24d20h31m23s647ms	T#1D_2H_3M_4S_5MS

1. 位

位（Bool）数据长为 1 位，数据格式为布尔文本，只有两个取值 True/False（真/假），对应二进制数中的“1”和“0”，常用于开关量的逻辑计算，存储空间为 1 位。

2. 字节

字节（Byte）数据长度为 8 位，16#表示十六进制数，取值范围为 16#00~16#FF。

3. 字

字（Word）数据长度为16位，由两个字节组成，编号低的字节为高位字节，编号高的字节为低位字节，取值范围为16#0000～16#FFFF。

4. 双字

双字（Double Word）数据长度为32位，由两个字组成，即4个字节组成，编号低的字为高位字节，编号高的字为低位字节，取值范围为16#00000000～16#FFFFFFFF。

5. 整数

整数（Int）数据类型长度为8、16、32位，又分带符号整数和无符号整数。带符号十进制数，最高位为符号位，最高位是0表示正数，最高位是1表示负数。整数用补码表示，正数的补码就是它的本身，将一个正数对应的二进制数的各位数求反码后加1，可以得到绝对值与它相同的负数的补码。

6. 浮点数

浮点数（Real）又分为32位和64位浮点数。浮点数的优点是用很少的存储空间可以表示非常大和非常小的数。PLC输入和输出的数据大多数为整数，用浮点数来处理这些数据需要进行整数和浮点数之间的相互转换，需要注意的是，浮点数的运算速度比整数运算的慢得多。

7. 时间

时间数据类型长度为32位，格式为T#天数（day）小时数（hour）分钟数（minute）秒数（second）毫秒数（millisecond）。该数据类型以表示毫秒时间的有符号双整数形式存储。

2.1.2 复杂数据类型

码2-1 基本数据类型

复杂数据类型由基本数据类型组合而成，对组织复杂数据十分有用，主要有以下几种。

1. 数组型

数组（Array）数据类型是由相同类型的数据组成的。后续章节介绍了在数据块中生成数组的方法。

2. 字符串型

字符串（String）是由字符组成的一维数组，每个字节存放1个字符。第1个字节是字符串的最大字符长度，第2个字节是字符串当前有效字符的个数，字符从第3个字节开始存放，一个字符串最多有254个字符。

用单引号表示字符串常数，例如‘ABCDEFG’是有7个字符的字符串常数。

3. 日期时间型

日期时间（DTL）数据类型表示由日期和时间定义的时间点，它由12B组成。可以在全局数据块或块的接口区中定义DTL数据类型变量。每个数据需要的字节数及取值范围如表2-2所示。

表 2-2 DTL 数据类型

数据	字节数/B	取值范围	数据	字节数/B	取值范围
年	2	1970~2554	h	1	0~23
月	1	1~12	min	1	0~59
日	1	1~31	s	1	0~59
星期	1	1~7（星期日~星期六）	ms	4	0~999 999 999

4. 结构型

结构（Struct）数据类型是由不同数据类型组合而成的复杂数据，通常用来定义一组相关的数据，如电动机的额定数据可以定义如下：

```
Motor：STRUCT
  Speed：INT
  Current：REAL
END_STRUCT
```

其中：STRUCT 为结构的关键词；Motor 为结构类型名（用户自定义）；Speed 和 Current 为结构的两个元素，INT 和 REAL 是这两个元素的类型关键词；END_STRUCT 是结构的结束关键词。

2.2 数据处理指令

在西门子 S7 系列 PLC 的梯形图中，用方框表示某些指令、函数（FC）和函数块（FB），输入信号均在方框的左边，输出信号均在方框的右边。梯形图中有一条提供“能流”的左侧垂直线，当其左侧逻辑运算结果 RLO 为“1”时能流流到方框指令的左侧使能输入端 EN（Enable input），“使能”有允许的意思。使能输入端有能流时，方框指令才能执行。

如果方框指令 EN 端有能流流入，而且执行时无错误，则使能输出 ENO（Enable Output）端将能流流入下一个软元件，如图 2-1 所示。如果执行过程中有错误，能流在出现错误的方框指令处终止。

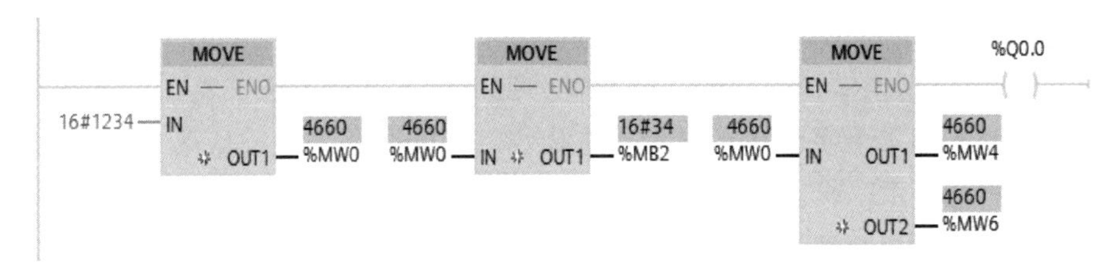

图 2-1 MOVE 指令

2.2.1 移动指令

1. MOVE 指令

MOVE（移动）指令是用于将 IN 输入端的源数据传送（复制）给 OUT1 输出端的目的地址，并且转换为 OUT1 指定的数据类型，源数据保持不变，如图 2-1 所示。IN 和 OUT1 可以是

Bool 之外的所有基本数据类型和 DTL、Struct、Array 等数据类型。IN 还可以是常数。

同一条指令的输入参数和输出参数的数据类型可以不相同，如 MB0 中的数据传送到 MW10。如果将 MW4 中超过 255 的数据传送到 MB6，则只将 MW4 的低字节（MB5）中的数据传送到 MB6，应避免出现这种情况。

如果想把一个数据同时传给多个不同的存储单元，可单击 MOVE 指令方框中的 ✲ 图标来添加输出端，如图 2-1 所示最右侧 MOVE 指令。若添加多了，可通过选中输出端 OUT，然后按键盘上的〈Delete〉键进行删除。

在图 2-1 中，将 16 进制数 1234（十进制为 4660），传送给 MW0；若将超过 255 的 1 个字中的数据（MW0 中的数据 4660）传送给 1 个字节（MB2），此时只将低字节（MB1）中的数据（16#34）传送给目标存储单元（MB2）；将同一个数据（4660）通过使用增加 MOVE 指令的输出端（OUT2）使其传送给 MW4 和 MW6 这两个不同存储单元。在 3 个 MOVE 指令执行无误时，能流流入 Q0.0。

2. SWAP 指令

SWAP（交换）指令用于调换二字节和四字节数据元素的字节顺序，但不改变每个字节中位顺序，需要指定数据类型。

码 2-2 移动值指令

IN 和 OUT 为 Word 数据类型时，SWAP 指令交换 IN 输入的高、低字节后，保存到 OUT 指定的地址，如图 2-2 所示。

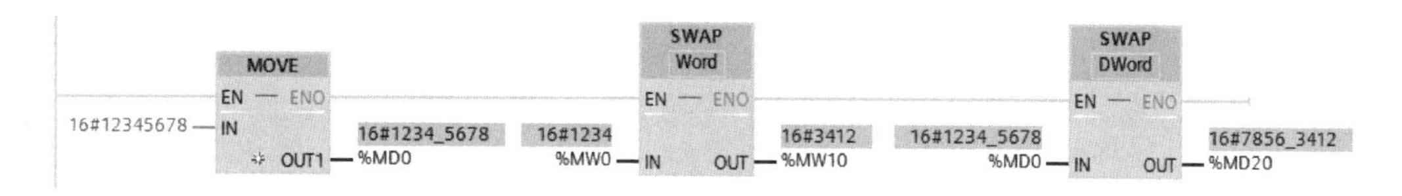

图 2-2 SWAP 指令

IN 和 OUT 为 DWord 数据类型时，SWAP 指令交换 4B 中数据的顺序，交换后保存到 OUT 指定的地址，如图 2-2 所示。

在监控状态下，可以通过改变数据的显示格式，使其观察的数据一目了然，数据可在十进制和十六进制之间转换。在图 2-2 中，若数据 MW0 中显示的数据是 4660 而不是 16#1234，则观察到 MW10 的数据为 16#3412，就不会很明显地表示由数据 4660 交换高低字节而来的。用鼠标右键单击地址 MW0，在弹出的菜单中选中“修改”，然后单击其中的“显示格式”，便可在十进制和十六进制之间相互转换，如图 2-3 所示。

3. MOVE_BLK 和 UMOVE_BLK 指令

存储区移动 MOVE_BLK（Move Block）指令也称为块移动指令，是将一个存储区（源区域）的内容复制到另一个存储区（目标区域）。非中断的存储区移动 UMOVE_BLK（Uninterruptible Move Block）指令功能与存储区移动 MOVE_BLK 指令的功能基本相同，其区别在于前者的移动操作不会被其他操作系统的任务打断。执行该指令时 CPU 的报警响应时间将会增大。

IN 和 OUT 必须是 DB、L（数据块、块的局部数据）中的数组元素，IN 不能为常数。COUNT 为移动的数组元素的个数，数据类型为 DInt 或常数。

既然存储区移动指令是用于移动（传送）数据块中的数组的多个元素。为此应先生成全局数据块和数组，因此有必要先介绍全局数据块和数组的生成方法。

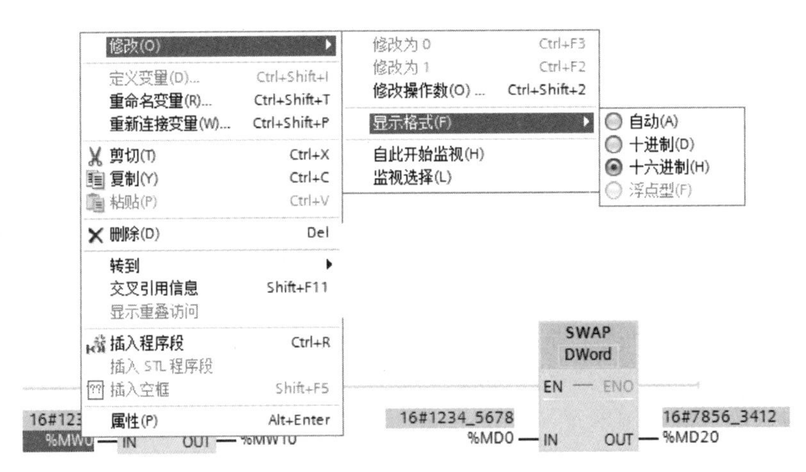

图 2-3 数据显示格式的转换

单击项目树中 PLC 的“程序块”文件夹中的“添加新块”，添加一个新的块。在“添加新块”对话框中（如图 2-4 所示），单击“数据块（DB）”按钮，生成一个数据块，可以修改其名称或采用默认的名称，其数据为默认的“全局 DB”，生成方式为默认的“自动”。单击“确定”按钮后自动生成数据块。

图 2-4 添加数据块

如果用单选框选中“手动”，可以修改块的编号（数据块的数目依赖于 CPU 的型号，数据块的最大块长度因 CPU 的不同而各异，CPU 1214C 数据块的编号为 DB1～DB59999）。选中下面的复选框“新增并打开”，生成新的块之后，将会自动打开它，数据块对话框如图 2-5 所示。

在数据块的“名称”列输入数组（Array）的名称“Source”，单击“数据类型”列“Source”后的按钮，选中下拉式列表中的数据类型“Array [lo..hi] of type”。其中的

... ▸ PLC_1 [CPU 1214C AC/DC/Rly] ▸ 程序块 ▸ 数据块_1 [DB1]

数据块_1

	名称	数据类型	偏移量	启动值	保持性	可从 ...	...
1	▼ Static				☐	☐	
2	▼ Source	Array[0..39] ...	0.0		☐	☑	
3	Source[0]	Int	0.0	1	☐	☑	
4	Source[1]	Int	2.0	2	☐	☑	
5	Source[2]	Int	4.0	3	☐	☑	
6	Source[3]	Int	6.0	4	☐	☑	

图 2-5　数据块对话框

“lo（low）”和“hi（high）”分别是数组元素的编号（下标）的下限值和上限值，最大范围为[-32768..32767]，下限值应小于等于上限值。“启动值”列为用户定义的初始值，“保持性”列如被勾选，则相应的数据具备掉电保持特性。

将“Array[lo..hi]of type”修改为“Array[0..39]of Int”，如图 2-5 所示，其元素的数据类型为 Int，元素的编号 0~39，在“启动值”列分别赋值为 1~40。S7-1200 PLC 只能生成一维数组。可以单击工具栏中扩展模式按钮或“名称”列“Source”名称前的三角形 ▶ 按钮，可以打开新建数组中的各元素。

用同样的方法生成数据块 DB2，在 DB2 中生成有 40 个单元的数组 Distin。

注意：数组生成后，按下数据块窗口右上角的“保存窗口设备”按钮进行保存。

在用户程序中，可以用符号地址"数据块_1".Source[4]或绝对地址 DB1.DBW8 访问数组中下标为 2 的元素。至于用位、字节、字或双字访问，这依赖于定义数组的元素类型。

在图 2-6 中，当 I0.0 接通时，MOVE_BLK 和 UMOVE_BLK 指令被执行，则 DB1 中的数组 Source[0]~Source[19]被整块移动到 Distin[0]~Distin[19]中，Source[20]~Source[39]被整块移动到 Distin[20]~Distin[39]中。复制操作按地址增大的方向进行。

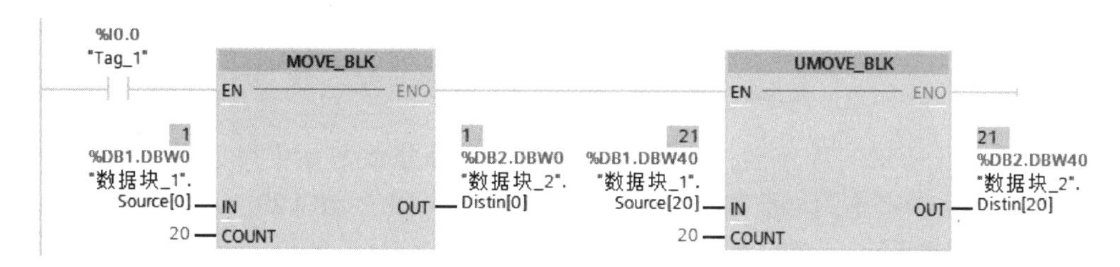

图 2-6　数据块移动指令

在访问数据块时，若使用绝对地址访问时则出现“不允许在具有优化访问的块中对数据进行绝对寻址”提示项，此时必须使用符号地址进行访问，若想使用绝对地址访问，则需在相应的 DB 属性中取消勾选“优化的块访问”选项，如图 2-7 所示。即在项目树中选中相应的数据块，用鼠标右键单击后选中“属性”，打开属性对话框，然后再打开“常规”选项下的“属性”，取消使其右侧窗口“优化的块访问”前的“√”，此时数据块列多了“偏移量”

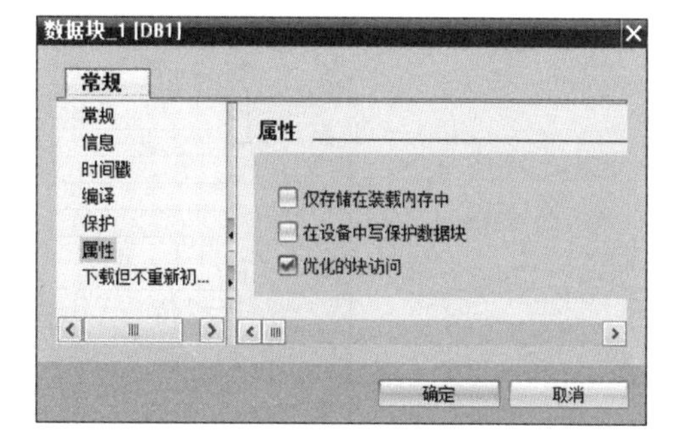

图 2-7　修改数据块访问属性

列，如图 2-9 所示。

如果勾选图 2-7 中的“仅存储在装载内存中”选项，DB 下载后只存储于 CPU 的装载存储区，如果程序需要访问 DB 的数据，通过调用 MOV_BLK 指令将装载于存储区的数据复制到工作存储区中。如果勾选图 2-7 中的“在设备中写保护数据块”选项，可以将 DB 作为只读属性存储。

将图 2-6 的程序及数据块 DB1 和 DB2 下载到 CPU，或选中 PLC 下载，用鼠标双击打开指令树中的 DB1 和 DB2。单击工具栏上的 按钮，启动扩展模式，显示数组中的各数组元素。单击 按钮，启动监视，“监视值”列是 CPU 中的变量值。

4. FILL_BLK 和 UFILL_BLK 指令

存储区填充 FILL_BLK（Fill Block）指令是将 IN 输入的值填充到输出参数 OUT 指定起始地址的目标存储区。非中断的存储区填充 UFILL_BLK（Uninterruptible Fill Block）指令是将 IN 输入的值不中断地填充到输出参数 OUT 指定起始地址的目标存储区。IN 和 OUT 必须是 DB、L（数据块、块的局部数据）中的数组元素，IN 还可以为常数。COUNT 为移动的数组元素的个数，数据类型为 DInt 或常数。

在图 2-8 中，I0.1 接通时，常数 30211 被填充到 DB3 的 DBW0 开始的 10 个字中；DB1. DBW6 中的内容被不中断地填充到 DB3 的 DBW20 开始的 20 个字中。值得注意的是，DB3. DBW20 中的 20 是数据块中字节的编号，而输入参数 COUNT 是以字为单位的数组元素的个数。指令 FILL_BLK 已占用了 20 B（即 10 个字）的数据，因此 UFILL_BLK 指令的输出 OUT 指定的地址区从 DBW20 开始。而 UFILL_BLK 指令左侧的“4”表示从第 4 个数组元素开始。

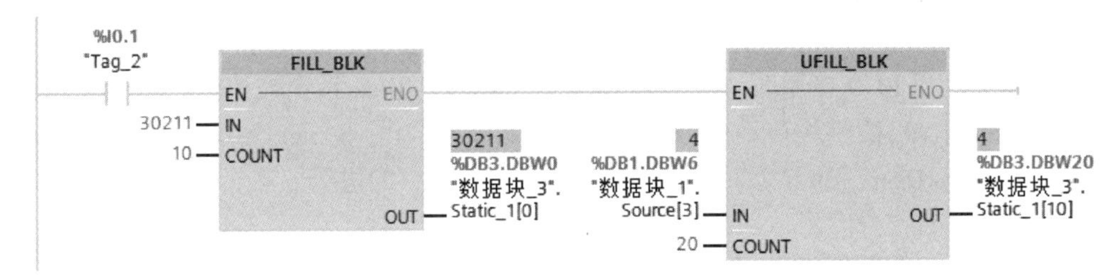

图 2-8　数据块填充指令

执行完图 2-8 所示的程序后，从图 2-9（DB3 中部分数据）中可以看出 DB3. DBW0～DB3. DBW18 这 10 个字单元均被填充为常数 30211，而从 DB3. DBW20～DB3. DBW58 中 20 字单元中均为 DB1. DBW6 中的数，即为 4。

...2 ▸ PLC_1 [CPU 1214C AC/DC/Rly] ▸ 程序块 ▸ 数据块_3 [DB3]

数据块_3

	名称	数据类型	偏移量	起动值	监视值	保持性
9	Static_1[6]	Int	12.0	0	30211	
10	Static_1[7]	Int	14.0	0	30211	
11	Static_1[8]	Int	16.0	0	30211	
12	Static_1[9]	Int	18.0	0	30211	
13	Static_1[10]	Int	20.0	0	4	
14	Static_1[11]	Int	22.0	0	4	
15	Static_1[12]	Int	24.0	0	4	

图 2-9　DB3 中的数据

2.2.2 比较指令

1. 比较指令

比较指令用来比较数据类型相同的两个数 IN1 和 IN2 的大小，相比较的两个数 IN1 和 IN2 分别在触点的上面和下面，它们的数据类型必须相同。操作数可以是 I、Q、M、L、D 存储区中的变量或常数。比较两个字符串时，实际上比较的是它们各自对应字符的 ASCII 码的大小，第一个不相同的字符决定了比较的结果。

比较指令可视为一个等效的触点，比较符号可以是“==(等于)”“<>(不等于)”“>(大于)”“>=(大于等于)”“<(小于)”和“<=(小于等于)”，比较的数据类型有多种，比较指令的运算符号及数据类型在指令的下拉式列表中可见，如图 2-10 所示。当满足比较关系式给出的条件时，等效触点接通。

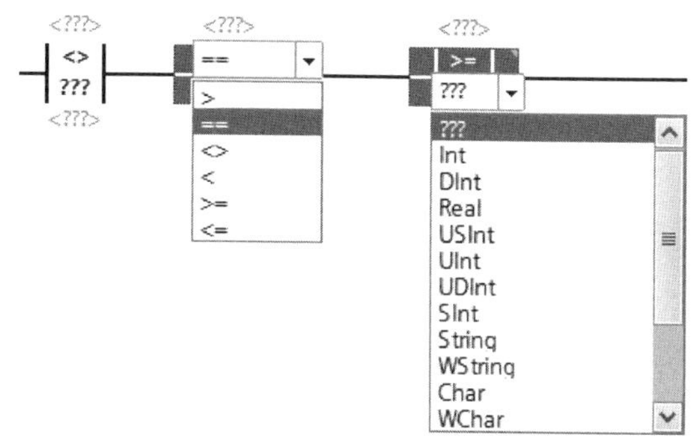

图 2-10 比较指令的运算符号及数据类型

生成比较指令后，用鼠标双击触点中间比较符号下面的问号，单击出现的▼按钮，用下拉式列表设置要比较的数的数据类型。如果想修改比较指令的比较符号，只要用鼠标双击比较符号，然后单击出现的▼按钮，可以用下拉式列表修改比较符号。

【例 2-1】 用比较指令实现一个周期振荡电路，如图 2-11 所示。

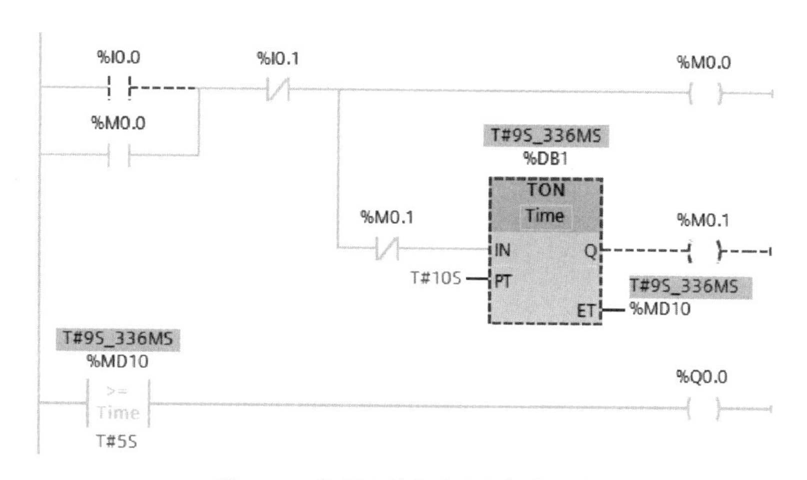

图 2-11 使用比较指令产生振荡电路

MD10 用于保存定时器 TON 的已耗时间值 ET，其数据类型为 Time。输入比较指令上面的操作数后，指令中的数据类型自动变为“Time”。IN2 输入 5 后，不会自动变为 5 s，而是显示 5，表示 5 ms，它是以 ms 为单位的，要么直接输入“T#5 s”，否则容易出错。

【例 2-2】 要求用 3 盏灯，分别为红、绿、黄灯表示地下车库车位数的显示。系统工作时若空余车位大于 10 个绿灯亮，空余车位在 1~10 个黄灯亮，无空余车位红灯亮。空余车位显示控制程序如图 2-12 所示。

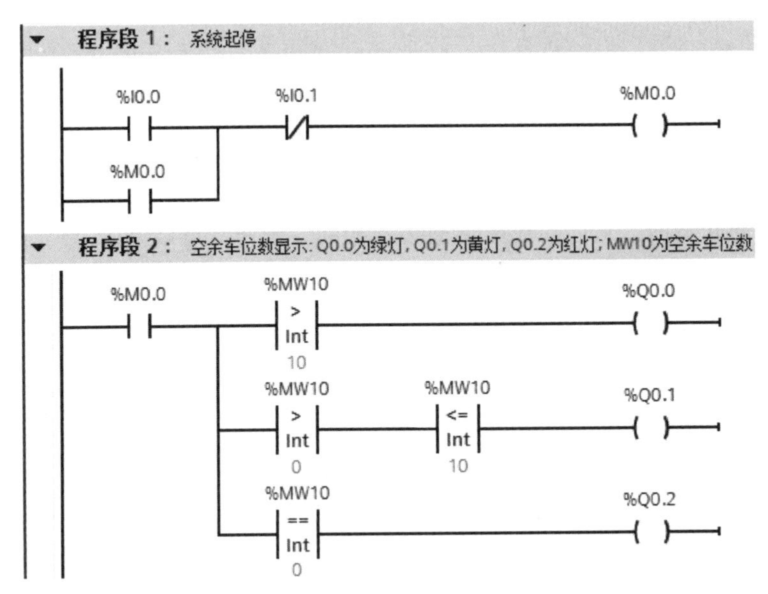

图 2-12 空余车位显示控制程序

2. 范围内与范围外比较指令

码 2-3 比较指令

范围内比较指令 IN_RANGE（也称值在范围内）与范围外比较指令 OUT_RANGE（也称值在范围外）可以等效为一个触点。如果有能流流入指令框，则执行比较。图 2-13 中 IN_RANGE 指令的参数 VAL 满足 MIN≤VAL≤MAX（-123≤MW2≤3579），或 OUT_RANGE 指令的参数 VAL 满足 VAL< MIN 或 VAL>MAX（MB5<28 或 MB5>118）时，等效触点闭合，有能流流出指令框的输出端。如果不满足比较条件，没有能流流出。如果没有能流流入指令框，则不执行比较，没有能流流出。

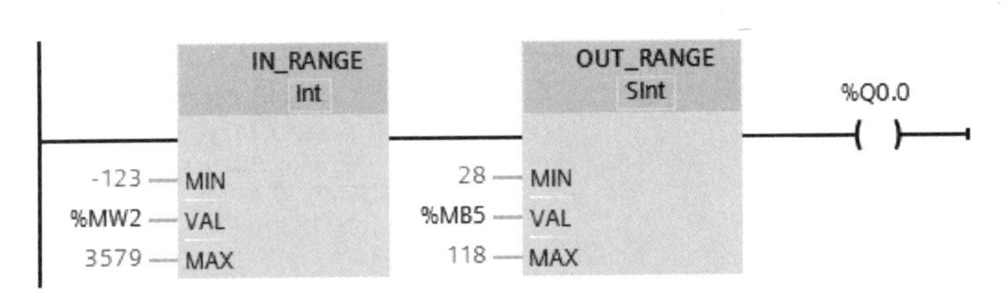

图 2-13 范围内与范围外比较指令

指令的 MIN、MAX 和 VAL 的数据类型必须相同，可选 SInt、Int、DInt、USInt、UInt、UDInt、Real，可以是 I、Q、M、L、D 存储区中的变量或常数。双击指令名称下面的问号，点击出现的▾按钮，用下拉式列表框设置要比较的数据的数据类型。

读者可使用范围内和范围外比较指令实现【例 2-2】的控制要求。

3. OK 与 NOT_OK 指令

OK 与 NOT_OK 指令用来检测输入数据是否是实数（即浮点数）。如果是实数，OK 触点接通，反之 NOT_OK 指令触点接通。触点上面变量的数据类型为 Real，如图 2-14 所示。

在图 2-14 中，当 MD10 和 MD20 中为有效的实数时，会激活“实数比较指令”，如果结果为真，则 Q0.0 接通。

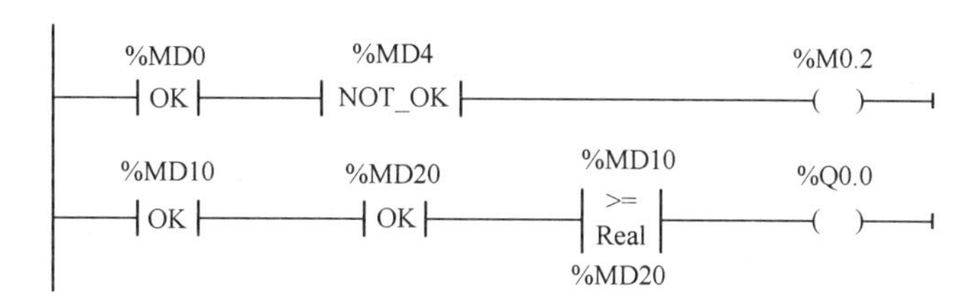

图 2-14　OK 与 NOT_OK 指令及使用

2.2.3　移位指令

移位指令包括移位指令和循环移位指令。

1. 移位指令

移位指令 SHL/SHR 将输入参数 IN 指定的存储单元的整个内容逐位左移（右移）若干位，移位的位数用输入参数 N 来定义，移位的结果保存在输出参数 OUT 指定的地址。

无符号数移位和有符号数左移后空出来的位用 0 填充。有符号数右移后空出来的位用符号位（原来的最高位填充），正数的符号位为 0，负数的符号位为 1。

移位位数 N 为 0 时不会发生移位，但是 IN 指定的输入值被复制给 OUT 指定的地址。如果 N 大于被移位的存储单元的位数，所有原来的位都被移出后，全部被 0 或符号位取代。移位操作的 ENO 总是为“1”状态。

将基本指令列表中的移位指令拖放到梯形图后，单击移位指令后将在方框指令中名称下面问号的右侧和名称的右上角出现黄色三角符号，将鼠标移至（或单击）方框指令中名称下面和右上角出现的黄色三角符号，会出现▼按钮；单击方框指令名称下面问号右侧的▼按钮，可以用下拉式列表设置变量的数据类型和修改操作数的数据类型，单击方框指令名称右上角的▼按钮，可以用下拉式列表设置移位指令类型，如图 2-15 所示。

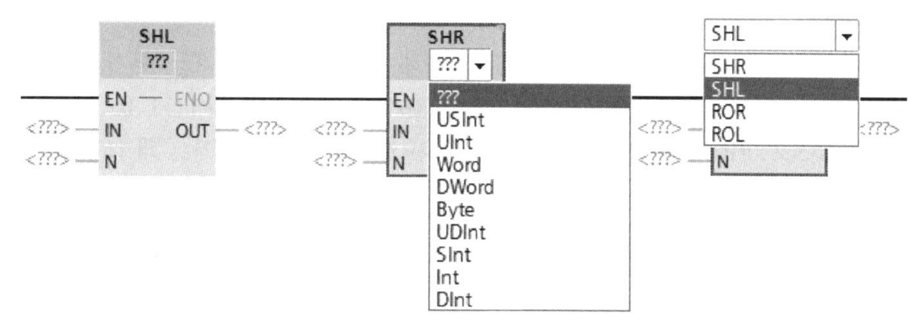

图 2-15　移位指令

执行移位指令时应注意，如果将移位后的数据要送回原地址，应使用边沿检测触点（P 触点或 N 触点），否则在能流流入的每个扫描周期都要移位一次。

左移 n 位相当于乘以 2^n，右移 n 位相当于除以 2^n，当然得在数据存在的范围内，如图 2-16 所示。整数 200 左移 3 位，相当于乘以 8，等于 1600；整数-200 右移 2 位，相当于除以 4，等于-50。

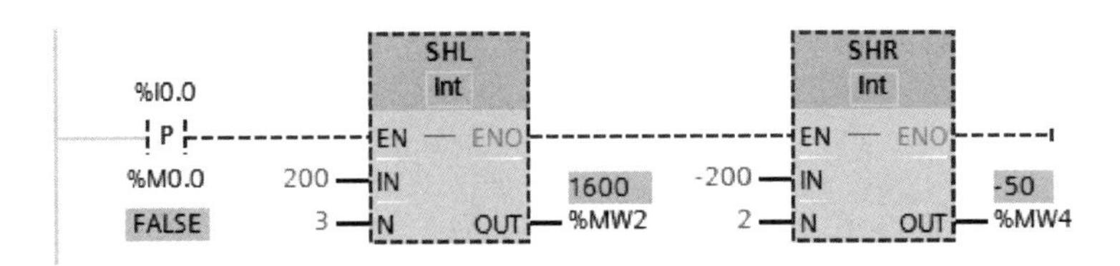

图 2-16　移位指令的应用

2. 循环移位指令

码 2-4　移位指令

循环移位指令 ROL/ROR 将输入参数 IN 指定的存储单元的整个内容逐位循环左移/循环右移若干位后，即移出来的位又送回存储单元另一端空出来的位，原始的位不会丢失。N 为移位的位数，移位的结果保存在输出参数 OUT 指定的地址。N 为 0 时不会发生移位，但是 IN 指定的输入值复制给 OUT 指定的地址。移位位数 N 可以大于被移位的存储单元的位数，执行指令后，ENO 总是为“1”状态。

在图 2-17 中，M1.0 为系统存储器，首次扫描为“1”，即首次扫描时将 125（16#7D）赋给 MB10，将-125（16#83，负数的表示时使用补码形式，即原码取反后加 1 且符号位不变，-125 的原码的二进制形式为 2#1111 1101，反码为 2#1000 0010，补码为 2#1000 0011，即 16#83）赋给 MB20。

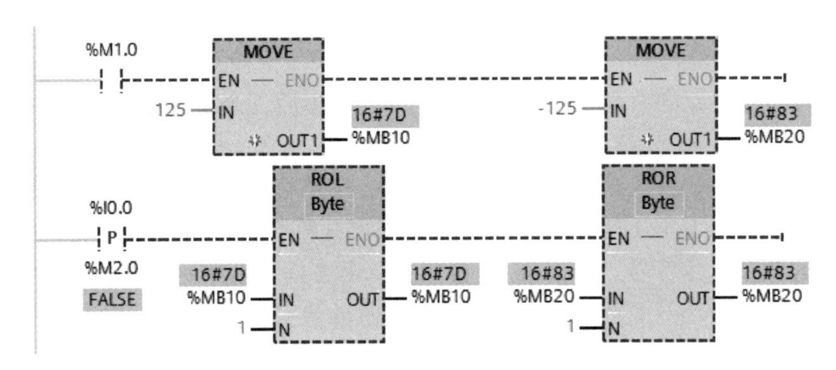

图 2-17　循环移位指令的应用——指令执行前

在图 2-17 中，当 I0.0 出现一次上升沿时，循环左移和循环右移指令各执行一次，都循环移一位，MB10 的数据 16#7D（2#0111 1101）向左循环移一位后为 2#1111 1010，即为 16#FA；MB20 的数据 16#83（2#1000 0011）向右循环移一位后为 2#1100 0001，即 16#C1，如图 2-18 所示。

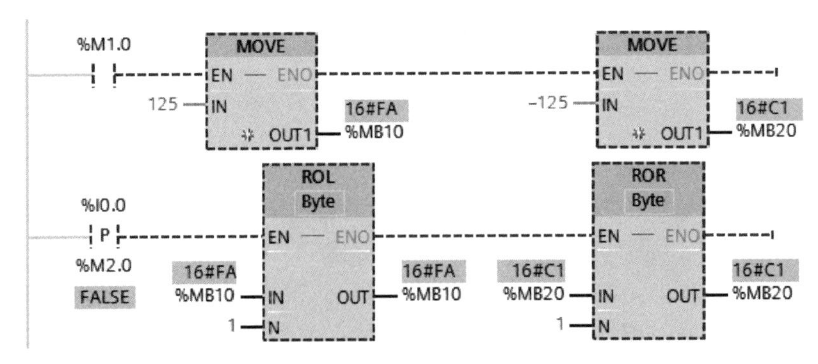

图 2-18　循环移位指令的应用——指令执行后

从图 2-18 中可以看出，循环移位时最高位移入最低位，或最低位移入最高位，即符号位跟着一起移，始终遵循“移出来的位又送回存储单元另一端空出来的位”的原则，可以看出，带符号的数据进行循环移位时，容易发生意想不到的结果，因此使用循环移位时，请用户谨慎。

2.2.4 转换指令

1. CONV 指令

CONV（Convert，转换）指令将数据从一种数据类型转换为另一种数据类型，如图 2-19 所示，使用时单击一下指令的“问号”位置，可以从下拉式列表中选择输入数据类型和输出数据类型。

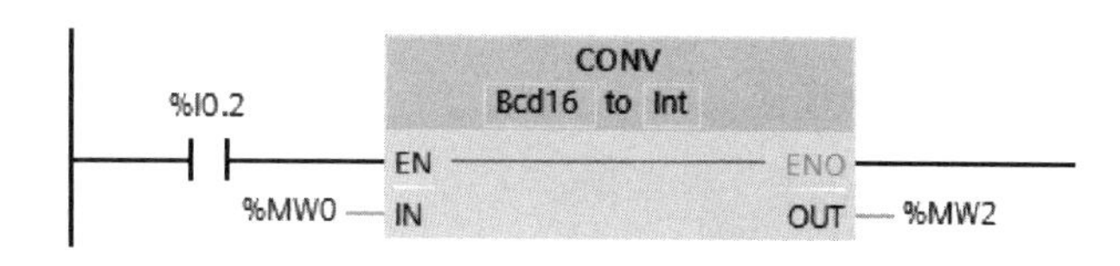

图 2-19 数据转换指令

参数 IN 和 OUT 的数据类型可以为 Byte、Word、DWord、SInt、Int、DInt、USInt、UInt、UDInt、BCD16、BCD32、Real、LReal、Char、WChar。

EN 输入端有能流流入时，CONV 指令将 IN 输入指定的数据转换为 OUT 指定的数据类型。数据类型 BCD16 只能转换为 Int，BCD32 只能转换为 DInt。

2. ROUND 和 TRUNC 指令

ROUND（取整）指令用于将浮点数转换为整数。浮点数的小数点部分舍入为最接近的整数值。如果浮点数刚好是两个连续整数的一半，则实数舍入为偶数。如 ROUND(10.5)= 10，ROUND(11.5)= 12，如图 2-20 所示。

TRUNC（截取）指令用于将浮点数转换为整数，浮点数的小数部分被截取成零，如图 2-20 所示。

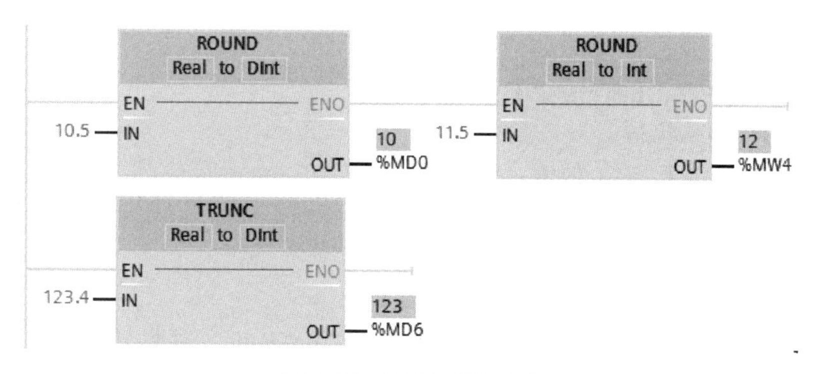

图 2-20 取整和截取指令

3. CEIL 和 FLOOR 指令

CEIL（上取整）指令用于将浮点数转换为大于或等于该实数的最小整数，如图 2-21 所示。

FLOOR（下取整）指令用于将浮点数转换为小于或等于该实数的最大整数，如图 2-21 所示。

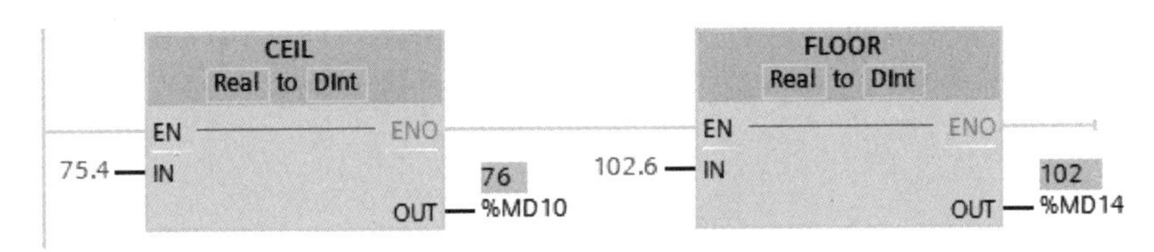

图 2-21　上取整和下取整指令

4. SCALE_X 和 NORM_X 指令

SCALE_X（缩放或称标定）指令是将浮点数输入值 VALUE（0.0≤VALUE≤1.0）被线性转换（映射）为参数 MIN（下限）和 MAX（上限）定义的数值范围之间的整数。转换结果保存在 OUT 指定的地址，如图 2-22 所示。

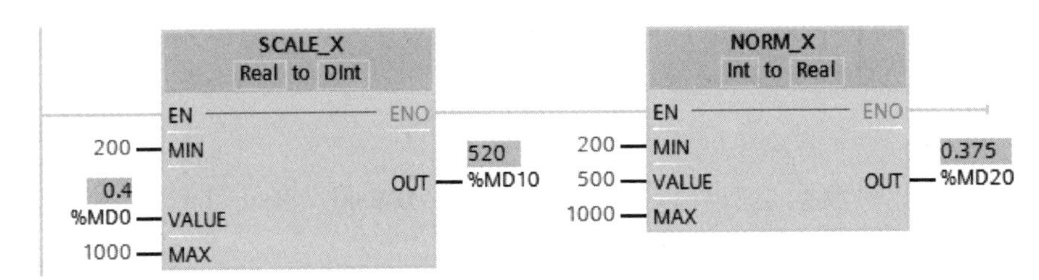

图 2-22　SCALE_X 和 NORM_X 指令

单击方框指令名称下面的问号，用下拉列表设置变量的数据类型。参数 MIN、MAX 和 OUT 的数据类型应相同，可以是 SInt、Int、DInt、USInt、UInt、UDInt 和 Real，MIN 和 MAX 可以是常数。

各变量之间的线性关系如图 2-23 所示。将图 2-22 中参数代入该线性关系公式后可求得 OUT 的值。

$$OUT=VALUE\times(MAX-MIN)+MIN=0.4\times(1000-200)+200=320+200=520$$

如果参数 VALUE 小于 0.0 或大于 1.0，可以生成小于 MIN 或大于 MAX 的 OUT，此时 ENO 为“1”状态。

满足下列条件之一时，ENO 为“0”状态。

1）EN 输入为“0”状态。

2）MIN 的值大于等于 MAX 的值。

3）实数值超出 IEEE 754 规定的范围。

4）有溢出。

5）输入 VALUE 为 NaN（无效的算术运算结果）。

NORM_X 指令是将整数输入 VALUE（MIN≤VALUE≤MAX）线性转换（标准化或称规格化）为 0.0~1.0 之间的浮点数，转换结果保存在 OUT 指定的地址，如图 2-22 所示。

NORM_X 的输出 OUT 的数据类型为 Real，单击方框指令名称下面的问号，用下拉列表设置输入 VALUE 变量的数据类型。输入参数 MIN、MAX 和 VALUE 的数据类型应相同，可以是 SInt、Int、DInt、USInt、UInt、UDInt 和 Real，也可以是常数。

各变量之间的线性关系如图 2-24 所示。将图 2-22 中参数代入该线性关系公式后可求得

OUT 的值。

$$OUT=(VALUE-MIN)/(MAX-MIN)=(500-200)/(1000-200)=0.375$$

如果参数 VALUE 小于 MIN 或大于 MAX，可以生成小于 0.0 或大于 1.0 的 OUT，此时 ENO 为“1”状态。

使 ENO 为“0”状态的条件与指令 SCALE_X 的相同。

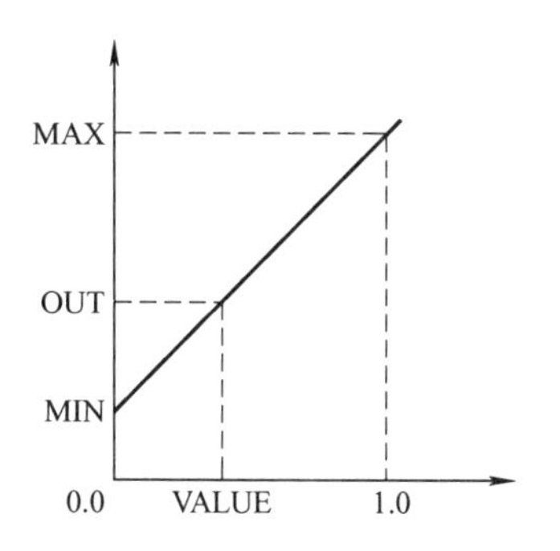

图 2-23　SCALE_X 指令的线性关系

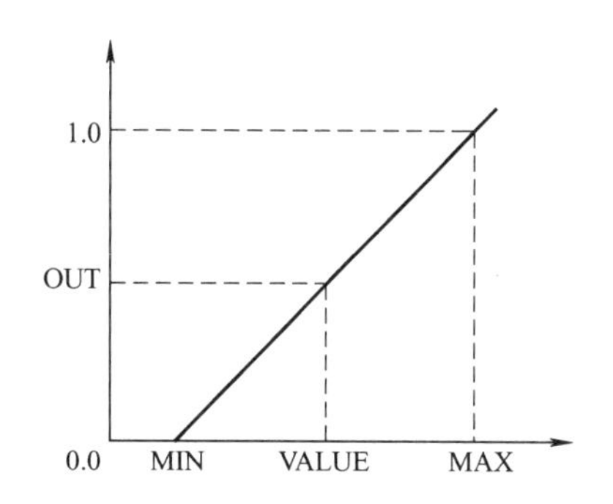

图 2-24　NORM_X 指令的线性关系

2.3　案例 7　跑马灯的 PLC 控制

2.3.1　目的

1）掌握移动指令的应用。

2）掌握比较指令的应用。

2.3.2　任务

使用 S7-1200 PLC 实现一个 8 盏灯的跑马灯控制，要求按下开始按钮后，第 1 盏灯亮，1 秒后第 2 盏灯亮，再过 1 秒后第 3 盏灯亮，直到第 8 盏灯亮；再过 1 s 后，第 1 盏灯再次亮起，如此循环。无论何时按下停止按钮，8 盏灯全部熄灭。

2.3.3　步骤

1. I/O 分配

根据 PLC 输入/输出点分配原则及本案例控制要求，进行 I/O 地址分配，如表 2-3 所示。

表 2-3　跑马灯的 PLC 控制 I/O 分配表

输　入		输　出	
输入继电器	元器件	输出继电器	元器件
I0.0	起动按钮 SB1	Q0.0…Q0.7	灯 HL1…灯 HL8
I0.1	停止按钮 SB2		

2. I/O 接线图

根据控制要求及表 2-3 的 I/O 分配表，跑马灯 PLC 控制的 I/O 接线图如图 2-25 所示。

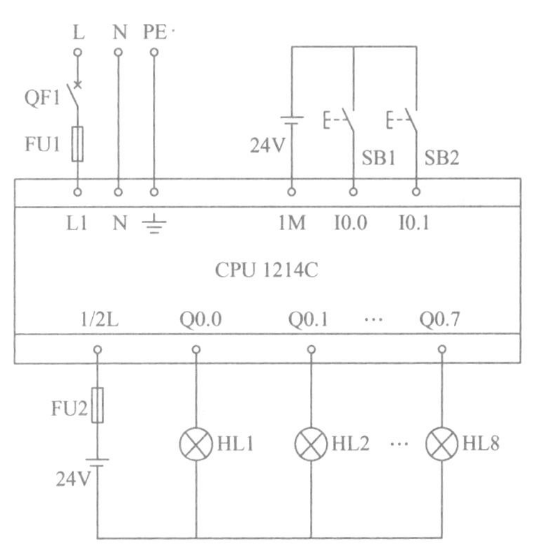

图 2-25　跑马灯 PLC 控制的 I/O 接线图

3. 创建工程项目

用鼠标双击桌面上的 TIA 图标，打开博途编程软件，在 Portal 视图中选择“创建新项目”，输入项目名称“D_pm”，选择项目保存路径，然后单击“创建”按钮创建项目完成，并进行项目的硬件组态。

4. 编辑变量表

本案例变量表如图 2-26 所示。

D_pm ▸ PLC_1 [CPU 1214C AC/DC/Rly] ▸ PLC 变量 ▸ 默认变量表 [38]

变量　用户常量　系统常量

默认变量表

	名称	数据类型	地址	保持	在 H...	可从 ...
1	起动按钮SB1	Bool	%I0.0	☐	☑	☑
2	停止按钮SB2	Bool	%I0.1	☐	☑	☑
3	灯HL1	Bool	%Q0.0	☐	☑	☑
4	灯HL2	Bool	%Q0.1	☐	☑	☑
5	灯HL3	Bool	%Q0.2	☐	☑	☑
6	灯HL4	Bool	%Q0.3	☐	☑	☑
7	灯HL5	Bool	%Q0.4	☐	☑	☑
8	灯HL6	Bool	%Q0.5	☐	☑	☑
9	灯HL7	Bool	%Q0.6	☐	☑	☑
10	灯HL8	Bool	%Q0.7	☐	☑	☑

图 2-26　跑马灯 PLC 控制的变量表

5. 编写程序

本案例要求每 1 s 接在 QB0 端的 8 盏灯以跑马灯的形式流动。在此时间信号由定时器产生，使用移动和比较指令编写程序，这样程序通俗易懂，如图 2-27 所示。

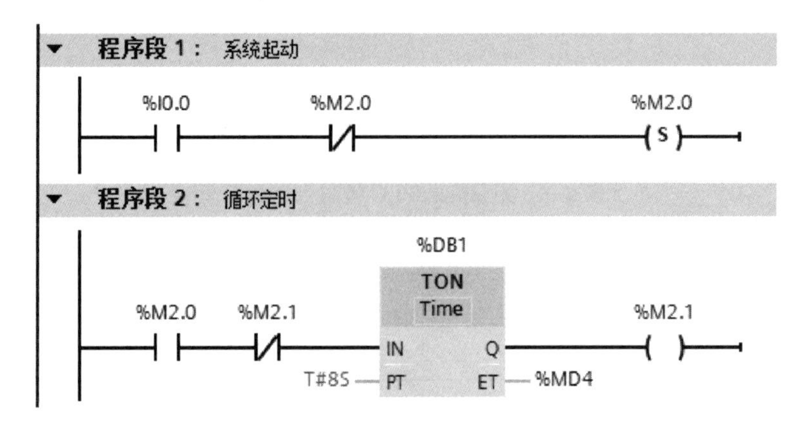

图 2-27　跑马灯的 PLC 控制程序

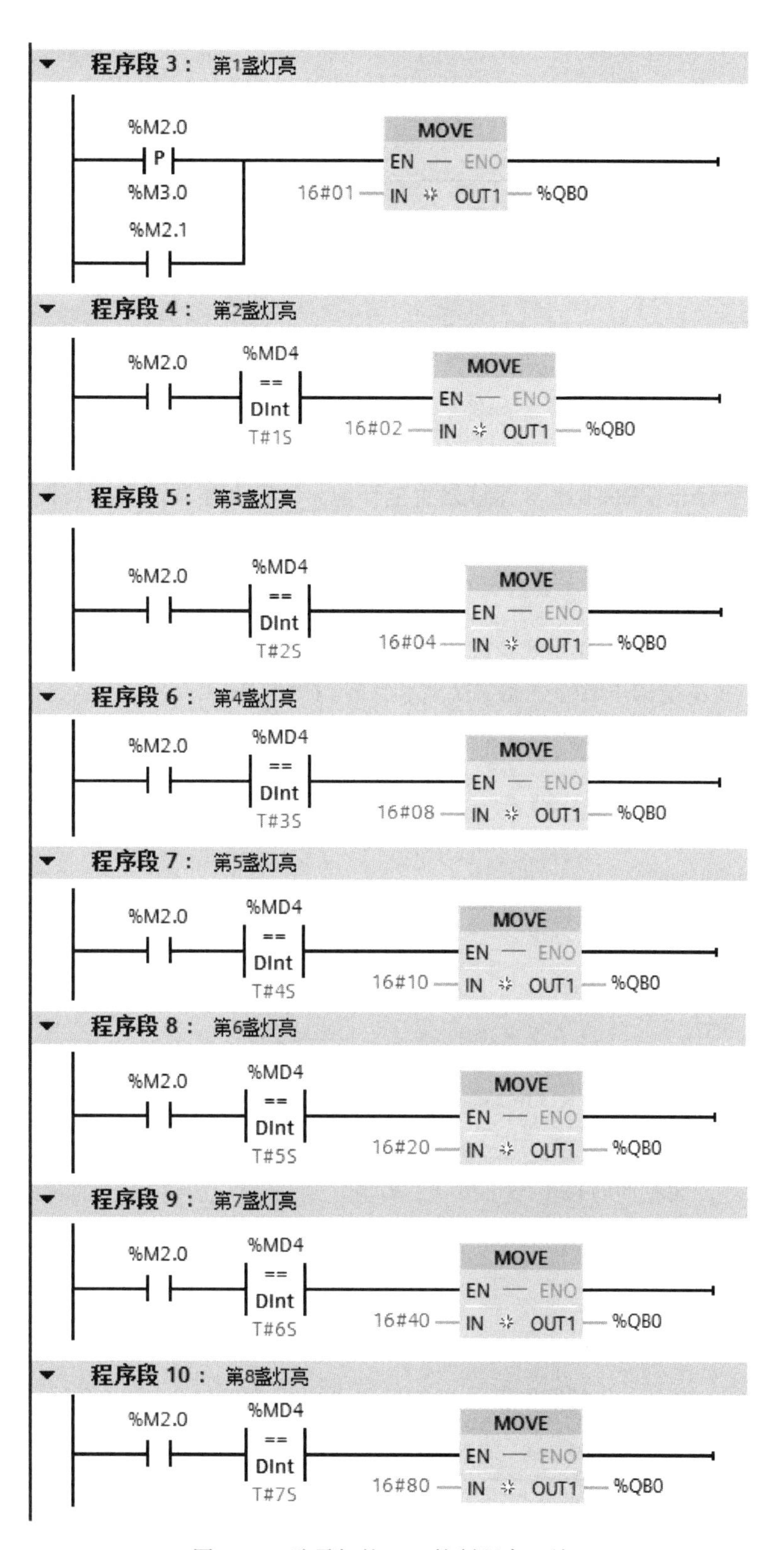

图 2-27 跑马灯的 PLC 控制程序（续）

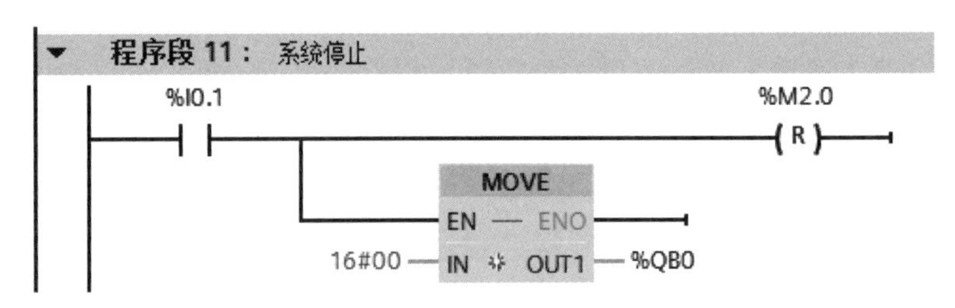

图 2-27　跑马灯的 PLC 控制程序（续）

6. 调试程序

将调试好的用户程序下载到 CPU 中，并连接好线路。按下跑马灯起动按钮 SB1，观察 8 盏灯点亮的情况，是否逐一点亮，8 秒钟后再次循环。在任意一盏灯点亮时，若再次按下跑马灯起动按钮 SB1，观察 8 盏灯亮的情况，是重新从第 1 盏点亮，还是灯的点亮不受起动按钮影响，无论何时按下停止按钮 SB2，8 盏灯是否全部熄灭。若上述调试现象与控制要求一致，则说明本案例任务实现。

2.3.4　训练

1）训练 1：用 MOVE 指令实现笼式三相异步电动机的星-三角降压起动控制。
2）训练 2：将本案例用时钟存储器字节和比较指令实现。
3）训练 3：将本案例用定时器、计数器和比较指令实现。

2.4　案例 8　流水灯的 PLC 控制

2.4.1　目的

1）掌握移位指令的应用。
2）掌握循环移位指令的应用。

2.4.2　任务

使用 S7-1200 PLC 实现一个 8 盏灯的流水灯控制，要求按下起动按钮后，第 1 盏灯亮，1 s 后第 1、2 盏灯亮，再过 1 s 后第 1、2、3 盏灯亮，直到 8 盏灯全亮；再过 1 s 后，第 1 盏灯再次亮起，如此循环。无论何时按下停止按钮，8 盏灯全部熄灭。同时，系统还要求无论何时按下起动按钮，都从第 1 盏灯亮起。

2.4.3　步骤

1. I/O 分配

根据 PLC 输入/输出点分配原则及本案例控制要求，进行 I/O 地址分配，如表 2-4 所示。

表 2-4　流水灯 PLC 控制的 I/O 分配表

输　入		输　出	
输入继电器	元器件	输出继电器	元器件
I0.0	起动按钮 SB1	Q0.0…Q0.7	灯 HL1…灯 HL8
I0.1	停止按钮 SB2		

2. I/O 接线图

根据控制要求及表 2-4 的 I/O 分配表，流水灯 PLC 控制的 I/O 接线图如图 2-28 所示。

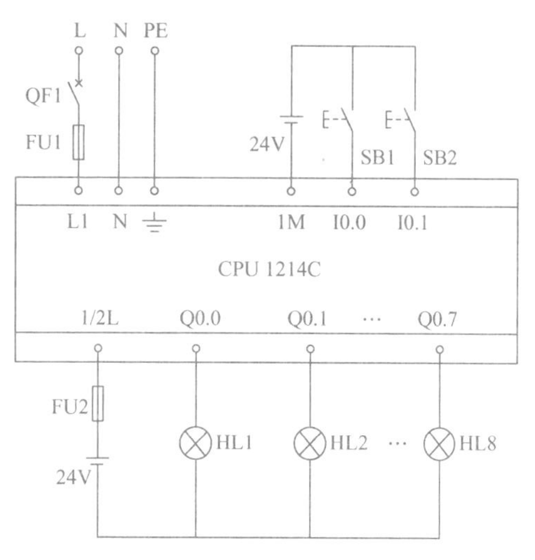

图 2-28　流水灯 PLC 控制的 I/O 接线图

3. 创建工程项目

双击桌面上的 TIA 图标，打开博途编程软件，在 Portal 视图中选择“创建新项目”，输入项目名称“D_ls”，选择项目保存路径，然后单击“创建”按钮创建项目完成，并进行项目的硬件组态。

4. 编辑变量表

本案例变量表如图 2-29 所示。

D_ls ▸ PLC_1 [CPU 1214C AC/DC/Rly] ▸ PLC 变量 ▸ 默认变量表 [38]

变量　用户常量　系统常量

默认变量表

	名称	数据类型	地址	保持	在 H...	可从 ...
1	起动按钮SB1	Bool	%I0.0	☐	☑	☑
2	停止按钮SB2	Bool	%I0.1	☐	☑	☑
3	灯HL1	Bool	%Q0.0	☐	☑	☑
4	灯HL2	Bool	%Q0.1	☐	☑	☑
5	灯HL3	Bool	%Q0.2	☐	☑	☑
6	灯HL4	Bool	%Q0.3	☐	☑	☑
7	灯HL5	Bool	%Q0.4	☐	☑	☑
8	灯HL6	Bool	%Q0.5	☐	☑	☑
9	灯HL7	Bool	%Q0.6	☐	☑	☑
10	灯HL8	Bool	%Q0.7	☐	☑	☑

图 2-29　流水灯 PLC 控制的变量表

5. 编写程序

本案例要求每 1 s 接在 QB0 端的 8 盏灯以流水灯的形式流动。在此秒时间信号使用系统时钟存储器字节（采用默认字节 MB0），使用移动指令编写程序的如图 2-30 所示。

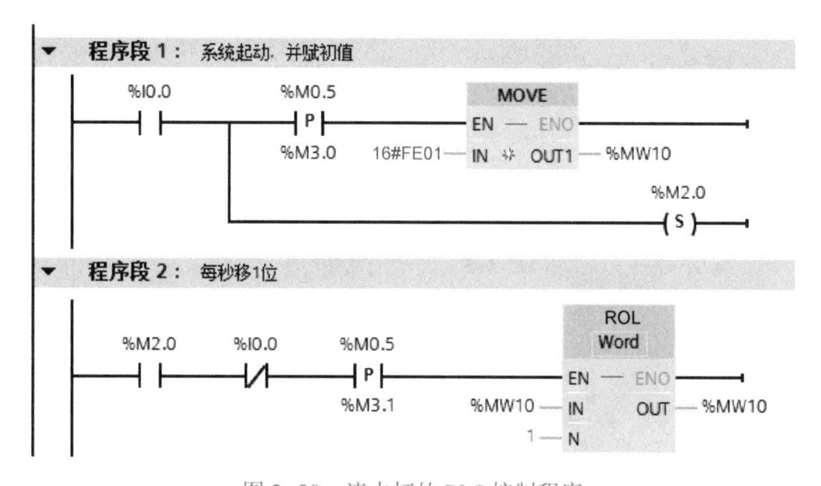

图 2-30　流水灯的 PLC 控制程序

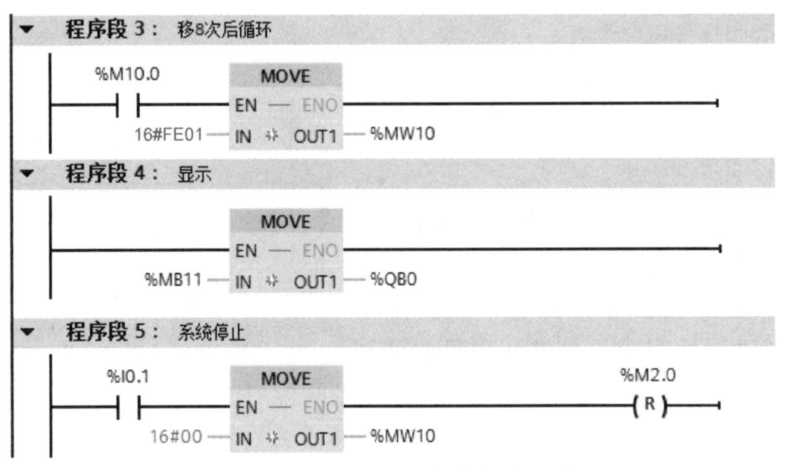

图 2-30 流水灯的 PLC 控制程序（续）

6. 调试程序

将调试好的用户程序及设备组态一起下载到 CPU 中，并连接好线路。按下流水灯起动按钮 SB1，观察 8 盏灯亮的情况，灯是否每秒增 1 盏点亮，直到 8 盏灯全部点亮后再次循环。在任意一盏灯点亮时，若再次按下流水灯起动按钮 SB1，观察 8 盏灯亮的情况，是重新从第 1 盏点亮，还是灯的点亮不受起动按钮影响，无论何时按下停止按钮 SB2，8 盏灯是否全部熄灭。若上述调试现象与控制要求一致，则说明本案例任务实现。

读者可以将程序段 1 和程序段 2 中 M0.5 的存储位 M3.0 和 M3.1 使用同一个位存储器，观察一下程序运行现象？再想一想程序段 2 中为何设置 I0.0 的常闭触点，删掉后又是什么现象？

2.4.4 训练

1）训练 1：用循环移位指令实现本案例控制要求。

2）训练 2：用移位指令实现 16 盏灯的流水灯控制。

3）训练 3：用移位指令或循环移位指令实现案例 7 中跑马灯的控制。

2.5 运算指令

运算指令包括数学运算指令、逻辑运算指令。

2.5.1 数学运算指令

数学运算指令包括整数运算和浮点数运算指令，有加、减、乘、除、余数、取反、加 1、减 1、绝对值、最大值、最小值、限制值、平方、平方根、自然对数、指数、正弦、余弦、正切、反正弦、反余弦、反正切、求小数、取幂、计算等指令，如表 2-5 所示。

表 2-5 数学运算指令

梯 形 图	描 述	梯 形 图	描 述
ADD Auto (???) EN — ENO IN1 OUT IN2	IN1+IN2=OUT	SUB Auto (???) EN — ENO IN1 OUT IN2	IN1-IN2=OUT

（续）

梯　形　图	描　　述	梯　形　图	描　　述
MUL Auto (???) EN　ENO IN1　OUT IN2	IN1×IN2＝OUT	DIV Auto (???) EN　ENO IN1　OUT IN2	IN1/IN2＝OUT
MOD Auto (???) EN　ENO IN1　OUT IN2	求整数除法的余数	NEG ??? EN　ENO IN　OUT	将输入值的符号取反
INC ??? EN　ENO IN/OUT	将参数 IN/OUT 的值加 1	DEC ??? EN　ENO IN/OUT	将参数 IN/OUT 的值减 1
ABS ??? EN　ENO IN　OUT	求有符号数的绝对值	LIMIT ??? EN　ENO MN　OUT IN MX	将输入 IN 的值限制在 指定的范围内
MIN ??? EN　ENO IN1　OUT IN2	求两个及以上输入中 最小的数	MAX ??? EN　ENO IN1　OUT IN2	求两个及以上输入中 最大的数
SQR ??? EN　ENO IN　OUT	求 IN 输入的平方	SQRT ??? EN　ENO IN　OUT	求 IN 输入的平方根
LN ??? EN　ENO IN　OUT	求 IN 输入的 自然对数	EXP ??? EN　ENO IN　OUT	求 IN 输入的 指数值
SIN ??? EN　ENO IN　OUT	求 IN 输入的 正弦值	COS ??? EN　ENO IN　OUT	求 IN 输入的 余弦值
TAN ??? EN　ENO IN　OUT	求 IN 输入的 正切值	ASIN ??? EN　ENO IN　OUT	求 IN 输入的 反正弦值

（续）

梯形图	描述	梯形图	描述
ACOS ??? EN ENO IN OUT	求 IN 输入的反余弦值	ATAN ??? EN ENO IN OUT	求 IN 输入的反正切值
FRAC ??? EN ENO IN OUT	求 IN 输入的小数值（小数点后面的值）	EXPT ??? ** ??? EN ENO IN1 OUT IN2	求 IN1 输入为底，IN2 输入为幂的值
CALCULATE ??? EN ENO OUT := <???> IN1 OUT IN2	求自定义的表达式的值（根据所选数据类型进行数学运算或复杂逻辑运算）		

1. 四则运算指令

数学运算指令中的 ADD、SUB、MUL、DIV 分别是加、减、乘、除指令。它们执行的操作见表 2-5。操作数的数据类型可选 SInt、Int、DInt、USInt、UInt、UDInt、Real 和 LReal，输入参数 IN1 和 IN2 可以是常数。IN1、IN2 和 OUT 的数据类型应该相同。

整数除法指令将得到的商截位取整后，作为整数格式的输出参数 OUT。

用鼠标左键单击输入参数（或称变量）IN2 后面的符号 ✲ 可增加输入参数的个数，也可以用鼠标右键单击 ADD 或 MUL（方框指令中输入变量后面带有 ✲ 符号的都可以增加输入变量个数）指令，执行出现的快捷菜单中的“插入输入”命令，ADD 或 MUL 指令将会增加一个输入变量。选中输入变量（如 IN3）或输入变量前的“短横线”，这时“短横线”将变粗，若按下键盘上〈Delete〉键（或用鼠标右键单击输入变量或“短横线”，选择快捷菜单中的“删除”命令）对已选中的输入变量进行删除。

【例 2-3】 编程实现[(12+26+47)-56]×35÷26.5 的运行结果，并保存在 MD20 中。根据要求编写的运算程序如图 2-31 所示。

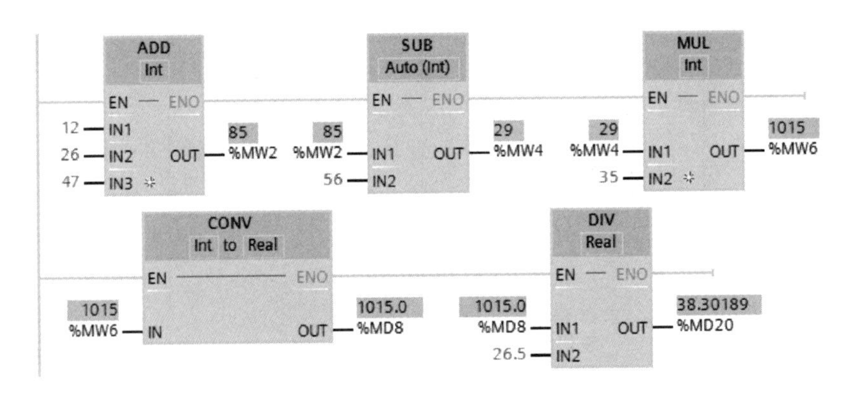

图 2-31 四则运算指令的应用示例

将 ADD 和 SUB 指令拖放到梯形图后，单击指令方框指令名称下面的问号，再单击出现的▼按钮，用下拉列表框设置操作数的数据类型，或采用指令的“Auto”数据类型，输入变量后，自动出现指令运算数据类型，如图 2-31 中的 SUB 指令。

上式编程需要注意的是，需要将整数转换成浮点数方可进行上式的最后一步（除法）运算。

码 2-5 加法指令

码 2-6 减法指令

码 2-7 乘法指令

码 2-8 除法指令

2. 其他整数数学运算指令

（1）MOD（除法）指令

除法指令只能得到商，余数被丢掉。可以使用 MOD 指令来求除法的余数。输出 OUT 中的运算结果为除法运算 IN1/IN2 的余数，如图 2-32 所示。

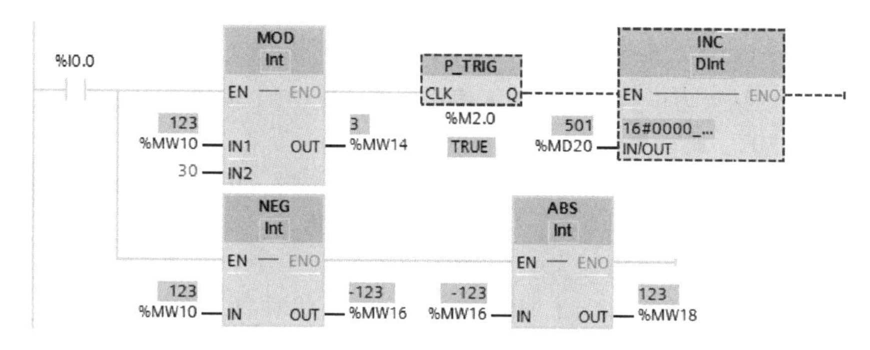

图 2-32 其他常用数学运算指令的应用示例 1

（2）NEG（取反）指令

NEG（Negation）将输入 IN 的值的符号取反后，保存在输出 OUT 中，IN 和 OUT 的数据类型可以是 SInt、Int、DInt、Real 和 LReal，输入 IN 还可以是常数，如图 2-32 所示。

（3）INC（加 1）和 DEC（减 1）指令

INC（Increase）指令将变量 IN/OUT 的值加 1 后还保存的自己的变量中，DEC 指令（Decrease）将变量 IN/OUT 的值减 1 后还保存的自己的变量中。IN/OUT 的数据类型可以是 SInt、Int、DInt、USInt、UInt、UDInt，即为有符号或无符号的整数，如图 2-32 所示。

（4）ABS（绝对值）指令

ABS 指令用来求 IN 输入中的有符号整数或实数的绝对值，将结果保存在输出 OUT 中，IN 和 OUT 的数据类型应相同，如图 2-32 所示。

（5）MIN（最小值）和 MAX（最大值）指令

MIN（Minimum）指令比较输入 IN1 和 IN2（甚至更多的输入变量）值，将其中最小的值送给输出 OUT 中。MAX（Maximum）指令比较输入 IN1 和 IN2（甚至更多的输入变量）值，将其中最大值送给输出 OUT。IN1 和 IN2 的数据类型相同才能执行指定操作，如图 2-33 所示。

（6）LIMIT（限制值）指令

LIMIT 指令检查 IN 输入的值是否在参数 MIN 和 MAX 指定的范围内，如果 IN 的值没有超出范围，将它直接保存在 OUT 指定的地址中。如果 IN 的值小于 MIN 的值或大于 MAX 的值，将 MIN 或 MAX 的值送给输出 OUT，如图 2-33 所示。

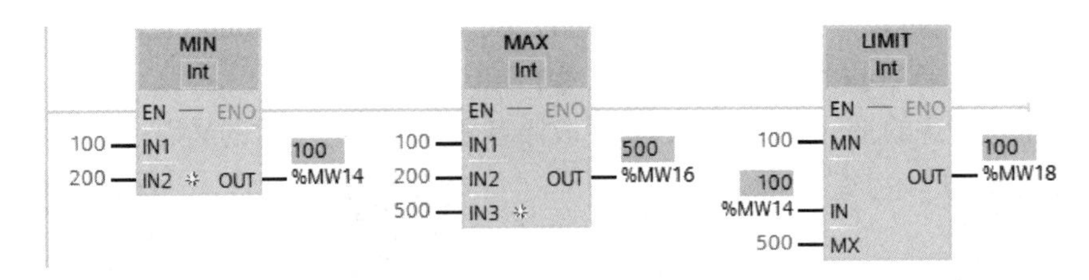

图 2-33　其他常用数学运算指令的应用示例 2

3. 浮点数运算指令

浮点数（实数）数学运算指令的操作数 IN 和 OUT 的数据类型均为 Real。

（1）SQR（平方）和 SQRT（平方根）指令

SQR 指令是将 IN 输入浮点值进行平方运算，并将结果写入输出 OUT。

如果满足下列条件之一，则使能输出 ENO 的信号状态为“0”：使能输入 EN 的信号状态为“0”；IN 输入的值不是有效浮点数。

SQRT 指令是将 IN 输入的浮点值进行平方根运算，并将结果写入 OUT 输出。如果输入值大于零，则该指令的结果为正数。如果输入值小于零，则 OUT 输出返回一个无效浮点数。如果 IN 输入的值为“0”，则结果也为“0”。

如果满足下列条件之一，则使能输出 ENO 的信号状态为“0”：使能输入 EN 的信号状态为“0”；IN 输入的值不是有效浮点数；IN 输入的值为负值。

（2）LN（自然对数）和 EXP（指数）指令

LN 指令是将 IN 输入值以（e=2.718282）为底求自然对数，计算结果存储在 OUT 输出中。如果输入值大于零，则该指令的结果为正数。如果输入值小于零，则输出 OUT 返回一个无效浮点数。

EXP 指令是以 e（e=2.718282）为底计算 IN 输入值的指数，并将结果存储在 OUT 输出中（$OUT=e^{IN}$）。

（3）三角函数及反三角函数指令

三角函数（SIN、COS 和 TAN）指令用于求 IN 输入的正弦值、余弦值和正切值，角度值在 IN 输入处以弧度的形式指定，指令结果送到 OUT 输出中。

反三角函数（ASIN）指令根据 IN 输入指定的正弦值，计算与该值对应的角度值。IN 输入的值只能为 IN 输入指定范围为-1～+1 内的有效浮点数。计算出的角度值以弧度为单位，在 OUT 输出中输出，范围在-π/2～+π/2 之间。

反三角函数（ACOS）指令根据 IN 输入指定的余弦值，计算与该值对应的角度值。IN 输入的值只能为 IN 输入指定范围-1～+1 内的有效浮点数。计算出的角度值以弧度为单位，在 OUT 输出中输出，范围在 0～+π 之间。

反三角函数（ATAN）指令根据 IN 输入指定的正切值，计算与该值对应的角度值。IN 输入的值只能是有效的浮点数或-NaN～+NaN。计算出的角度值以弧度形式在 OUT 输出中输出，范围在-π/2～+π/2 之间。

（4）FRAC（求小数，或称提取小数）指令

FRAC 指令用于求 IN 输入的值的小数部分，结果存储在 OUT 输出中并可供查询。例如，如果 IN 输入值为 123.456，则 OUT 输出返回值为 0.456，如图 2-34 所示。

(5) EXPT（取幂）指令

EXPT 指令用于求以 IN1 输入的值为底、以 IN2 输入的值为幂的结果，结果放在 OUT 输出（$OUT=IN1^{IN2}$）中，如图 2-34 所示。

IN1 输入必须为有效的浮点数，IN2 输入也可以是整数。

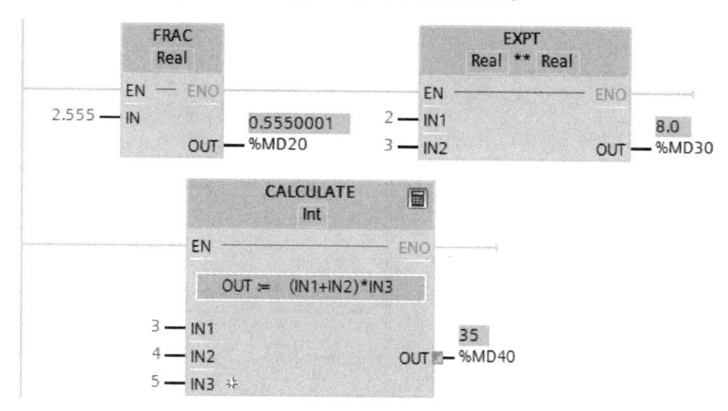

图 2-34　FRAC、EXPT、CALCULATE 指令的应用示例

(6) CALCULATE（计算）指令

CALCULATE 指令用于求用户自定义的表达式值，根据所选数据类型进行数学运算或复杂逻辑运算，如图 2-34 所示。

可以从指令框的“<???>”下拉列表中选择该指令的数据类型。根据所选的数据类型，可以组合某些指令的函数以执行复杂计算。单击指令方框上方的“计算器（Calculator）”图标将打开一个指定符计算的表达式的，在该对话框中输入待计算的表达式。表达式可以包含输入参数的名称和指令的语法，但不能指定操作数名称和操作数地址。

在初始状态下，指令方框至少包含两个输入（IN1 和 IN2），可以扩展输入数量。在指令方框中按升序对插入的输入编号。

使用输入的值执行指定表达式。表达式中不一定会使用所有的已定义的输入。该指令的结果将传送到 OUT 输出中。

2.5.2　逻辑运算指令

逻辑运算指令包括与、或、异或、取反、解码、编码、选择、多路复用和多路分用指令，如表 2-6 所示。

表 2-6　逻辑运算指令

梯形图	描述	梯形图	描述
AND ??? EN ENO IN1 OUT IN2	与逻辑运算	OR ??? EN ENO IN1 OUT IN2	或逻辑运算
XOR ??? EN ENO IN1 OUT IN2	异或逻辑运算	INV ??? EN ENO IN OUT	取反

（续）

梯　形　图	描　　述	梯　形　图	描　　述
DECO UInt to ??? (EN, IN; ENO, OUT)	解码	ENCO ??? (EN, IN; ENO, OUT)	编码
SEL ??? (EN, G, IN0, IN1; ENO, OUT)	选择	MUX ??? (EN, K, IN0, IN1, ELSE; ENO, OUT)	多路复用
DEMUX ??? (EN, K, IN; ENO, OUT0, OUT1, ELSE)	多路分用		

1. 逻辑运算指令

逻辑运算指令用于对两个输入（或多个）IN1 和 IN2 逐位进行逻辑运算，逻辑运算的结果存放在输出 OUT 指定的地址中，如图 2-35 所示。

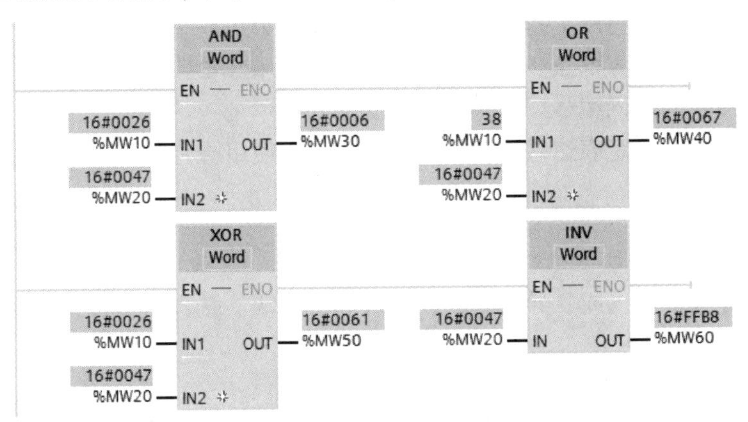

图 2-35　AND、OR、XOR 和 INV 指令的应用示例

- 与（AND）运算时两个（或多个）操作数的同一位如果均为 1，则运算结果的对应位为 1，否则为 0。
- 或（OR）运算时两个（或多个）操作数的同一位如果均为 0，则运算结果的对应位为 0，否则为 1。
- 异或（XOR）运算时两个（若有多个输入，则两两运算）操作数的同一位如果不相同，则运算结果的对应位为 1，否则为 0。

与、或、异或指令的操作数 IN1、IN2 和 OUT 的数据类型为十六进制的 Byte、Word 和 DWord。

- 取反（INV）指令用于将 IN 输入中的二进制数逐位取反，即二进制数的各位由 0 变 1，由 1 变 0，运算结果存放在输出 OUT 指定的地址中。

2. 解码和编码指令

码 2-9
逻辑与指令

假设输入参数 IN 的值为 n，解码/译码（DECO，Decode）指令将输出参数 OUT 的第 n 位置位为 1，其余各位置 0。利用解码指令可以用 IN 输入的值来控制 OUT 中某一位。如果 IN 输入的值大于 31，将 IN 的值除以 32 以后，用余数来进行解码操作。

IN 的数据类型为 UInt，OUT 的数据类型可选 Byte、Word 和 DWord。

- IN 的值为 0~7（3 位二进制数）时，OUT 输出的数据类型为 8 位的字节。
- IN 的值为 0~15（4 位二进制数）时，OUT 输出的数据类型为 16 位的字节。
- IN 的值为 0~31（5 位二进制数）时，OUT 输出的数据类型为 32 位的字节。

例如 IN 的值为 7 时，OUT 输出为 2#1000 0000（16#80），仅第 7 位为 1，如图 2-36 所示。

编码（ENCO，Encode）指令与解码指令相反，将 IN 中为 1 的最低位的位数送给输出参数 OUT 指定的地址，IN 的数据类型可选 Byte、Word 和 DWord，OUT 的数据类型为 Int。

如果 IN 为 2#0100 1000，OUT 指定的 MW20 中的编码结果为 3，如图 2-36 所示。如果 IN 为 1 或 0，MW20 中的值为 0。如果 IN 为 0，ENO 为 0。

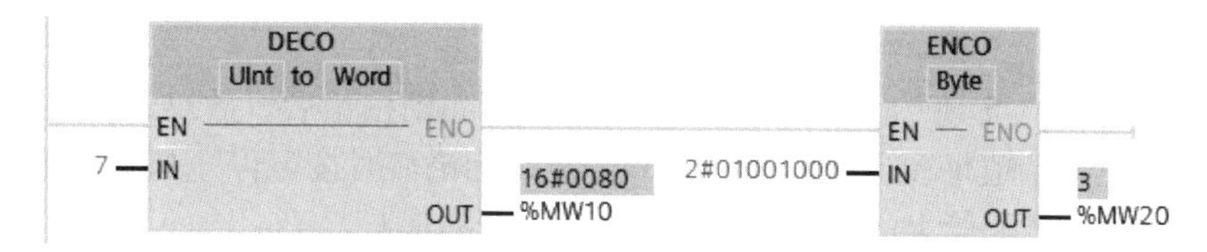

图 2-36　DECO 和 ENCO 指令的应用示例

3. 选择、多路复用和多路分用指令

选择（SEL，Select）指令的 Bool 型输入参数 G 为 0 时选中 IN0，G 为 1 时选中 IN1，并将它们保存在输出参数 OUT 指定的地址中，如图 2-37 所示。

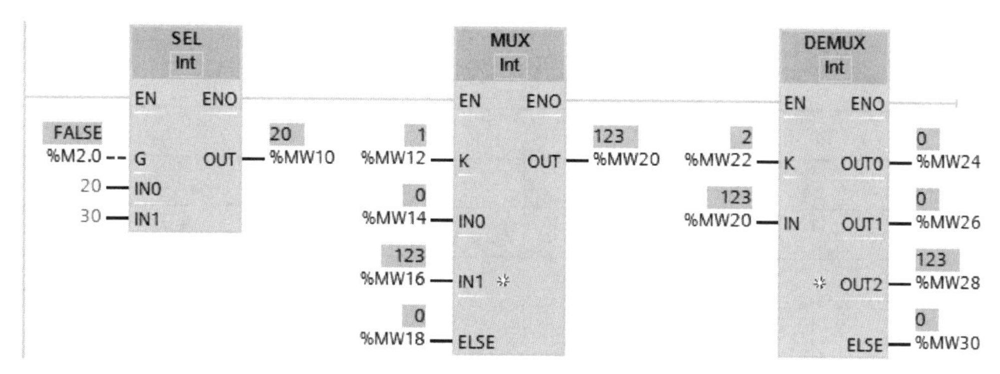

图 2-37　SEL、MUX 和 DEMUX 指令的应用示例

多路复用（MUX，Multiplex）指令（又称为多路开关选择器）根据输入参数 K 的值，选中某个输入数据（指令默认只有 IN0、IN1 和 ELSE 三个，通过单击指令左下角的添加输入图标，可增加 IN 的数目），并将它传送到输出参数 OUT 指定的地址中，如图 2-37 所示。K =

m 时，将选中 INm。如果 K 的值超过允许的范围，将选中输入参数 ELSE。参数 K 的数据类型为 DInt，INn、ELSE 和 OUT 可以取 12 种数据类型，它们的数据类型应相同。

多路分用（DEMUX，Demultiplex）指令根据输入参数 K 的值，将 IN 输入的内容传送到选定的输出（可增加输出 OUT 的数目）地址中，如图 2-37 所示，其他输出则保持不变。K=m 时，将 IN 输入的内容传送到输出 OUTm 中。如果参数 K 的值大于可用输出数，IN 输入的内容将被传送到 ELSE 指定的地址中，同时输出 ENO 的信号状态将为“0”。

只有当所有 IN 输入与所有 OUT 输出具有相同数据类型时，才能执行指令“多路分用”。参数 K 的数据类型只能为整数。

2.6 案例 9　9 s 倒计时的 PLC 控制

2.6.1 目的

1）掌握数学运算指令的应用。
2）掌握数码管与 PLC 的连接方法。
3）掌握数码管的显示方法。

2.6.2 任务

使用 S7-1200 PLC 实现 9 s 倒计时控制，要求按下起动按钮后，数码管上显示 9，松开起动按钮后数码管上显示值每秒递减，减到 0 时停止。无论何时按下停止按钮，数码管显示 0，再次按下开始按钮，数码管上的显示值依然从数字 9 开始递减。

2.6.3 步骤

1. I/O 分配

根据 PLC 输入/输出点分配原则及本案例控制要求，可知本案例的输入点为起动和停止按钮，输出为 1 个数码管，在此使用七段共阴极数码管，因此可对本案例进行 I/O 地址分配，如表 2-7 所示。

表 2-7　9 s 倒计时 PLC 控制的 I/O 分配表

输入		输出	
输入继电器	元器件	输出继电器	元器件
I0.0	起动按钮 SB1	Q0.0	数码管中显示 a 段
I0.1	停止按钮 SB2	Q0.1	数码管中显示 b 段
		Q0.2	数码管中显示 c 段
		Q0.3	数码管中显示 d 段
		Q0.4	数码管中显示 e 段
		Q0.5	数码管中显示 f 段
		Q0.6	数码管中显示 g 段

2. I/O 接线图

根据控制要求及表 2-7 的 I/O 分配表，9 s 倒计时 PLC 控制的 I/O 接线图如图 2-38 所示。

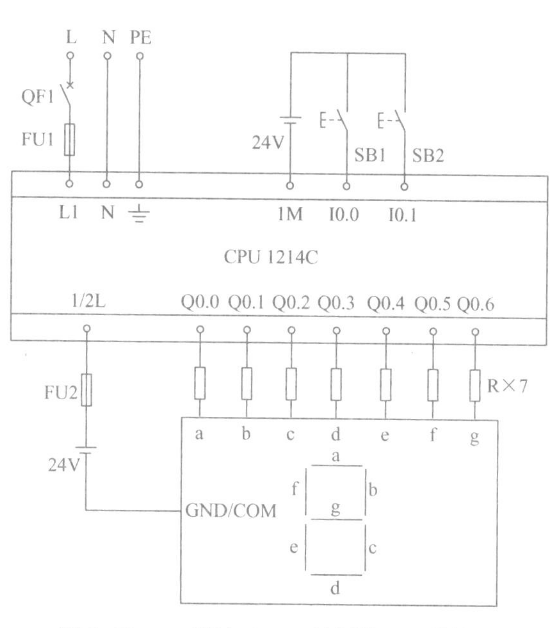

图 2-38 9 s 倒计时 PLC 控制的 I/O 接线图

3. 创建工程项目

用鼠标双击桌面上的 TIA 图标，打开博途编程软件，在 Portal 视图中选择“创建新项目”，输入项目名称“D_djs”，选择项目保存路径，然后单击“创建”按钮完成项目的创建，并进行项目的硬件组态。

4. 编辑变量表

本案例变量表如图 2-39 所示。

5. 编写程序

（1）按字符驱动

S7-1200 PLC 中没有段译码指令，在数码显示时只能使用按字符驱动或按段驱动。所谓按字符驱动，即需要显示什么字符就送相应的显示代码，如显示“2”，则驱动代码为 2#01011011（共阴接法，对应段为 1 时亮），本案例采用按字符驱动，具体程序如图 2-40 所示。

D_djs ▸ PLC_1 [CPU 1214C AC/DC/Rly] ▸ PLC 变量 ▸ 变量表_1 [9]

变量 用户常量

变量表_1

	名称	数据类型	地址	保持	在 HMI...	可从 ...
1	起动按钮SB1	Bool	%I0.0	☐	☑	☑
2	停止按钮SB2	Bool	%I0.1	☐	☑	☑
3	数码管显示a段	Bool	%Q0.0	☐	☑	☑
4	数码管显示b段	Bool	%Q0.1	☐	☑	☑
5	数码管显示c段	Bool	%Q0.2	☐	☑	☑
6	数码管显示d段	Bool	%Q0.3	☐	☑	☑
7	数码管显示e段	Bool	%Q0.4	☐	☑	☑
8	数码管显示f段	Bool	%Q0.5	☐	☑	☑
9	数码管显示g段	Bool	%Q0.6	☐	☑	☑

图 2-39 9 s 倒计时 PLC 控制的变量表

（2）按段驱动

按段驱动数码管就是待显示的数字需要点亮数码管的哪几段，就直接以点动的形式驱动相应数码管所连接的 PLC 输出端，如 M2.2 接通时显示 2，即需要点亮数码管的 a、b、d、e 和 g 段，即需驱动 Q0.0、Q0.1、Q0.3、Q0.4 和 Q0.6（假设数码管连接在 QB0 端口）；同时 M2.5 接通时显示 5，即需要点亮数码管的 a、c、d、f 和 g 段，即需驱动 Q0.0、Q0.2、Q0.3、Q0.5 和 Q0.6（假设数码管连接在 QB0 端口），程序如图 2-41 所示。

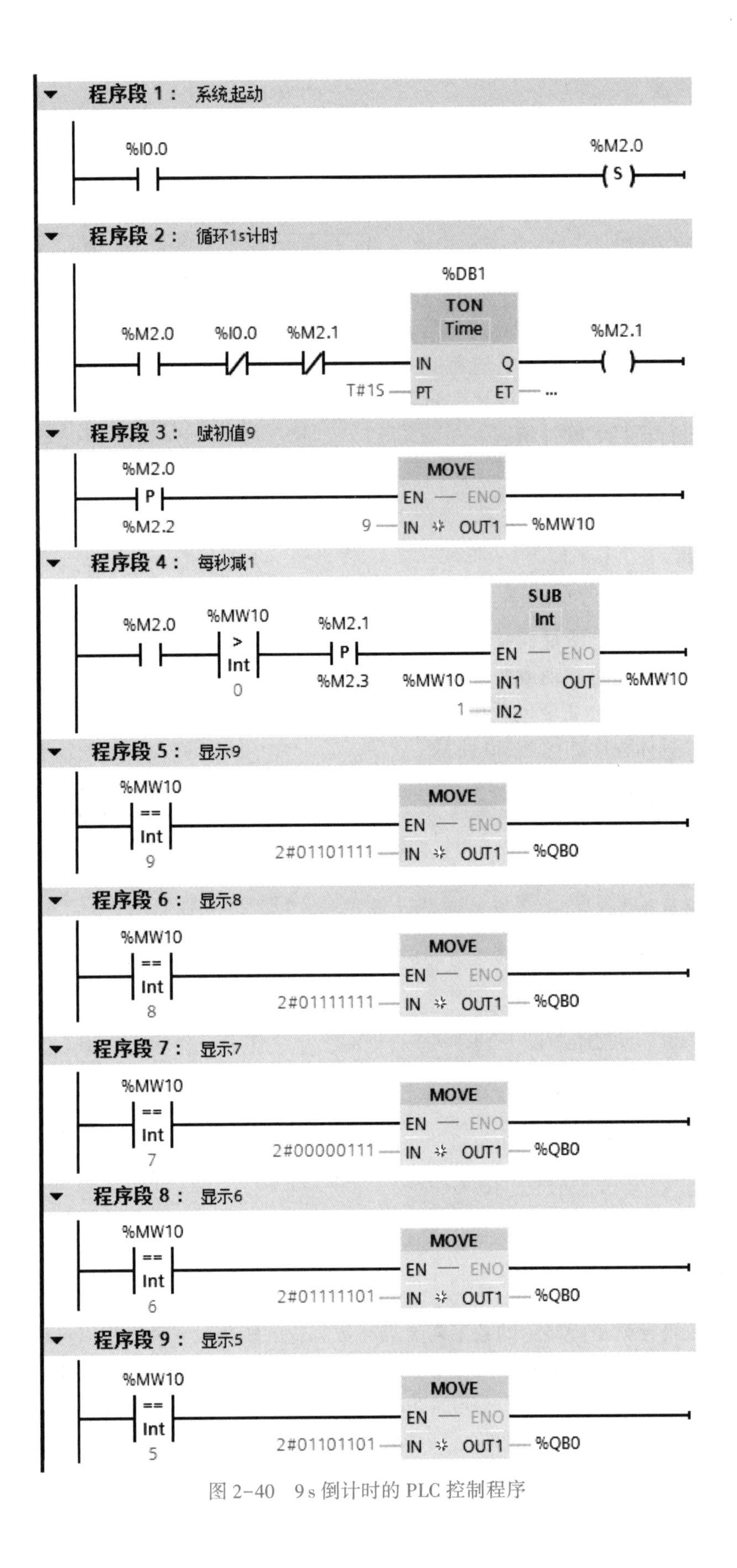

图 2-40 9 s 倒计时的 PLC 控制程序

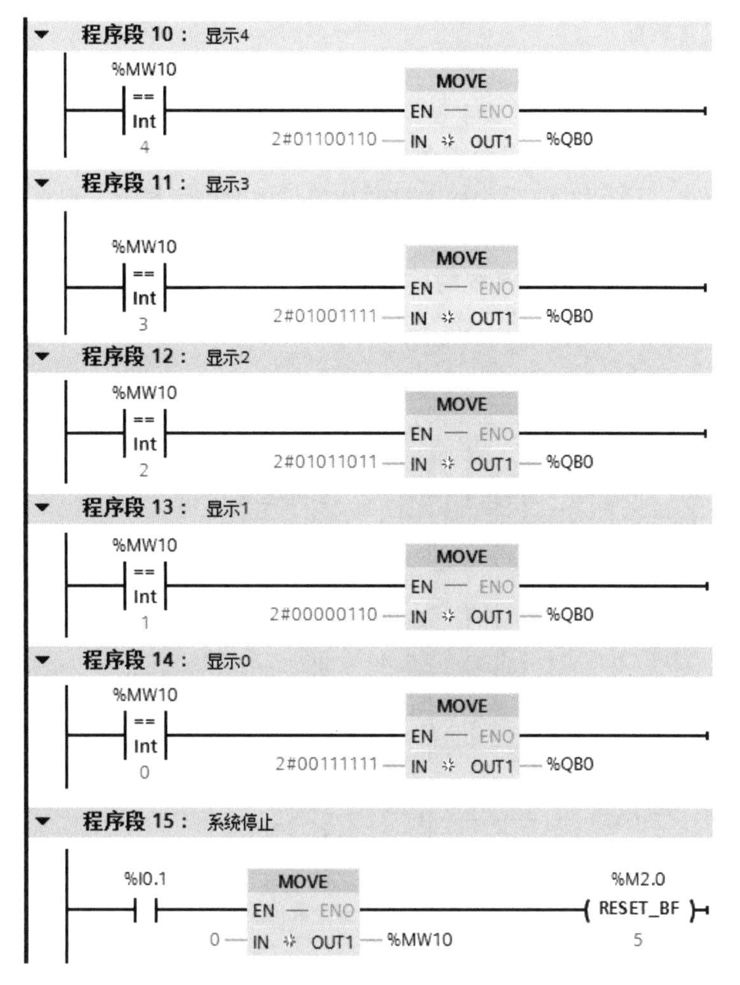

图 2-40　9 s 倒计时的 PLC 控制程序（续）

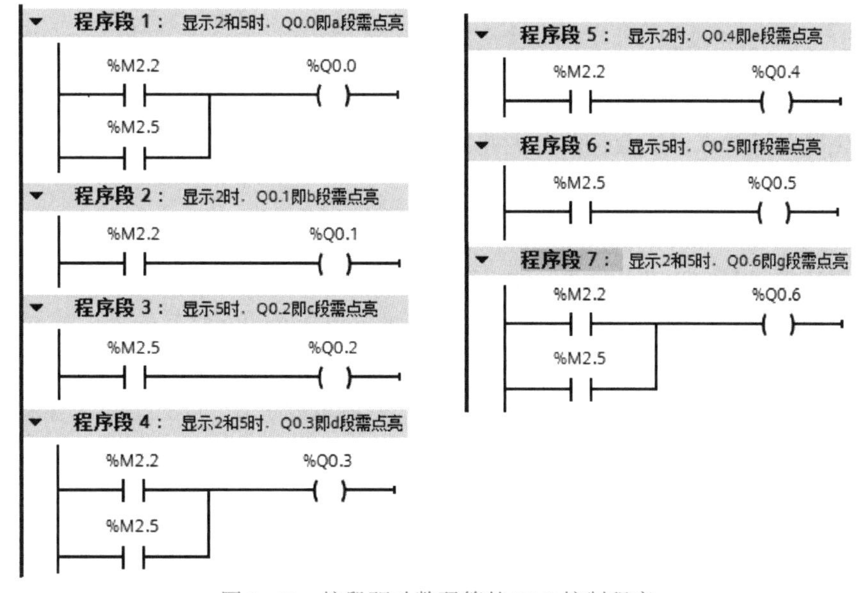

图 2-41　按段驱动数码管的 PLC 控制程序

（3）多位数码管的显示

如果需要将 N 位数通过数码管显示，若每个数码管都占用 PLC 的 7 个或 8 个（8 段数码管）输出端，那么需要扩展 PLC 的数字量模块，系统成本较高，可通过以下方法解决。

先将要显示的数据除以 10^{N-1} 以分离最高位（商），再将余数除以 10^{N-2} 以分离出次高位（商），如此往下分离，到除以 10 后为止。这时如果仍用数码管显示，则必然要占用很多输出点。一方面可以通过扩展 PLC 的输出，另一方面可采用 CD4513 芯片。通过扩展 PLC 的输出必然增加系统硬件成本，还会增加系统的故障率，用 CD4513 芯片则为首选。

CD4513 驱动多个数码管的电路图如图 2-42 所示。

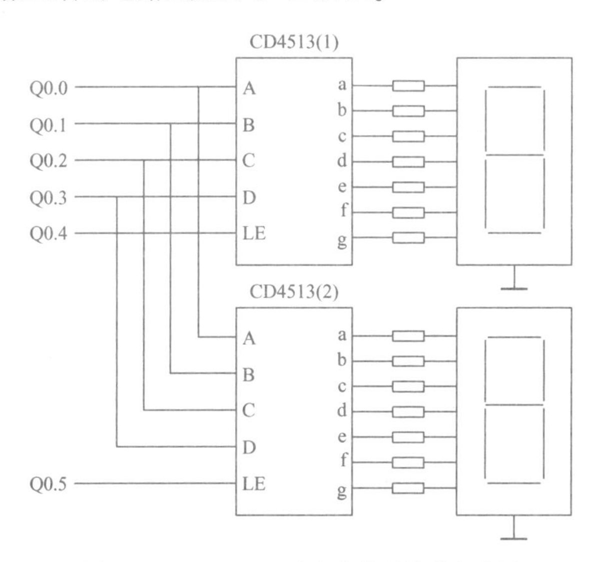

图 2-42　CD4513 驱动多个数码管的电路图

数个 CD4513 的数据输入端 A～D 共用 PLC 的 4 个输出端，其中 A 为最低位，D 为最高位，LE 为高电平时，显示的数不受数据输入信号的影响。显然 N 个显示器占用的输出点可降到 4+N 点。

如果使用继电器输出模块，最好在与 CD4513 相连的 PLC 各输出端与“地”之间分别接上一个几千欧的电阻，以避免在输出继电器输出触点断开时 CD4513 的输入端悬空。输出继电器的状态变化时，其触点可能会抖动，因此应先将数据输出，待信号稳定后，再用 LE 信号的上升沿将数据锁存在 CD4513 中。

6. 调试程序

将调试好的用户程序及设备组态一起下载到 CPU 中，并连接好线路。按下起动按钮 SB1 不松开，观察此时 Q0.0～Q0.6 灯灭情况，显示的数字是否为 9，松开起动按钮 SB1 后，数码管上显示的数字是否从 9 每隔 1 s 依次递减，直到为 0。按下停止按钮 SB2 后，再次起动 9 s 倒计时，在倒计时过程中，按下停止按钮 SB2 后，是否显示数字 0，若上述调试现象与控制要求一致，则说明本案例任务实现。

2.6.4　训练

1）训练 1：用按段驱动法实现本案例控制要求。

2）训练 2：用共阳极数码管实现本案例控制要求。

3）训练 3：用按段驱动法实现 15 s 倒计时的 PLC 控制。

2.7 程序控制指令和运行时控制指令

2.7.1 程序控制指令

1. JMP（JMPN）及 LABEL 指令

在程序中设置跳转指令可提高 CPU 的程序执行速度。在没有执行跳转指令时，各个程序段按从上到下的先后顺序执行，这种执行方式称为线性扫描。跳转指令中止程序的线性扫描，跳转到指令中的地址标签所在的目的地址。跳转时不执行跳转指令与标签之间的程序，跳到目的地址后，程序继续按线性扫描的方式顺序执行。跳转指令可以往前跳，也可以往后跳。

只能在同一个代码块内跳转，即跳转指令与对应的跳转目的地址应在同一个代码块内。在一个块内，同一个跳转目的地址只能出现一次，即可以从不同的程序段跳转到同一个标签处，同一代码块内不能出现重复的标签。

JMP 是为 1 时的跳转指令，如果跳转条件满足（图 2-43 中 I0.0 的常开触点闭合），监控时 JMP（Jump，为“1”时块中跳转）指令的线圈通电（跳转线圈为绿色），跳转被执行，将跳转到指令给出的标签 abc 处，执行标签之后的第一条指令。被跳过的程序段的指令没有被执行，这些程序段的梯形图为灰色。标签在程序段的开始处（单击指令树“基本指令”文件夹中“程序控制操作”指令文件夹下的图标 Label，便在程序段的下方梯形图的上方出现 <???>，然后双击问号可输入标签名），标签的第一个字符必须是字母，其余的可以是字母、数字和下划线。如果跳转条件不满足，将继续执行下一个程序段的程序。

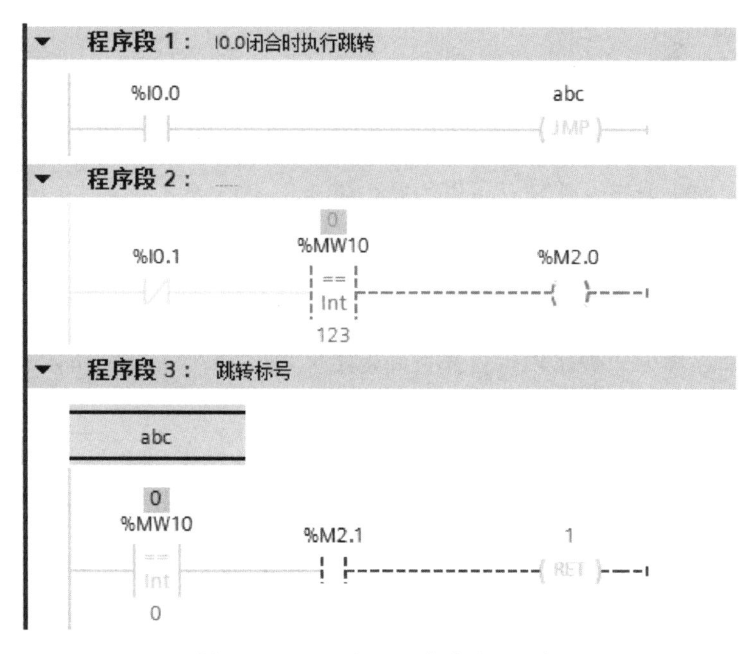

图 2-43　JMP 和 RET 指令应用示例

JMPN 是为 0 时的跳转指令，即为“0”时块中跳转，该指令的线圈断电时，将跳转到指令给出的标签处，执行标签之后的第一条指令。

2. RET 指令

码 2-10
跳转及标签指令

RET（返回）指令的线圈通电时，停止执行当前的块，不再执行指令后面的程序，返回调用它的块后，执行调用指令后的程序，如图 2-43 所示。RET 指令的线圈断电时，继续执行它下面的程序。RET 线圈上面是块的返回值，数据类型是 Bool。如果当前的块是 OB，则返回值被忽略。如果当前是函数 FC 或函数块 FB，返回值作为函数 FC 或函数块 FB 的 ENO 的值传送给调用它的块。

一般情况下并不需要在块结束时使用 RET 指令来结束块，操作系统将会自动完成这一任务。RET 指令用来有条件地结束块，一个块可以使用多条 RET 指令。

3. JMP_LIST 及 SWITCH 指令

使用 JMP_LIST（定义跳转列表）指令可定义多个有条件跳转，执行由 K 参数值指定的程序段中的程序。

可使用跳转标签定义跳转，跳转标签可以用指令框的输出指定。可在指令框中增加输出的数量（默认输出只有两个），S7-1200 CPU 最多可以声明 32 个输出。

输出编号从“0”开始，每增加一个新输出，都会按升序连续递增。在指令的输出中只能指定跳转标签，而不能指定指令或操作数。

K 参数值将指定输出编号，因而程序将从跳转标签处继续执行。如果 K 参数值大于可用的输出编号，则继续执行块中下个程序段中的程序。

在图 2-44 中，当 K 参数值为 1 时，程序跳转至目标输出 DEST1（Destination，目的地）所指定的标签处 SZY 开始执行。

使用 SWITCH（跳转分支，又称为跳转分配器）指令可根据一个或多个比较指令的结果，定义要执行的多个程序跳转。在参数 K 中指定要比较的值，将该值与各个输入值进行比较。可以为每个输入选择比较运算符。

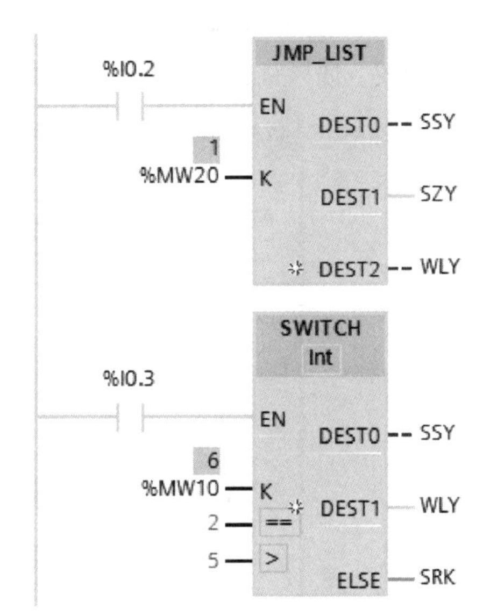

图 2-44　JMP_LIST 和 SWITCH 应用示例

各比较指令的可用性取决于指令的数据类型，可以从指令框的“<???>”下拉列表中选择该指令的数据类型。如果选择了一种比较指令并且尚未定义该指令的数据类型，则“<???>”下拉列表中仅提供所选比较指令允许的数据类型。

该指令从第一个比较开始执行，直至满足比较条件为止。如果满足比较条件，则将不考虑后续比较条件。如果不满足任何指定的比较条件，则将执行输出 ELSE 处的跳转，如果输出 ELSE 中未定义程序跳转，则程序从下一个程序段继续执行。

可在指令功能框中增加输出的数量。输出编号从“0”开始，每增加一个新输出，都会按升序连续递增。在指令的输出中指定跳转标签（LABEL）。不能在该指令的输出上指定指令或操作数。

每个增加的输出都会自动插入一个输入。如果满足输入的比较条件，则将执行相应输出处设定的跳转。

在图 2-44 中，参数 K 值为 6，满足大于 5 的条件，则程序跳转至目标输出 DEST1 所指定的标签处 WLY 开始执行。

2.7.2 运行时控制指令

1. RE_TRIGR 指令

监控定时器又称为看门狗（Watchdog），每次扫描循环它都被自动复位一次，正常工作时最大扫描循环时间小于监控定时器的时间设定值时，它不会起作用。

以下情况扫描循环时间可能大于监控定时器的设定时间，监控定时器将会起作用：

1）用户程序太长。

2）一个扫描循环内执行中断程序的时间很长。

3）循环指令执行的时间太长。

可以在程序中的任意位置使用 RE_TRIGR（重置周期监控时间，或称重新触发循环周期监控时间）指令，来复位监控定时器，如图 2-45 所示。该指令仅在优先级为 1 的程序循环 OB 和它调用的块中起作用；该指令在 OB80 中将被忽略。如果在优先级较高的块中（例如硬件中断、诊断中断和循环中断 OB）调用该指令，使能输出 ENO 被置为 0，不执行该指令。

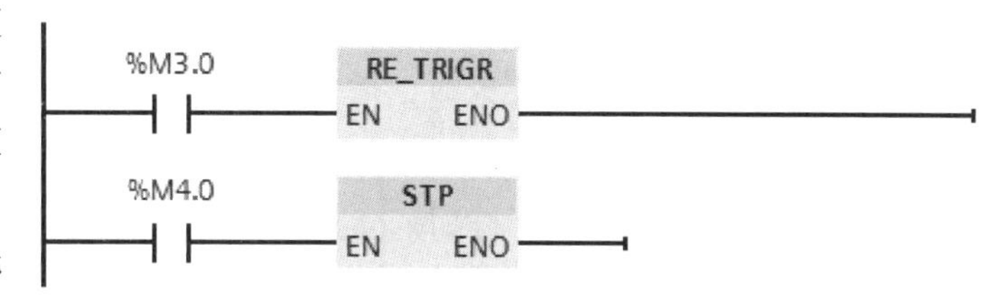

图 2-45　RE_TRIGR 和 STP 应用示例

在组态 CPU 时，可以用参数“周期”设置循环周期监控时间，即最大循环时间，默认值为 150 ms，最大设置值为 6000 ms。

2. STP 指令

STP 指令的 EN 输入为“1”状态时，使 PLC 进入 STOP 模式。执行 STP 指令后，将使 CPU 集成的输出、信号板和信号模块的数字量输出或模拟量输出进入组态时设置的安全状态。可以使输出冻结在最后的状态，或用替代值设置为安全状态，如图 2-46 所示，组态模拟量输出类似。默认的数字量输出状态为 FALSE，默认的模拟量输出为 0。

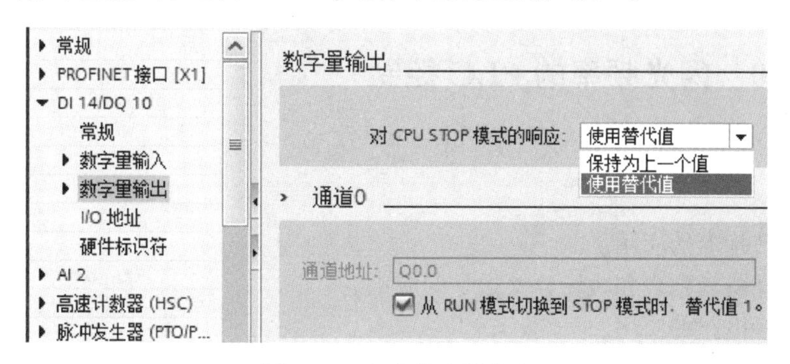

图 2-46　组态数字量输出

3. GET_ERROR 和 GET_ERR_ID 指令

GET_ERROR 指令用来提供有关程序块执行错误的信息，用输出参数 ERROR（错误）显示程序块执行的错误，如图 2-47 所示，并且将详细的错误信息填入预定义的 ErrorStruct（错误结构）数据类型，可以用程序来分析错误信息，并作出适当的响应。第一个错误消失时，指令输出下一个错误的信息。

图 2-47　GET_ERROR 和 GET_ERR_ID 指令应用示例

在块的接口区定义一个名为 ERROR1 的变量作参数 ERROR 的实参，用下拉式列表设置其数据类型为 ErrorStruct。也可以在数据块定义 ERROR 的实参。

GET_ERR_ID 指令用来报告产生错误的 ID（标识符），如果执行时出现错误，且指令的 EN 输入为“1”状态，出现的第一个错误的标识符保存在指令的输出参数“ID”中，ID 的数据类型为 Word。第一个错误消失时，指令输出下一个错误的 ID。

4. RUNTIME 指令

RUNTIME（测量程序运行时间）指令用于测量整个程序、单个块或命令序列的运行时间，如图 2-48 所示。

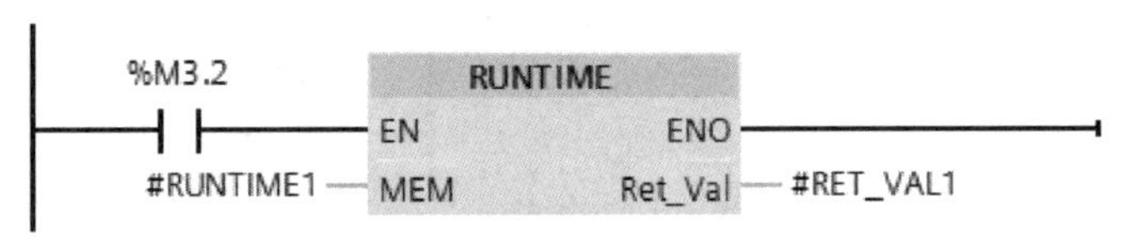

图 2-48　RUNTIME 指令应用示例

如果要测量整个程序的运行时间，请在 OB1 中调用“测量程序运行时间”指令。第一次调用时开始测量运行时间，在第二次调用后输出 RET_VAL 用以返回程序的运行时间。测量的运行时间包括程序执行过程中可能运行的所有 CPU 进程，例如由较高级别事件或通信引起的中断。

“测量程序运行时间”指令读取 CPU 内部计数器中的内容并将该值写入 IN-OUT 参数 MEM 中，该指令根据内部计数器的频率计算当前程序运行时间并将其写入输出 RET_VAL 参数中。

在块的接口区定义两个分别名为 RUNTIME1 和 RET_VAL1 的变量作参数 MEM 和 Ret_Val 的实参，用下拉式列表设置其数据类型为 LReal。

2.8　案例 10　闪光频率的 PLC 控制

2.8.1　目的

1）掌握跳转指令的应用。

2）掌握定义跳转列表和跳转分支指令的应用。

3）掌握分频电路的应用。

2.8.2 任务

使用 S7-1200 PLC 实现闪光频率的控制，要求根据选择的按钮，闪光灯以相应频率闪烁。若按下慢闪按钮，闪光灯以 2 s 周期闪烁；若按下中闪按钮，闪光灯以 1 s 周期闪烁；若按下快闪按钮，闪光灯以 0.5 s 周期闪烁。无论何时按下停止按钮，闪光灯熄灭。

2.8.3 步骤

1. I/O 分配

根据 PLC 输入/输出点分配原则及本案例控制要求，I/O 地址分配如表 2-8 所示。

表 2-8 闪光频率的 PLC 控制 I/O 分配表

输　入		输　出	
输入继电器	元　器　件	输出继电器	元　器　件
I0. 0	慢闪按钮 SB1	Q0. 0	闪光灯 HL
I0. 1	中闪按钮 SB2		
I0. 2	快闪按钮 SB3		
I0. 3	停止按钮 SB4		

2. I/O 接线图

根据控制要求及表 2-8 的 I/O 分配表，闪光频率 PLC 控制的 I/O 接线图如图 2-49 所示。

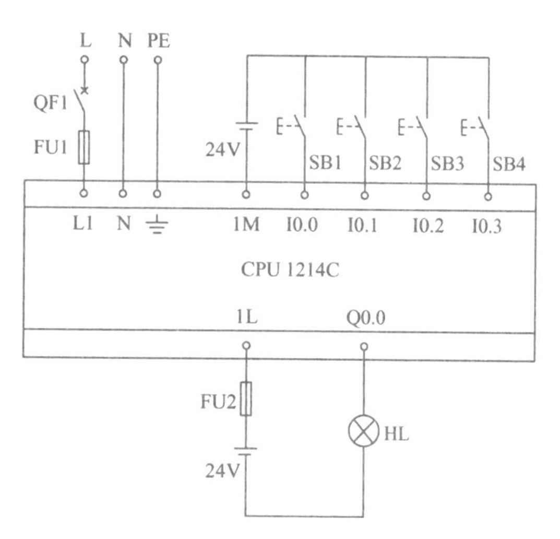

图 2-49 闪光频率 PLC 控制的 I/O 接线图

3. 创建工程项目

用鼠标双击桌面上的 TIA 图标，打开博途编程软件，在 Portal 视图中选择“创建新项目”，输入项目名称“D_sf”，选择项目保存路径，然后单击“创建”按钮完成创建，并进行项目的硬件组态。

4. 编辑变量表

本案例变量表如图 2-50 所示。

D_sf ▸ PLC_1 [CPU 1214C AC/DC/Rly] ▸ PLC 变量 ▸ 变量表_1 [5]

变量　用户常量

变量表_1

	名称	数据类型	地址	保持	在 H...	可...
1	慢闪按钮SB1	Bool	%I0.0	☐	☑	☑
2	中闪按钮SB2	Bool	%I0.1	☐	☑	☑
3	快闪按钮SB3	Bool	%I0.2	☐	☑	☑
4	停止按钮SB4	Bool	%I0.3	☐	☑	☑
5	闪光灯HL	Bool	%Q0.0	☐	☑	☑

图 2-50 闪光频率 PLC 控制的变量表

5. 编写程序

(1) 跳转指令编程

在此使用时钟存储器字节 MB0 和系统存储器字节 MB1，并使用跳转指令编写本案例程序，如图 2-51 所示。

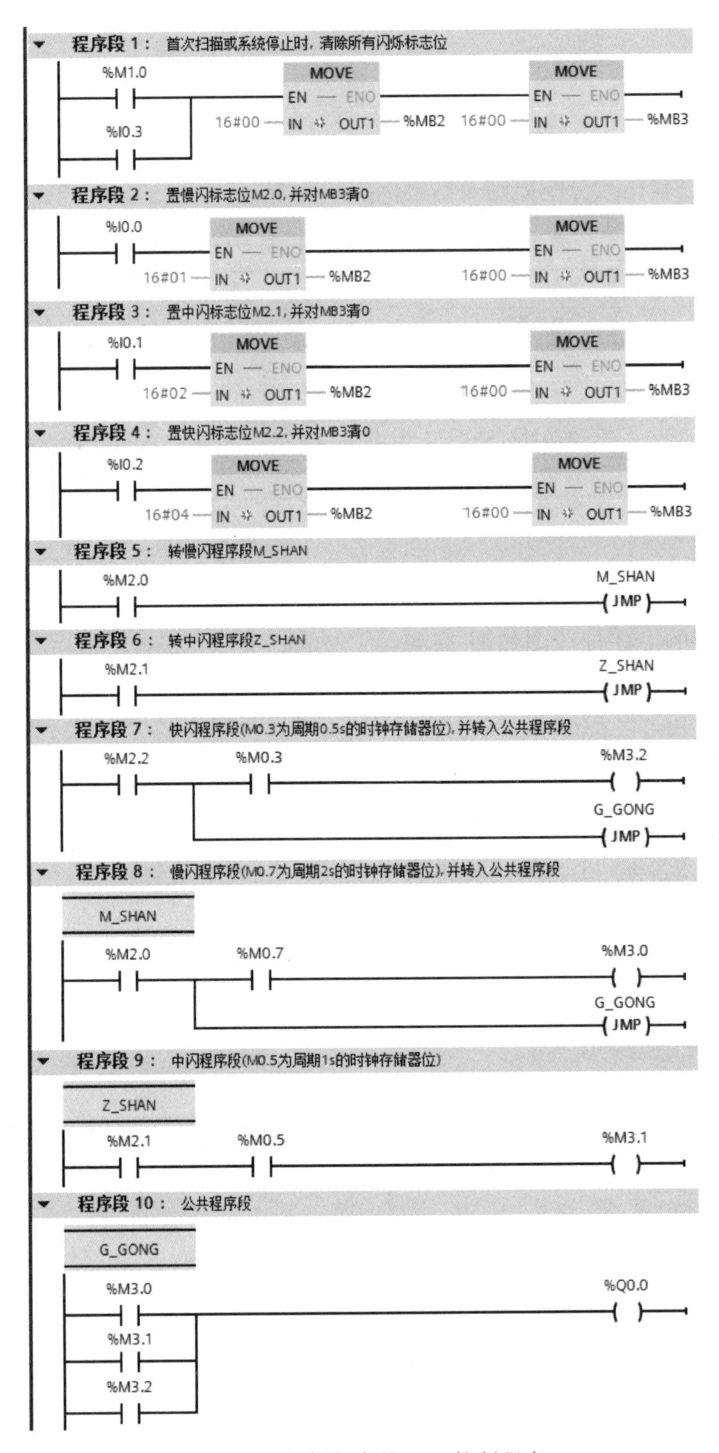

图 2-51 闪烁频率的 PLC 控制程序

（2）分频电路

本案例中 3 个闪烁频率成倍数关系，因此使用分频电路也能实现本案例功能，图 2-52 为二分频电路及时序图。

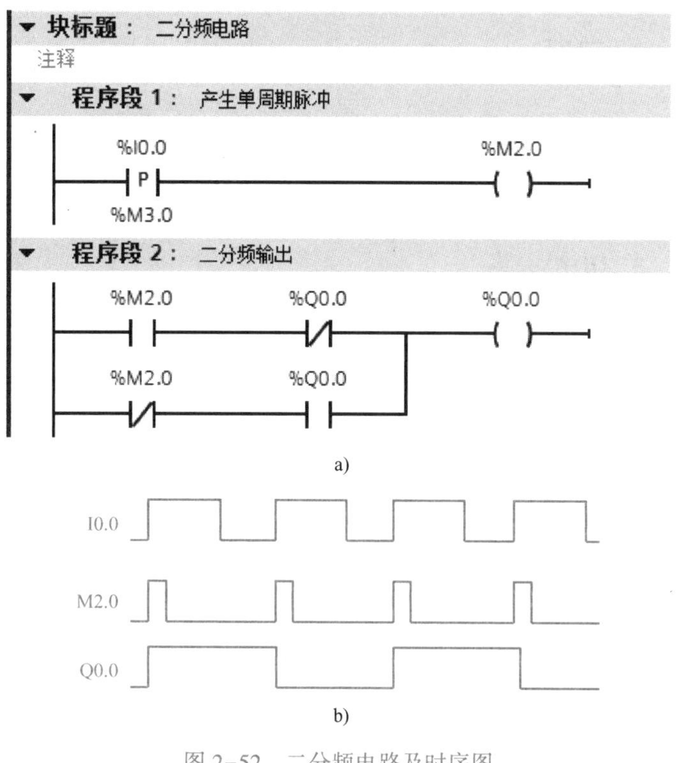

图 2-52 二分频电路及时序图

a）二分频电路 b）二分频时序图

待分频的脉冲信号为 I0.0，设 M2.0 和 Q0.0 的初始状态为“0”。当 I0.0 的第一个脉冲信号的上升沿到来时，M2.0 接通一个扫描周期，即产生一个单脉冲，此时 M2.0 的常开触点闭合，与之相串联的 Q0.0 触点又为常闭，即 Q0.0 接通被置为“1”。在第二个扫描周期 M2.0 断电，M2.0 的常闭触点闭合，与之相串联的 Q0.0 常开触点因在上一扫描已被接通，即 Q0.0 的常开触点闭合，此时 Q0.0 的线圈仍然得电。当 I0.0 的第二个脉冲信号的上升沿到来时，M2.0 又接通一个扫描周期，此时 M2.0 的常开触点闭合，但与之相串联的 Q0.0 的常闭触点在前一扫描周期是断开的，这两触点状态“逻辑与”的结果是“0”；与此同时，M2.0 的常闭触点断开，与之相串联的 Q0.0 常开触点虽然在前一扫描周期是闭合的，但这两触点状态“逻辑与”的结果仍然是“0”，即 Q0.0 由“1”变为“0”，此状态一直保持到 I0.0 的第三个脉冲到来。当 I0.0 第三个脉冲到来时，又重复上述过程。

由此可见，I0.0 每发出两个脉冲，Q0.0 产生一个脉冲，完成对输入信号的二分频。

6. 调试程序

将调试好的用户程序及设备组态一起下载到 CPU 中，并连接好线路。按下慢闪按钮 SB1，观察闪光灯的闪烁情况，然后按下中闪按钮 SB2，观察闪光灯的闪烁情况，再按下快闪按钮 SB3，观察闪光灯的闪烁情况。这 3 种情况下，闪光灯的闪烁频率是否有明显的变化？最后按下停止按钮 SB4，观察闪光灯是否熄灭。若上述调试现象与控制要求一致，则说明本案例任务实现。

细心的读者会发现，图 2-51 中前 4 个程序段中都会对 MB3 清 0，如果不对其清 0，调试时会什么出现情况？当一种频率切换另一频率时，若正处在前一种频率点亮的情况下，此时切换到另一种频率，则闪光灯将不会闪烁。出现这种情况的原因请读者自行分析。

2.8.4 训练

1）训练 1：不用跳转指令实现本案例控制要求。

2）训练 2：用定义跳转列表和跳转分支指令实现本案例控制要求。

3）训练 3：用二分频法实现本案例控制要求。

2.9 习题

1. I2.7 是输入字节________的第________位。

2. MW0 是由________、________两个字节组成；其中________是 MW0 的高字节，________是 MW0 的低字节。

3. QD10 是由________、________、________、________字节组成。

4. WORD（字）是 16 位________符号数，INT（整数）是 16 位________符号数。

5. 字节、字、双字、整数、双整数和浮点数哪些是有符号的？哪些是无符号的？

6. 使用定时器及比较指令编写占空比为 1∶2、周期为 1.2 s 的连续脉冲信号。

7. 将浮点数 12.3 取整后传送至 MB10。

8. 使用循环移位指令实现接在输出字 QB0 端口 8 盏灯的跑马灯往复点亮控制。

9. 使用数学运算指令实现［8+9×6/(12+10)］/(6-2)运算，并将结果保存在 MW10 中。

10. 使用逻辑运算指令将 MW0 和 MW10 合并后分别送到 MD20 的低字和高字中。

11. 测量远处物体的高度时，已知被测物体到测量点的距离 L（L 为实数，存放在 MD10 中）和以度为单位的夹角 θ（以度为单位的实数存放在 MD20 中），求被测物体高度 H，$H=L\tan\theta$，角度的单位为度。

12. 某设备有 3 台风机，当设备处于运行状态时，如果有两台或两台以上风机工作，则指示灯常亮，指示“正常”；如果仅有一台风机工作，则该指示灯以 0.5 Hz 的频率闪烁，指示“一级报警”；如果没有风机工作，则指示灯以 2 Hz 的频率闪烁，指示“严重报警”；当设备不运行时，指示灯不亮。

13. 使用 INC 指令实现案例 9 的控制要求。

14. 9 s 倒计时控制，要求按下开始按钮后，数码管上显示 9，松开开始按钮后显示值按每秒递减，减到 0 时停止，然后再次从 9 开始倒计时，不断循环。无论何时按下停止按钮，数码管显示当前值，再次按下开始按钮，数码管显示值从当前值继续递减。

15. 3 组抢答器控制，要求在主持人按下开始按钮后，3 组抢答按钮中按下任意一个按钮后，主持人前面的显示器能实时显示该组的编号，抢答成功组台前的指示灯亮起，同时锁住抢答器，使其他组按下抢答按钮无效。若主持人按下停止按钮，则不能进行抢答，且显示器无显示。

16. 控制要求同第 15 题，另外系统还要求：如果在主持人按下开始按钮之前进行抢答，则显示器显示该组编号，同时该组号以秒级闪烁以示违规，直至主持人按下复位按钮。若主持人按下开始按钮 10 s 后无人抢答，则蜂鸣器响起，表示无人抢答，主持人按下复位按钮可消除此状态。

第3章　函数块与组织块的编程及应用

S7-1200 PLC 同 S7-300/400 PLC 一样，编程采用块的概念，即将程序分解为独立的、自成体系的各个部件，块类似于子程序的功能，但类型更多，功能更强大。在工业控制中，程序往往是非常庞大和复杂的，采用块的概念便于大规模的设计和程序阅读及理解，还可以设计标准化的块程序进行重复调用，使程序结构清晰明了、修改方便、调试简单。采用块结构显著地增加了 PLC 程序的组织透明性、可理解性和易维护性。

S7-1200 PLC 程序提供了多种不同类型的块，如表 3-1 所示。

表 3-1　S7-1200 PLC 的用户程序中的块

块（Block）	简要描述
组织块（OB）	操作系统与用户程序的接口，决定用户程序的结构
函数（FC）	用户编写的包含经常使用的功能的子程序，无专用的存储区
函数块（FB）	用户编写的包含经常使用的功能的子程序，有专用的存储区（即背景数据块）
数据块（DB）	存储用户数据的数据区域

3.1　函数与函数块

函数（Function，FC，又称为功能）和函数块（Function Block，FB，又称为功能块）都是用户编写的程序块，类似于子程序功能，它们包含完成特定任务的程序。用户可以将具有相同或相近控制过程的程序，编写好 FC 或 FB，然后在主程序 OB1 或其他程序块（包括组织块、函数和函数块）中调用 FC 或 FB。

FC 或 FB 与调用它的块共享输入、输出参数，执行完 FC 和 FB 后，将执行结果返回给调用它的程序块。

FC 没有固定的存储区，功能执行结束后，其局部变量中的临时数据就丢失了。可以用全局变量来存储那些在功能执行结果后需要保存的数据。而 FB 是有自己的存储区（背景数据块）的块，FB 的典型应用是执行不能在一个扫描周期结束的操作。每次调用 FB 时，都需要指定一个背景数据块。后者随函数块的调用而打开，在调用结束时自动关闭。FB 的输入、输出参数和静态变量（Static）用指定的背景数据块保存，但是不会保存临时局部变量（Temp）中的数据。函数块执行完后，背景数据块中的数据不会丢失。

3.1.1　函数

1. 生成 FC

打开博途软件的项目视图，生成一个名为“FC_First”的新项目。用鼠标双击项目树中的“添加新设备”，添加一个新设备，CPU 的型号选择为 CPU 1214C AC/DC/RLY。

打开项目视图中的文件夹“\PLC_1\程序块”，用鼠标双击其中的“添加新块”，如图 3-2

左侧，打开“添加新块”对话框，如图 3-1 所示，单击其中的“函数”按钮，FC 默认编号方式为“自动”，且编号为 1，编程语言为 LAD（梯形图）。设置函数的名称为“M_lianxu”，默认名称为“块_1”（也可以对其重命名，用鼠标右键单击项目树中程序块文件夹下的 FC，选择弹出列表中的“重命名”，然后对其更改名称）。勾选左下角的“新增并打开”选择，然后单击“确定”按钮，自动生成 FC1，并打开其编程窗口，此时可以在项目树的文件夹“\PLC_1\程序块”中看到新生成的 FC1（M_lianxu[FC1]），如图 3-2 所示。

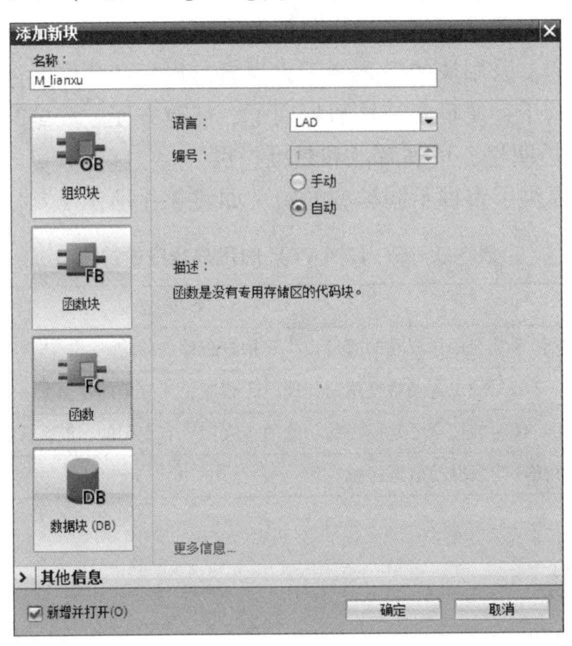

图 3-1　添加新块——函数

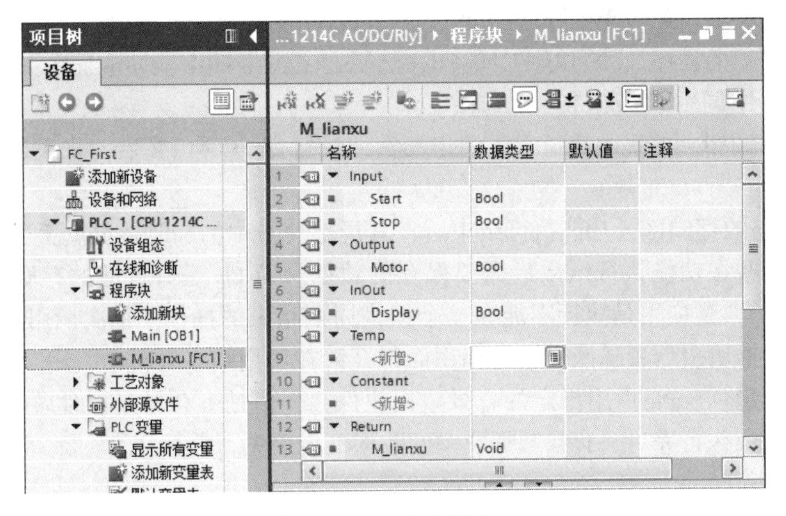

图 3-2　FC1 的局部变量

2. 生成 FC 的局部数据

将鼠标的光标放在 FC1 的程序区最上面的分隔条上，按住鼠标的左键，往下拉动分隔条，分隔条上面为块接口（Interface）区，如图 3-2 右侧，下面是程序编辑区。将水平分隔条拉至程序编程器视窗的顶部，不再显示块接口区，但是它仍然存在。或者通过单击块接口区与程序

编辑区之间的 和 隐藏或显示块接口区。

在块接口区中生成局部变量，但只能在它所在的块中使用，且为符号寻址访问。块的局部变量的名称由字符（包括汉字）、下划线和数字组成，在编程时程序编辑器自动地在局部变量名前加上#号来标识它们（全局变量或符号使用双引号，绝对地址使用%）。由图 3-2 可知，函数主要用以下 5 种局部变量。

1）Input（输入参数）：由调用它的块提供的输入数据。

2）Output（输出参数）：返回给调用它的块的程序执行结果。

3）InOut（输入/输出参数）：初值由调用它的块提供，块执行后将它的值返回给调用它的块。

4）Temp（临时数据）：暂时保存在局部堆栈中的数据。只是在执行块时使用临时数据，执行完后不再保存临时数据的数值，它可能被别的块的临时数据覆盖。

5）Return（返回）：Return 中的 M_lianxu（返回值）属于输出参数。

在函数 FC1 中实现两种电动机的连续运行控制，控制模式相同：按下起动按钮（电动机 1 对应 I0.0，电动机 2 对应 I0.2），电动机起动运行（电动机 1 对应 Q0.0，电动机 2 对应 Q0.2），按下停止按钮（电动机 1 对应 I0.1，电动机 2 对应 I0.3），电动机停止运行，电动机工作指示分别为 Q0.1 和 Q0.3。在此，电动机过载保护用的热继电器常闭触点接在 PLC 的输出回路中。

下面生成上述电动机连续控制的函数局部变量。

在 Input 下面的“名称”列生成变量“Start”和“Stop”，单击“数据类型”后的 按钮，用下拉列表设置其数据类型为 Bool，默认为 Bool 型。

在 InOut 下面的“名称”列生成变量“Dispaly”，选择数据类型为 Bool。

在 Output 下面的“名称”列生成变量“Motor”，选择数据类型为 Bool。

生成局部变量时，不需要指定存储器地址。根据各变量的数据类型，程序编辑器自动地为所有局部变量指定存储器地址。

图 3-2 中返回值 M_lianxu（函数 FC 的名称）属于输出参数，默认的数据类型为 Void，该数据类型不保存数据，用于函数不需要返回值的情况。在调用 FC1 时，看不到 M_lianxu。如果将它设置为 Void 以外的数据类型，在 FC1 内部编程时可以使用该变量，调用 FC1 时可以在方框的右边看到作为输出参数的 M_lianxu。

3. 编写 FC 程序

在自动打开的 FC1 程序编辑视窗中编写上述电动机连续运行控制的程序，程序编辑窗口与主程序 Main［OB1］编辑窗口相同。电动机连续运行的程序设计如图 3-3 所示，并对其进行编译。

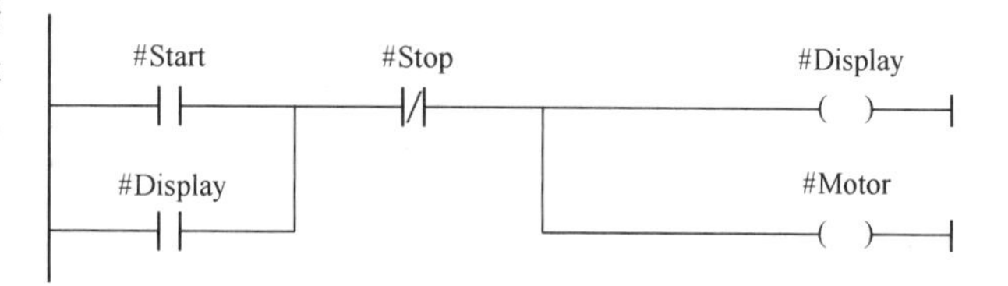

图 3-3　FC1 的电动机连续运行程序

编程时单击触点或线圈上方的<?? .?>时，可手动输入其名称，或再次单击<?? .?>通过弹出的 按钮，用下拉列表选择其变量。

注意：如果定义变量“Dispaly”为“Output”参数，则在编写 FC1 程序的自锁常开触点时，系统会提示“"# Display"变量被声明为输出，但是可读”的警告！并且此处触点无法显示黑色而为棕色。在主程序编译时也会提出相应的警告。在执行程序时，电动机只能点动，不能连续，即线圈得电，而自锁触点不能闭合。

4. 在 OB1 中调用 FC

在 OB1 程序编辑视窗中，将项目树中的 FC1 拖放到右边的程序区的水平“导线”上，如图 3-4 所示。FC1 的方框中左边的“Start”等是 FC1 的接口区中定义的输入参数和输入/输出参数，右边的“Motor”是输出参数。它们被称为 FC 的形式参数，简称为形参。形参在 FC 内部的程序中使用，在其他逻辑块（包括组织块、函数和函数块）调用 FC 时，需要为每个形参指定实际的参数，简称为实参。实参与它对应的形参应具有相同的数据类型。

指定形参时，可以使用变量表和全局数据块中定义的符号地址或绝对地址，也可以是调用 FC1 的块（例如 OB1）的局部变量。

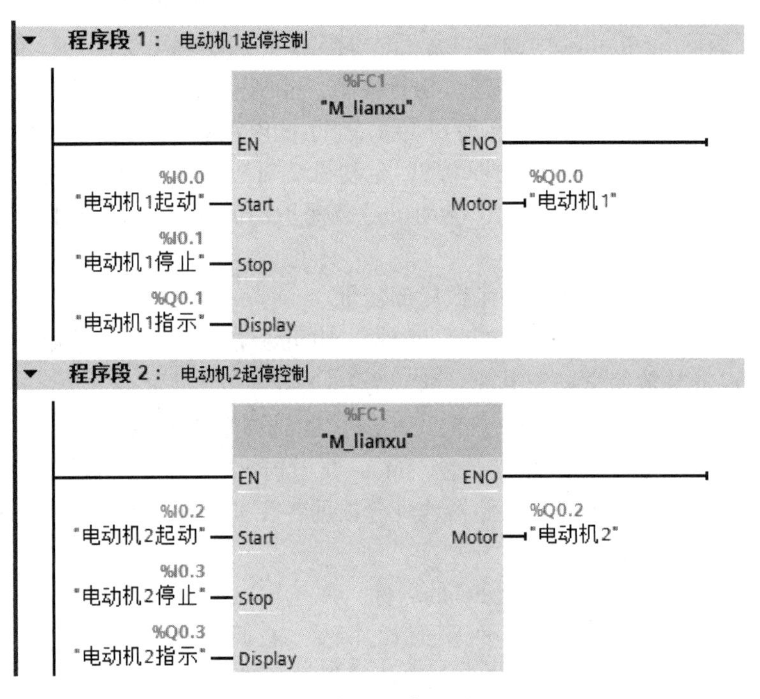

图 3-4　在 OB1 中调用 FC1

如果在 FC1 中不使用局部变量，直接使用绝对地址或符号地址进行编程，则如同在主程序中编程一样，若使用些程序段，必须在主程序或其他逻辑块加以调用。若上述控制要求在 FC1 中未使用局部变量（无形式参数），则编程如图 3-5 所示。

在 OB1 中调用 FC1（有形参），如图 3-6 所示。

从上述使用形参和未使用形参进行 FC1 的编程及调用来看，使用形参编程比较灵活，使用比较方便，特别对于功能相同或相近的程序来说，只需要在调用的逻辑块中改变 FC 的实参即可，便于用户阅读及程序的维护，而且能做到模块化和结构化的编程，比线性化方式编程更易理解控制系统的各种功能及各功能之间的相互关系。建议用户使用有形参的 FC 的编程方式，包括 3.1.2 节中对 FB 的编程。

5. 调试 FC 程序

选中项目 PLC_1，将组态数据和用户程序下载到 CPU，将 CPU 切换到 RUN 模式。单击巡

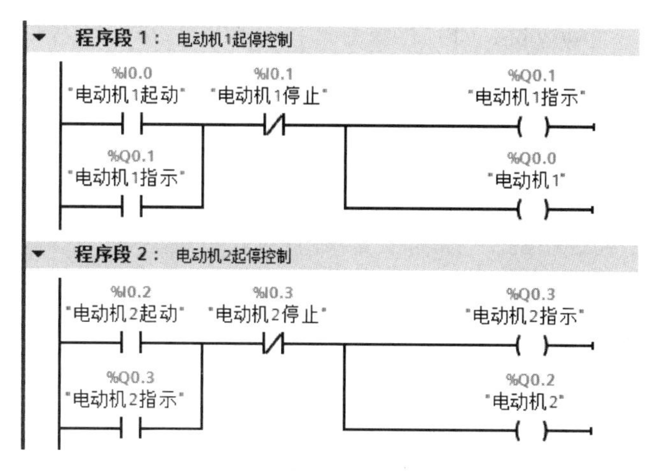

图 3-5　无形式参数 FC1 的编程

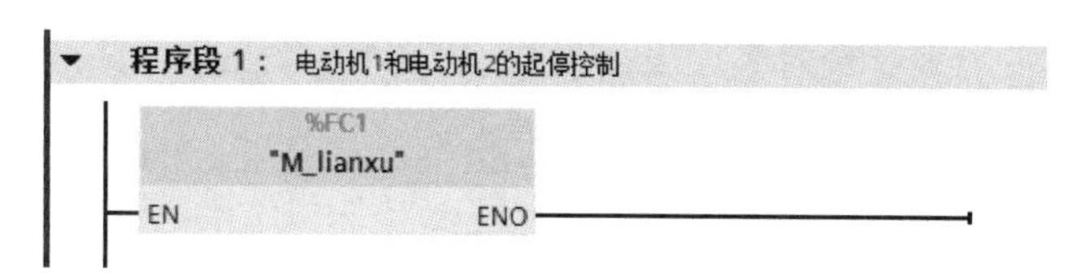

图 3-6　有形参 FC1 的调用

视窗口编辑器栏上相应 FC 按钮打开 FC 的程序编辑视窗，单击工具栏上的 按钮，启动程序状态监控功能，监控方法同主程序。

6. 为块提供密码保护

选中需要密码保护的 FC（或 FB、OB 等其他逻辑块），执行菜单命令“编辑”→“专有技术保护”→“定义”，在打开的“定义密码”对话框中输入新密码和确认密码，单击“确定”按钮后，项目树中相应的 FC 的图标上出现一把锁的符号，表示相应的 FC 受到保护。单击巡视窗口编辑器栏上相应 FC 按钮，打开 FC 程序编辑视窗，此时可以看到接口区的变量，但是看不到程序区的程序。若用鼠标双击项目树中程序块文件夹下带保护的 FC 时，会弹出“访问保护”对话框，要求输入 FC 的保护密码，密码输入正确后，单击“确定”按钮，可以看到程序区的程序。

码 3-1　用户程序及块的创建

码 3-2　无形参函数的创建与调用

码 3-3　带形参函数的创建与调用

3.1.2　函数块

1. 生成 FB

打开博途软件的项目视图，生成一个名为“FB_First”的新项目。用鼠标双击项目树中的

“添加新设备”，添加一个新设备，CPU 的型号选择为 CPU 1214C AC/DC/RLY。

打开项目视图中的文件夹“\PLC_1\程序块”，用鼠标双击其中的“添加新块”，如图 3-2 左侧，打开“添加新块”对话框，如图 3-1 所示，单击其中的“函数块”按钮，FB 默认编号方式为“自动”，且编号为 1，编程语言为 LAD（梯形图）。设置函数块的名称为“M_baozha”，默认名称为“块_1”（也可以对其重命名，鼠标右键单击程序块文件夹下的 FB，选择弹出列表中的“重命名”，然后对其更改名称）。勾选左下角的“新增并打开”选择，然后单击“确定”按钮，自动生成 FB1，并打开其编程窗口，此时可以在项目树的文件夹“\PLC_1\程序块”中看到新生成的 FB1（M_baozha［FB1］），如图 3-7 左侧所示。

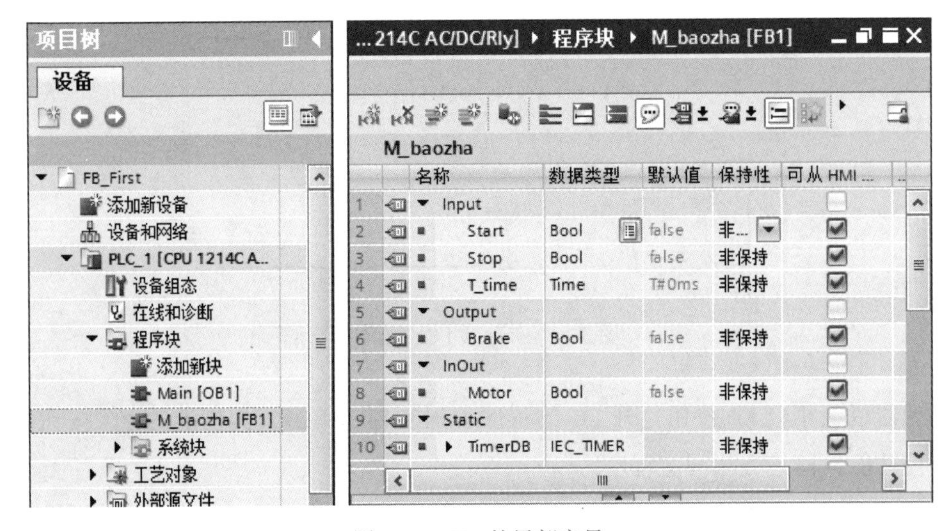

图 3-7　FB1 的局部变量

2. 生成 FB 的局部数据

将鼠标的光标放在 FB1 的程序区最上面的分隔条上，按住鼠标的左键，往下拉动分隔条，分隔条上面的功能接口（Interface）区，如图 3-7 右侧，下面是程序编辑区。将水平分隔条拉至程序编程器视窗的顶部，不再显示接口区，但是它仍然存在。

与函数相同，函数块的局部变量中也有 Input（输入）参数、Output（输出）参数、InOut（输入/输出）参数和 Temp（临时）等参数。

函数块执行完后，下一次重新调用它时，其 Static（静态）变量中的值保持不变。

背景数据块中的变量就是其函数块变量中的 Input、Output、InOut 参数和 Static 变量，如图 3-7 和图 3-8 所示。函数块的数据永久性地保存在它的背景数据块中，在函数块执行完后也不会丢失，以供下次使用。其他代码块可以访问背景数据块中的变量。不能直接删除和修改背景数据块中的变量，只能在它的函数块的功能接口区中删除和修改这些变量。

函数块的输入、输出参数和静态变量，它们被自动指定为一个默认值，可以修改这些默认值。变量的默认值被传送给 FB 的背景数据块，作为同一变量的初始值。可以在背景数据块中修改变量的初始值。调用 FB 时没有指定实参的形参使用背景数据块中的初始值。

3. 编写 FB 程序

在此，FB 程序的控制要求为：用输入参数 Start 和 Stop 控制输出参数 Motor。按下 Start，

FB_First ▸ PLC_1 [CPU 1214C AC/DC/Rly] ▸ 程序块 ▸ M_baozha [FB1]

M_baozha

	名称	数据类型	默认值	保持性	可从 HMI ...	在 HMI ...	设置值
1	▼ Input				☐	☐	☐
2	Start	Bool	false	非保持	☑	☑	☐
3	Stop	Bool	false	非保持	☑	☑	☐
4	T_time	Time	T#0ms	非保持	☑	☑	☐
5	▼ Output				☐	☐	☐
6	Brake	Bool	false	非保持	☑	☑	☐
7	▼ InOut				☐	☐	☐
8	Motor	Bool	false	非保持	☑	☑	☐
9	▼ Static				☐	☐	☐
10	▸ TimerDB	IEC_TIMER		非保持	☑	☑	☐

图 3-8　FB1 的背景数据块

断电延时定时器（TOF）开始定时，输出参数 Brake 为“1”状态，经过输入参数 T_time 设置的时间预置值后，停止制动。

在自动打开的 FB1 程序编辑视窗中编写上述电动机及抱闸控制的程序，程序编辑窗口同主程序 Main[OB1]编辑窗口相同。其控制程序如图 3-9 所示，并对其进行编译。

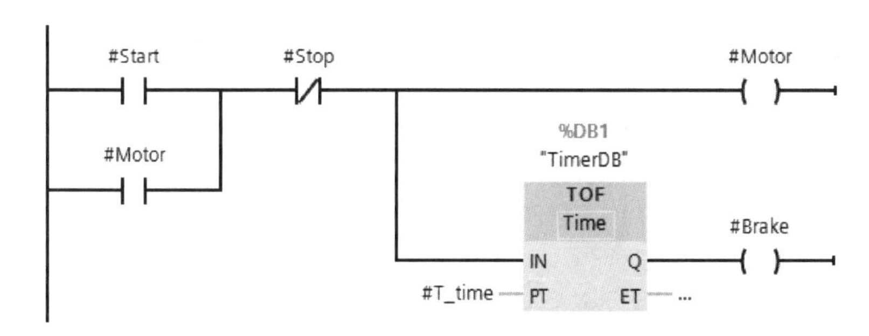

图 3-9　FB1 中的程序

TOF 的参数用静态变量 TimerDB 来保存，其数据类型为 IEC_TIMER。

4. 在 OB1 中调用 FB

在 OB1 程序编辑视窗中，将项目树中的 FB 拖放到右边的程序区的水平“导线”上，松开鼠标左键时，在弹出的“调用选项”对话框中，输入 FB1 背景数据块名称，在此采用默认名称，如图 3-10 所示，单击“确定”按钮后，则自动生成 FB1 的背景数据块 DB2（DB1 为断电延时定时器 TOF 的背景数据块）。FB1 的方框中左边的“Start”等是 FB1 的接口区中定义的输入参数和输入/输出参数，右边的“Brake”是输出参数。它们是 FB1 的形参，在此为它们实参分别赋值为 I0.0、I0.1、T#15S、Q0.0、Q0.1，如图 3-11 所示。

5. 处理调用错误

在 OB1 中已经调用完 FB1，若在 FB1 中增/减某个参数、修改了某个参数名称、修改某个参数默认值，在 OB1 中被调用的 FB1 的方框、字符、背景数据块将变为红色，这时单击程序

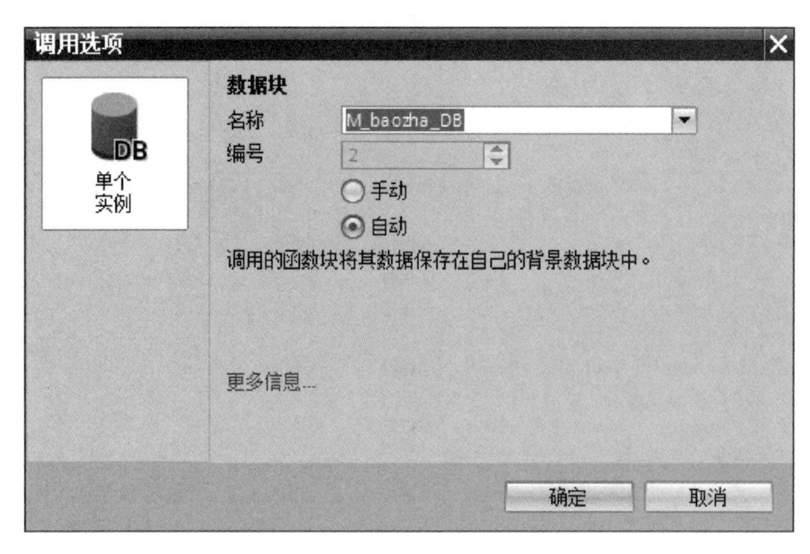

图 3-10　创建 FB1 的背景数据块

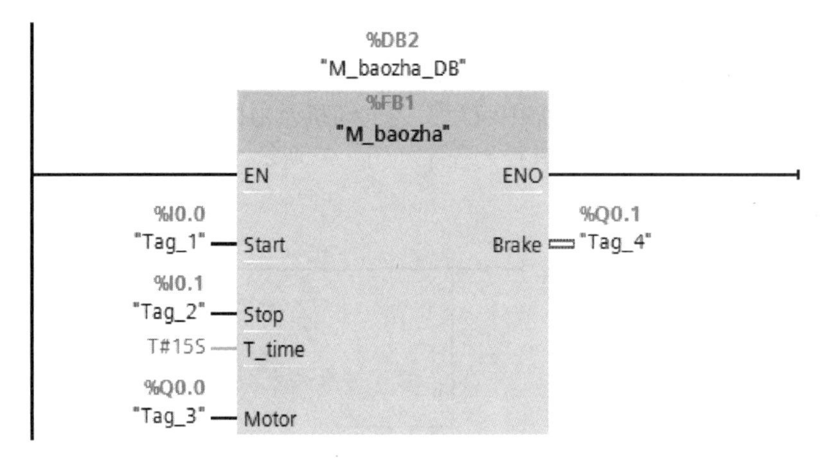

图 3-11　在 OB1 中调用 FB1

编辑器的工具栏上的按钮（更新不一致的块调用），此时 FB1 中的红色错误标记消失。或在 OB1 中删除 FB1，重新调用便可。

3.1.3　多重背景数据块

码 3-4　函数块的创建与调用

若一个程序需要使用多个定时器或计数器指令时，都需要为每一个定时器或计数器指定一个背景数据块。因为这些指令的多次使用，将会生成大量的数据块“碎片”。为了解决这个问题，在函数块中使用定时器、计数器指令时，可以在函数块的接口区定义数据类型为 IEC_TIMER 或 IEC_COUNTER 的静态变量，用这些静态变量来提供定时器和计数器的背景数据。这种函数块的背景数据块被称为多重背景数据块，如图 3-12 所示。

这样多个定时器或计数器的背景数据被包含在它们所在的函数块的背景数据块中，而不需要为每个定时器或计数器设置一个单独的背景数据块。因此减少了处理数据的时间，能更合理地利用存储空间。在共享的多重背景数据块中定时器、计数器的数据结构间不会产生相互作用。

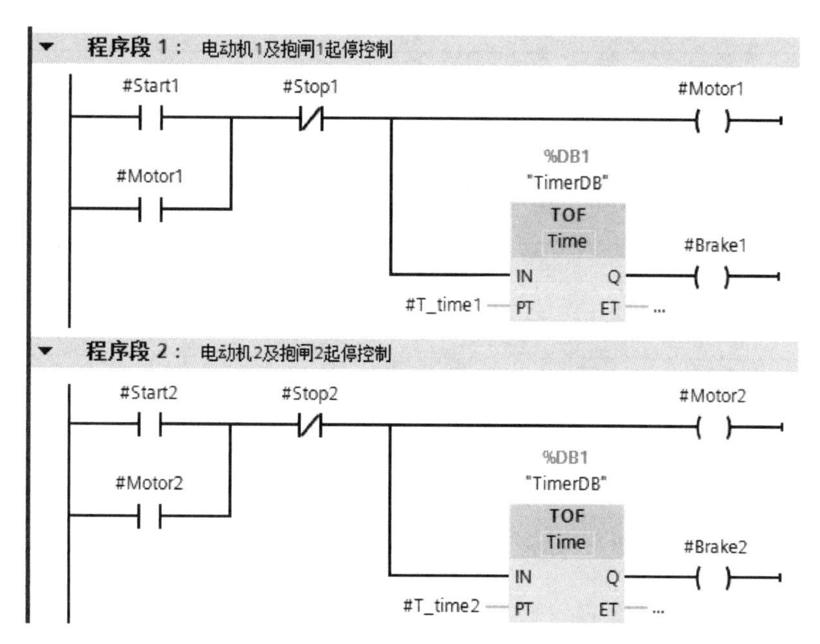

图 3-12　多重背景数据块的使用

只能以多重背景数据块方式调用博途编程软件提供的库中包含的函数块，不能以多重背景数据块方式调用用户创建的函数块。

3.2　案例 11　多级分频器的 PLC 控制

3.2.1　目的

1）掌握无形参函数 FC 的应用。
2）掌握有形参函数 FC 的应用。

3.2.2　任务

使用 S7-1200 PLC 实现多级分频器的控制，要求当转换开关 SA 接通时，从 Q0.0、Q0.1、Q0.2 和 Q0.3 输出频率为 1 Hz、0.5 Hz、0.25 Hz 和 0.125 Hz 的脉冲信号，同时接在输出端 Q0.5、Q0.6、Q0.7 和 Q1.0 的相应指示灯亮。当转换开关 SA 关断时，无脉冲输出且所有指示灯全部熄灭。

3.2.3　步骤

1. I/O 分配

根据 PLC 输入/输出点分配原则及本案例控制要求，进行 I/O 地址分配，如表 3-2 所示。

表 3-2　多级分频器的 PLC 控制 I/O 分配表

输　　入		输　　出	
输入继电器	元　器　件	输出继电器	元　器　件
I0. 0	转换开关 SA	Q0. 0	1 Hz 脉冲输出
		Q0. 1	0. 5 Hz 脉冲输出
		Q0. 2	0. 25 Hz 脉冲输出
		Q0. 3	0. 125 Hz 脉冲输出
		Q0. 5	1 Hz 脉冲指示 HL1
		Q0. 6	0. 5 Hz 脉冲指示 HL2
		Q0. 7	0. 25 Hz 脉冲指示 HL3
		Q1. 0	0. 125 Hz 脉冲指示 HL4

2. 硬件原理图

根据控制要求及表 3-2 的 I/O 分配表，多级分频器 PLC 控制的 I/O 接线图如图 3-13 所示。

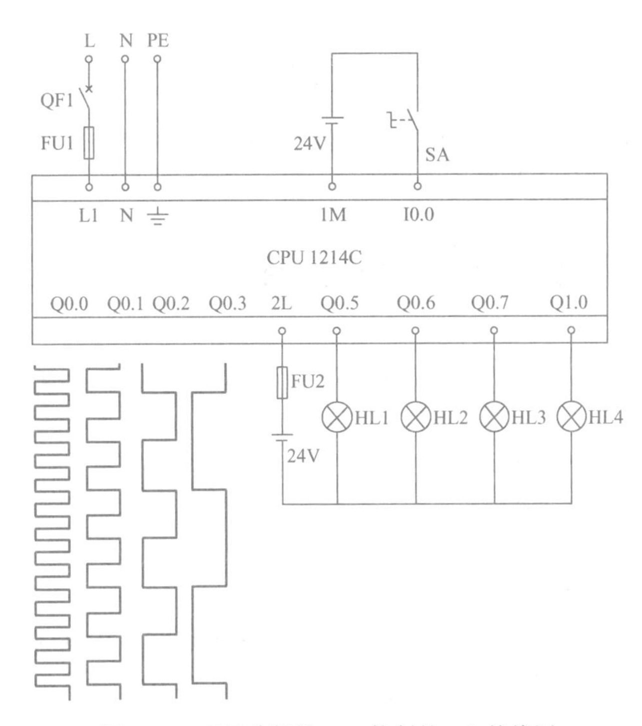

图 3-13　多级分频器 PLC 控制的 I/O 接线图

注意：本案例采用 CPU 1214C DC/DC/DC 型 PLC，除非将 PLC 的输出频率降低，确保最高输出频率为 1 Hz，否则不宜采用 AC/DC/RLY 型 CPU。

3. 创建工程项目

双击桌面上的 TIA 图标，打开博途编程软件，在 Portal 视图中选择“创建新项目”，输入项目名称“F_duofen”，选择项目保存路径，然后单击“创建”按钮完成创建，并进行项目的硬件组态。

4. 编辑变量表

本案例变量表如图 3-14 所示。

F_duofen ▸ PLC_1 [CPU 1214C AC/DC/Rly] ▸ PLC 变量 ▸ 变量表_1 [9]

变量　用户常量

变量表_1

	名称	数据类型	地址	保持	在 H...	可从 HMI...
1	转换开关SA	Bool	%I0.0	☐	☑	☑
2	1Hz脉冲	Bool	%Q0.0	☐	☑	☑
3	0.5Hz脉冲	Bool	%Q0.1	☐	☑	☑
4	0.25Hz脉冲	Bool	%Q0.2	☐	☑	☑
5	0.125Hz脉冲	Bool	%Q0.3	☐	☑	☑
6	1Hz指示HL1	Bool	%Q0.5	☐	☑	☑
7	0.5Hz指示HL2	Bool	%Q0.6	☐	☑	☑
8	0.25Hz指示HL3	Bool	%Q0.7	☐	☑	☑
9	0.125Hz指示HL4	Bool	%Q1.0	☐	☑	☑

图 3-14　多级分频器 PLC 控制的变量表

5. 编写程序

（1）创建无形参 FC1

当转换开关 SA 未接通时，主要是将 PLC 的输出端口清 0，程序比较简单，在此采用无形参数函数 FC1。

1）生成函数 FC1。

打开项目视图中的文件夹“\PLC_1\程序块”，用鼠标双击其中的“添加新块”，打开“添加新块”对话框，单击其中的“函数”按钮，生成 FC1，设置函数块的名称为“清零”。

2）编写 FC1 的程序。

无形式参数的 FC1 程序如图 3-15 所示。

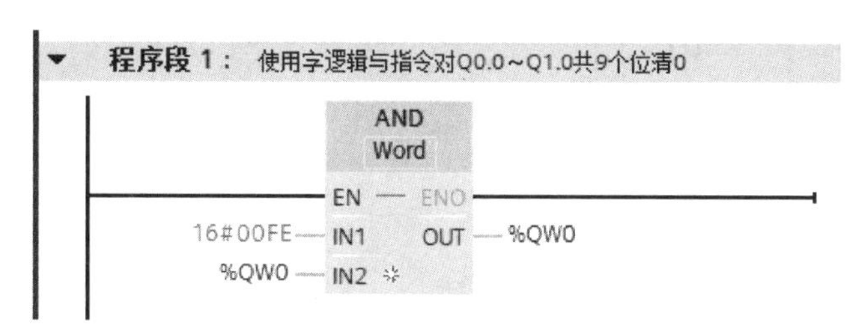

图 3-15　无形参的 FC1 程序

（2）创建有形参 FC2

4 个分频输出的电路原理一样，但它们的输入/输出参数不一样，所以只要生成一个有参函数 FC2，分 4 次调用即可。

1）生成函数 FC2。

打开项目视图中的文件夹“\PLC_1\程序块”，用鼠标双击其中的“添加新块”，打开“添加新块”对话框，单击其中的“函数”按钮，生成 FC2，设置函数块的名称为“二分频器”。

2）编辑 FC2 的局部变量。

在 FC2 中需要定义 4 个局部变量，如表 3-3 所示。

表 3-3　FC2 的局部变量

接口类型	变量名	数据类型	注 释	接口类型	变量名	数据类型	注 释
Input	S_IN	BOOL	脉冲输入信号	Output	LED	BOOL	输出状态指示
Input	F_P	BOOL	边沿检测标志	InOut	S_OUT	BOOL	脉冲输出信号

3）编写 FC2 程序。

二分频电路时序图如图 3-16 所示。可以看到，输入信号每出现一次上升沿，输出便改变一次状态，据此可以采用上升沿检测指令实现。

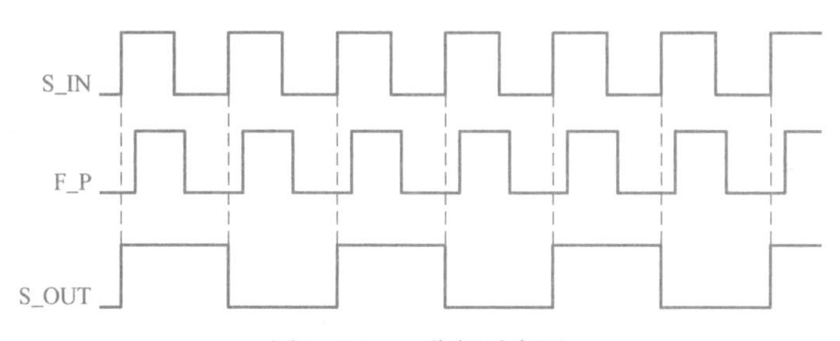

图 3-16　二分频时序图

使用跳转指令实现的二分频电路的 FC2 程序如图 3-17 所示。

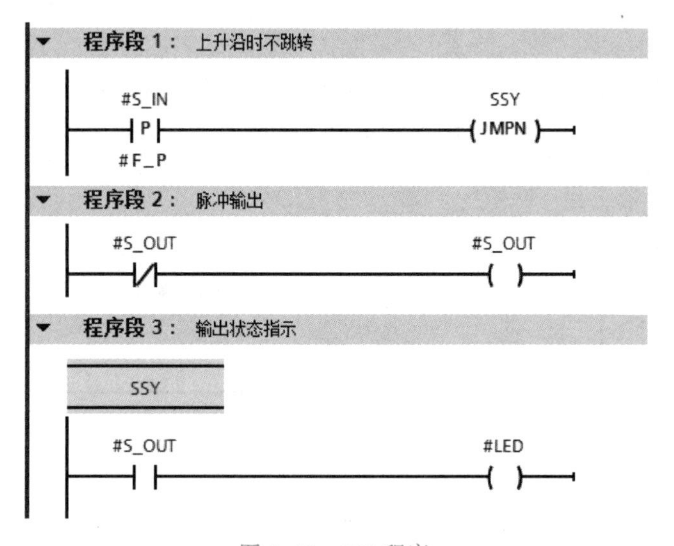

图 3-17　FC2 程序

如果输入信号“S_IN”出现上升沿，则对“S_OUT”取反，然后将信号“S_OUT”状态送“LED”显示，否则程序直接跳转到“SSY”处执行，将“S_OUT”信号状态送“LED”显示。

(3) 在 OB1 中调用 FC1 和 FC2 程序

本案例需要启用系统储存器字节和时间存储器字节，均采用默认字节。首次“S_IN”信号取自时钟存储器字节中位 M0.3，即提供 2Hz 脉冲信号；同时还需要使用首次循环位 M1.0，调用 FC1 清零函数，OB1 程序如图 3-18 所示。

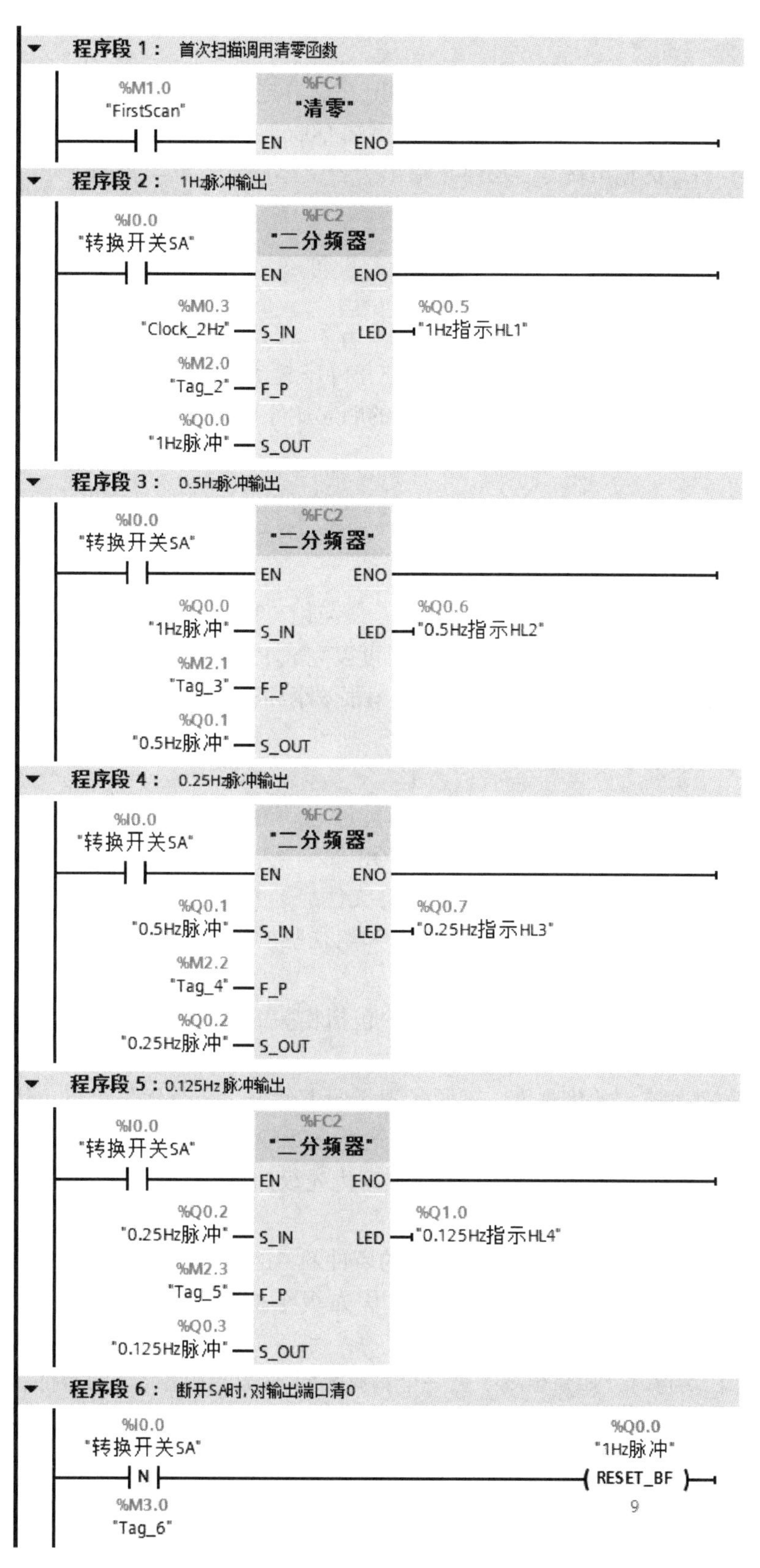

图 3-18 多级分频器的 PLC 控制程序

6. 调试程序

将调试好的用户程序及设备组态下载到 CPU 中，并连接好线路。接通转换开关 SA，观察 PLC 输出端 Q0.0~Q0.3 的 LED 闪烁情况及输出端 Q0.5~Q1.0 上 4 盏指示灯亮灭情况，若断开转换开关 SA，PLC 的输出端是否均停止输出。若上述调试现象与控制要求一致，则说明本案例任务实现。

3.2.4 训练

1）训练 1：用二级分频器电路实现 3 Hz、6 Hz 和 12 Hz 的脉冲输出。

2）训练 2：用函数 FC 实现电动机的星-三角降压起动控制。

3）训练 3：用函数块 FB 实现两台电动机的顺起逆停控制，延时时间均为 5 s，在 FB 的输入参数中设置初始值或使用静态变量。

3.3 组织块

组织块（Organization Block，OB）是操作系统与用户程序的接口，由操作系统调用。组织块除可以用来实现 PLC 扫描循环控制以外，还可以完成 PLC 的起动、中断程序的执行和错误处理等功能。熟悉各类组织块的使用对于提高编程效率和程序的执行速率有很大的帮助。

3.3.1 事件和组织块

事件是 S7-1200 PLC 操作系统的基础，有能够启动 OB 和无法启动 OB 两种类型的事件。能够启动 OB 的事件会调用已分配给该事件的 OB 或按照事件的优先级将其输入队列，如果没有为该事件分配 OB，则会触发默认系统响应。无法启动 OB 的事件会触发相关事件类别的默认系统响应。因此，用户程序循环取决于事件和给这些事件分配的 OB，以及包含在 OB 中的程序代码或在 OB 中调用的程序代码。

表 3-4 所示为能够启动 OB 的事件，其中包括相关的事件类别。无法启动 OB 的事件如表 3-5 所示，其中包括操作系统的相应响应。

每个 CPU 事件都有它的优先级，不同优先级的事件分为 3 个优先级组。优先级的编号越大，优先级越高。时间错误中断具有最高的优先级 26 和 27。

事件一般按优先级的高低来处理，先处理高优先级的事件。优先级相同的事件按“先来先服务”的原则处理。

高优先级组的事件可以中断低优先级组的事件的 OB 的执行，例如第 2 优先级组所有的事件都可以中断程序循环 OB 的执行，第 3 优先级组的时间错误 OB 可以中断所有其他的 OB。

一个 OB 正在执行时，如果出现了另一个具有相同或较低优先级组的事件，后者不会中断正在处理的 OB，将根据它的优先级添加到对应的中断队列排队等待。当前的 OB 被处理完后，再处理排队的事件。

当前的 OB 执行完后，CPU 将执行队列中最高优先级的事件的 OB，优先级相同的事件按出现的先后次序处理。如果高优先级组中没有排队的事件了，CPU 将返回较低的优先级组被中断的 OB，从被中断的地方开始继续处理。

表 3-4　能够启动 OB 的事件

事件类别	OB 性能指标				
	OB 号	OB 数目	启动事件	OB 优先级	优先级组
程序循环	1 或≥123	≥1	启动或结束上一个循环 OB	1	1
启动	100 或≥123	≥0	STOP 到 RUN 的转换	1	
延时中断	20~23 或≥123	≥0	延时时间到	3	2
循环中断	30~38 或≥123	≥0	固定的循环时间到	4	
硬件中断	40~47 或≥123	≤50	上升沿≤16 个，下降沿≤16 个	5	
			HSC：计数值=参考值 （最多 6 次） HSC：计数方向变化 （最多 6 次） HSC：外部复位 （最多 6 次）	6	
诊断错误中断	82	0 或 1	模块检测到错误	9	
时间错误	80	0 或 1	超过最大循环时间时，若调用的 OB 正在执行，则队列溢出，因中断负载过高而丢失中断	26	3

表 3-5　无法启动 OB 的事件

事件类型	事　　件	事件优先级	系统响应
插入/卸下	插入/卸下模块	21	STOP
访问错误	刷新过程映像的 I/O 访问错误	22	忽略
编程错误	块内的编程错误	23	STOP
I/O 访问错误	块内的 I/O 访问错误	24	STOP
超过最大循环时间两倍	超过最大循环时间两倍	27	STOP

不同的事件或不同的 OB 均有它自己的中断队列和不同的队列深度。对于特定的事件类型，如果队列中的事件个数达到上限，下一个事件将使队列溢出，新的中断事件被丢弃，同时产生时间错误中断事件。

有的 OB 用它的临时局部变量提供触发它的启动事件的详细信息，可以在 OB 中编程，做出相应的反应，例如触发报警。

中断的响应时间是指从 CPU 得到中断事件出现的通知，到 CPU 开始执行该事件 OB 中第一条指令之间的时间。如果在事件出现时只是在执行循环程序 OB，中断响应时间小于 175 μs。

3.3.2　程序循环组织块

需要连续执行的程序放在程序循环组织块 OB1 中，因此 OB1 也常被称为主程序（Main），CPU 在 RUN 模式下循环执行 OB1，可以在 OB1 中调用 FC 和 FB。一般用户程序都写在 OB1 中。

如果用户程序生成了其他程序循环 OB，CPU 按 OB 的编号的顺序执行它们，首先执行主程序 OB1，然后执行编号大于等于 123 的循环程序 OB。一般只需要一个程序循环组织块。

打开博途编程软件的项目视图，生成一个名为“组织块例程”的新项目。双击项目树中的“添加新设备”，添加一个新设备，CPU 的型号为 CPU 1214C。

打开项目视图中的文件夹“\PLC_1\程序块”，双击其中的“添加新块”，单击打开的对话框中的“组织块”按钮，如图 3-19 所示，选中列表中的“Program cycle”，生成一个程序循环组织块，OB 默认的编号为 123（可手动设置 OB 的编号，最大编号为 32767），语言为 LAD（梯形图）。块的名称为默认的 Main_1。单击右下角的“确认”按钮，OB 块被自动生成，可以在项目树的文件夹“\PLC_1\程序块”中看到新生成的 OB123。

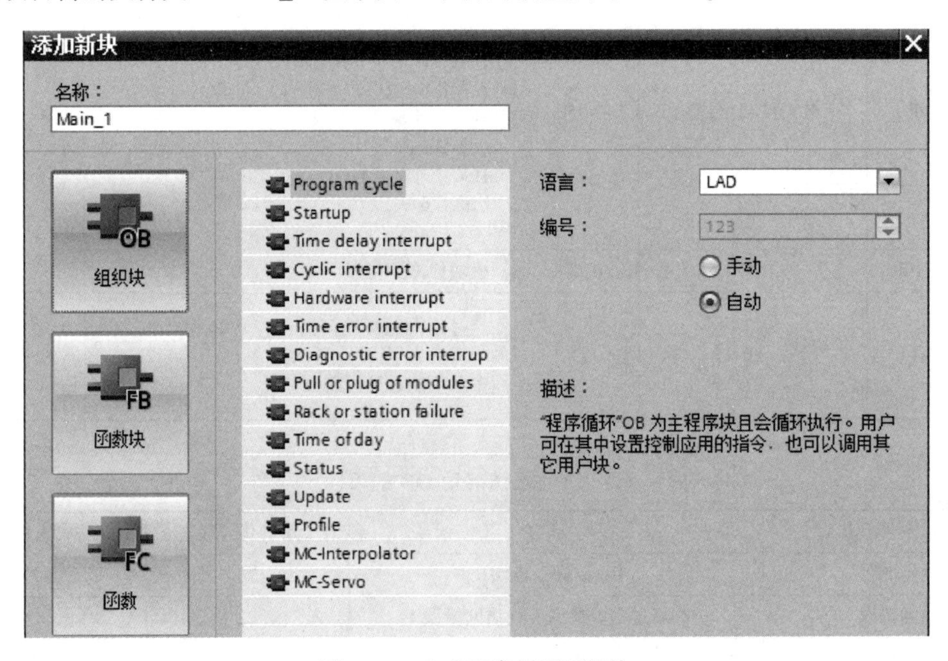

图 3-19　生成程序循环组织块

分别在 OB1 和 OB123 中输入简单的程序，如图 3-20 和图 3-21 所示，将它们下载到 CPU，将 CPU 切换到 RUN 模式后，可以用 I0.0 和 I0.1 分别控制 Q0.0、Q0.1 和 Q0.2，说明 OB1 和 OB123 均被循环执行。

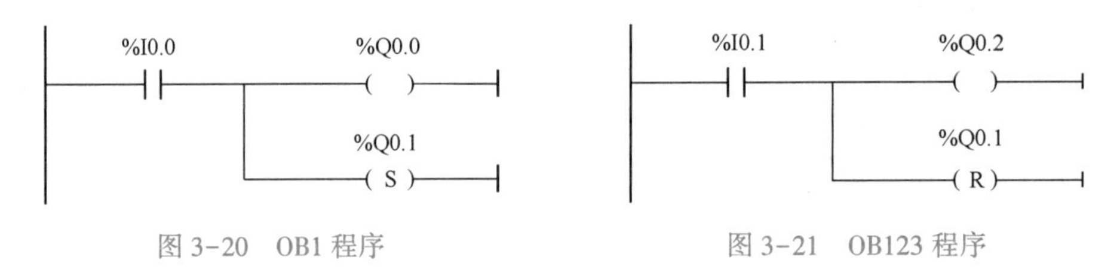

图 3-20　OB1 程序　　　图 3-21　OB123 程序

3.3.3　启动组织块

码 3-5　程序循环组织块

接通 CPU 电源后，S7-1200 PLC 在开始执行用户程序循环组织块之前首先执行启动组织块。通过编写启动 OB，可以在启动程序中为程序循环组织块指定一些初始的变量，或给某些变量赋值，即初始化。对启动 OB 数量没有要求，允许生成多个启动 OB，默认的是 OB100，其他启动 OB 的编号应大于等于 123，一般只需要一个启动 OB，或不使用。

S7-1200 PLC 支持 3 种启动模式：不重新启动模式、暖启动-RUN 模式、暖启动-断电前的操作模式。不管选择哪种启动模式，已编写的所有启动 OB 都会执行，并且 CPU 是按 OB 编号顺序执行它们，首先执行启动组织块 OB100，然后执行编号大于等于 123 的启动组织块 OB，如图 3-22 所示。

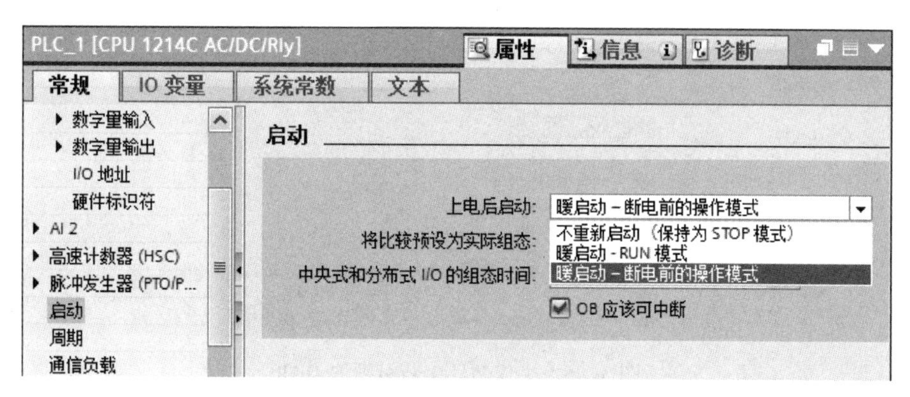

图 3-22　S7-1200 PLC 的启动模式

在“组织块例程”中，用上述方法生成启动组织块 OB100 和 OB124。分别在启动组织块 OB100 和 OB124 中生成初始化程序，如图 3-23 和图 3-24 所示。将它们下载到 CPU，并切换到 RUN 模式后，可以看到 QB100 被初始化为 16#F0，再经过执行 OB124 中的程序，最后 QB0 被初始化为 16#FF。

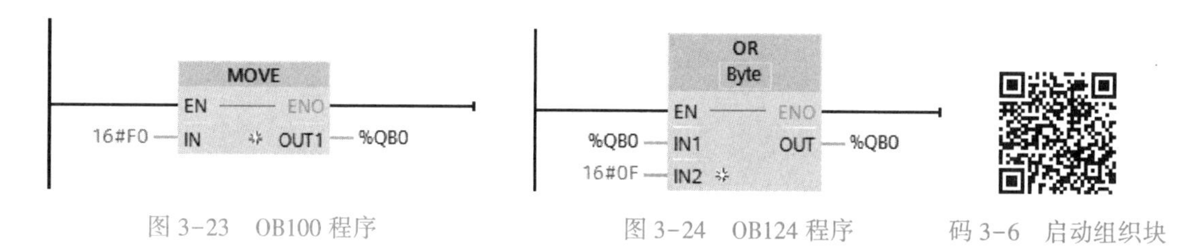

图 3-23　OB100 程序　　图 3-24　OB124 程序　　码 3-6　启动组织块

3.3.4　循环中断组织块

中断在计算机技术中应用较为广泛。中断功能是用中断程序及时地处理中断事件，中断事件与用户程序的执行时序无关，有的中断事件不能事先预测何时发生。中断程序不是由用户程序调用，而在中断事件发生时由操作系统调用。中断程序是用户编写的。中断程序应该优化，在执行完某项特定任务后应返回被中断的程序。应使中断程序尽量短小，以减少中断程序的执行时间，减少对其他处理的延迟，否则可能引起主程序控制的设备操作异常。设计中断程序时应遵循“越短越好”的原则。

S7-1200 PLC 提供了表 3-4 中所述的中断组织块。下面首先介绍循环中断组织块。

在设定的时间间隔，循环中断（Cyclic interrupt）组织块被周期性执行，例如周期性定时执行闭环控制系统的 PID 运算程序等，循环中断 OB 的编号为 30~38 或大于等于 123。

用上述介绍的方法生成循环中断组织块 OB30，如图 3-25 所示。可以看出循环中断的时间间隔（循环时间）的默认值为 100 ms（是基本时钟周期 1 ms 的整数倍），可将它设置为 1~60000 ms。

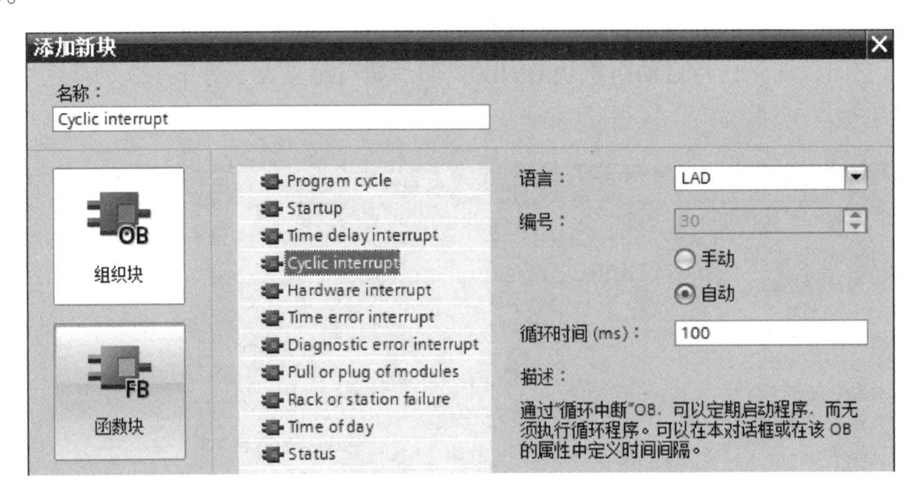

图 3-25　生成循环中断组织块 OB30

用鼠标右键单击项目树下程序块文件夹中已生成的 Cyclic interrupt[OB30]，在弹出的对话框中单击“属性”选项，打开循环中断 OB 的属性对话框，在“常规”选项中可以更改 OB 的编号，在“循环中断”选项中（如图 3-26 所示），可以修改已生成循环中断 OB 的循环时间及相移。

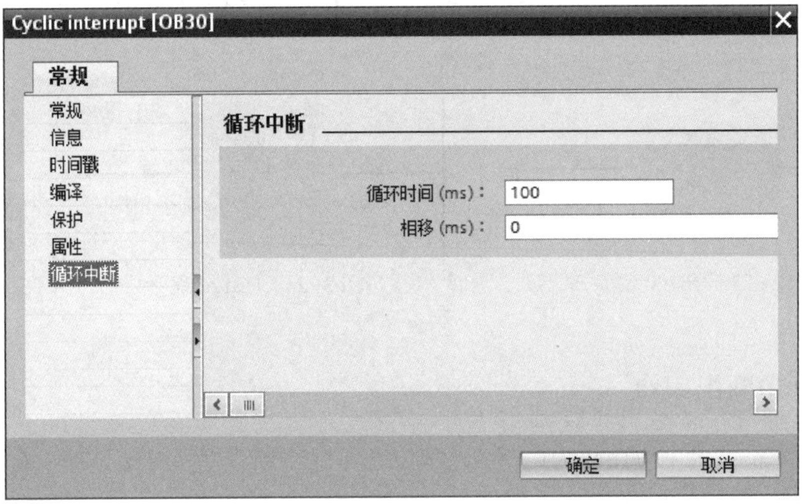

图 3-26　循环中断组织块 OB 的属性对话框

相移（相位偏移，默认值为 0）是基本时间周期相比启动时间所偏移的时间，用于错开不同时间间隔的几个循环中断 OB，使它们不会被同时执行，即如果使用多个循环中断 OB，当这些循环中断 OB 的时间基数有公倍数时，可以使用该相移来防止他们同时被启动。相移的设置范围为 1~100（单位是 ms），其数值必须是 0.001 的整数倍。

下面给出使用相位偏移的实例：假设已在用户程序中插入两个循环中断 OB，循环中断 OB30 和 OB31。对于循环中断 OB30，已设置循环时间为 500 ms，用来使接在 QB0 端口的 8 个彩灯循环点亮（以跑马灯的形式）；而对于循环中断 OB31，设置循环时间为 1000 ms，相移量为 50 ms，使 MW10 的数每隔 1 s 加 1。当循环中断 OB31 的循环时间 1000 ms 到后，循环中断 OB30 第 2 次到达启动时间，而循环中断 OB31 是第 1 次到达启动时间，此时需要执行循环中断 OB31 的相移，使得两个循环中断不同时执行。使用监控表在监控状态下可以看到 QB0 和 MW10 数据的变化。

3.3.5 延时中断组织块

码 3-7 循环中断组织块

定时器指令的定时误差较大，如果需要高精度的延时，可以使用时间延时中断。在过程事件出现后，延时一定的时间再执行时间延时（Time delay）中断 OB。在指令 SRT_DINT 的 EN 使能输入的上升沿，启动延时过程。用该指令的参数 DTIME（1~60000 ms）来设置延时时间，如图 3-27 所示。在时间延时中断 OB 中配合使用计数器，可以得到比 60 s 更长的延时时间。用参数 OB_NR 来指定延时时间到时调用的 OB 的编号，S7-1200 PLC 未使用参数 SIGN，可以设置任意的值。RET_VAL 是指令执行的状态代码。

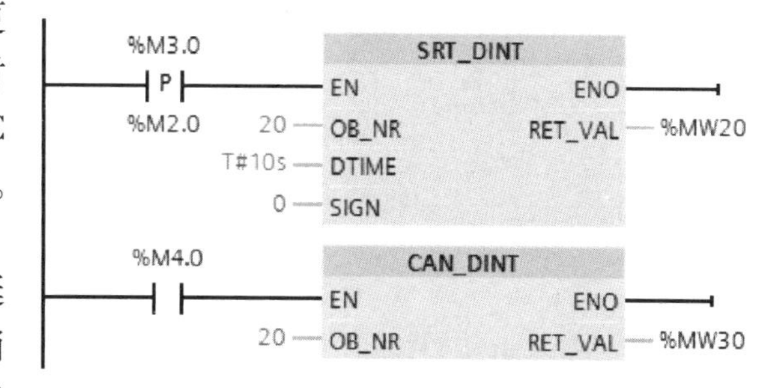

图 3-27 SRT_DINT 和 CAN_DINT 指令

延时中断启用完后，若不再需要使用延时中断，则可使用 CAN_DINT 指令来取消已启动的延时中断 OB，还可以在超出所组态的延时时间之后取消调用待执行的延时中断 OB。在 OB_NR 参数中，可以指定将取消调用的组织块编号。

用上述介绍方法生成时间延时中断 OB，其编号为 20~23 或大于等于 123。要使用延时中断 OB，需要调用指令 SRT_DINT 且将延时中断 OB 作为用户程序的一部分下载到 CPU。只有 CPU 处于“RUN”模式时才执行延时中断 OB。暖启动将清除延时中断 OB 的所有启动事件。

3.3.6 硬件中断组织块

码 3-8 延时中断组织块

1. 硬件中断事件与硬件中断组织块

硬件中断（Hardware interrupt）组织块用来处理需要快速响应的过程事件。出现 CPU 内置的数字量输入的上升沿、下降沿或高速计数器事件时，立即中止当前正在执行的程序，改为执行对应的硬件中断 OB。硬件中断组织块没有启动信息。

最多可以生成 50 个硬件中断 OB，在硬件组态时定义中断事件，硬件中断 OB 的编号为 40~47 或大于等于 123。S7-1200 PLC 支持下列中断事件。

1）上升沿事件，CPU 内置的数字量输入（根据 CPU 型号而定，最多为 12 个）和 4 点信号板上的数字量输入由 OFF 变为 ON 时，产生的上升沿事件。

2）下降沿事件，上述数字量由 ON 变为 OFF 时，产生的下降沿事件。

3）高速计数器 1~6 的实际计数值等于设置值（CV=PV）。

4）高速计数器 1~6 的方向改变，计数值由增大变为减小，或由减小变为增大。

5）高速计数器 1~6 的外部复位，某些高速计数器的数字量外部复位输入由 OFF 变为 ON 时，将计数值复位为 0。

2. 生成硬件中断组织块

用上述介绍的方法生成硬件中断 OB40，如图 3-28 所示。可以看出硬件中断 OB 默认的编号是 40，名称为 Hardware interrupt，编程语言为 LAD（梯形图），若再生成一个硬件中断 OB，则编号为 41，名称为 Hardware interrupt_1。

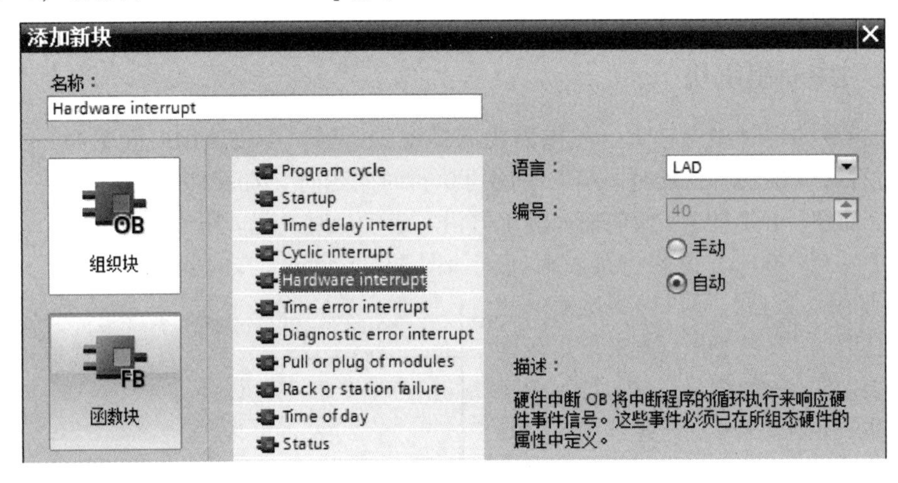

图 3-28 生成的硬件中断组织块 OB40

3. 组态硬件中断 OB40

用鼠标双击项目树的文件夹“PLC_1”中的“设备组态”，打开设备视图，首先选中 CPU，打开工作区下面的巡视窗口的“属性”选项卡，选中左边的“数字量输入”的通道 0，即 I0.0，如图 3-29 所示，选中复选框激活“启用上升沿检测”功能。单击“硬件中断”右边的 ... 按钮，在弹出的 OB 列表中选择 Hardware interrupt[OB40]，如图 3-30 所示，然后单击 ✓ 按钮以确定，如果单击 ✗ 按钮，则取消当前选择的中断 OB，如果单击 新增 按钮，则说明弹出的 OB 列表中没有需要选中的硬件中断组织块，需要新增一个硬件中断组织块。如果选择

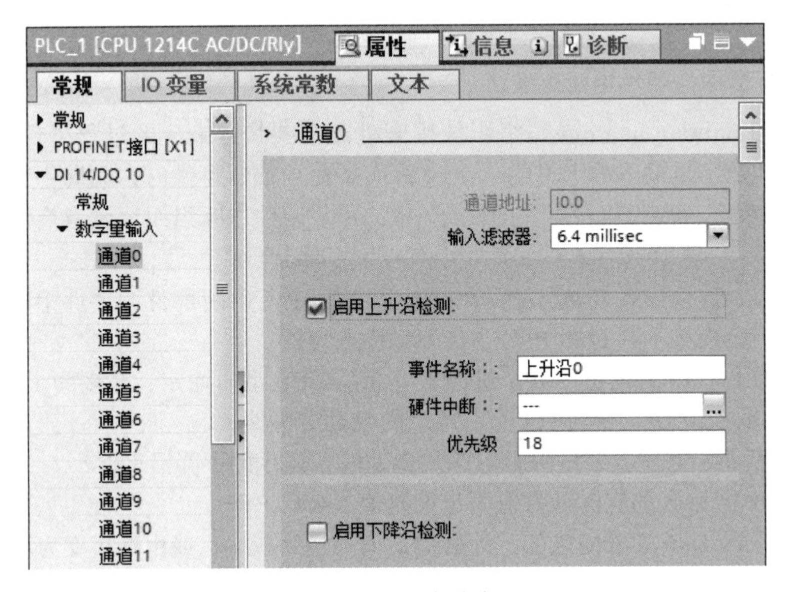

图 3-29 组态硬件中断 OB

OB 列表中的“—”，表示没有 OB 连接到 I0.0 的上升沿中断事件。在此将 OB40 指定给 I0.0 的上升沿中断事件，出现该中断事件后，将会调用 OB40。

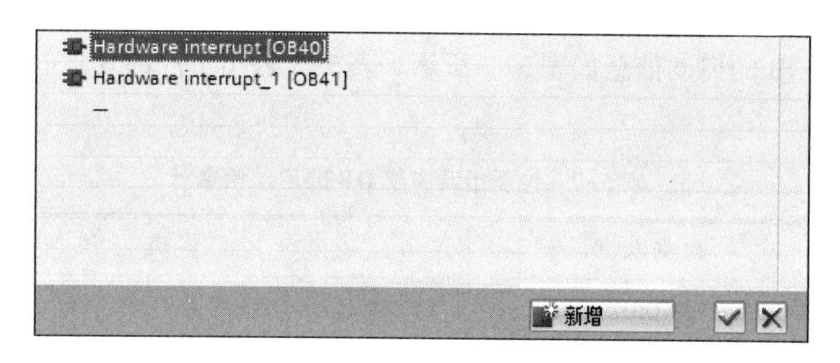

图 3-30 为中断事件选择硬件中断组织块

4. 编写硬件中断 OB 的程序

根据控制要求，在硬件中断 OB 中编写相应的控制程序，其程序编辑视窗同主程序及其他程序块，编程内容根据控制要求而定。

3.3.7 时间错误组织块

码 3-9 硬件中断组织块

如果发生以下事件之一，操作系统将调用时间错误中断（Time error interrupt）OB。

1）循环程序超出最大循环时间。

2）被调用 OB（如延时中断 OB 和循环中断 OB）当前正在执行。

3）中断 OB 队列发生溢出。

4）由于中断负载过大而导致中断丢失。

在用户程序中只能使用一个时间错误中断 OB（OB80）。

时间错误中断 OB 的启动信息含义如表 3-6 所示。

表 3-6 时间错误中断 OB 的启动信息

变量	数据类型	描述
fault_id	BYTE	0x01：超出最大循环时间 0x02：仍在执行被调用的 OB 0x07：队列溢出 0x09：中断负载过大导致中断丢失
csg_OBnr	OB_ANY	出错时要执行的 OB 的编号
csg_prio	UINT	出错时要执行 OB 的优先级

3.3.8 诊断错误组织块

可以为具有诊断功能的模块启用诊断错误中断（Diagnostic error interrupt）功能，使模块能检测到 I/O 状态变化，因此模块会在出现故障（进入事件）或故障不再存在（离开事件）

时触发诊断错误中断。如果没有其他中断 OB 激活，则调用诊断错误中断 OB。若已经在执行其他中断 OB，诊断错误中断 OB 将置于同优先级的队列中。

在用户程序中只能使用一个诊断错误中断 OB（OB82）。

诊断错误中断 OB 的启动信息如表 3-7 所示。表 3-8 列出了局部变量 IO_state 所包含的可能的 I/O 状态。

表 3-7 诊断错误中断 OB 的启动信息

变　量	数据类型	描　述
IO_state	WORD	包含具有诊断功能的模块的 I/O 状态
laddr	HW_ANY	HW-ID
Channel	UINT	通道编号
Multi_error	BOOL	为 1 表示有多个错误

表 3-8 IO_state 状态

IO_state	含　义
位 0	组态是否正确，为 1 表示组态正确
位 4	为 1 表示存在错误，如断路等
位 5	为 1 表示组态不正确
位 6	为 1 表示发生了 I/O 访问错误，此时 laddr 包含存在访问错误的 I/O 的硬件标识符

3.4 案例 12 电动机断续运行的 PLC 控制

3.4.1 目的

1）掌握启动组织块的应用。

2）掌握循环中断组织块的应用。

3.4.2 任务

使用 S7-1200 PLC 实现电动机断续运行的控制，要求电动机在起动后，工作 3 h，停止 1 h，再工作 3 h，停止 1 h，如此循环；当按下停止按钮后立即停止运行。系统要求使用循环中断组织块实现上述工作和停止时间的延时功能。

3.4.3 步骤

1. I/O 分配

根据 PLC 输入/输出点分配原则及本案例控制要求，进行 I/O 地址分配，如表 3-9 所示。

表 3-9 电动机断续运行 PLC 控制的 I/O 分配表

输　　入		输　　出	
输入继电器	元　器　件	输出继电器	元　器　件
I0.0	起动按钮 SB1	Q0.0	电动机运行 KM
I0.1	停止按钮 SB2		
I0.2	过载保护 FR		

2. I/O 接线图

根据控制要求及表 3-9 的 I/O 分配表，电动机断续运行 PLC 控制的 I/O 接线图如图 3-31 所示。

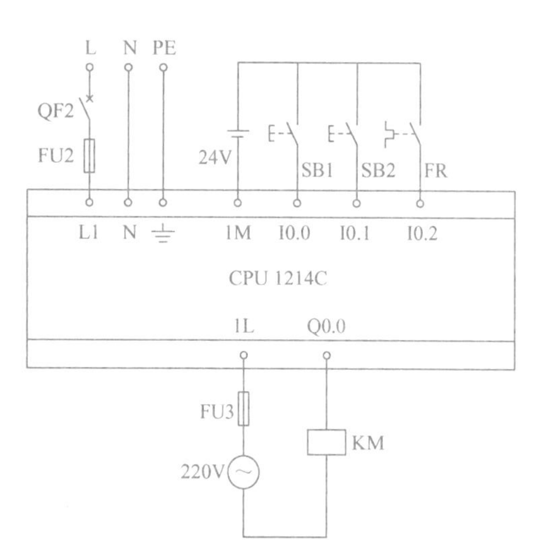

图 3-31 电动机断续运行 PLC 控制的 I/O 接线图

3. 创建工程项目

用鼠标双击桌面上的 TIA 图标，打开博途编程软件，在 Portal 视图中选择“创建新项目”，输入项目名称“M_duanxu”，选择项目保存路径，然后单击“创建”按钮完成创建，并进行项目的硬件组态。

4. 编辑变量表

本案例变量表如图 3-32 所示。

M_duanxu ▸ PLC_1 [CPU 1214C AC/DC/Rly] ▸ PLC 变量 ▸ 变量表_1 [4]

变量　用户常量

变量表_1

	名称	数据类型	地址	保持	在 H...	可从 ...	注释
1	起动按钮SB1	Bool	%I0.0	☐	☑	☑	
2	停止按钮SB2	Bool	%I0.1	☐	☑	☑	
3	过载保护FR	Bool	%I0.2	☐	☑	☑	
4	电机运行KM	Bool	%Q0.0	☐	☑	☑	

图 3-32 电动机断续运行 PLC 控制的变量表

5. 编写程序

（1）生成 OB100

打开项目视图中的文件夹“\PLC_1\程序块”，用鼠标双击其中的“添加新块”，用鼠标单击打开的对话框中的“组织块”按钮，选中列表中的“Startup”，生成一个启动 OB100。

（2）编写 OB100 程序

在启动组织块中对循环中断计数值 MW10 清 0，其程序如图 3-33 所示。

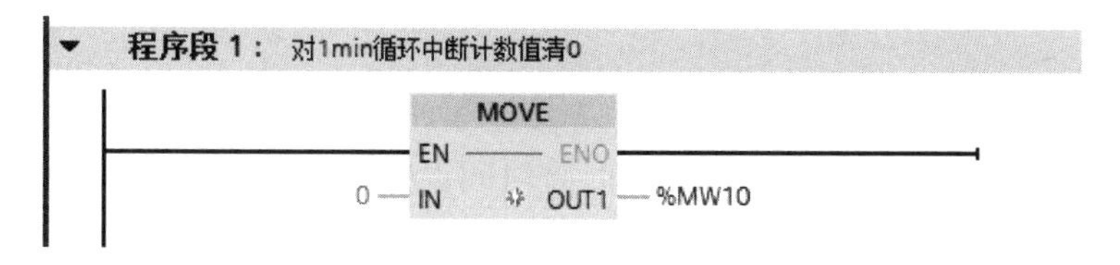

图 3-33 电动机断续运行 PLC 控制的 OB100 程序

（3）生成 OB30

打开项目视图中的文件夹“\PLC_1\程序块”，用鼠标双击其中的“添加新块”，用鼠标单击打开的对话框中的“组织块”按钮，选中列表中的“Cyclic interrupt”，生成一个循环中断 OB30，循环时间设置为 60000 ms，即 1 min。

（4）编写 OB30 程序

在循环中断组织块中对循环中断次数进行计数，当计数值为 240 次（即 4 h 时），对计数值 MW10 清 0，其程序如图 3-34 所示。

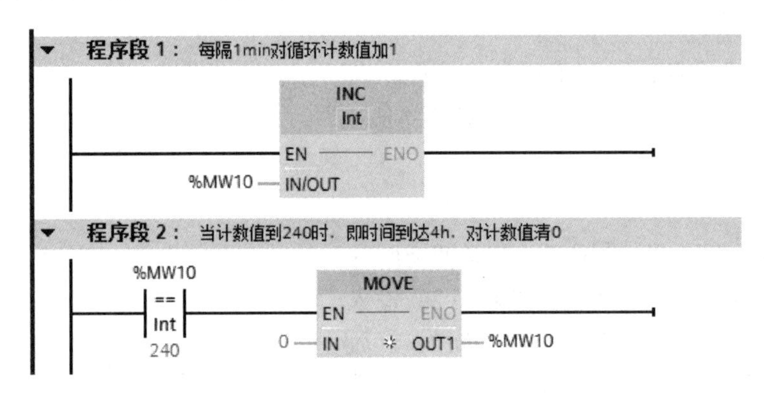

图 3-34　电动机断续运行 PLC 控制的 OB30 程序

（5）编写 OB1 程序

在主程序 OB1 中完成电动机的继续运行控制，即系统起动后时间小于 3 h 时电动机运行，时间在 3 h~4 h 之间时电动机停止运行，如此循环工作，其程序如图 3-35 所示。

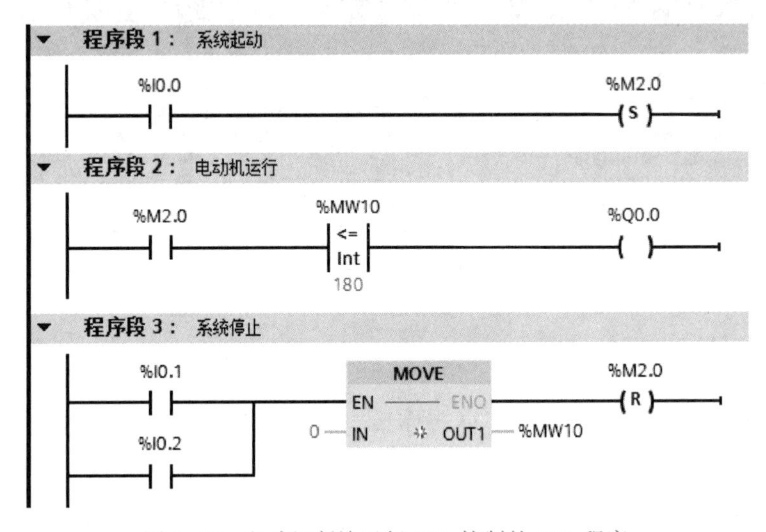

图 3-35　电动机断续运行 PLC 控制的 OB1 程序

6. 调试程序

将调试好的用户程序下载到 CPU 中，并连接好线路。按下起动按钮 SB1，观察电动机是否按系统设置时间进行断续运行（建议调试时将时间设置短些）；若按下停止按钮 SB2，电动机是否立即停止运行。若上述调试现象与控制要求一致，则说明本案例任务实现。

3.4.4 训练

1）训练 1：用循环中断实现两台电动机的顺起顺停控制。

2）训练 2：用循环中断实现 QB0 口 8 盏彩灯以流水灯形式的点亮控制。

3）训练 3：用两个循环中断实现本案例控制。

3.5 案例 13 电动机定时起停的 PLC 控制

3.5.1 目的

1）掌握延时中断组织块的应用。

2）掌握硬件中断组织块的应用。

3）掌握 PLC 的时间读/写指令的应用。

3.5.2 任务

使用 S7-1200 PLC 实现电动机定时起停的控制，要求系统起动后，每天 6 点电动机起动，工作 3 h 后自动停止运行；若按下停止按钮或电动机过载则电动机立即停止运行。系统要求使用延时中断实现延时，使用硬件中断实现停机功能。

3.5.3 步骤

1. I/O 分配

根据 PLC 输入/输出点分配原则及本案例控制要求，进行 I/O 地址分配，如表 3-10 所示。

表 3-10 电动机定时起停 PLC 控制的 I/O 分配表

输 入		输 出	
输入继电器	元 器 件	输出继电器	元 器 件
I0.0	起动按钮 SB1	Q0.0	电动机运行 KM
I0.1	停止按钮 SB2		
I0.2	过载保护 FR		

2. I/O 接线图

根据控制要求及表 3-10 的 I/O 分配表，电动机定时起停 PLC 控制的 I/O 接线图如图 3-36 所示。

3. 创建工程项目

用鼠标双击桌面上的图标，打开博途编程软件，在 Portal 视图中选择“创建新项目”，输入项目名称“M_dingqt”，选择项目保存路径，然后单击“创建”按钮完成创建，并进行项目的硬件组态。

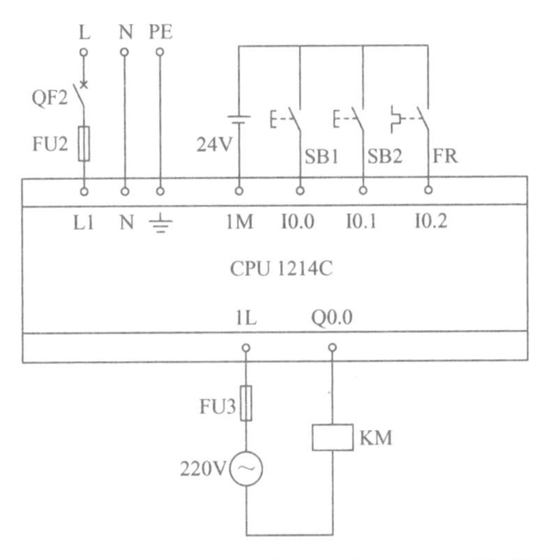

图 3-36　电动机定时起停 PLC 控制的 I/O 接线图

4. 编辑变量表

本案例变量表如图 3-37 所示。

M_dingqt ▸ PLC_1 [CPU 1214C AC/DC/Rly] ▸ PLC 变量 ▸ 变量表_1 [4]

变量　用户常量

变量表_1

	名称	数据类型	地址	保持	在 H...	可从 ...	...
1	系统起动按钮SB1	Bool	%I0.0	☐	☑	☑	
2	电机停止按钮SB2	Bool	%I0.1	☐	☑	☑	
3	过载保护FR	Bool	%I0.2	☐	☑	☑	
4	电机运行KM	Bool	%Q0.0	☐	☑	☑	

图 3-37　电动机定时起停 PLC 控制的变量表

5. 编写程序

（1）生成 OB40

打开项目视图中的文件夹“\PLC_1\程序块”，用鼠标双击其中的“添加新块”，单击打开的对话框中的“组织块”按钮，选中列表中的“Hardware interrupt”，生成一个硬件中断 OB40。

（2）组态硬件中断 OB40

用鼠标双击项目树的文件夹“PLC_1”中的“设备组态”，打开设备视图，首先选中 CPU，打开工作区下面的巡视窗口的“属性”选项卡，选中左边的“数字量输入”的通道 1 和 2，即 I0.1 和 I0.2，可参考图 3-29，选中复选框激活“启用上升沿检测”功能。单击“硬件中断”右边的 ... 按钮，在弹出的 OB 列表中选择 Hardware interrupt[OB40]，然后单击 ✓ 按钮以确定。在此，将 OB40 同时指定给 I0.1 和 I0.2 的上升沿中断事件。出现该中断事件（按下停止按钮和电动机过载）后，将会调用 OB40。

(3) 编写 OB40 程序

在硬件中断 OB40 程序中需要对系统起动标志位 M2.0 和电动机运行 Q0.0 进行复位以及取消延时中断功能，如图 3-38 所示。

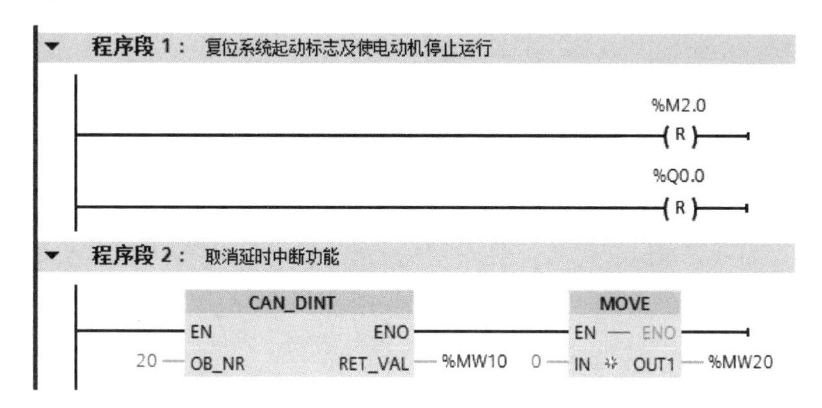

图 3-38 电动机定时起停 PLC 控制的 OB40 程序

(4) 生成 OB20

打开项目视图中的文件夹“\PLC_1\程序块”，用鼠标双击其中的“添加新块”，单击打开的对话框中的“组织块”按钮，选中列表中的“Time delay interrupt”，生成一个延迟中断 OB20，延时时间设置为 T#3H。

(5) 编写 OB20 程序

在延时中断组织块中对循环次数计数，时间到达时停止电动机，其程序如图 3-39 所示。

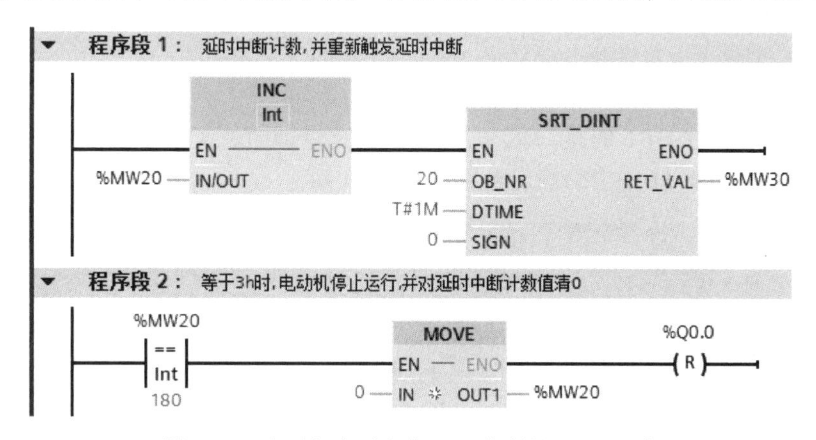

图 3-39 电动机定时起停 PLC 控制的 OB20 程序

(6) 编写 OB1 程序

在主程序 OB1 中主要完成系统起动、CPU 时间的读取、电动机起动及启动延时中断功能。为了读取正确的 CPU 时间，首先对 CPU 进行时间设置。

1) 设置 CPU 系统时间。

用鼠标双击项目树中“PLC_1”文件夹中的“设备组态”，然后用鼠标双击“CPU”，选择常规属性下的“时间”，将本地时间改为“北京时间”，取消夏令时。这样设置后，将 CPU 转入“在线（单击工具栏上的“在线”按钮 在线）”状态，在项目树下的“在线访问\网卡（Realtek PCIE GBE Family Controller）\更新可访问的设备\ plc_1\在线和诊断”，打开图 3-40 所示系统设置时间的对话框，选中复选框“从 PG/PC 获取”后，单击“应用”按钮，便可使 CPU 的时间与 PC 同步（当然 PC 日期和时间必须为准确的北京时间），否则为 PLC 出厂默认日期 DTL#1970-01-01-00:00:00。

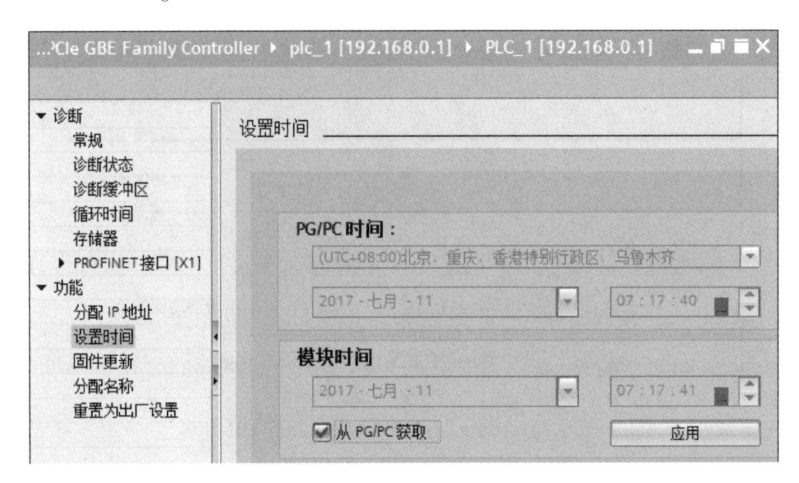

图 3-40　系统设置时间的对话框

当然也可以通过扩展指令中有关日期和时间的“WR_LOC_T（写入本地时间）和 WR_SYS_T（设置时间）”指令来设置 CPU 的本地时间和系统时间，用户可参考这两个指令的帮助功能来写入本地时间和系统时间。

这时就可以通过扩展指令中有关日期和时间的读取本地或系统时间指令来获得本地或系统时间。两个指令分别为“RD_LOC_T（读取本地时间，即带时差时间）和 RD_SYS_T（读取系统时间，即 UTC 时间）”。

2）读取 CPU 系统时间。

如图 3-41 所示，在 OB1 的接口区中生成局部变量 D_T，如图 3-41 所示，数据类型为 DTL，用来作为指令 RD_LOC_T 的输出参数 OUT 的实参。

M_dingqt ▸ PLC_1 [CPU 1214C AC/DC/Rly] ▸ 程序块 ▸ Main [OB1]

Main

	名称	数据类型	默认值	注释
2	Initial_Call	Bool		Initial call o...
3	Remanence	Bool		=True, if re...
4	▼ Temp			
5	▼ D_T	DTL		
6	YEAR	UInt		
7	MONTH	USInt		
8	DAY	USInt		
9	WEEKDAY	USInt		
10	HOUR	USInt		
11	MINUTE	USInt		
12	SECOND	USInt		
13	NANOSECOND	UDInt		
14	▼ Constant			
15	<新增>			

图 3-41　OB1 中定义的局部变量 D_T

3）编写 OB1 程序。

OB1 具体程序如图 3-42 所示。按下起动按钮 I0.0 后，系统起动（起动标志位 M2.0 置 1），系统起动后实时读取系统时间，当系统时间大于等于 6 点时起动电动机，并触发延时中断。

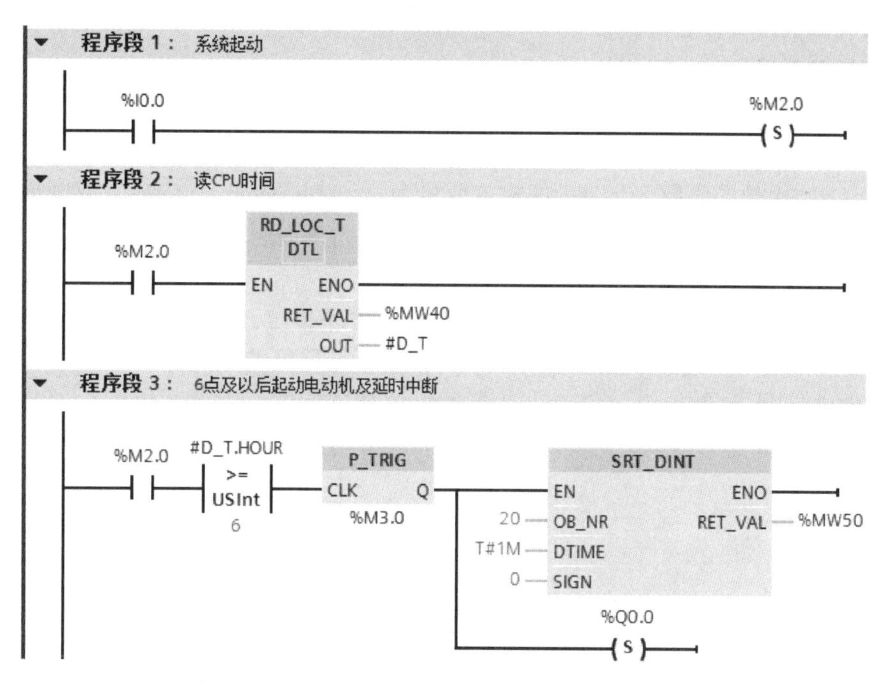

图 3-42　电动机定时起停 PLC 控制的 OB1 程序

6. 调试程序

将调试好的用户程序及设备组态下载到 CPU 中，并连接好线路。按下起动按钮 SB1，观察电动机是否按系统设置的时间起动和延时停止（建议调试时将系统时间设置为“分”，而且电动机运行的时间也短些）；若按下停止按钮 SB2，电动机是否立即停止运行。若上述调试现象与控制要求一致，则说明本案例任务实现。

3.5.4　训练

1）训练 1：用延时中断实现案例 12 的控制。

2）训练 2：用延时中断实现 QB0 端口 8 盏彩灯以跑马灯形式的点亮控制。

3）训练 3：用两个延时中断和硬件中断实现两台电动机的顺起逆停控制。

3.6　习题

1. S7-1200 PLC 的用户程序中的块包括________、________、________和________。

2. 背景数据块是________的存储区。

3. 调用________、________、________等指令及________块时需要指定其背景数据块。

4. 在梯形图调用函数块时，方框内是函数块的________，方框外是对应的________。方框的左边是块的________参数和________参数，右边是块的________参数。

5. S7-1200 PLC 在系统起动时调用 OB ____________________。

6. CPU 检测到故障或错误时，如果没有下载对应的错误处理组织块，CPU 将进入________模式。

7. 什么是符号地址？采用符号地址有哪些优点？

8. 函数和函数块有什么区别？

9. 组织块可否调用其他组织块？

10. 在变量声明表内，所声明的静态变量和临时变量有何区别？

11. 延时中断与定时器都可以实现延时，它们有什么区别？

12. 设计求圆周长的函数 FC，FC 的输入变量为直径 Diameter（整数），取圆周率为 3.14，用浮点数运算指令计算圆的周长，存放在双字输出变量 Circle 中。在 OB1 中调用 FC，直径的输入值为 100，存放圆周长的地址为 MD10。

13. 用 I0.0 控制接在 Q0.0~Q0.7 上 8 个彩灯的循环移位，用定时器定时，每 0.5 s 移 1 位，首次扫描时给 Q0.0~Q0.7 置初值，用 I0.1 控制彩灯移位的方向。

14. 用 I0.0 控制接在 Q0.0~Q0.7 上 8 盏彩灯的循环移位，用循环组织块 OB35 定时，每隔 0.5 s 增亮 1 盏，8 盏彩灯全亮后，反方向每隔 0.5 s 熄灭 1 盏，8 盏彩灯全灭后再逐位增亮，如此循环。

第4章　模拟量与脉冲量的编程及应用

4.1　模拟量

模拟量是区别于数字量的一个连续变化的电压或电流信号。模拟量可作为PLC的输入或输出，通过传感器或控制设备对控制系统的温度、压力、流量等模拟量进行检测或控制。通过模拟量转换模块或变送器可将传感器提供的电量或非电量转换为标准的直流电流（0~20 mA、4~20 mA、±20 mA等）信号或直流电压信号（0~5 V、0~10 V、±10 V等）。

4.1.1　模拟量模块

S7-1200 PLC的模拟量信号模块包括模拟量输入模块SM 1231、模拟量输出模块SM 1232、模拟量输入/输出模块SM 1234。

1. 模拟量输入模块

模拟量输入模块SM 1231用于将现场各种模拟量测量传感器输出的直流电压或电流信号转换为S7-1200 PLC内部处理用的数字信号。模拟量输入模块SM 1231可选择的输入信号类型有电压型、电流型、电阻型、热电阻型和热电偶型等。目前，模拟量输入模块SM 1231主要有AI4×13/16 bit、AI4/8×RTD、AI4/8×TC三种类型，直流信号主要有±1.25 V、±2.5 V、±5 V、±10 V、0~20 mA、4~20 mA。至于模块有几路输入、分辨率多少位、信号类型及大小是多少，都要根据每个模拟量输入模块的订货号而定。

在此以SM 1231 AI4×13 bit为例进行介绍。该模块的输入量范围可选±2.5 V、±5 V、±10 V或0~20 mA，分辨率为12位加上符号位，电压型的输入电阻≥9 MΩ，电流型的输入电阻为250 Ω。模块有中断和诊断功能，可监控电源电压和断线故障。所有通道的最大循环时间为625 μs。额定范围的电压转换后对应的数字为-27648~27648。25℃或0~55℃满量程的最大误差为±0.1%或±0.2%。

可按无、弱、中、强4个级别对模拟量信号作平滑（滤波）处理，“无”表示不作平滑处理。模拟量模块的电源电压均为DC 24 V。

S7-1200 PLC的紧凑型CPU模块已集成2通道模拟量信号输入，其中CPU 1215C和CPU 1217C还集成有2通道模拟量信号输出。

2. 模拟量输出模块

模拟量输出模块SM 1232用于将S7-1200 PLC的数字量信号转换成系统所需要的模拟量信号，控制模拟量调节器或执行设备。目前，模拟量输出模块SM 1232主要有AQ2×14 bit和AQ4×14 bit两种，其输出电压为±10 V或输出电流0~20 mA。

在此以模拟量输出模块SM 1232 AQ2×14 bit为例进行介绍。该模块的输出电压为-10~+10 V，分辨率为14位，最小负载阻抗为1000 MΩ。输出电流为0~20 mA时，分辨率为13位，最大负载阻抗600 Ω。有中断和诊断功能，可监控电源电压短路和断线故障。数字-27648~

27648 被转换为-10~+10 V 的电压，数字 0~27648 被转换为 0~20 mA 的电流。

电压输出负载为电阻时转换时间为 300 μs，负载为 1μF 电容时转换时间为 750 μs。

电流输出负载为 1 mH 电感时，转换时间为 600 μs；负载为 10 mH 电感时，转换时间为 2 ms。

3. 模拟量输入/输出模块

模拟量输入/输出模块 SM 1234 目前只有 4 通道模拟量输入/2 通道模拟量输出模块。SM 1234 的模拟量输入和模拟量输出通道的性能指标分别与 SM 1231 AI4×13 bit 和 SM 1232 AQ2×14 bit 的相同，相当于这两种模块的组合。

在控制系统需要模拟量通道较少的情况下，为不增加设备占用空间，可通过信号板来增加模拟量通道。目前，主要有 AI1×12 bit、AI1×RTD、AI1×TC 和 AQ1×12 bit 等几种信号板。

4.1.2 模拟量模块的地址分配

模拟量模块以通道为单位，一个通道占一个字（2B）的地址，所以在模拟量地址中只有偶数。S7-1200 PLC 的模拟量模块的系统默认地址为 I/QW96~I/QW222。一个模拟量模块最多有 8 个通道，从 96 号字节开始，S7-1200 给每一个模拟量模块分配 16B（8 个字）的地址。N 号槽的模拟量模块的起始地址为（N-2)× 16+96，其中 N≥2。集成的模拟量输入/输出系统默认地址是 I/QW64、I/QW66；信号板上的模拟量输入/输出系统默认地址是 I/QW80。

对信号模块组态时，CPU 将会根据模块所在的槽号，按上述原则自动地分配模块的默认地址。双击设备组态窗口中相应模块，其“常规”属性中列出每个通道的输入或输出起始地址。

在模块的属性对话框的“地址”选项卡中，用户可以通过编程软件修改系统自动分配的地址，一般采用系统分配的地址，因此没必要严格按照上述的地址分配原则。但是必须根据组态时确定的 I/O 点的地址来编程。

模拟量输入地址的标识符是 IW，模拟量输出地址的标识符是 QW。

4.1.3 模拟量模块的组态

由于模拟量输入或输出模块提供不止一种类型信号的输入或输出，每种信号的测量范围又有多种选择，因此必须对模块信号类型和测量范围进行设定。

CPU 上集成的模拟量，均为模拟量输入电压（0~10 V）通道，模拟量输出电流通道（0~20 mA），无法对其更改。通常每个模拟量信号模块都可以更改其测量信号的类型和范围，在参考硬件手册正确地进行接线的情况，再利用编程软件进行更改。

注意： *必须在 CPU 为“STOP”模式时才能设置参数，且需要将参数进行下载。当 CPU 从“STOP”模式切换到“RUN”模式后，CPU 即将设定的参数传送到每个模拟量模块中。*

在此以第 1 槽上的 SM 1234 AI4×13 bit/ AQ2×14 bit 为例进行介绍。

在项目视图中打开“设备组态”，单击选中第 1 号槽上的模拟量模块，再单击巡视窗口上方最右边的▲按钮，便可展开其模拟量模块的属性窗口（或双击第 1 号槽上的模拟量模块，便可直接打开其属性窗口），如图 4-1 所示。其“常规”属性中包括“常规”和“AI4/AQ 2”两个选项，“常规”项给出了该模块的名称、描述、注释、订货号及固件版本等。

在“AI4/AQ 2”的“模拟量输入”项中可设置信号的测量类型、测量范围及滤波级别

（一般选择“弱”级，可以抑制工频信号对模拟量信号的干扰），单击“测量类型”后面的▼按钮，可以看到测量类型有“电压”和“电流”两种。单击“电压范围”后面的▼按钮，若“测量类型”选为“电压”，则“电压范围”为±2.5 V、±5 V、±10 V；若“测量类型”选为“电流”，则“电流范围”为0~20 mA和4~20 mA。在此对话框中可以激活输入信号的“启用断路诊断”“启用溢出诊断”“启用下溢出诊断”等功能。

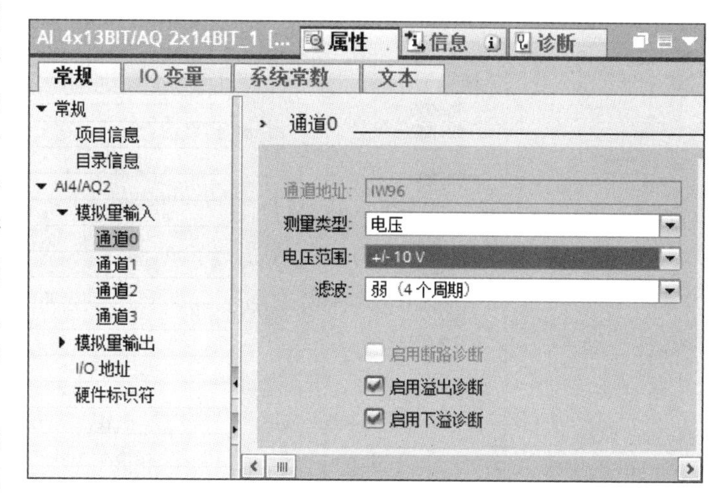

图 4-1　模拟量模块的输入通道设置对话框

在“模拟量输出”项中可设置输出模拟量的信号类型（电压和电流）及范围（若输出为电压信号，则范围为0~10 V；若输出为电流信号，则范围为0~20 mA）。还可以设置CPU进入STOP模式后，各输出点保持最后的值，或使用替换值，如图4-2所示；选中后者时，可以设置各点的替换值。可以激活电压输出的短路诊断功能，电流输出的断路诊断功能，以及超出上限值32511或低于下限值-32512的诊断功能（模拟量的上限值为32767，下限值为-32768）。

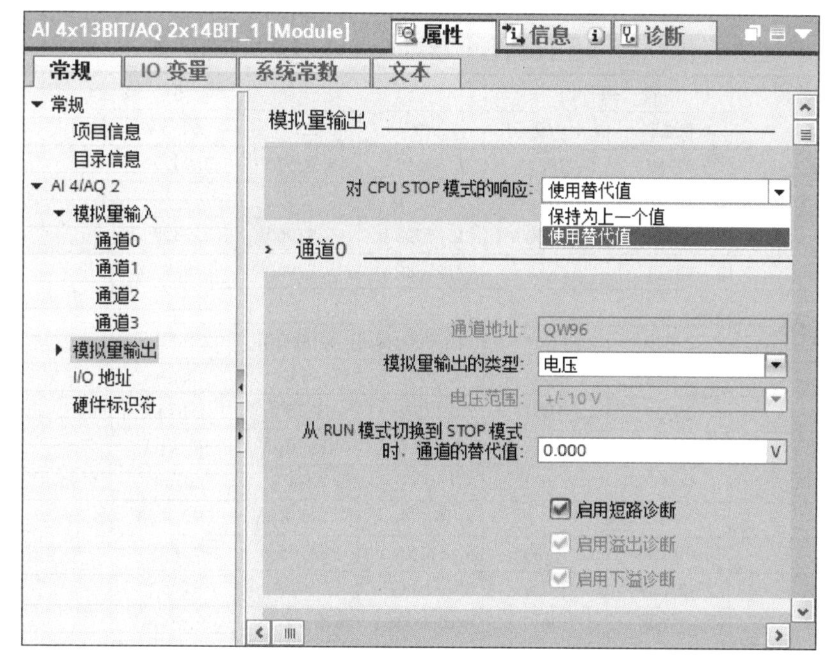

图 4-2　模拟量模块的输出通道设置对话框

在“AI4/AQ2”下的“I/O 地址”项给出了输入/输出通道的起始和结束地址，用户可以自定义通道地址（这些地址可在设备组态中更改，范围为0~1022），如图4-3所示。

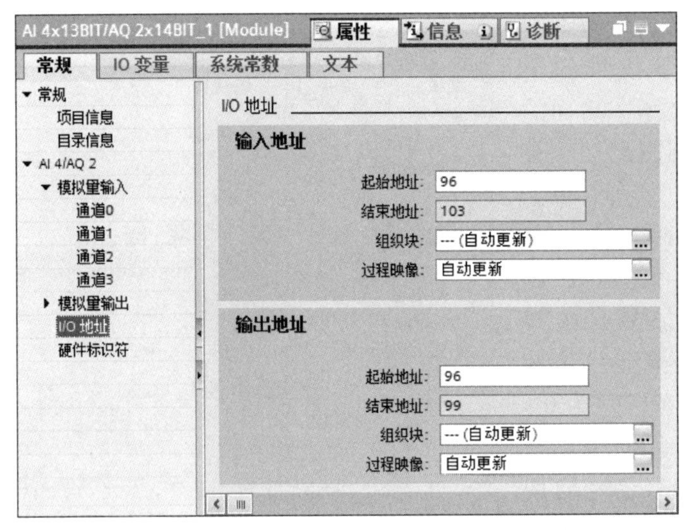

图 4-3　模拟量模块的 I/O 地址属性对话框

4.1.4　模拟值的表示

模拟值用二进制补码表示，宽度为 16 位，符号位总在最高位。模拟量模块的精度最高位为 15 位，如果少于 15 位，则模拟值左移调整，然后再保存到模块中，未用的低位填入“0”。若模拟值的精度为 12 位加符号位，左移 3 位后未使用的低位（第 0~2 位）为 0，相当于实际的模拟值乘以 8。

以电压测量范围（±10~±2.5 V）为例，其模拟值的表示如表 4-1 所示。

表 4-1　电压测量范围为±10 V~±1 V 的模拟值的表示

当前值占标准值的百分比	转换值		模拟值			
	十进制	十六进制	±10 V	±5 V	±2.5 V	范　围
118.515%	32767	7FFF	11.8515 V	5.9257 V	2.9629 V	上溢
⋮	⋮					上溢
117.593%	32512	7F00	11.7593 V	5.8796 V	2.9398 V	上溢
117.589%	32511	7EFF	11.7589 V	5.8794 V	2.9397 V	超出范围
⋮	⋮					超出范围
100.004%	27649	6C01	10.0004 V	5.0002 V	2.5001 V	超出范围
100.000%	27648	6C00	10 V	5 V	2.5 V	正常范围
75.000%	20736	5100	7.5 V	3.75 V	1.875 V	正常范围
0.003617%	1	1	361.7 μV	180.8 μV	90.4 μV	正常范围
0%	0	0	0 V	0 V	0 V	正常范围
-0.003617%	-1	FFFF	-361.7 μV	-180.8 μV	-90.4 μV	正常范围
-75.000%	-20736	AF00	-7.5 V	-3.75 V	-1.875 V	正常范围
-100.000%	-27648	9400	-10 V	-5 V	-2.5 V	正常范围
-100.004%	-27649	93FF	-10.0004 V	-5.0002 V	-2.5001 V	低于范围
⋮	⋮					低于范围
-117.589%	-32511	8100	-11.7589 V	-5.8794 V	-2.9397 V	低于范围
-117.593%	-32512	80FF	-11.7593 V	-5.8796 V	-2.9398 V	下溢
⋮	⋮					下溢
-118.515%	-32767	8000	-11.8515 V	-5.9257 V	-2.9629 V	下溢

电流测量范围为 0~20 mA 和 4~20 mA 的模拟值的表示如表 4-2 所示。

表 4-2 电流测量范围为 0~20 mA 和 4~20 mA 的模拟值的表示

当前值占标准值的百分比	转换值		模拟值		
	十进制	十六进制	0~20 mA	4~20 mA	范围
118.515%	32767	7FFF	23.7030 mA	22.9624 mA	上溢
⋮	⋮				
117.593%	32512	7F00	23.5195 mA	22.8148 mA	
117.589%	32511	7EFF	23.5178 mA	22.8142 mA	超出范围
⋮	⋮				
100.004%	27649	6C01	20.0007 mA	20.0006 mA	
100.000%	27648	6C00	20 mA	20 mA	正常范围
75.000%	20736	5100	15 mA	15 mA	
0.003617%	1	1	723.4 nA	4 mA+578.7 nA	
0%	0	0	0 mA	4 mA	

【例 4-1】 流量变送器的量程为 0~100 L，输出信号为 4~20 mA，模拟量输入模块的量程为 4~20 mA，转换后数字量为 0~27648，设转换后得到的数字量为 N，试求以 L 为单位的流量值。

根据题意可知：0~100 L 对应于转换后的数字量 0~27648，转换公式为：

$$l=100N/27648$$

【例 4-2】 某温度变送器的量程为 -100~500℃，输出信号为 4~20 mA，某模拟量输入模块将 0~20 mA 的电流信号转换为数字量 0~27648，设转换后得到的某数字为 N，求以℃为单位的温度值 T。

根据题意可知：0~20 mA 的电流信号转换为数字量 0~27648，画出图 4-4 所示模拟量与转换值的关系曲线，根据比例关系得：

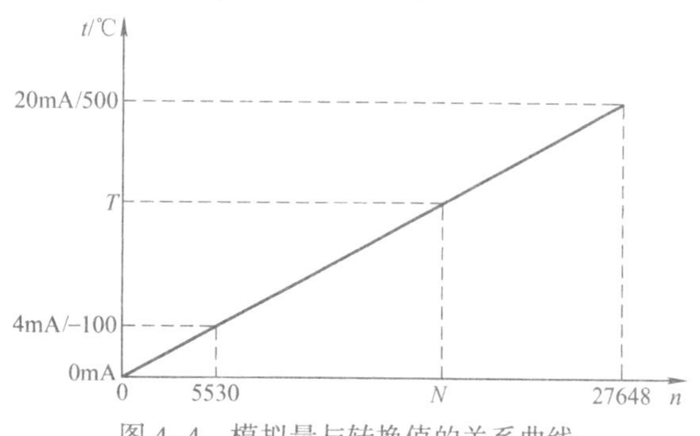

图 4-4 模拟量与转换值的关系曲线

$$\frac{T-(-100)}{N-5530}=\frac{500-(-100)}{27648-5530}$$

整理后得到温度 T（单位为℃）的计算公式为：

$$T=\frac{600\times(N-5530)}{22118}-100$$

4.2 PID 控制

4.2.1 PID 控制原理

1. 模拟量闭环控制系统的组成

模拟量闭环控制系统的组成如图 4-5 所示，点画线部分在 PLC 内。在模拟量闭环控制系统中，被控制量 $c(t)$（如温度、压力和流量等）是连续变化的模拟量，某些执行机构（如电动调节阀和变频器等）要求 PLC 输出模拟量信号 $M(t)$，而 PLC 的 CPU 只能处理数字量。$c(t)$ 首先被检测元件（传感器）和变送器转换为标准量程的直流电流或直流电压信号 $pv(t)$，PLC 的模拟量输入模块用 A-D 转换器将它们转换为数字量 $pv(n)$。

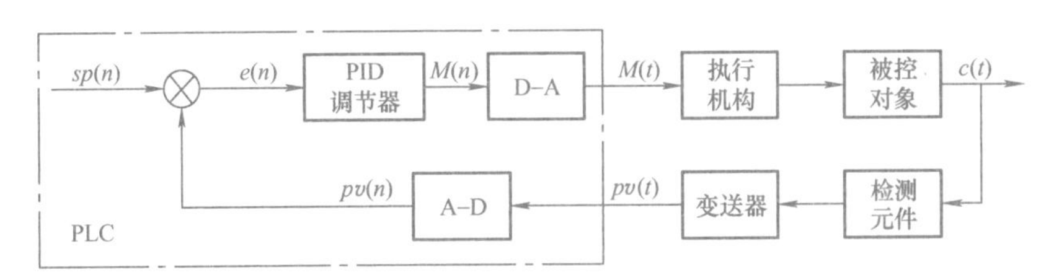

图 4-5　PLC 模拟量闭环控制系统的组成

PLC 按照一定的时间间隔采集反馈量，并进行调节控制的计算，这个时间间隔称为采样周期（或称为采样时间）。图中的 $sp(n)$、$pv(n)$、$e(n)$ 和 $M(n)$ 均为第 n 次采样时的数字量，$pv(t)$、$M(t)$ 和 $c(t)$ 为连续变化的模拟量。

在图 4-5 中，$sp(n)$ 是给定值，$pv(n)$ 为 A-D 转换后的反馈量，误差 $e(n)=sp(n)-pv(n)$。

D-A 转换器将 PID 控制输出的数字量 $M(n)$ 转换为模拟量 $M(t)$，再去控制执行机构。

如在温度闭环控制系统中，用传感器检测温度，温度变送器将传感器输出的微弱的电信号转换为标准量程的电流或电压，然后送入模拟量输入模块，经 A-D 转换后得到与温度成比例的数字量，CPU 将它与温度设定值进行比较，并按某种控制规律（如 PID 控制算法）对误差进行计算，将计算结果（数字量）送入模拟量输出模块，经 D-A 转换后变为电流信号或电压信号，用来控制加热器的平均电压，实现对温度的闭环控制。

2. PID 控制原理

（1）比较与判断

在此以恒压供水系统为例。首先为 PID 调节器给定目标水压，当压力传感器将恒压供水系统的实际压力传送给 PID 调节器输入端时，调节器首先将其与压力给定值进行比较，得到的系统偏差信号（给定值减反馈值）。当偏差信号大于 0 时，表示目标给定值大于供水的实际值，在这种情况下，水泵电动机的转速将增加，直到实际水压与目标给定压力相符为止；当偏差信号小于 0 时，表示目标给定值小于供水的实际值，在这种情况下，水泵电动机的转速将降低，直到实际水压与目标给定压力相符为止。偏差信号越大，水泵电动机的速度变化也越大；偏差信号越小，则反应就可能越不灵敏。另外，不管控制系统的动态响应多好，也不可能完全消除静差。这里的静差是指偏差信号的值不可能完全降到 0，而始终有一个很小的静差存在，从而使控制系统出现了误差。

（2）问题的提出

上述工作过程明显地存在着一个矛盾：一方面，要求管网的实际压力（其大小由反馈信号来体现）应无限接近于目标压力，也就是说，要求偏差信号约等于 0；另一方面，水泵电动机的转速又是由目标压力值和测量实际值相减的结果来决定的。可以想象，如果偏差信号等于 0 时，水泵电动机的转速也必然等于 0，网管的实际水压就无法维持，系统将达不到预想的目的。

也就是说，为了维持管网有一定的压力，水泵电动机就必须有一定的转速，这就要求有一个与此相对应的给定信号，这个给定信号既需要有一定的值，又要和偏差信号相联系，这就是矛盾所在。

（3）PID 调节功能

1）比例增益环节。

解决上述问题的方法是将偏差信号进行放大后再作为频率给定信号，如图 4-6 所示，即引入比例增益环节（P），P 功能就是将偏差信号的值按比例进行放大（放大 K_P倍），这样尽管偏差信号的值很小，但是经放大后再来调整水泵电动机的转速也会比较准确、迅速。放大后，偏差信号的值大大增加，静差在偏差信号中占的比例也相对减小，从而使控制的灵敏度增大，误差减小，如图 4-7a 所示。如果 P 值设的过大，偏差的值变得很大，系统的实际压力调整到给定值的速度必定很快。但由于供水系统的惯性原因，很容易引起超调。于是控制又必须反方向调节，这样就会使系统的实际压力在给定值（恒压值）附近来回振荡，如图 4-7b 所示。

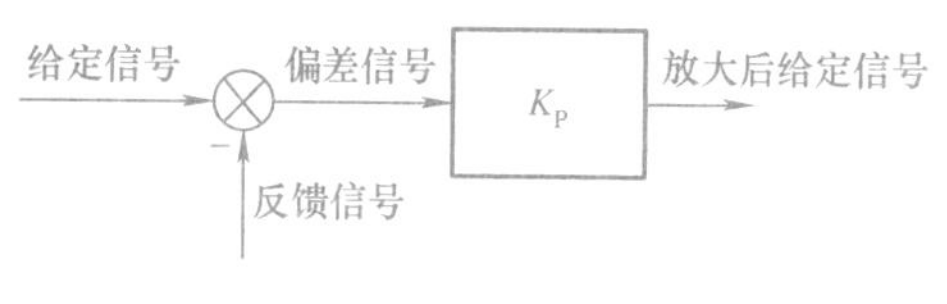

图 4-6　比例增益环节（P）

分析产生振荡现象的原因：主要是加、减过程都太快的缘故，为了缓解因 P 功能给定过大而引起的超调振荡，可以引入积分功能。

2）积分环节。

积分环节就是对偏差信号取积分后输出，其作用是延长加速和减速的时间，以缓解因为 P 功能设置过大而引起的超调。P 功能与 I 功能结合，就是 PI 功能，如图 4-7c 就是经 PI 调节后系统实际压力的变化波形。

从图 4-7c 中看，尽管增加积分功能后使得超调减小，避免了系统的压力振荡，但是也延长了压力重新回到给定值的时间。为了克服上述缺陷，又增加了微分功能。

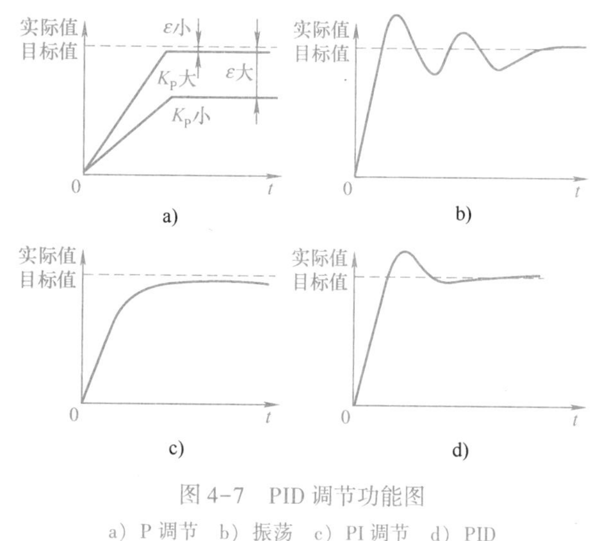

图 4-7　PID 调节功能图

a）P 调节　b）振荡　c）PI 调节　d）PID

ε—误差

3）微分环节。

微分环节就是对偏差信号取微分后再输出。也就是说当实际压力刚开始下降时，dp/dt 最大，此时偏差信号的变化率最大，D 输出也就最大。随着水泵电动机转速的逐渐升高，管网压力会逐渐恢复，dp/dt 会逐渐减小，D 输出也会迅速衰减，系统又呈现 PI 调节。图 4-7d 即为 PID 调节后，管网水压的变化情况。

可以看到，经 PID 调节后的管网水压，既保证了系统的动态响应速度，又避免了在调节过程中的振荡，因此 PID 调节功能在闭环控制系统中得到了广泛应用。

4.2.2　PID 指令及组态

S7-1200 使用 PID_Compact 指令实现 PID 控制，该指令的背景数据块称为 PID_Compact_1

工艺对象。PID 控制器具有参数自调节功能和自动/手动模式。

PID 控制中连续地采集测量的被控量的实际值（简称为实际值或输入值），并与期望的设定值比较。根据得到的系统误差，PID 控制器计算控制器的输出，使被控量尽可能快地接近设定值或进入稳态。

1. 生成一个新项目

打开博途编程软件的项目视图，生成一个名为“PID 应用”的新项目。双击项目树中的“添加新设备”，添加一个 PLC 设备，CPU 的型号为 CPU 1214C。将硬件目录中的 AQ 信号板拖放到 CPU 中，设置模拟量输出的类型为电压（默认为±10 V）。集成的模拟量输入 0 通道的量程默认为 0~10 V。

2. 调用 PID_Compact 指令

调用 PID_Compact 指令的时间间隔为采样周期。为了保证精确的采样时间，用固定的时间间隔执行 PID 指令，在循环中断 OB 中调用 PID_Compact 指令。

打开项目视图中的文件夹“PLC_1\程序块”，双击其中的“添加新块”，单击打开的对话框中的“组织块”按钮，选中“Cyclic interrupt”，生成循环中断 OB30，设置循环时间为 300 ms，单击“确定”按钮，自动生成和打开 OB30。

如图 4-8 所示，打开“指令”的“工艺”下的“PID 控制”文件夹，双击“PID_Compact”指令或将该指令拖放到 OB30 中，打开“调用选项”对话框。将默认的背景数据块的名称改为 PID_DB，单击“确定”按钮，在“程序块”文件中生成名为“PID_Compact”的函数块 FB1130。生成的背景数据块 PID_DB 在项目树的文件夹“工艺对象”中。

3. PID 指令的模式

（1）未活动模式

PID_Compact 工艺对象被组态并首先下载到 CPU 之后，PID 控制器处于未活动模式，此时需要在调试窗口进行首次启动自调节。在运行时出现错误，或者单击调试窗口的“STOP（停止测量）”按钮，PID 控制器将进入未活动模式。选择其他运行模式时，活动状态的错误被确认。

（2）预调节和精确调节模式

打开 PID 调试窗口，可以选择预调试模式或精确调节模式。

（3）自动模式

在自动模式下，PID_Compact 工艺对象根据设置的 PID 参数进行闭环控制。

满足下列条件之一时，控制器将进入自动模式：

1）成功地完成了首次起动自调节和运行中自调节的任务。

2）在组态窗口选中了“启用手动输入”复选框，如图 4-12 所示。

（4）手动模式

在手动模式下，PID 控制的输出变量用手动设置。

满足下列条件之一时，控制器将进入自动模式：

1）指令的输入参数“ManualEnable（启用手动）”为“1”状态。

2）在调试窗口选中了“手动”复选框。

4. 组态基本参数

打开 OB30，选中“PID_Compact”，然后选中巡视窗口左边的“组态”选项卡下的基本设置，在右边窗口中设置 PID 的基本参数。

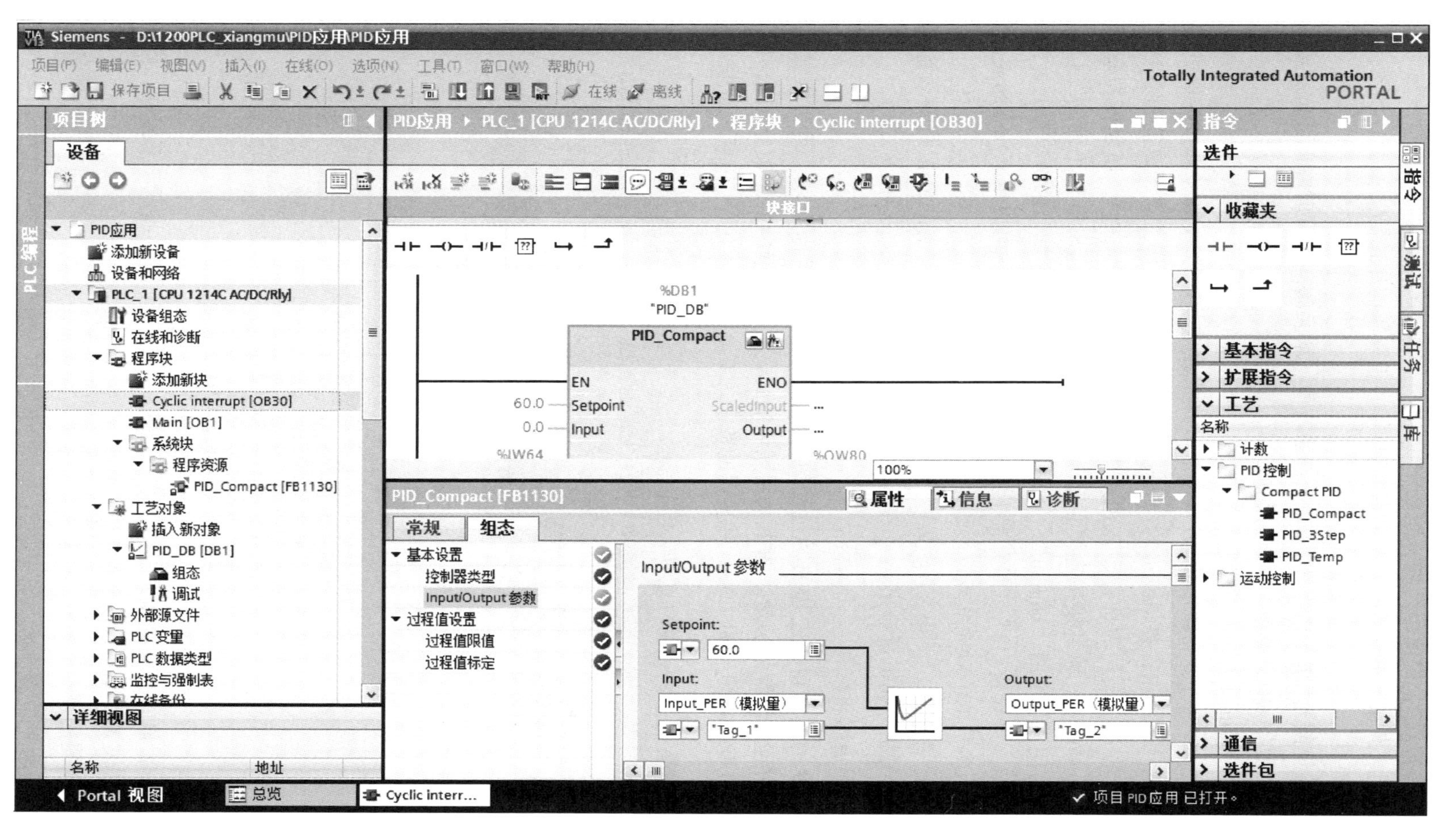

图4-8 组态PID控制器的基本参数

（1）控制器类型

默认值为“常规”，设定值与输入值的单位为%。可以用下拉式列表选择控制器类型为控制具体的物理量，例如转速、温度、压力和流量等。被控制的单位随之而变。

（2）反向调节

有些控制系统需要反向调节，例如在冷却系统中，增大阀门开度时降低液位，或者增大制冷作用来降低温度。为此应选中“反转控制逻辑”复选框。

（3）控制器的 Input/Output 参数

控制器的 Input/Output（输入/输出）参数分别为设定值、输入值（即被控制的变量的反馈值）和输出值。可以用各数值左边的按钮选择数值来自函数块或来自背景数据块。用“输入值”下面的下拉式列表选择输入值是来自用户程序的“Input”，还是模拟量外设输入“Input_PER（analog）”，即直接指定模拟量输入的地址。用“输出值”下面的下拉式列表选择输出值是来自用户程序的“Output”“Output_PWM（脉冲宽度调制的数字量开关输出）”还是“Output_PER（外设输出）”，即直接指定模拟量输出的地址。可以用下拉式列表设置参数，也可以直接输入参数的绝对地址或符号地址。

图 4-8 中的“Tag_1”和“Tag_2”分别是 IW64（CPU 集成的模拟量输入通道 0）和 QW80（1AQ 信号板的模拟量输出）。

5. 组态过程值缩放比例

选中图 4-9 的巡视窗口左边的“过程值标定（也称输入值标定）”，可以缩放过程（输入）值，或给过程值设置偏移量。图中采用默认的比例：模拟量的实际值（或来自用户程序的输入值）为 0.0%~100.0%时 A-D 转换后的数字为 0.0~27648.0，可以修改这些参数。

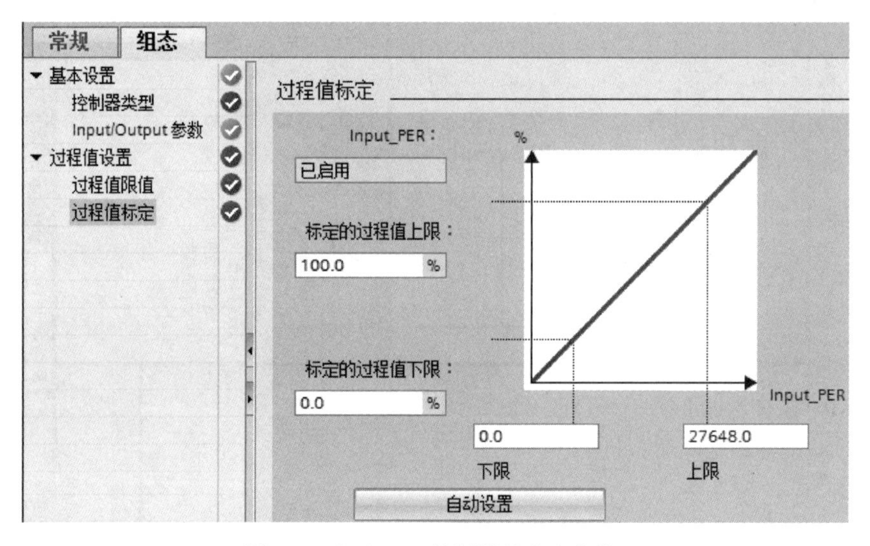

图 4-9　组态 PID 控制器的基本参数

可以设置过程值的上限值和下限值。在运行时一旦超过上限值或低于下限值，停止正常的控制，输出值被设置为 0。

6. 组态控制器的高级参数

为了设置 PID 的高级参数，打开项目树中的文件夹“PLC_1\工艺对象\PID_DB”，用鼠标双击其中的“组态”（如图 4-8 所示），打开 PID_Compact 组态对话框。或者单击如图 4-8 所示的 PID_Compact 指令方框中右上角图标，也可以打开 PID 组态对话框，如图 4-10 所示。

打开左边窗口的“高级设置”，在右边窗口设置高级参数。

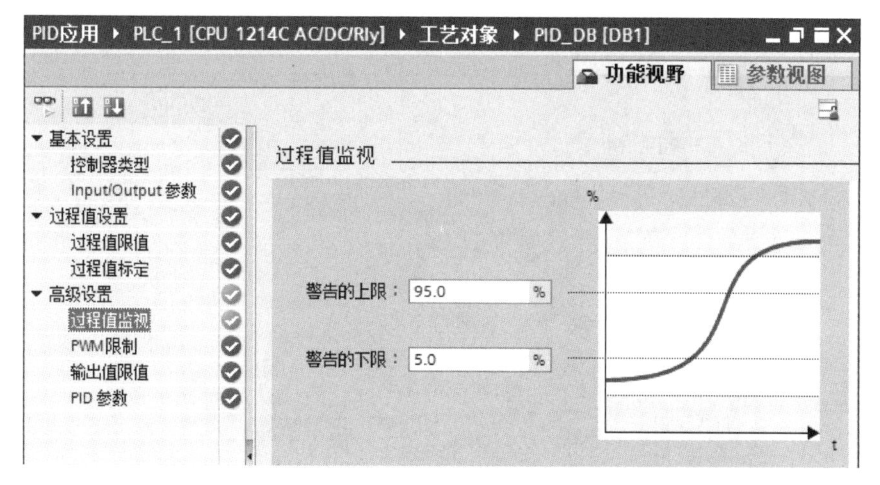

图 4-10　组态 PID 控制器的过程值监视

（1）过程值监视

选中左边窗口的“过程值监视（或称输入）”，在右边的输入监视区，如图 4-10 所示，可以设置过程值的警告的上限和警告的下限。运行时如果过程值超过设置的上限值或低于下限值，指令的 Bool 输出参数“InputWarning_H”或“InputWarning_L”将变为“1”状态。

（2）PWM 限制

选中图 4-10 左边窗口的“PWM 限制”，在右边的 PWM 限制区，可以设置 PWM 的最短接通时间和最短关闭时间。该设置影响指令的输出变量“Output_PWM”。PWM 的开关量输出受 PID_Compact 指令的控制，与 CPU 集成的脉冲发生器无关。

（3）输出值限值

选中图 4-10 左边窗口的“输出值限值”，在右边的输出值限值区设置输出变量的限制值（如图 4-11 所示），使手动模式或自动模式时 PID 的输出值不超过上限和低于下限。用“Output_PWM”作 PID 的输出值时，只能控制正的输出变量。

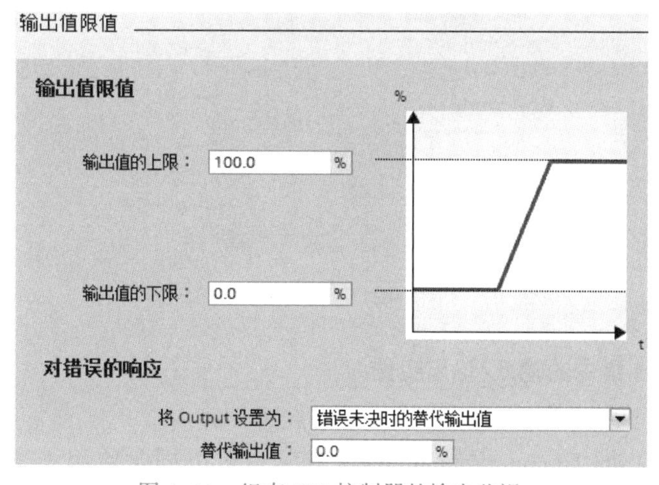

图 4-11　组态 PID 控制器的输出监视

（4）PID 参数

选中图 4-10 左边窗口的“PID 参数”，在右边的 PID 参数区（如图 4-12 所示），选中“启用手动输入”复选框，可以手动设置 PID 的参数。

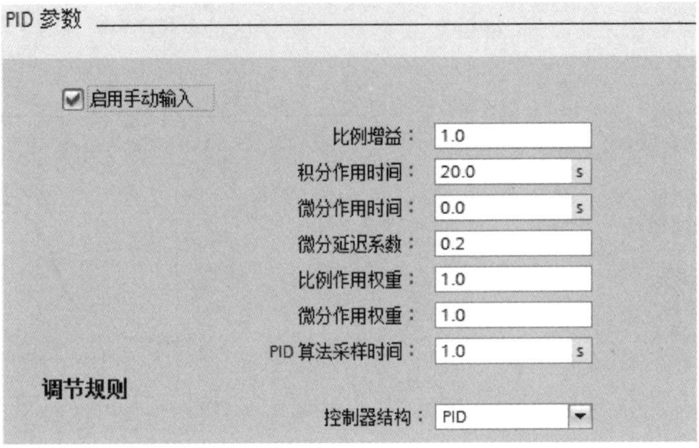

图 4-12　组态 PID 控制器的 PID 参数

7. 用 PID 指令设置 PID 控制器的参数

除了在 PID_Compact 工艺对象的组态窗口和指令下面的巡视窗口中设置 PID_Compact 指令的参数外，也可以直接输入指令的参数，未设置（采用默认值）的参数为灰色。单击指令方框下边沿向下的箭头，将显示出更多的参数，如图 4-13 所示。单击图中指令方框下边沿向上的箭头，将不显示指令中灰色的参数。单击某个参数的实参，可以直接输入地址或常数。

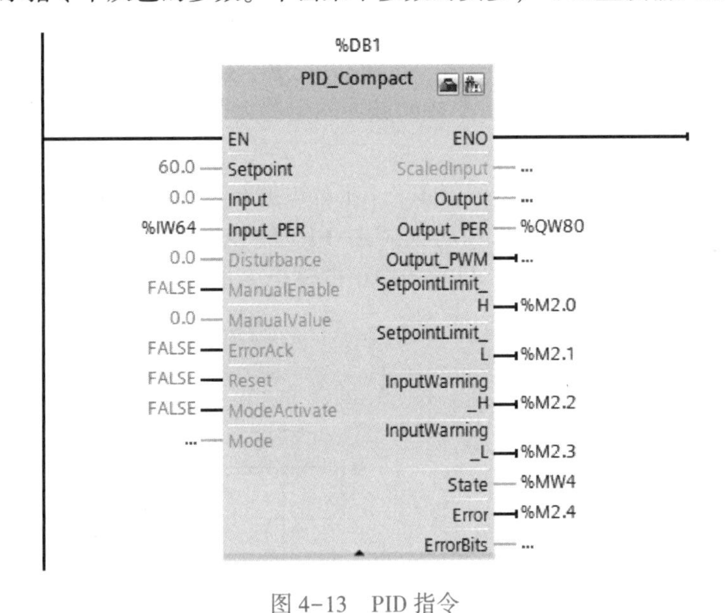

图 4-13　PID 指令

8. PID_Compact 指令的输入/输出变量

PID_Compact 指令的输入/输出变量如表 4-3 和表 4-4 所示。

组态时可以同时使用 Input 或 Input_PER 输入，可以同时使用 Output、Output_PER 和 Output_PWM 输出。

表 4-3 PID_Compact 指令的输入变量

变量名称	数据类型	说 明	默认值
Setpoint	Real	自动模式的控制设定值	0.0
Input	Real	作为实际值（即反馈值）来源的用户程序的变量	0.0
Input_PER	Int	作为实际值来源的模拟量输入	0
Disturbance	Real	扰动变量或预控制值	0.0
ManualEnable	Bool	上升沿选择手动模式，下降沿选择最近激活的操作模式	FALSE
ManualValue	Real	手动模式的 PID 输出变量	0.0
ErrorAck	Bool	确认后将复位 ErrorBits 和 Warning	FALSE
Reset	Bool	重新启动控制器，“1”状态时进入未激活模式，控制器输出变量为 0，临时值被复位，PID 参数保持不变	FALSE
ModeActivate	Bool	“1”状态时 PID_Compact 将切换到保存 Mode 参数中工作模式	FALSE

表 4-4 PID_Compact 指令的输出变量

变量名称	数据类型	说 明	默认值
ScaledInput	Real	经比例缩放的实际值的输出（标定的过程值）	0.0
Output	Real	用于控制器输出的用户程序变量	0.0
Output_PER	Int	PID 控制的模拟量输出	0
Output_PWM	Real	使用 PWM 的控制开关输出	FALSE
SetpointLimit_H	Bool	1 状态时设定值的绝对值达到或超过上限	FALSE
SetpointLimit_L	Bool	1 状态时设定值的绝对值达到或低于下限	FALSE
InputWarning_H	Bool	1 状态时实际值（过程值）达到或超过报警上限	FALSE
InputWarning_L	Bool	1 状态时实际值（过程值）达到或低于报警下限	FALSE
State	Int	PID 控制器的当前运行模式，0~5 分别表示未激活、预调节、精确调节、自动模式、手动模式、带错误监视的替代输出值	0
Error	Bool	“1”状态时表示此周期内至少有一条错误消息处于未决状态	
ErrorBits	DWORD	参数显示了处于未决状态的错误消息。通过 Reset 或 ErrorACK 的上升沿来保持并复位 ErrorBits	DW#16#0

9. PID 自整定

PID 控制器能够正常运行，需要符合实际运行系统及工艺要求的参数设置，但由于每套系统都不完全一样，所以每套系统的控制参数也不尽相同。用户可以自己手动调试，通过参数访问方式修改对应的 PID 参数，在调试面板中观察曲线图，也可以使用系统提供的参数自整定功能进行设定。PID 自整定是按照一定的数学算法，通过外部输入信号激励系统，根据系统的反应方式来确定 PID 参数。

用鼠标双击项目树的文件夹“PLC_1\工艺对象\PID_DB”中的“调试”（如图 4-8 所示），或者单击“PID_Compact”指令方框中右上角的 图标，打开 PID 调试窗口，如图 4-14 所示。可以用趋势视图监控 PID 控制器的设定值（Setpoint）、标定的过程值（ScaledInput）、输出值（Output）变量的曲线，横轴为时间轴。

可以在图 4-14 中的“采集时间”下拉式列表中设置采集时间。CPU 与计算机建立好连接通信后，单击“测量”区中左侧的“Start（开始测量在线值）”按钮，然后再单击“调节模

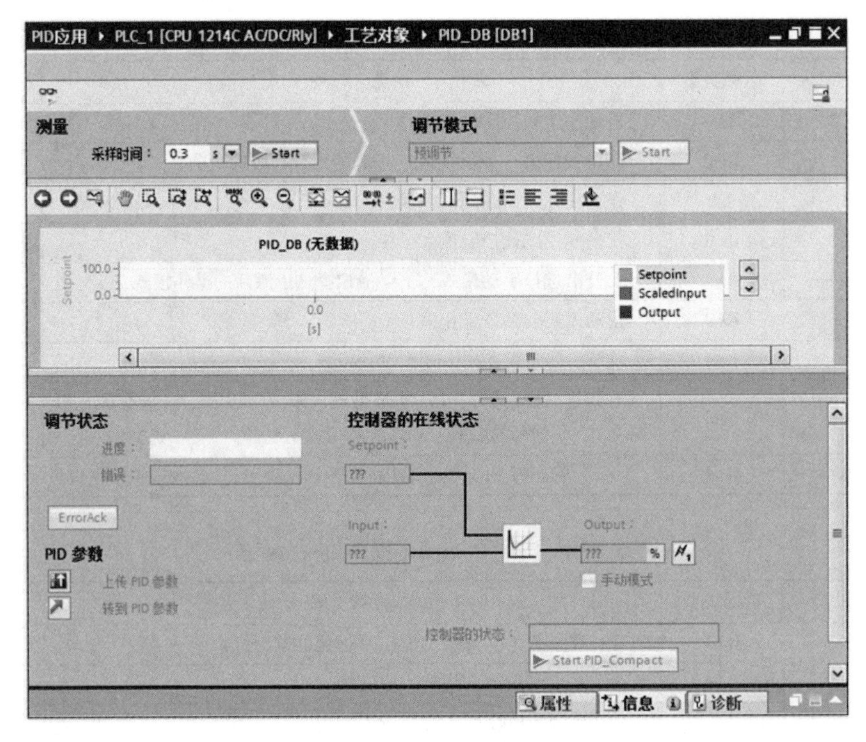

图 4-14　PID 调试面板

式”区中的“Start（开始调节）”按钮（可以选择预调节或精确调节），在曲线图区会实际显示实时调节的曲线，在调节状态及控制器的在线状态区会实时显示调节进度及状态。

码 4-1　PID 指令

码 4-2　PID 指令的应用

4.3　案例 14　面漆线烘干系统的 PLC 控制

4.3.1　目的

1）掌握模拟量与数字量的对应关系。

2）掌握模拟量模块的使用。

4.3.2　任务

使用 S7-1200 PLC 实现面漆线烘干系统的控制。机械零件表面涂漆后需要烘干，其控制要求如下：当按下起动按钮 SB1 时，系统根据三档选择开关 SA 所选择的设定温度（低档为 40℃、中档为 60℃、高档为 90℃）起动接在输出端 Q0.0 的加热器进行加热。当炉箱温度大于设置值 5℃时，加热器停止加热；当低于设定温度 5℃时自行起动加热器。无论何时按下停止按钮 SB2，加热器停止工作。炉箱温度由温度传感器进行检测，温度传感器输出为 0~10 V，对应炉箱温度为 0~100℃。

4.3.3 步骤

1. I/O 分配

根据 PLC 输入/输出点分配原则及本案例控制要求，进行 I/O 地址分配，如表 4-5 所示。

表 4-5 面漆线烘干系统 PLC 控制的 I/O 分配表

输入		输出	
输入继电器	元器件	输出继电器	元器件
I0.0	转换开关 SA_1	Q0.0	接触器 KM
I0.1	转换开关 SA_2		
I0.2	转换开关 SA_3		
I0.3	起动按钮 SB1		
I0.4	停止按钮 SB2		

2. 主电路及 I/O 接线图

根据控制要求及表 4-5 的 I/O 分配表，面漆烘干系统 PLC 控制的主电路如图 4-15 所示，I/O 接线图如图 4-16 所示。

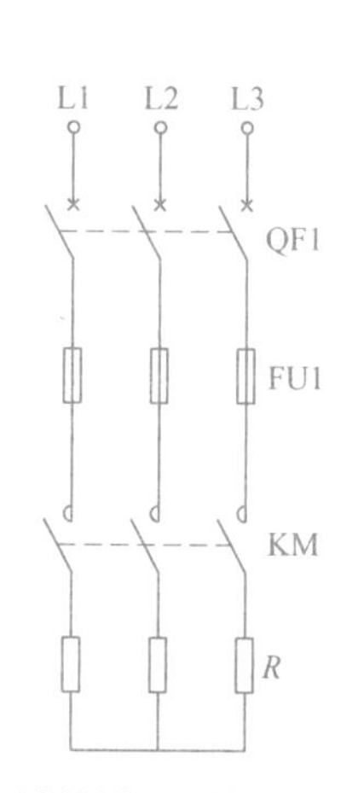

图 4-15 面漆线烘干系统 PLC 控制的主电路

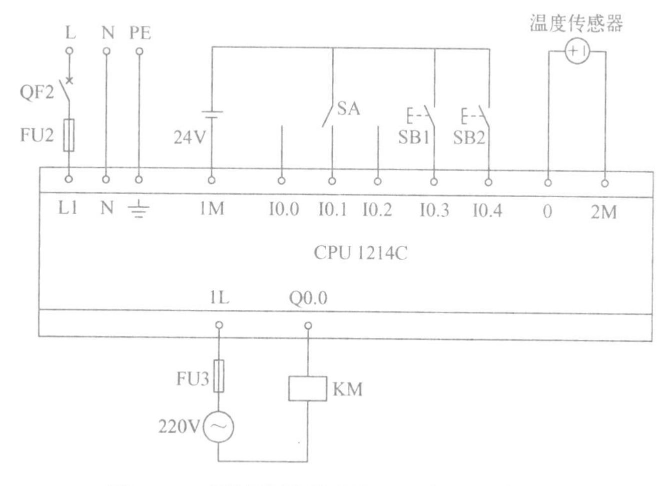

图 4-16 面漆线烘干系统 PLC 的 I/O 接线图

3. 创建工程项目

用鼠标双击桌面上的 TIA 图标，打开博途编程软件，在 Portal 视图中选择“创建新项目”，输入项目名称“Q_honggan”，选择项目保存路径，然后单击“创建”按钮完成创建，并进行项目的硬件组态（模拟量通道 0 为电压输入 0~10 V）。

4. 编辑变量表

本案例变量表如图 4-17 所示。

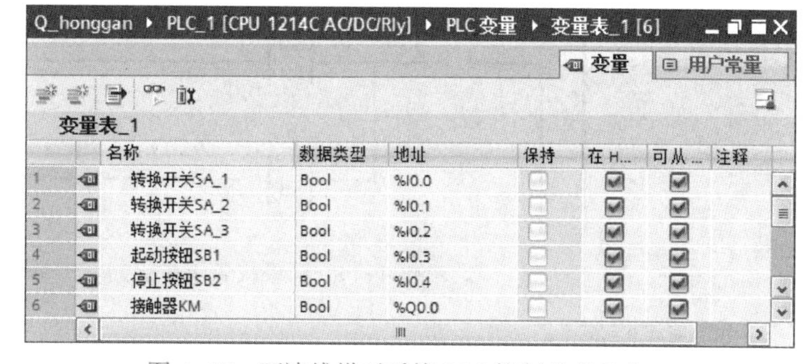
Q_honggan ▸ PLC_1 [CPU 1214C AC/DC/Rly] ▸ PLC变量 ▸ 变量表_1 [6]

变量 | 用户常量

变量表_1

	名称	数据类型	地址	保持	在 H...	可从 ...	注释
1	转换开关SA_1	Bool	%I0.0	☐	☑	☑	
2	转换开关SA_2	Bool	%I0.1	☐	☑	☑	
3	转换开关SA_3	Bool	%I0.2	☐	☑	☑	
4	起动按钮SB1	Bool	%I0.3	☐	☑	☑	
5	停止按钮SB2	Bool	%I0.4	☐	☑	☑	
6	接触器KM	Bool	%Q0.0	☐	☑	☑	

图 4-17 面漆线烘干系统 PLC 控制的变量表

5. 编写程序

(1) 循环中断 OB30

每 500 ms 采集 1 次温度信号，故采用循环中断实现。按第 3 章中介绍的方法生成循环中断 OB30，其程序如图 4-18 所示。

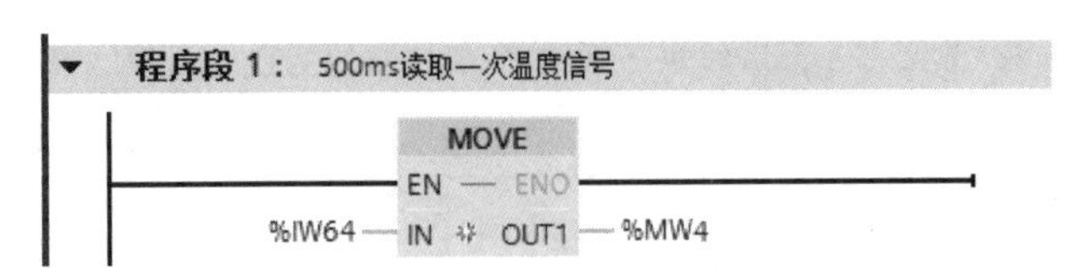

图 4-18 采集温度信号 OB30 程序

(2) 主程序 OB1

面漆线烘干系统 PLC 控制的主程序如图 4-19 所示。

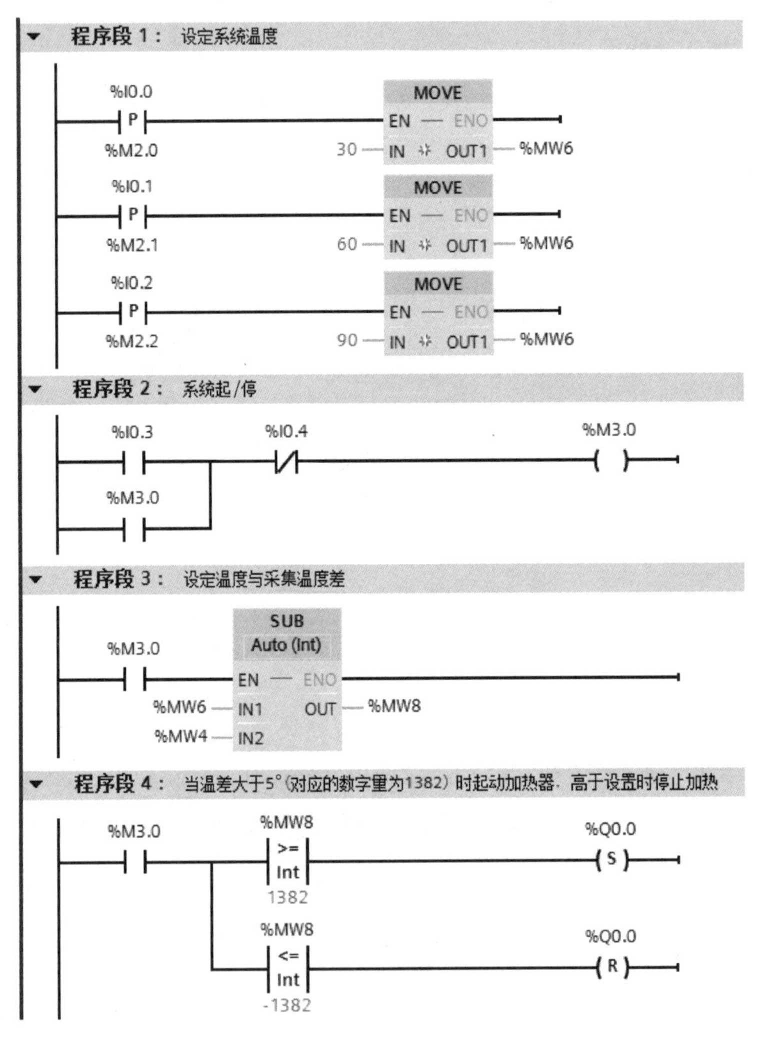

图 4-19 面漆线烘干系统的 PLC 控制程序

6. 调试程序

将调试好的用户程序及设备组态下载到 CPU 中，并连接好线路。将转换开关 SA 分别旋转至低档、中档和高档，按下起动按钮 SB1 后，观察 PLC 的输出端 Q0.0 动作情况（即加热器工作情况）；若按下停止按钮 SB2，加热器是否立即停止工作。若上述调试现象与控制要求一致，则说明本案例任务实现。

4.3.4 训练

1）训练 1：用多个温度传感器实现对本案例的控制。

2）训练 2：用电位器调节模拟量的输入实现对指示灯的控制，要求输入电压小于 3 V 时，指示灯以 1 s 周期闪烁；若输入电压大于等于 3 V 而又小于等于 8 V，指示灯常亮；若输入电压大于 8 V，则指示灯以 0.5 s 周期闪烁。

3）训练 3：用电位器调节模拟量的输入实现 8 盏灯的流水灯的速度控制，0~10 V 对应流水灯的速度为 0.5~1 s（速度若为 0.5 s 是指每隔 0.5 s 依次增加点亮 1 盏）。

4.4 案例 15 面漆线供水系统的 PLC 控制

4.4.1 目的

1）掌握 PID 的调节原理。

2）掌握 PID 指令的应用。

4.4.2 任务

使用 S7-1200 PLC 实现面漆线供水系统的控制。机械零件在电镀底漆前后都需要用清水冲洗，为了保证冲洗质量，系统需要以 0.6 MPa 的恒定压力供水。恒压供水系统主要是由水压传感器及变频泵（变频电动机驱动的水泵）组成。系统控制要求是按下起动按钮后，水管出口处压力为 0.6 MPa，按下停止按钮后，变频电动机立即停止运行，若水压低于下限 0.5 MPa 或高于上限 0.7 MPa 均报警。

4.4.3 步骤

1. I/O 分配

根据 PLC 输入/输出点分配原则及本案例控制要求，进行 I/O 地址分配，如表 4-6 所示。

表 4-6 面漆线供水系统的 PLC 控制 I/O 分配表

输　入		输　出	
输入继电器	元 器 件	输出继电器	元 器 件
I0.0	起动按钮 SB1	Q0.0	启/停变频器 KA
I0.1	停止按钮 SB2	Q0.1	超上限报警 HL1
		Q0.2	超下限报警 HL2

2. 主电路、转换电路及 I/O 接线图

根据控制要求及表 4-6 的 I/O 分配表，面漆线供水系统 PLC 控制的主电路及 I/O 接线图如图 4-20 所示，转换电路图 4-21 所示（硬件组态时添加一块模拟量输出的信号板）。选用的压力传感器为 0.0~1.0 MPa，相应输出为 0~10 V。

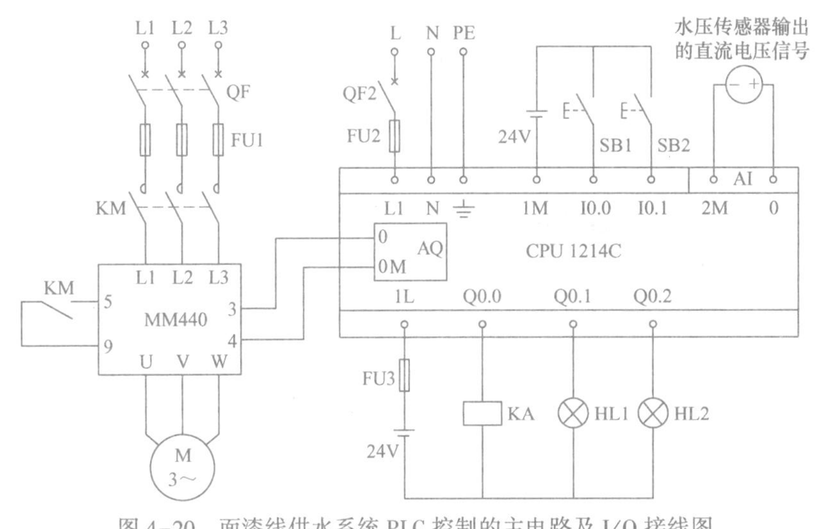

图 4-20 面漆线供水系统 PLC 控制的主电路及 I/O 接线图

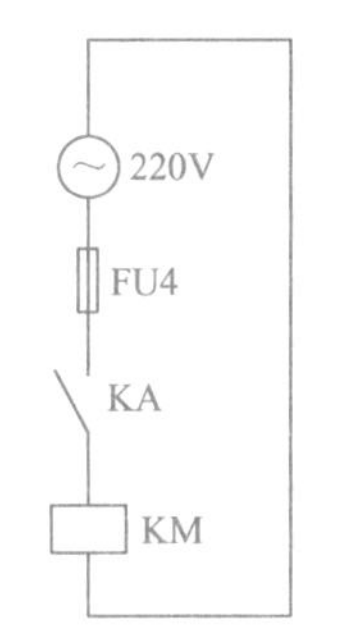

图 4-21 转换电路

3. 创建工程项目

用鼠标双击桌面上的 TIA 图标，打开博途编程软件，在 Portal 视图中选择“创建新项目”，输入项目名称“Q_gongshui”，选择项目保存路径，然后单击“创建”按钮完成创建，并进行项目的硬件组态。

4. 编辑变量表

本案例变量表如图 4-22 所示。

Q_gongshui ▸ PLC_1 [CPU 1214C AC/DC/Rly] ▸ PLC 变量 ▸ 变量表_1 [5]

变量 | 用户常量

变量表_1

	名称	数据类型	地址	保持	在 H...	可从 ...	注释
1	起动按钮SB1	Bool	%I0.0	☐	☑	☑	
2	停止按钮SB2	Bool	%I0.1	☐	☑	☑	
3	起停变频器KA	Bool	%Q0.0	☐	☑	☑	
4	超上限报警HL1	Bool	%Q0.1	☐	☑	☑	
5	超下限报警HL2	Bool	%Q0.2	☐	☑	☑	

图 4-22 面漆线供水系统 PLC 控制的变量表

5. 参数组态

按前面介绍的方法生成循环中断 OB30，循环时间为 250 ms，此处的中断循环时间并非 PID 控制器的采样时间，采样时间为中断时间的倍数，由系统自动计算得出。在 OB30 中添加 PID 指令块，将 PID 指令的背景数据块的名称改为 PID_gongshi_DB，定义与指令块对应的工艺对象的背景数据块。

打开项目树中背景数据块 PID_gongshui_DB，将“控制器类型”选为“压力”，“单位”选“Pa”；将“Mode”设置为“自动模式”，将“过程值限值”的“过程值上限”设置为 650000. 0Pa，“过程值下限”值设置为 550000. 0Pa；将“过程标定值”中 0. 0~1000. 0 对应数字量 0. 0~27648. 0；将高级设置中的“过程值监视”的“警告”的上限设为 700000. 0 Pa，“警告”的下限设为 500000. 0 Pa；将“输出值限值”的上限设为 70. 0%，下限设为 50. 0%。

注意：选择 PID 参数时，若有已调试好的参数可选择手动设置；也可选择系统默认参数。

6. 编写程序

在主程序 OB1 中起/停变频电动机，而且启用系统时间存储器字节，如图 4-23 所示。

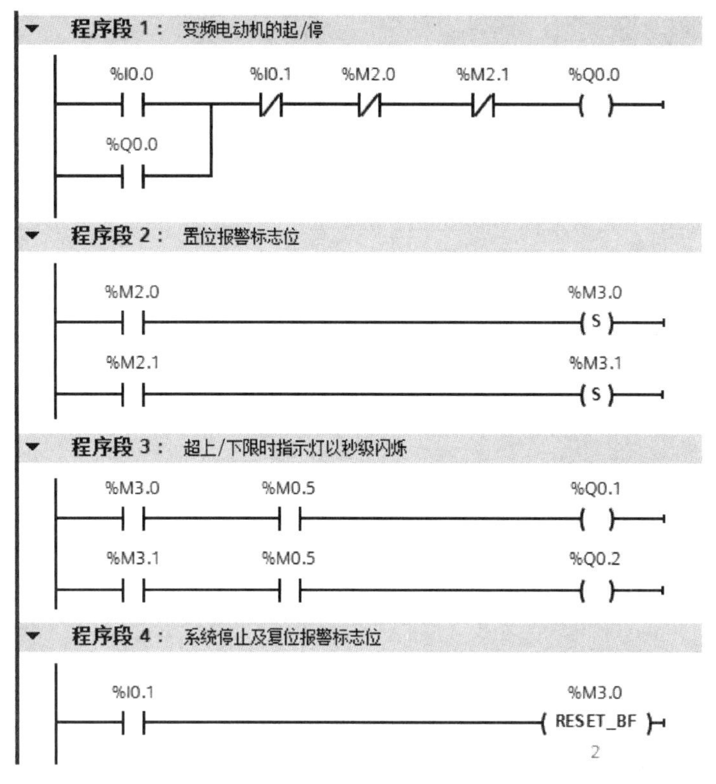

图 4-23 面漆线供水系统 PLC 控制的 OB1 程序

在循环中断 OB30 中调用 PID 指令块，其输入/输出参数如图 4-24 所示。

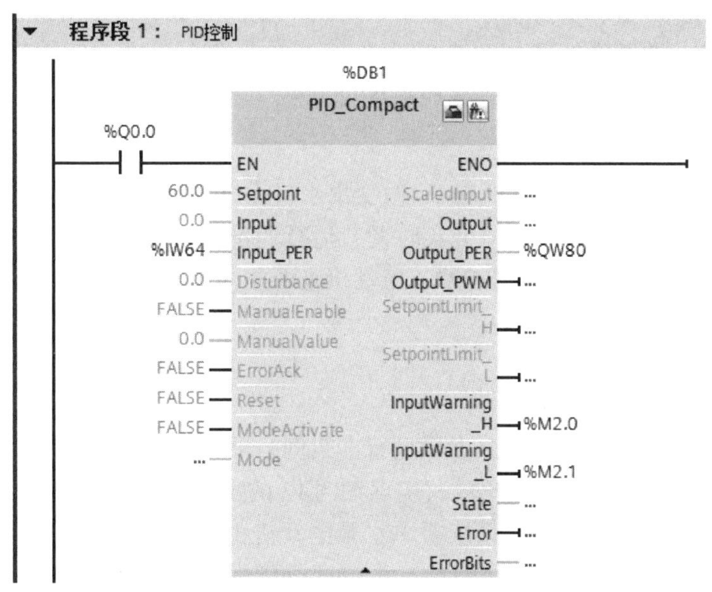

图 4-24 面漆线供水系统 PLC 控制的 OB30 程序

7. 设置变频器参数

本案例采用西门子 MM440 变频器，其主要参数设置如表 4-7 所示。

表 4-7　MM440 变频器参数设置表

参数号	设置值	参数号	设置值	参数号	设置值
P0304	380	P0700	2	P0759	10
P0305	1.93	P0701	1	P0760	100
P0307	0.37	P0756	0	P1000	2
P0310	50	P0757	0		
P0311	1400	P0758	0		

8. PID 自整定

将程序及设备组态下载到 CPU 中，打开调试面板进行 PID 参数的整定。可以在项目树下，打开“工艺对象”，用鼠标双击 PID_gongshui_DB 数据块下的“调试”进入调试面板，进行参数自整定。

CPU 与计算机建立好连接通信后，单击“测量”区中左侧的“Start（开始测量在线值）”按钮，然后再单击“调节模式”区中的“Start（开始调节）”按钮（选择精确调节）。系统在进入此模式时会自动调整输出，使系统进入振荡，反馈值在多次穿越设定值后，系统会自动计算出 PID 参数。

9. 上传 PID 参数

单击调试面板 PID 参数区的“上传 PID 参数”按钮，将参数上传到项目（由于整定过程是 CPU 内部进行的，整定后的参数并不在项目中，所以需要上传参数到项目）。上传参数时要保证编程软件与 CPU 之间的在线连接，并且调试面板要在测量模式，即能实时监控状态值。单击“上传”按钮后，PID 工艺对象数据块会显示与 CPU 中的值不一致，因为此时项目中工艺对象数据块的初始值与 CPU 中的不一致。可将此块重新下载，方法是：用鼠标右键单击该数据块，在弹出的快捷菜单中选择“在线比较”选项，进入在线比较编辑器，将模式设为“下载到设备”，单击“执行”按钮，完成参数同步。

10. 调试程序

完成上述任务后，按下起动按钮 SB1，改变出水口水压（或用电位器改变模拟量输入）观察变频器电动机是否按要求向上或向下实时调节运行速度。将出口水压长时间调节较低或较高，观察是否报警；若按下停止按钮 SB2，电动机是否立即停止运行。若上述调试现象与控制要求一致，则说明本案例任务实现。

4.4.4　训练

1）训练 1：用手动方式调节 PID 参数进行本案例的调试。

2）训练 2：用 Output_PWM 输出方式实现案例 13 的控制要求。

3）训练 3：水箱恒液位控制。系统要求水泵电动机由变频器驱动，在系统起动后水箱液位（0～600 mm）保持在 150～450 mm，并有系统运行指示；若水箱液位高于或低于水箱中心 150 mm 时，则发出报警指示。

4.5 脉冲指令

4.5.1 编码器

在生产实践中，经常需要检测高频脉冲，例如检测步进电动机的运动距离，而PLC中的普通计数器受限于扫描周期的影响，无法计量频率较高的脉冲信号。S7-1200 PLC提供高速计数器，用来实现高频脉冲计数功能，而高速计数器一般与增量式编码器一起使用，后者每圈发出一定数量的计数脉冲和一个复位脉冲，作为高速计数器的输入。编码器常用以下两种类型。

1. 增量式编码器

光电增量式编码器的码盘上有均匀刻制的光栅。码盘旋转时，输出与转角的增量成正比的脉冲，需要用计数器来计脉冲数。有3种增量式编码器：

1）单通道增量式编码器，内部只有1对光耦合器，只能产生一个脉冲列。

2）双通道增量式编码器，又称为A/B相型编码器，内部只有两对光电耦合器，输出相位差为90°的两组独立脉冲列。正转和反转时两路脉冲的超前、滞后关系相反，如图4-25所示。如果使用A/B相型编码器，PLC可以识别转轴旋转的方向。

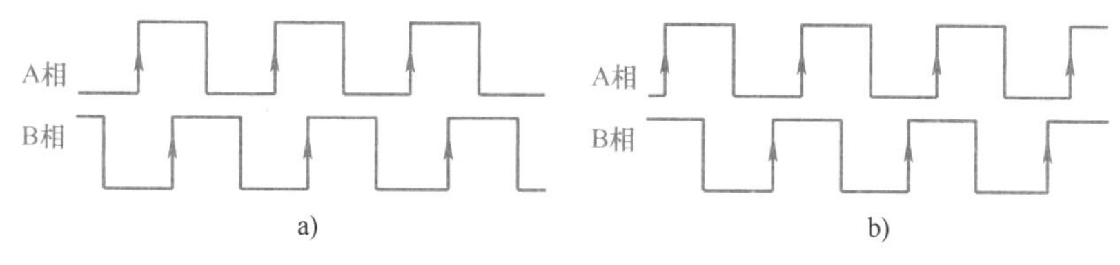

图4-25　A/B相型编码器的输出波形图
a）正转　b）反转

3）三通道增量式编码器，内部除了有双通道增量式编码器的两对光电耦合器外，在脉冲码盘的另外一个通道内还有一个透光段，每转1圈输出一个脉冲，该脉冲称为Z相零位脉冲，用于系统清零信号，或作为坐标的原点，以减少测量的积累误差。

2. 绝对式编码器

*N*位绝对式编码器有*N*个码道，最外层的码道对应于编码的最低位。每一码道有一个光耦合器，用来读取该码道的0、1数据。绝对式编码器输出的*N*位二进制数反映了运动物体所处的绝对位置，根据位置的变化情况，可以判别出转轴旋转的方向。

4.5.2 高速计数器

PLC的普通计数器的计数过程与扫描工作方式有关，CPU通过一个扫描周期读取一次被测信号的方法来捕捉被测信号的上升沿，被测信号的频率较高时，会丢失计数脉冲，因此普通计数器的最高工作频率一般仅有几十赫兹，而高速计数器能对数千赫兹的频率脉冲进行计数。

S7-1200 PLC最多提供6个高速计数器（High Speed Counter，HSC）其独立于CPU的扫描周期进行计算，可测量的单相脉冲频率最高达100kHz，双相或A/B相频率最高为30kHz。可用高速计数器连接增量式旋转编码器，通过对硬件组态和调用相关指令来使用此功能。

1. 高速计数器的工作模式

S7-1200 PLC 高速计数器的工作模式有以下 5 种。

1）单相计数器，外部方向控制，如图 4-26 所示。

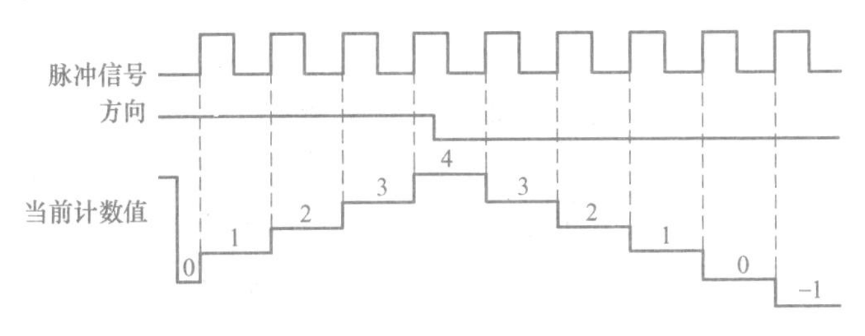

图 4-26　单相计数器的工作原理图

2）单相计数器，内部方向控制，如图 4-26 所示。

3）双相加/减计数器，双脉冲输入，如图 4-27 所示。

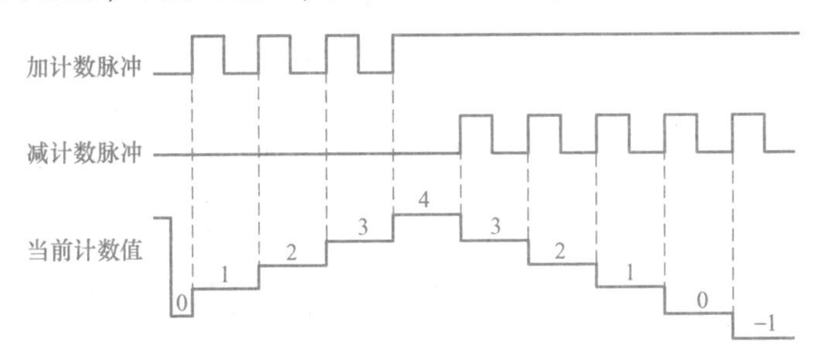

图 4-27　双相加/减计数器的工作原理图

4）A/B 相正交脉冲输入，图 4-28 所示为 1 倍速模式 A/B 相正交脉冲输入示意图，还有 4 倍速模式。1 倍速模式在时钟脉冲的每一个周期计数 1 次，4 增速模式在时钟脉冲的每一个周期计数 4 次，使用 4 增速模式则计数更为准确。

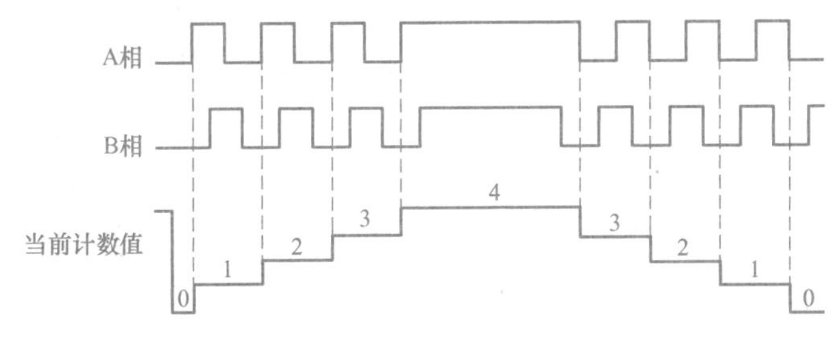

图 4-28　A/B 相正交 1 倍速模式计数器的工作原理图

5）监控 PTO（高速脉冲列输出）输出，即能监控到高速脉冲输出序列的个数。

每种高速计数器都有外部复位和内部复位两种工作状态。所有的计数器无须启动条件设置，在硬件设备中设置完成后下载到 CPU 中即可启动高速计数器。高速计数器功能支持的输入电压为 DC 24 V，目前不支持 DC 5 V 的脉冲输入。表 4-8 列出了高速计数器的工作模式和硬件输入定义。

并非所有的 CPU 都可以使用 6 个高速计数器，例如 1211C 只有 6 个集成输入点，所以最多只能支持 4 个（使用信号板的情况下）高速计数器。

表 4-8　高速计数器的工作模式与硬件输入定义

<table>
<tr><th colspan="3">描　　述</th><th colspan="3">输入点定义</th><th>功　　能</th></tr>
<tr><td rowspan="6">高速
计数器号</td><td>HSC1</td><td>使用 CPU 集成 I/O 或信号板或监控 PTO1</td><td>I0. 0
I4. 0
PTO1</td><td>I0. 1
I4. 1
PTO1 方向</td><td>I0. 3</td><td></td></tr>
<tr><td>HSC2</td><td>使用 CPU 集成 I/O 或监控 PTO2</td><td>I0. 2
PTO2</td><td>I0. 3
PTO2 方向</td><td>I0. 1</td><td></td></tr>
<tr><td>HSC3</td><td>使用 CPU 集成 I/O</td><td>I0. 4</td><td>I0. 5</td><td>I0. 7</td><td></td></tr>
<tr><td>HSC4</td><td>使用 CPU 集成 I/O</td><td>I0. 6</td><td>I0. 7</td><td>I0. 5</td><td></td></tr>
<tr><td>HSC5</td><td>使用 CPU 集成 I/O 或信号板</td><td>I1. 0
I1. 4</td><td>I1. 1
I4. 1</td><td>I1. 2</td><td></td></tr>
<tr><td>HSC6</td><td>使用 CPU 集成 I/O</td><td>I1. 3</td><td>I1. 4</td><td>I1. 5</td><td></td></tr>
<tr><td rowspan="9">模式</td><td colspan="2" rowspan="2">单相计数，内部方向控制</td><td rowspan="2">时钟</td><td rowspan="2"></td><td></td><td></td></tr>
<tr><td>复位</td><td></td></tr>
<tr><td colspan="2" rowspan="2">单相计数，外部方向控制</td><td rowspan="2">时钟</td><td rowspan="2">方向</td><td></td><td>计数或频率测量</td></tr>
<tr><td>复位</td><td>计数</td></tr>
<tr><td colspan="2" rowspan="2">双相计数，两路时钟输入</td><td rowspan="2">增时钟</td><td rowspan="2">减时钟</td><td></td><td>计数或频率测量</td></tr>
<tr><td>复位</td><td>计数</td></tr>
<tr><td colspan="2" rowspan="2">A/B 相正交计数</td><td rowspan="2"></td><td rowspan="2"></td><td></td><td>计数或频率测量</td></tr>
<tr><td>Z 相</td><td></td></tr>
<tr><td colspan="2">监控 PTO 输出</td><td>时钟</td><td>方向</td><td></td><td>计数</td></tr>
</table>

注：高速计数器的硬件指标，如最高计数器频率等，请以最新的系统手册为准。

由于不同计数器在不同的模式下，同一个物理点会有不同的定义，所以在使用多个计数器时，需要注意不是所有计数器可以同时定义为任意工作模式。高速计数器的输入使用与普通数字量输入相同的地址，当某个输入点已定义为高速计数器的输入点时，就不能再用于其他功能的输入，但在某个模式下，没有用到的输入点还可以用于其他功能的输入。

PTO 的监控模式只有 HSC1 和 HSC2 支持。使用此模式时，不需要外部接线，CPU 在内部已做了硬件连接，可直接检测通过 PTO 功能所发脉冲。

S7-1200 PLC 除了提供计数功能外，还提供了频率测量功能，有 3 种不同的频率测量周期：1.0 s、0.1 s 和 0.01 s。频率测量周期定义：计算并返回频率值的时间间隔。返回的频率值为上一个测量周期中所有测量值的平均值，无论测量周期如何选择，测量出的频率值总是以 Hz（每秒脉冲数）为单位。

2. 高速计数器寻址

CPU 将每个高速计数器的测量值以 32 位双整数型有符号数的形式存储在输入过程映像区内，在程序中可直接访问这些地址，可以在设备组态中修改这些存储地址。由于过程映像区受扫描周期的影响，在一个扫描周期内高速计数器的测量数值不会发生变化，但高速计数器中的实际值有可能会在一个扫描周期内发生变化，因此可通过直接读取外设地址的方式读取到当前时刻的实际值。以 ID1000 为例，其外设地址为“ID1000：P”。表 4-9 为高速计数器默认地址列表。

表 4-9　高速计数器默认地址列表

高速计数器号	数据类型	默认地址	高速计数器号	数据类型	默认地址
HSC1	DINT	ID1000	HSC4	DINT	ID1012
HSC2	DINT	ID1004	HSC5	DINT	ID1016
HSC3	DINT	ID1008	HSC6	DINT	ID1020

3. 中断功能

S7-1200 PLC 在高速计数器中提供了中断功能，用以在某些特定条件下触发，共有 3 种中断条件。

1）当前值等于预置值。

2）使用外部信号复位。

3）带有外部方向控制时，计数方向发生改变。

4. 高速计数器指令块

高速计数器指令块需要使用背景数据块用于存储参数，如图 4-29 所示，其参数含义如表 4-10 所示。

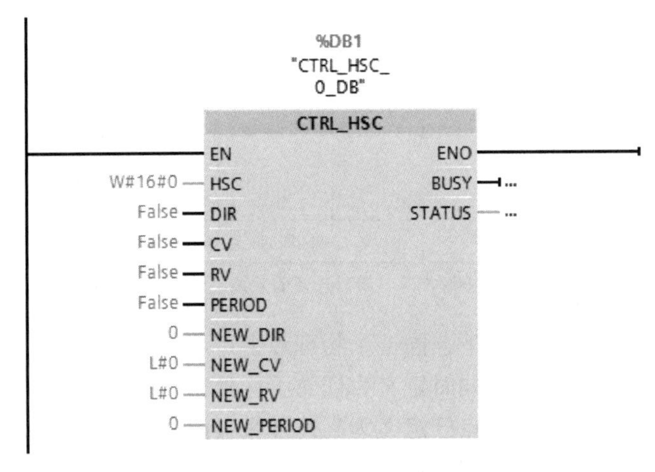

图 4-29　高速计数器指令块

表 4-10　高速计数器指令块参数及含义

参　　数	数据类型	含　　义
HSC	HW_HSC	高速计数器硬件标识符
DIR	BOOL	为“1”表示使能新方向
CV	BOOL	为“1”表示使能新初始值
RV	BOOL	为“1”表示使能新参考值
PERIODE	BOOL	为“1”表示使能新频率测量周期
NEW_DIR	INT	方向选择：“1”表示正向，“0”表示反向
NEW_CV	DINT	新初始值
NEW_RV	DINT	新参考值
NEW_PERIODE	INT	新频率测量周期
BUSY	BOOL	为“1”表示指令正处于运行状态
STATUS	WORD	指令的执行状态，可查找指令执行期是否出错

将右边指令树的“工艺”窗口下“计数”文件夹中的CTRL_HSC指令拖放到OB1，单击出现的“调用选项”对话框中的“确定”按钮，生成该指令默认名称的背景数据块CTRL_HSC_0_DB，如图4-29所示。

5. 高速计数器的组态

1）打开PLC的设备视图，选中其中的CPU。

2）选中巡视窗口的“属性”选项卡左边的“常规”选项，单击高速计数器（HSC）下的HSC1，打开其“常规”参数组，在右边窗口用复选框选中“启用该高速计数器”，即激活HSC1，如图4-30所示。

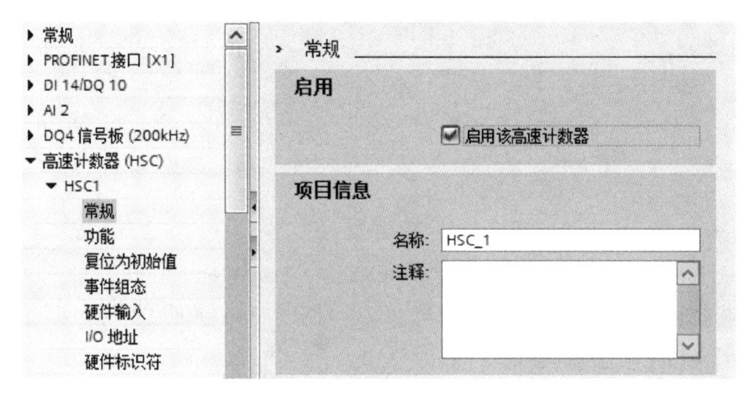

图4-30 高速计数器“常规”参数组

如果激活了脉冲发生器PTO1或PTO2，它们分别使用HSC1和HSC2的“运动轴”计数模式，来监控硬件输出。如果组态HSC1和HSC2用于其他任务，它们不能被脉冲发生器PTO0和PTO1使用。

3）选中左边“功能”参数组，如图4-31所示，在右边窗口可以设置下列参数：

- 使用“计数类型”下拉式列表，可选计数、时间段、频率和运行控制。
- 使用“工作模式”下拉式列表，可选单相、两相位、A/B计数器和AB计数器四倍频。
- 使用“计数方向取决于”下拉式列表，可选用户程序（内部方向控制）、输入（外部方向控制）。
- 使用“初始计数方向”下拉式列表，可选增计数、减计数。
- 使用“频率测量周期”下拉式列表，可选1.0 s、0.1 s和0.01 s（需要在“计数类型”中选择时间段或频率选项）。

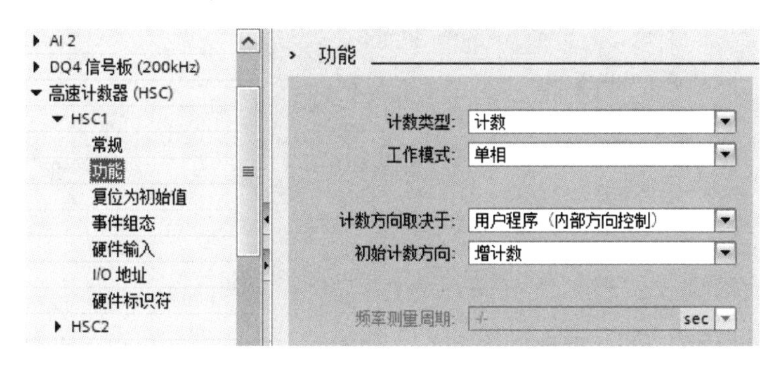

图4-31 高速计数器“功能”参数组

4）选中左边窗口的“复位为初始值”参数组，如图4-32所示，可以设置初始计数器值、初始参考值。还可以用复选框设置是否“使用外部复位输入”，用下拉式列表选择“复位信号电平”是高电平有效或低电平有效。

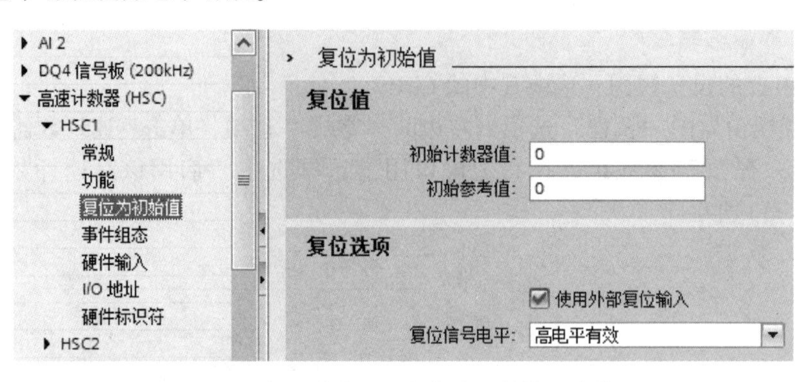

图4-32　高速计数器“复位为初始值”参数组

5）选中左边窗口的“事件组态”参数组，如图4-32所示，可以用右边窗口的复选框选择下列事件出现时是否产生中断：计数值等于参考值、出现外部复位事件和出现计数方向改变事件。

注意：使用外部复位事件中断须确认使用外部复位信号，使用计数方向改变事件中断须先选择外部方向控制，如图4-33所示。

可以输入中断事件名称或采用默认的名称。生成处理各事件中断组织块后，可以将它们指定给中断事件。

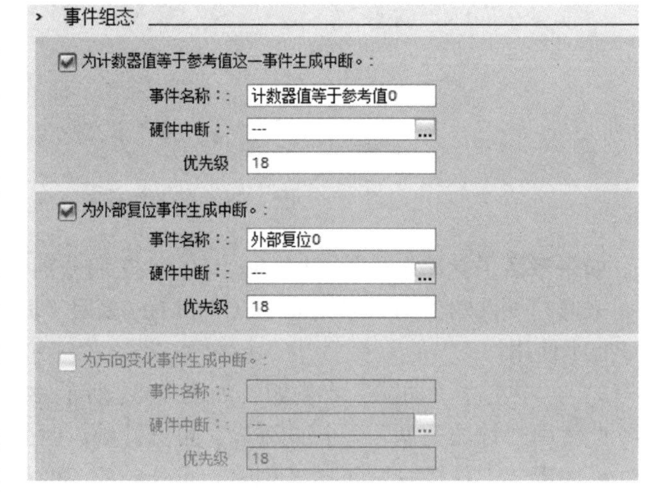

图4-33　高速计数器“事件组态”参数组

6）选中左边窗口的“硬件输入”参数组，如图4-34所示，在右边窗口可以看到该HSC使用的硬件输入点和可用的最高频率。

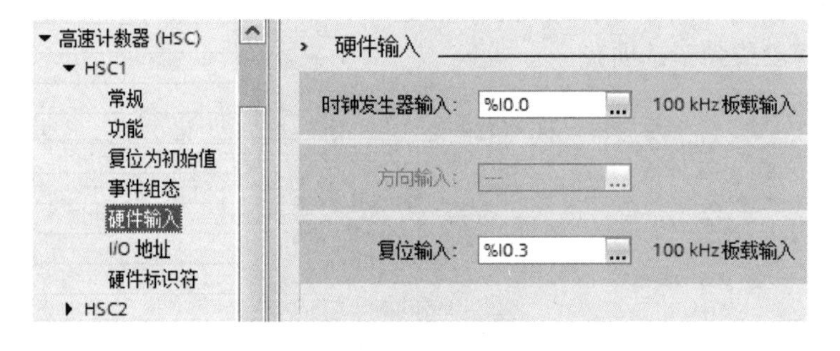

图4-34　高速计数器“硬件输入”参数组

7）选中左边窗口的“I/O地址”参数组，如图4-35所示，在右边窗口可以修改该HSC的起始地址。

8）选中如图 4-35 所示左边窗口的“硬件标识符”参数组，在右边窗口可以查看该 HSC 的硬件标识符，HSC1～HSC6 对应的硬件标识符为 257～262。

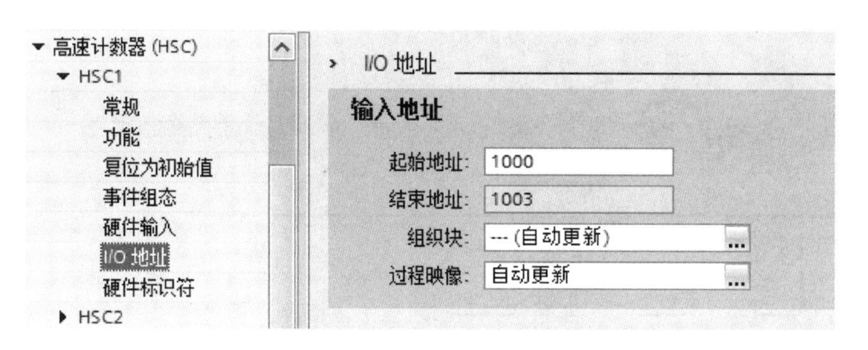

图 4-35　高速计数器“I/O 地址”参数组

码 4-3　HSC 指令

码 4-4　HSC 指令应用

【例 4-3】　假设在旋转机械上有单相增量式编码器作为反馈，接到 S7-1200 PLC。要求在计数 1000 个脉冲时，计数器复位，置位 Q0.0，并设定新预置值为 1500 个脉冲。当计满 1500 个脉冲后复位 Q0.0，并将预置值再设为 1000，周而复始执行此功能。

1. 硬件组态

1）在项目视图项目树中打开设备组态对话框，选中 CPU，在“属性”对话框的“高速计数器”选项中，选择“高速计数器 HSC1”，勾选“启用该高速计数器”复选框。

2）“功能”参数组中将“计数类型”设为“计数”，“工作模式”设为“单相”，将“计数方向取决于”设为“用户程序（内部控制方向）”，“初始计数方向”设为“增计数”。

3）“复位为初始值”参数组中将“初始计数器值”设为“0”，“初始参考值”设为“1000”。

4）在“事件组态”参数组中勾选“为计数器值等于参考值这一事件生成中断”复选框，在“硬件中断”下拉式列表中选择新增硬件中断（Hardware interrupt）OB40。

5）硬件输入、I/O 地址及硬件标识符均使用系统默认值。

2. 编写程序

硬件中断 OB40 的程序如图 4-36 所示。

【例 4-4】　电动机的转速测量。

将旋转增量式编码器（编码器的线数为 1024，即电动机转动一圈，编码器输出 1024 个脉冲）安装在电动机的输出轴上，编码器的 A 相接至 PLC 的 I0.0，并进行如下设备组态：

1）在项目树中打开设备组态对话框，选中 CPU，在“属性”对话框的“高速计数器”选项中，选择高速计数器 HSC1，勾选“启用该高速计数器”复选框。

2）在“功能”参数组中将“计数类型”设为“频率”，将“工作模式”设为“单相”，将“计数方向取决于”设为“用户程序（内部控制方向）”，将“初始计数方向”设为“增计数”，将“频率测量周期”设为“1 s”。

其程序如图 4-37 所示。

▼ 程序段1： 每次进入中断使Q0.0的状态发生改变

%Q0.0 %Q0.0

▼ 程序段2： 第一次进入中断，使预置值更改为1500，再次进入中断使预置值更改为1000，MD10用于存储设置值

%Q0.0
MOVE
EN ENO
1500 IN OUT1 %MD10
NOT
MOVE
EN ENO
1000 IN OUT1 %MD10

▼ 程序段3： 高速计数器硬件标识符为257，使能更新初始值和预置值，DB1为背景数据块

%DB1
CTRL_HSC
EN ENO
257 HSC BUSY %M3.0
False DIR STATUS %MW4
1 CV
1 RV
False PERIOD
0 NEW_DIR
0 NEW_CV
%MD10 NEW_RV
0 NEW_PERIOD

图 4-36 计数值等于参考值的硬件中断 OB40 程序

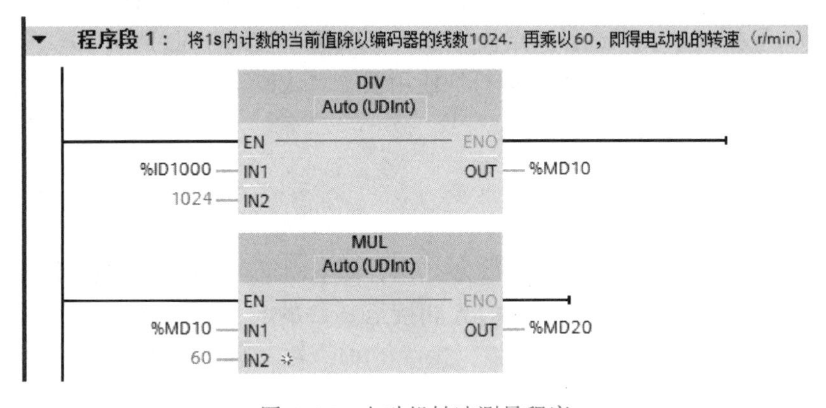

图 4-37 电动机转速测量程序

4.5.3 高速脉冲输出

1. 高速脉冲输出

S7-1200 PLC 提供高速脉冲输出端口。其输出脉冲宽度与脉冲周期之比称为占空比，高速脉冲列输出（PTO）功能提供占空比为 50%的方波脉冲列输出。脉冲宽度调制（PWM）能提供连续的、脉冲宽度可以用程序控制的脉冲列输出。

S7-1200 PLC 每个 CPU 有两个（CPU 硬件版本为 2.2）或 4 个（CPU 硬件版本为 3.0 及以上）

PTO/PWM 发生器，分别通过 CPU 集成的 Q0.0～Q0.3（或信号板上的 Q4.0～Q4.3）或 Q0.0～Q0.7 输出 PTO 或 PWM 脉冲，如表 4-11 所示，具体应根据所选 CPU 型号及硬态组态而定。

表 4-11　PTO/PWM 的输出点

PTO1		PWM1		PTO2		PWM2	
脉冲	方向	脉冲	方向	脉冲	方向	脉冲	方向
Q0.0 或 Q4.0	Q0.1 或 Q4.1	Q0.0 或 Q4.0	—	Q0.2 或 Q4.2	Q0.3 或 Q4.3	Q0.2 或 Q4.2	—
PTO3		PWM3		PTO4		PWM4	
脉冲	方向	脉冲	方向	脉冲	方向	脉冲	方向
Q0.4 或 Q4.0	Q0.5 或 Q4.1	Q0.4 或 Q4.0	—	Q0.6 或 Q4.2	Q0.7 或 Q4.3	Q0.6 或 Q4.2	—

2. PWM 的组态

PWM 功能提供可变占空比的脉冲输出，时间基准可以设置为 μs 或 ms。脉冲宽度为 0 时，占空比为 0，没有脉冲输出，输出一直为“0”状态。脉冲宽度等于脉冲周期时，占空比为 100%，没有脉冲输出，输出一直为“1”状态。

PWM 的高频输出波形经滤波后得到与占空比成正比例的模拟量输出电压，可以用来控制变频器的转速或阀门的开度等物理量。

使用 PWM 之前，首先对脉冲发生器组态，具体步骤如下所述。

1）在项目树中打开设备组态对话框，选中其中的 CPU。

2）打开下面的巡视窗口的“属性”选项卡，选中左边“PTO1/PWM1”中的“常规”参数组，选中“启用该脉冲发生器”复选框，激活该脉冲发生器。

3）选中左边窗口的“参数分配”组，如图 4-38 所示，在右边的窗口可以设置下列参数。

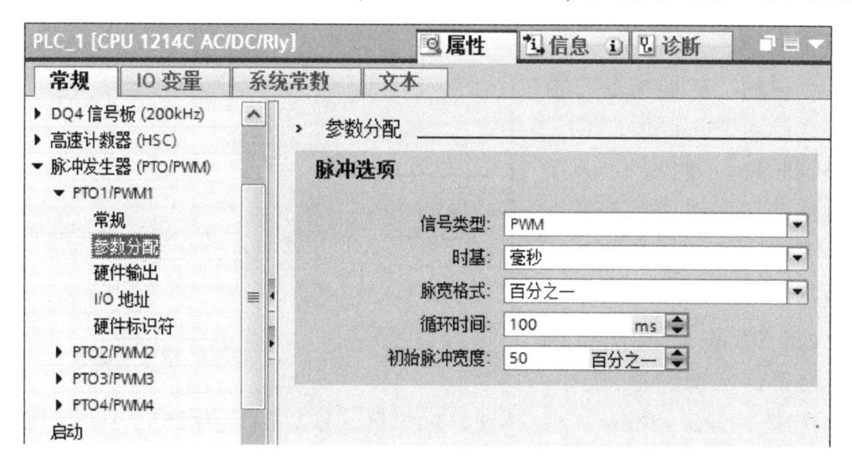

图 4-38　设置脉冲发生器的参数

- 使用“信号类型”下拉式列表，可选择脉冲发生器 PWM 或 PTO。
- 使用“时基（时间基准）”下拉式列表，可选择毫秒或微秒。
- 使用“脉宽格式”下拉式列表，可选择下列脉冲宽度格式：百分之一（0～100）、千分之一（0～1000）、万分之一（0～10000）和模拟量格式（0～27648）。
- 使用输入域“循环时间”，设置脉冲的周期值，单位与上述“时基”参数一致。
- 使用输入域“初始脉冲宽度”，设置脉冲的占空比。脉冲宽度的设置单位与上述参数“脉宽格式”一致。

4）选中图 4-38 左边窗口的“I/O 地址”参数组，在右边窗口可以看到 PWM 输出地址项的起始地址、结束地址，如图 4-39 所示，它为 PWM 所分配的脉宽调制地址，此地址为 WORD 型，用于存放脉宽值，可以在系统运行时修改此值以达到修改脉宽的目的。在默认情况下，PWM1 地址为 QW1000，PWM2 地址为 QW1002，PWM3 地址为 QW1006，PWM4 地址为 QW1008。用户也可以修改其起始地址。

5）选中图 4-38 左边窗口的“硬件标识符”参数组，在右边窗口可以看到其硬件标识符。

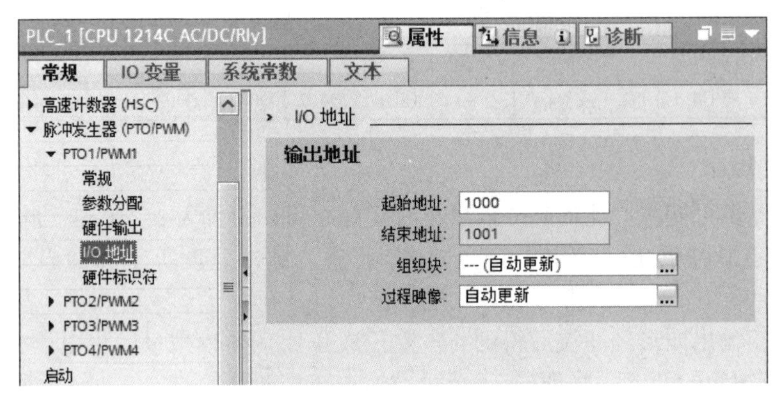

图 4-39　PWM 的输出地址

码 4-5　PTO 指令

码 4-6　PTO 指令应用

码 4-7　PWM 指令

码 4-8　PWM 指令应用

3. PWM 的编程

将右边指令树的“扩展指令”窗口的文件夹“脉冲”中的 CTRL_PWM 指令拖放到 OB1，如图 4-40 所示，单击出现的“调用选项”对话框中的“确定”按钮，生成该指令默认名称的背景数据块 CTRL_PWM_DB。

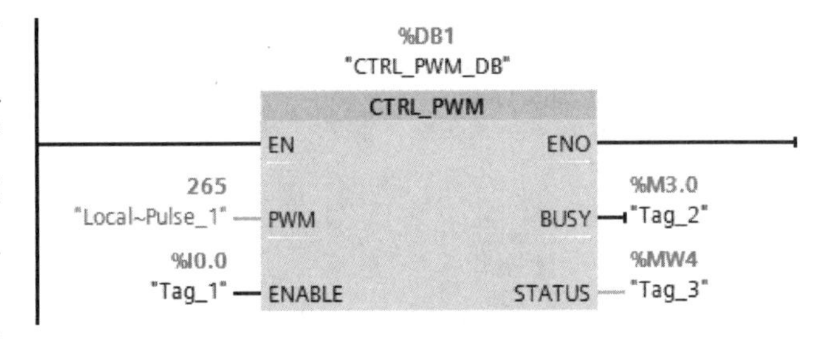

图 4-40　PWM 指令及编程

用鼠标双击 PWM 参数左边的“W#16#0”，再单击出现的按钮，用下拉式列表选中“Local~Pulse_1”，其硬件标识符（HW ID）为 265，或在设备组态窗口的“硬件标识符”参数组中查看后直接输入即可。

EN 输入信号为“1”状态时，用参数 ENABLE（I0.0）来启用或禁止（停止）脉冲发生器，用 PWM 的输出地址来修改脉冲宽度。在执行指令 CTRL_PWM 时 S7-1200 激活了脉冲发生器，输出 BUSY 总是“0”状态，参数 STATUS 是状态代码，如图 4-41 所示。

【例 4-5】 使用模拟量控制数字量输出，当模拟量发生变化时，CPU 输出的脉冲宽度也随之变化，但周期不变，可用于控制脉冲方式的加热设备。在此应用 PWM 功能实现，脉冲周期为 1 s，模拟量值在 0~27648 变化。

1. 硬件组态

在硬件组态中定义相关输出点，并进行参数组态，在项目树中打开设备组态对话框，选中

CPU，定义 IW64 为模拟量输入，输入信号为直流 0~10 V。PWM 参数组态如下所述。

1）在“常规”参数组中启用 PTO1/PMW1 脉冲发生器。

2）在“参数分配”参数组中将“信号类型”设为“PWM”，“时基”设为“毫秒”，“脉宽格式”设为“S7 模拟量格式”，“循环时间”设为“1000 ms”，“初始脉冲宽度”设为“0”。

2. 编写程序

将 CRTL_PWM 指令块拖入 OB1 中定义背景数据块，添加模拟量赋值程序，如图 4-41 所示。

【例 4-6】 用高速脉冲输出功能产生周期为 2 ms、占空比为 50%的 PWM 脉冲列，送给高速计数器 HSC1 计数。通过设置不同的参考值，在计数值分别为 2000、3000 和 1500 时产生中断（产生的波形为多个锯齿波）。在中断程序中修改计数值、参考值和计数方向，同时改变 Q0.4~Q0.6 的状态。

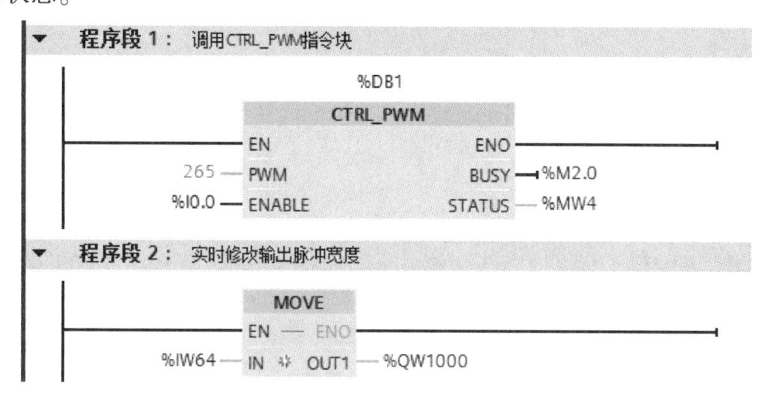

图 4-41 模拟量控制输出脉冲宽度的程序

1. 硬件连接

在使用高速脉冲输出时，需要使用直流型 PLC，在此选择 DC/DC/DC CPU 1214C PLC，或在继电输出型 PLC 的基础上增加一块 DQ 的信号板。若增加信号板则硬件连接为：将 CPU 的 DC 24 V 输出的 L+与信号板的 L+相连，将 CPU 的 DC 24 V 输出的 M 与信号板的 M 相连、将 CPU 的 DC 24 V 输出的 M 与 CPU 的 1M 相连、将 CPU 的 I0.0 与信号板的 Q4.0 相连。

2. PWM 的组态与编程

组态 PTO1/PWM1 产生 PWM 脉冲，如图 4-38 所示。时基为 ms，脉宽格式为百分之一，脉冲的周期为 2000，初始脉冲宽度为 50%。

在 OB1 中调用 CTRL_PWM 指令，用 I0.4 启动脉冲发生器，如图 4-42 所示。

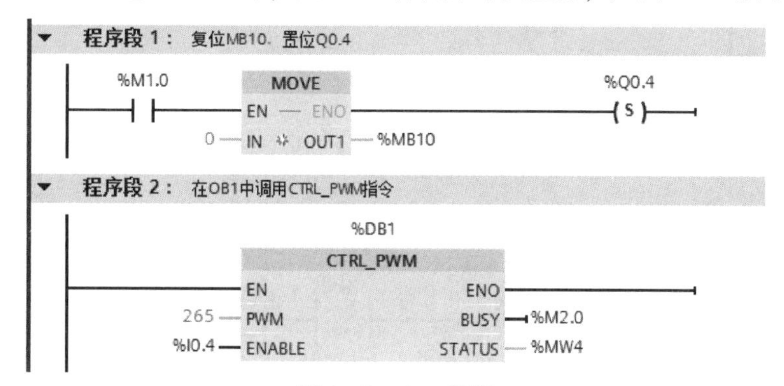

图 4-42 OB1 程序

3. 高速计数器的组态

组态时设置 HSC1 的工作模式为单相脉冲计数（参考图 4-31 设置），使用 CPU 的集成输入点 I0.0，通过用户程序改变计数方向。设置 HSC1 的初始状态为增计数，初始计数器值为 0，初始参考值为 2000（参考图 4-32 设置）。出现计数值等于参考值的事件时，调用硬件中断 OB40（参考图 4-33 设置）。HSC1 默认的地址为 1000，如图 4-35 所示，在运行时可以用该地址监视 HSC1 的计数值。

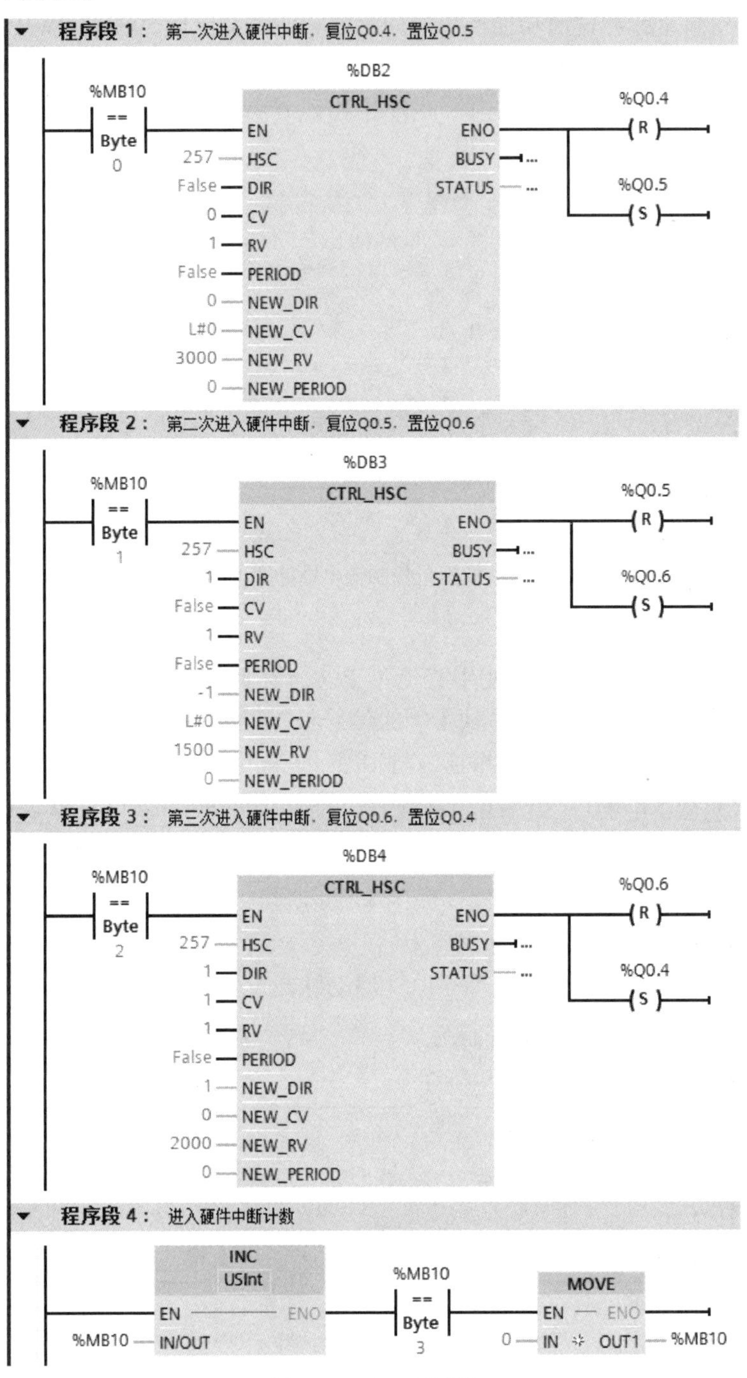

图 4-43　OB40 程序

4. 硬件中断的编程

如何判断是第几次进入硬件中断呢？在此采用一种处理方法，即设置 MB10 为标志字节，其取值范围为 0、1、2，其初始值为 0。HSC1 的计数值等于参考值时，调用 OB40。根据 MB10 的值，用比较指令来判断是哪一次中断，以调用程序中不同的 CTRL_HSC 指令，来设置下一阶段的计数方向、计数器的初始值和参考值，同时对输出点进行置位和复位处理。处理完后，将 MB10 的值加 1，运行结果如果为 3，将 MB10 清 0。

组态 CPU 时，采用默认的 MB1 作系统存储器字节。CPU 进入 RUN 模式后，M1.0 仅在首次扫描时为“1”状态。在 OB1 中，用 M1.0 的常开触点将标志字节 MB10 清 0，将输出点 Q4.0 置位为“1”，如图 4-42 所示。

当计数值小于 2000 时，输出 Q0.4 点亮；当计数值等于参考值 2000 时产生中断，调用硬件中断 OB40。此时标志字节 MB10 的值等于 0，执行第一条 CRTL_HSC 指令，使 Q0.4 复位，Q0.5 置位，同时更新参考值（3000）。当计数值等于 3000 时，执行第二条 CRTL_HSC 指令，使 Q0.5 复位，Q0.6 置位，同时更新参考值（1500）和改变计数方向（减计数）。当计数值等于 1500 时，执行第三条 CRTL_HSC 指令，使 Q0.6 复位，Q0.4 置位，同时更新参考值（2000）和改变计数方向（加计数），具体程序如图 4-43 所示。

4.6 案例 16 钢包车行走的 PLC 控制

4.6.1 目的

1）掌握编码器的应用。

2）掌握高速计数器的组态及指令应用。

4.6.2 任务

使用 S7-1200 PLC 实现钢包车行走的控制。钢包车由变频电动机驱动，为了精确定位，系统使用编码器作为位置反馈，系统起动后钢包车低速起步；运行至中段（编码器发出 5000 脉冲）时，可加速至高速运行；在接近工位（如加热位或吊包位，此时编码器发出 15000 脉冲）时，低速运行以保证平稳、准确停车（编码器发出 20000 脉冲）。按下停止按钮时，若钢包车高速运行，则应先低速运行 5 s 后，再停车（考虑钢包车的载荷惯性）；若低速运行，则可立即停车。在此，为简化项目难度，对钢包车返回不作要求。

4.6.3 步骤

1. I/O 分配

根据 PLC 输入/输出点分配原则及本案例控制要求，进行 I/O 地址分配，如表 4-12 所示。

2. 主电路及 I/O 接线图

根据控制要求及表 4-12 的 I/O 分配表，钢包车行走 PLC 控制的主电路及 I/O 接线图如图 4-44 所示。

表 4-12　钢包车行走 PLC 控制的 I/O 分配表

输　　入		输　　出	
输入继电器	元　器　件	输出继电器	元　器　件
I0. 0	编码器脉冲输入	Q0. 0	电动机运行
I0. 4	起动按钮 SB1	Q0. 1	低速运行
I0. 5	停止按钮 SB2	Q0. 2	高速运行
		Q0. 5	电动机运行指示 HL

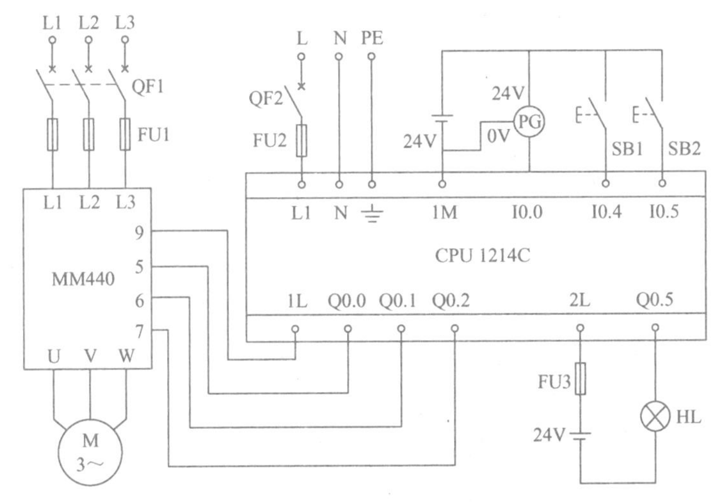

图 4-44　钢包车行走的 PLC 控制主电路及 I/O 接线图

3. 创建工程项目

用鼠标双击桌面上的图标，打开博途编程软件，在 Portal 视图中选择“创建新项目”，输入项目名称“X_gangbaoche”，选择项目保存路径，然后单击“创建”按钮完成创建。

4. 设备组态

组态时设置 HSC1 的工作模式为单相脉冲计数（参考图 4-31 设置），使用 CPU 的集成输入点 I0. 0，通过用户程序改变计数方向。设置 HSC1 的初始状态为增计数，初始计数值为 0，初始参考值为 5000（参考图 4-32 设置）。出现计数值等于参考值的事件时，调用硬件中断 OB40（参考图 4-33 设置）。

5. 编辑变量表

本案例变量表如图 4-45 所示。

X_gangbaoche ▸ PLC_1 [CPU 1214C AC/DC/Rly] ▸ PLC 变量 ▸ 变量表_1 [7]

变量　用户常量

变量表_1

	名称	数据类型	地址	保持	在 H...	可从 ...	注释
1	编码器脉冲输入	Bool	%I0.0	☐	☑	☑	
2	起动按钮SB1	Bool	%I0.4	☐	☑	☑	
3	停止按钮SB2	Bool	%I0.5	☐	☑	☑	
4	电动机运行	Bool	%Q0.0	☐	☑	☑	
5	低速运行	Bool	%Q0.1	☐	☑	☑	
6	高速运行	Bool	%Q0.2	☐	☑	☑	
7	电动机运行指示HL	Bool	%Q0.5	☐	☑	☑	

图 4-45　钢包车行走 PLC 控制的变量表

6. 设置变频器参数

本案例采用西门子 MM440 变频器，其主要参数设置如表 4-13 所示。

表 4-13　MM440 变频器参数设置表

参数号	设置值	参数号	设置值	参数号	设置值
P0304	380	P0311	1400	P0703	15
P0305	1. 93	P0700	2	P1000	3
P0307	0. 37	P0701	1	P1002	15
P0310	50	P0702	15	P1003	35

7. 编写程序

(1) 主程序 OB1

主程序主要用于控制钢包车的起/停，其程序如图 4-46 所示。

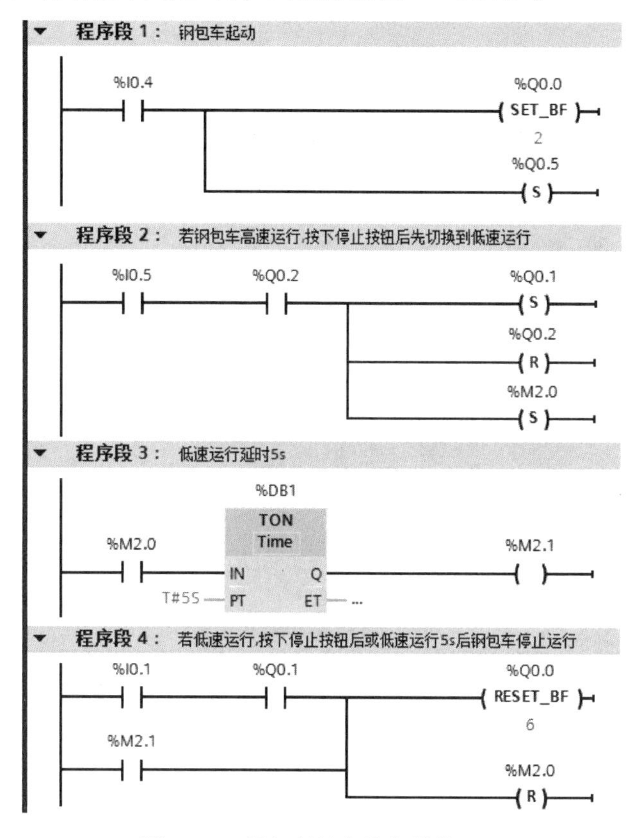

图 4-46　钢包车行走的主程序 OB1

(2) 起动程序 OB100

生成起动程序 OB100，将硬件中断标志寄存器清 0，如图 4-47 所示。

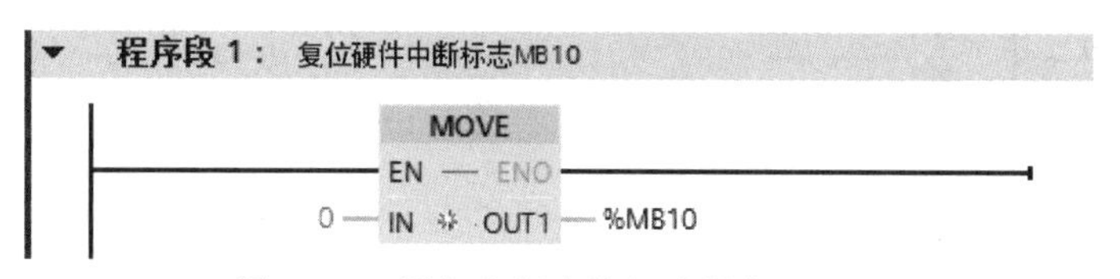

图 4-47　钢包车行走的起动程序 OB100

(3) 硬件中断程序 OB40

硬件中断程序（OB40）主要改变电动机的转速及设置新中断的参考值，具体可参考【例 4-4】进行设置，具体程序如图 4-48 所示。

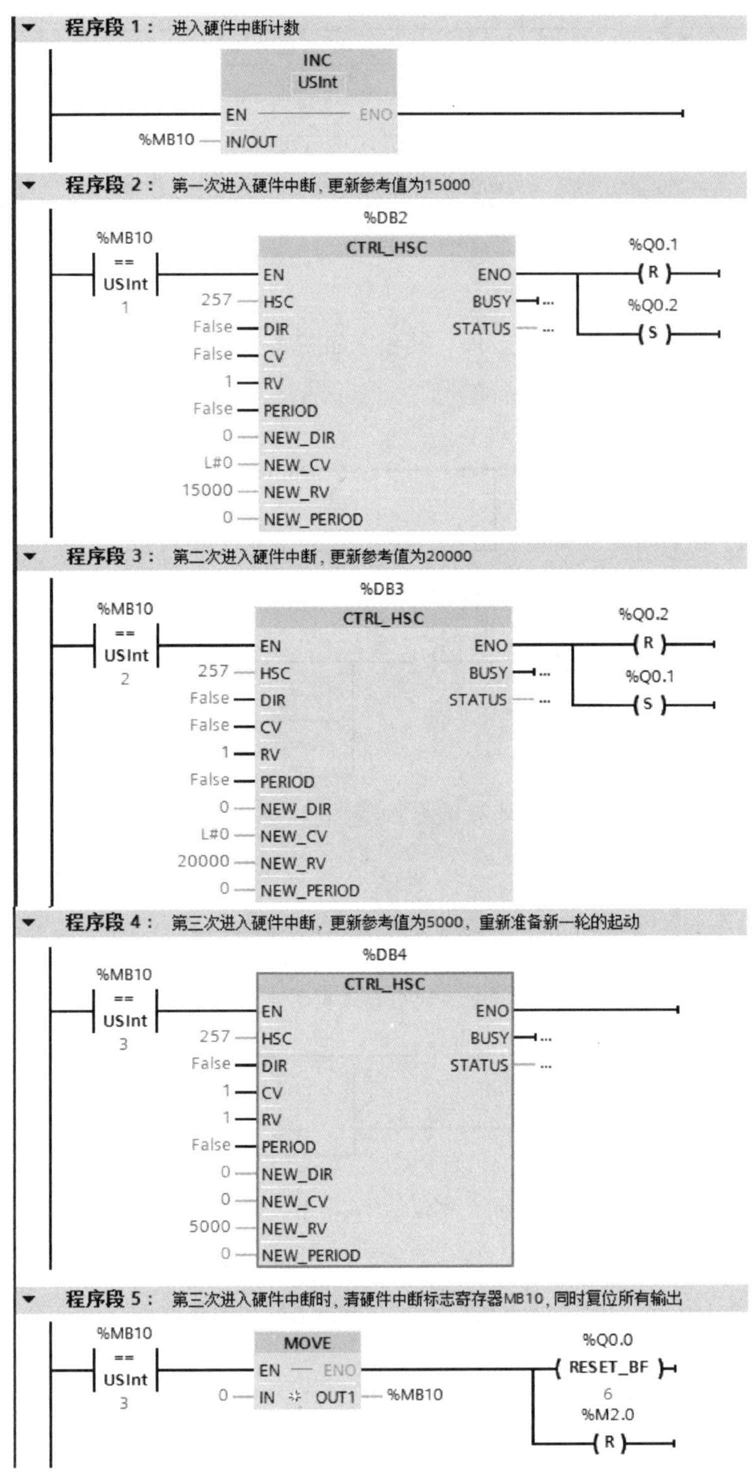

图 4-48　钢包车行走的硬件中断程序 OB40

8. 调试程序

将调试好的用户程序及设备组态下载到 CPU 中，并连接好线路。按下起动按钮 SB1 后，观察变频电动机运行情况，是否先低速，再高速，再低速运行；若按下停止按钮 SB2，若为高速是否切换到低速，若为低速运行，是否立即停止运行。若上述调试现象与控制要求一致，则说明本案例任务实现。

4.6.4 训练

1）训练 1：使用高速计数器指令实现对 Q0.0 和 Q0.1 的控制，计数当前值在 1000~1500 范围内时 Q0.0 得电，计数当前值在 1500~500 范围内时 Q0.1 得电。

2）训练 2：用 PLC 的高速计数器测量电动机的转速。电动机的转速由编码器提供，通过高速计数器 HSC 并用时间延时中断（1 s）测量电动机的实时转速。

3）训练 3：用高速计数器指令实现生产机械的自动往复运动，要求生产机械前进遇到减速开关时，减速运行一段时间（即安装在生产机械上的编码器发出 20000 个脉冲）时停止，延时 3 s 后生产机械后退，当遇到后退减速开关时，减速运行一段时间（编码器再次发出 20000 个脉冲）时停止，延时 3 s 后再次前进，如此循环，直至按下停止按钮。

4.7 习题

1. 模拟量信号分为________和________。
2. S7-1200 PLC 常用模拟量信号模块为________、________、________等。
3. S7-1200 PLC 第 6 号槽的模拟量输入模块的起始地址为________。
4. 标准的模拟量信号经 S7-1200 模拟量输入模块转换后，其数据范围为________。
5. 频率变送器的输入量程为 45~55 Hz，输出信号为直流 0~20 mA，模拟量输入模块的额定输入电流为 0~20 mA，设转换后的数字为 N，试求以 0.01 Hz 为单位的频率值。
6. 如何组态模拟量输入模块的测量类型及测量范围？
7. 如何组态模拟量输出模块的信号类型及输出范围？
8. 描述 PID 的控制原理及如何进行 PID 参数的整定？
9. 若使用三通道增量式编码器，它与 PLC 如何进行连接？
10. S7-1200 PLC 的高速计数器工作模式有哪些？
11. 高速计数器 HSC1 的默认输入地址是多少？
12. PTO1/PWM1 的默认输出地址是多少？
13. 使用 PWM 指令，输出占空比为 3:7 的脉冲序列。
14. 烘干室温度的控制：具体要求有“手动”和“自动”两种加热方式，当工作模式开关拨至“手动”时，由操作人员控制加热器的起/停，温度不能自动调节；当工作模式开关拨至“自动”时，系统起动后，若温度选择开关拨向“低温”档，则烘干室加热温度到 30℃时停止加热，若温度选择开关拨向“中温”档，则加热温度到 50℃时停止加热；若温度选择开关拨向“高温”档，则加热温度到 80℃时停止加热。当温度低于设置值 3℃时自行起动加热器。
15. 送料车行走控制：送料车由步进电动机驱动，当检测到物料时，步进电动机以 60 r/min 前进送料（脉冲频率为 500 Hz），当到达指定位置 SQ2 处时，开始卸料，5 s 后以 90 r/min 返回（脉冲频率为 750 Hz），到达原点 SQ1 处停止。

第 5 章　网络通信的编程及应用

5.1　通信简介

5.1.1　通信基础知识

通信是指一地与另一地之间的信息传递。PLC 通信是指 PLC 与计算机、PLC 与 PLC、PLC 与人机界面（触摸屏）、PLC 与变频器、PLC 与其他智能设备之间的数据传递。

1. 通信方式

（1）有线通信和无线通信

有线通信是指以导线、电缆、光缆和纳米材料等看得见的材料为传输介质的通信。无线通信是指以看不见的材料（如电磁波）为传输介质的通信，常见的无线通信有微波通信、短波通信、移动通信和卫星通信等。

（2）并行通信与串行通信

并行通信是指数据的各个位同时进行传输的通信方式，其特点是数据传输速度快，它由于需要的传输线多，故成本高，只适合近距离的数据通信。PLC 主机与扩展模块之间通常采用并行通信。

串行通信是指数据一位一位地传输的通信方式，其特点是数据传输速度慢，但由于只需要一条传输线，故成本低，适合远距离的数据通信。PLC 与计算机、PLC 与 PLC、PLC 与人机界面、PLC 与变频器之间通信采用串行通信。

（3）异步通信和同步通信

串行通信又可分为异步通信和同步通信。PLC 与其他设备通信主要采用串行异步通信方式。

在异步通信中，数据是一帧一帧地传送，一帧数据传送完成后，可以传下一帧数据，也可以等待。串行通信时，数据是以帧为单位传送的，帧数据有一定的格式，它由起始位、数据位、奇偶校验位和停止位组成。

在异步通信中，每一帧数据发送前要用起始位，在结束时要用停止位，这样会导致数据传输速度较慢。为了提高数据传输速度，在计算机与一些高速设备数据通信时，常采用同步通信。同步通信的数据后面取消了停止位，前面的起始位用同步信号代替，在同步信号后面可以跟很多数据，所以同步通信传输速度快，但由于同步通信要求发送端和接收端严格保持同步，这需要用复杂的电路来保证，所以 PLC 不采用这种通信方式。

（4）单工通信和双工通信

在串行通信中，根据数据的传输方向不同，可分为 3 种通信方式：单工通信、半双工通信和全双工通信。

- 单工通信：顾名思义数据只能往一个方向传送的通信，即只能由发送端传输给接收端。
- 半双工通信：数据可以双向传送，但在同一时间内，只能往一个方向传送，只有一个方向的数据传送完成后，才能往另一个方向传送数据。

- 全双工通信：数据可以双向传送，通信的双方都有发送器和接收器，由于有两条数据线，所以双方在发送数据的同时可以接收数据。

2. 通信传输介质

有线通信采用传输介质主要有双绞线电缆、同轴电缆和光缆。

（1）双绞线电缆

双绞线电缆是将两根导线扭在一起，以减少电磁波的干扰，如果再加上屏蔽套层，则抗干扰能力更好，双绞线的成本低、安装简单，RS-232C、RS-422 和 RS-485 等接口多用双绞线电缆进行通信。

（2）同轴电缆

同轴电缆的结构是从内到外依次为内导体（芯线）、绝缘线、屏蔽层及外保护层。由于从截面看这四层构成了 4 个同心圆，故称为同轴电缆。根据通频带不同，同轴电缆可分为基带和宽带两种，其中基带同轴电缆常用于 Ethernet（以太网）中。同轴电缆的传送速度高、传输距离远，但价格较双绞线电缆高。

（3）光缆

光缆是由石英玻璃经特殊工艺拉成细丝结构，这种细丝的直径比头发丝还要细，但它能传输的数据量却是巨大的。它是以光的形式传输信号的，其优点是传输的为数字量的光脉冲信号，不会受电磁干扰，不怕雷击，不易被窃听，数据传输安全性好，传输距离长，且带宽宽、传输速度快。但由于通信双方发送和接收的都是电信号，因此通信双方都需要价格昂贵的光纤设备进行光电转换，另外光纤连接头的制作与光纤连接需要专门工具和专门的技术人员。

5.1.2 RS-485 标准串行接口

RS-485 接口是在 RS-422 基础上发展起来的一种 EIA 标准串行接口，采用“平衡差分驱动”方式。RS-485 接口满足 RS-422 的全部技术规范，可以用于 RS-422 通信。RS-485 接口常采用 9 引脚连接器。RS-485 接口的引脚功能如表 5-1 所示。

表 5-1 RS-485 接口的引脚功能

连接器	引脚号	信号名称	信号功能
1 6 9 5	1	SG 或 GND	机壳接地
	2	24 V 返回	逻辑地
	3	RXD+或 TXD+	RS-485 信号 B，数据发送/接收+端
	4	发送申请	RTS（TTL）
	5	5 V 返回	逻辑地
	6	+5 V	+5 V、100 Ω 串联电阻
	7	+24 V	+24 V
	8	RXD-或 TXD-	RS-485 信号 A，数据发送/接收-端
	9	不用	10 位协议选择（输入）
	连接器外壳	屏蔽	机壳接地

西门子 PLC 的自由口、PPI 通信、MPI 通信和 PROFIBUS-DP 现场总线通信的物理层都是 RS-485 通信，而且采用都是相同的通信线缆和专用网络接头。西门子提供两种网络接头，一

是标准网络接头（用于连接 PROFIBUS 站和 PROFIBUS 电缆实现信号传输，一般带有内置的终端电阻，如果该站为通信网络节点的终端，则需将终端电阻连接上，即将开关拨至 ON 端），如图 5-1 所示；二是编程端口接头，可方便地将多台设备与网络连接，编程端口允许用户将编程站（或 HMI）与网络连接，且不会干扰任何现有的网络连接。标准网络接头和编程端口接头均有两套终端螺钉，用于连接输入和输出网络电缆。

图 5-1　网络总线连接器

5.1.3　S7-1200 支持的通信类型

S7-1200 PLC 本体上集成了一个 PROFINET 通信接口，支持以太网和基于 TCP/IP 的通信标准。使用这个通信口可以实现 S7-1200 PLC 与编程设备的通信、与 HMI 触摸屏的通信，以及与其他 CPU 之间的通信。这个 PROFINET 物理接口支持 10 Mbit/s、100 Mbit/s 的 RJ-45 口，并能自适应电缆的交叉连接。同时，S7-1200 PLC 通信扩展通信模块可实现串口通信，S7-1200 PLC 串口通信模块有 3 种型号，分别为 CM1241 RS232 接口模块、CM1241 RS485 接口模块和 CM1241 RS422/485 接口模块。

- CM1241 RS232 接口模块支持基于字符的点到点（PtP）通信，如自由口协议和 MODBUS RTU 主从协议。
- CM1241 RS485 接口模块支持基于字符的点到点（PtP）通信，如自由口协议、MODBUS RTU 主从协议及 USS 协议。两种串口通信模块都必须安装在 CPU 模式的左侧，且数量之和不能超过 3 块，它们都由 CPU 模块供电，无须外部供电。模块上都有一个 DIAG（诊断）LED 灯，可根据此 LED 灯的状态判断模块状态。模块上部盖板下有 Tx（发送）和 Rx（接收）两个 LED 灯指示数据的收发。

5.2　自由口通信

5.2.1　S7-1200 PLC 之间

1. 通信模块的组态方法

可以用下列两种方法组态通信模块。

1）使用博途的设备视图组态接口参数，组态的参数永久保存在 CPU 中，CPU 进入 STOP 模式时不会丢失组态参数。

2）在用户程序中用下列指令来组态：PORT_CFG（用于组态通信接口）、SEND_CFG（用于组态发送数据的属性）、RCV_CFG（用于组态接收数据的属性）。设置的参数仅在 CPU 处于 RUN 模式时有效。切换到 STOP 模式或断电后又上电，这些参数恢复为设备组态时设置的参数。

2. 组态通信模块

生成一个“Z_mokuai”项目，CPU 型号为 CPU 1214C。打开设备视图，将右边的硬件目录窗口的文件夹“\通信模块\点到点\CM 1214（RS232）\6ES7 241-1AH32-0XB0”的模块拖放到 CPU 左边的 101 槽。选中该模块后，选中下面的巡视窗口的“属性”选项卡中左边窗口的“常规”项下的“RS-232 接口”（如图 5-2 所示），可以在右边的窗口中设置通信接口的参数，例如传输速率、奇偶校验、数据位的位数、停止位的位数和等待时间等。

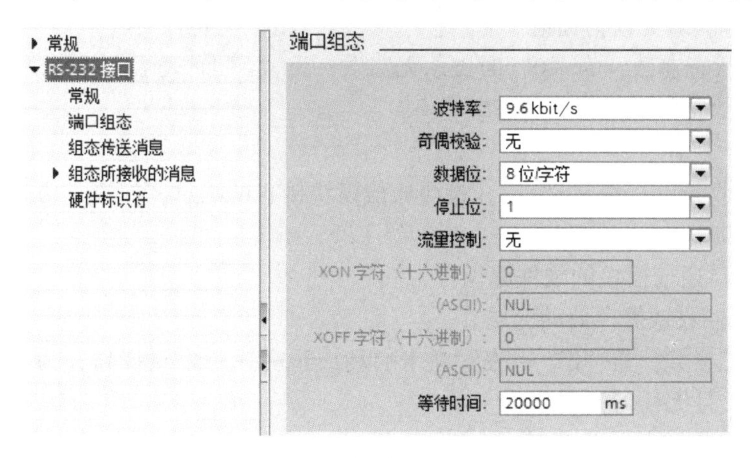

图 5-2　组态通信模块

奇偶校验的默认值是无奇偶校验，还可以选择偶校验、奇校验、Mark 校验（传号检验，奇偶校验位始终为 1）、Space 校验（空号检验、奇偶校验位始终为 0）和任意奇偶校验（将奇偶校验位设置为 0 进行传输，在接收时忽略奇偶校验错误）。

选中窗口的“组态传送消息”和“组态所接收的消息”，可以组态发送报文和接收报文的属性。详细的情况可查阅 S7-1200 PLC 的系统手册。

3. 自由口通信指令

S7-1200 的点到点（Point-to-Point，PtP）通信指令在右边指令树的“通信”指令窗口的“通信处理器”文件夹下“点到点”文件夹中，这些指令分为用于组态的指令和用于通信的指令。

SEND_PTP 指令用于发送报文，如图 5-3 所示，RCV_PTP 指令用于接收报文，如图 5-4 所示。所有的 PtP 指令的操作是异步的，用户程序可以使用轮询方式确认发送和接收的状态，这两条指令可以同时执行。通信模块发送和接收报文的缓冲区最大为 1024 B。

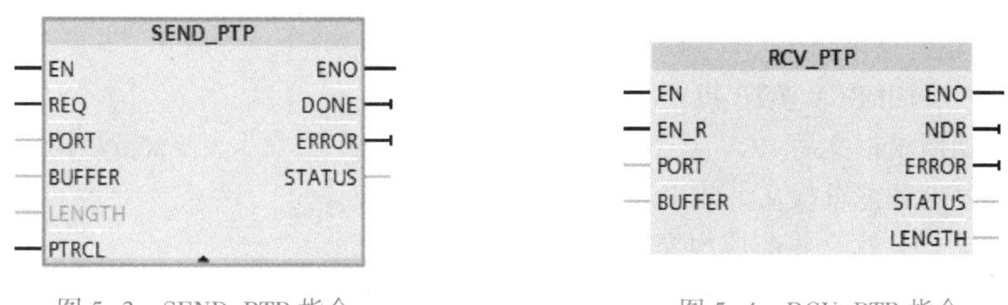

图 5-3　SEND_PTP 指令　　　　图 5-4　RCV_PTP 指令

RCV_RST 用于清除接收数据的缓冲区，SGN_GET 用于读取 RS-232 通信信号的当前状态，SGN_SET 用于设置 RS-232 通信信号的状态。

发送指令如下所述。

- REQ：发送请求，每个信号的上升沿发送一个消息帧。
- PORT：串口通信模块的硬件标识符。

- BUFFER：指定发送缓冲区。
- LENGTH：发送缓冲区的长度（发送的消息帧中包含多少字节的数据）。
- PTRCL：等于0时表示使用用户定义的通信协议而非西门子官方定义的通信协议。
- DONE：状态参数，为“0”时表示尚未启动或正在执行发送操作，为“1”时表示已执行发送操作，且无任何错误。
- ERROR：状态参数，为“0”时表示无错误，为“1”时表示出现错误。
- STATUS：执行指令操作的状态。

接收指令如下所述。

- EN_R：接收请求，为“1”时，检测通信模块接收的消息，如果成功接收则将接收的数据传送到CPU中。
- PORT：串口通信模块的硬件标识符。
- BUFFER：接收数据存储的区域。
- NDR：状态参数，为“0”时表示尚未启动或正在执行发送操作，为“1”时表示已接收到数据，且无任何错误。
- ERROR：状态参数，为“0”时表示无错误，为“1”时表示出现错误。
- STATUS：执行指令操作的状态。
- LENGTH：接收缓冲区中消息的长度（接收的消息帧中包含多少字节的数据）。

4. 通信程序的轮询结构

码5-1 自由口通信指令

必须周期性调用S7-1200 PLC点到点通信指令，检查接收的报文。

主站典型轮询顺序：

1）在SEND_PTP指令的REQ信号的上升沿，启动发送过程。

2）继续执行SEND_PTP指令，完成报文的发送。

3）SEND_PTP的输出位DONE为“1”时，指示发送完成，用户程序可以准备接收从站返回的响应报文。

4）反复执行RCV_PTP，模块接收到响应报文后，RCV_PTP指令的输出位NDR为“1”，表示已接收到新数据。

5）用户程序处理响应报文。

6）返回第1）步，重复上述循环。

从站的典型轮询顺序：

1）在OB1中调用RCV_PTP指令。

2）模块接到请求报文后RCV_PTP指令的输出位DONE为“1”，表示新数据准备就绪。

3）用户程序处理请求报文，并生成响应报文。

4）用SEND_PTP指令将响应报文发送给主站。

5）反复执行SEND_PTP，确保发送完成。

6）返回第1）步，重复上述循环。

从站的等待响应期间，必须尽量频繁地调用RCV_PTP指令，以便能够在主站超时之前接到来自主站发送的。

可以在循环中断OB中调用RCV_PTP指令，但是循环时间间隔不能太长，应保证在主站的超时时间内执行两次RCV_PTP指令。

5. 实现 S7-1200 PLC 之间的自由口通信

两台 S7-1200 PLC 之间的自由口通信需增加通信模块，在此需增加 CM 1241 RS485 通信模块，现就两台 S7-1200 PLC 之间自由口通信的步骤介绍如下。

1）控制要求：两台 S7-1200 PLC 的 CPU 均为 CPU 1214C，两者之间为自由口通信，实现按第一台 PLC 上电动机的起/停按钮能起/停第二台 PLC 上的电动机。

2）硬件组态。

- 新建项目。新建一个项目，名称为“1200 之间自由口通信”，在博途软件中添加两台 PLC 和两块 CM 1241 RS485 通信模块，如图 5-5 所示。
- 启用系统和时钟存储器字节。先选中 PLC_2 中的 CPU 1214C，再选中其属性中的“系统和时钟存储器”，在右边窗口中勾选“启用系统存储器字节”，在此采用默认的字节 MB1。M1.2 位始终为“1”。用同样的方法启用 PLC_1 中的时钟存储器字节，将 M0.5 设置成 1 Hz 的周期脉冲。
- 添加数据块。分别在 PLC_1 和 PLC_2 中添加新块，选中数据块，均命名为 DB1。然后分别用鼠标右键单击新生成的数据块 DB1，在弹出的对话框中单击“属性”选项，去掉右边窗口“优化的块访问”前面的“√”，再单击“确定”按钮。在弹出的“优化的块访问”对话框中，单击“确定”按钮。这样对该数据块中数据的访问就可采用绝对地址寻址，否则不能建立通信，如图 5-6 所示。

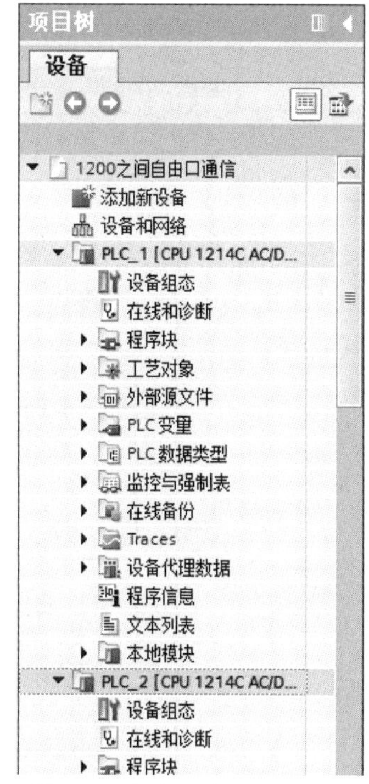

图 5-5　组态两个 CPU 1214C

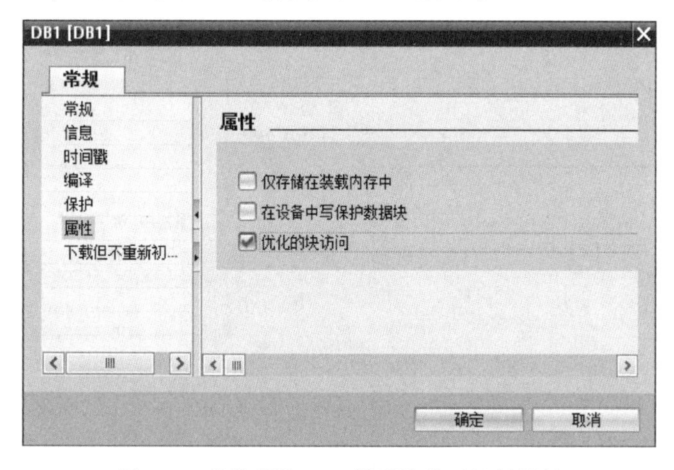

图 5-6　将数据块 DB1 设置为绝对地址寻址

- 创建数组。打开 PLC_1 中的数据块，创建数组 A[0..1]，数组中有两个字节 A[0] 和 A[1]，如图 5-7 所示。用同样的方法在 PLC_2 中创建数组 A[0..1]。

3）编写 S7-1200 的程序。

- PLC_1 中发送程序。

打开 PLC_1 下程序块中的主程序 OB1，编写的发送程序如图 5-8 所示。

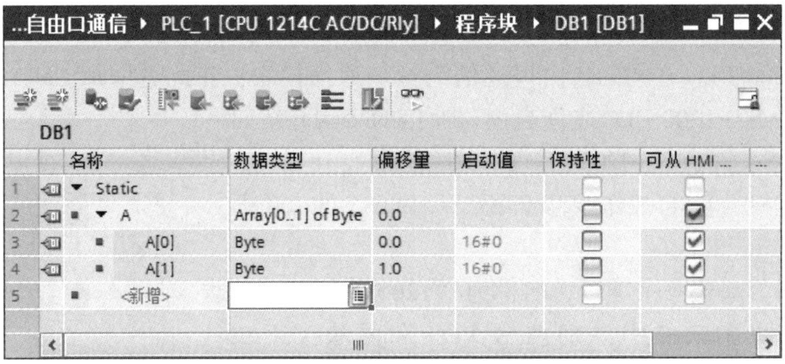

...自由口通信 ▸ PLC_1 [CPU 1214C AC/DC/Rly] ▸ 程序块 ▸ DB1 [DB1]

DB1

	名称	数据类型	偏移量	启动值	保持性	可从 HMI ...
1	▼ Static					
2	▼ A	Array[0..1] of Byte	0.0		☐	☑
3	A[0]	Byte	0.0	16#0	☐	☑
4	A[1]	Byte	1.0	16#0	☐	☑
5	<新增>					

图 5-7 在数据块 DB1 中建立数组 A[0..1]

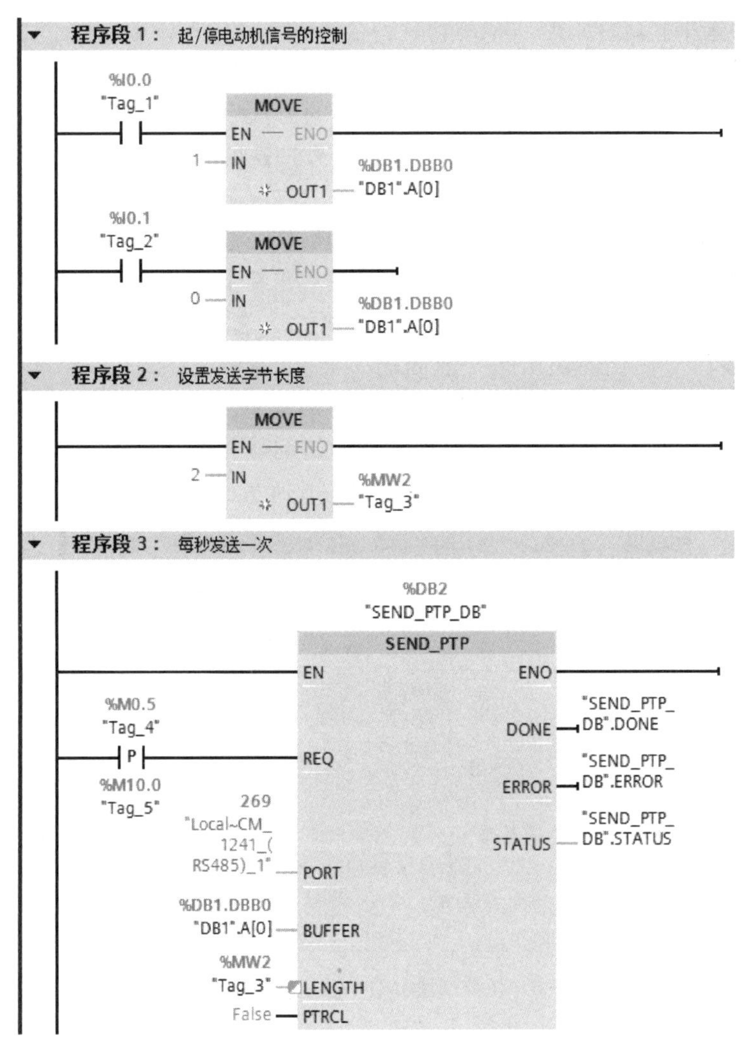

图 5-8 PLC_1 中发送起/停控制信号的程序

- PLC_2 中接收程序。

打开 PLC_2 下程序块中的主程序 OB1，编写的接收程序如图 5-9 所示。

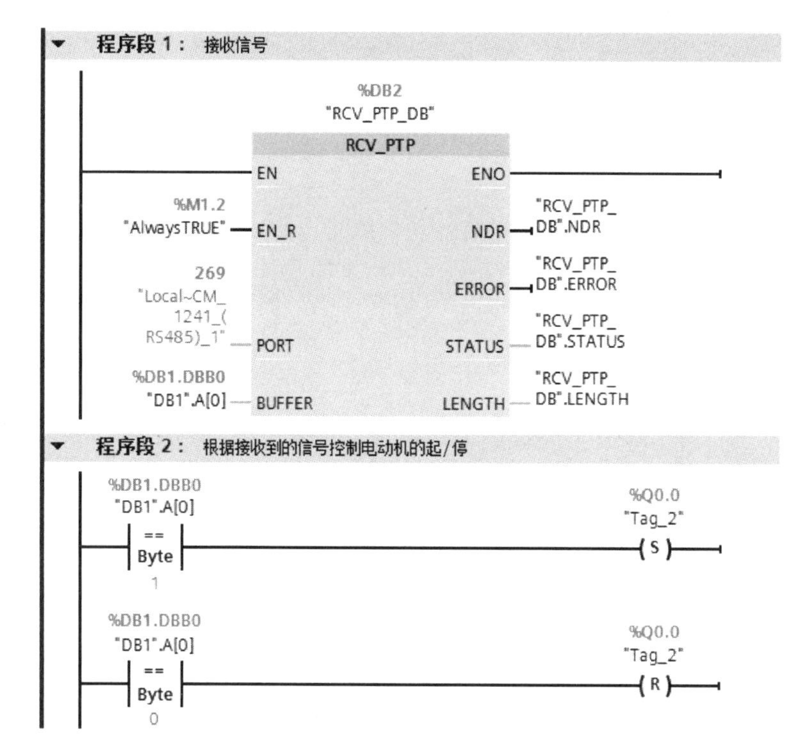

图 5-9　PLC_2 中接收起/停控制信号的程序

码 5-2　自由口通信指令的应用

5.2.2　S7-1200 PLC 与 S7-200 SMART PLC 之间

本节主要介绍 S7-1200 PLC 与 S7-200 SMART PLC 之间的自由口通信的组建步骤及通信程序的编写。

1. 控制要求

有两台设备，设备 1 控制器是 CPU 1214C，设备 2 控制器是 CPU SR40，两者之间为自由口通信，实现将设备 2 上采集的模拟量传送到设备 1 上。

2. 硬件连接

在 S7-1200 PLC 的第 101 槽上添加一块 CM 1214（RS485）通信模块，在 S7-200 SMART PLC 的第 1 号扩展插槽上添加一个模拟量混合模块 EM AM06，两台 PLC 通过双绞线电缆相连接，如图 5-10 所示。

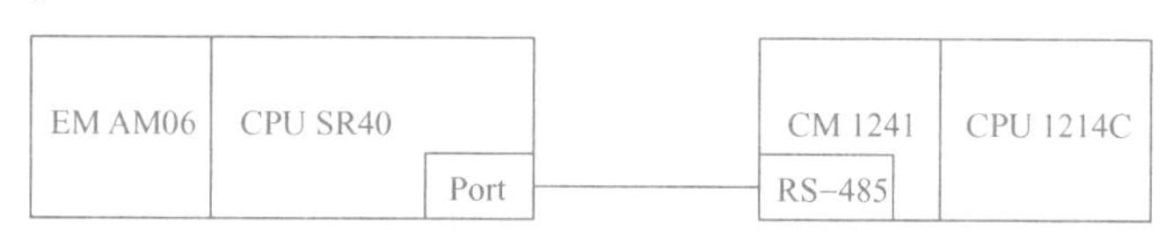

图 5-10　硬件配置及连接

3. 组态 EM AM06 模拟量混合模块

打开 S7-200 SMART PLC 的编程软件 STEP 7-MicroWIN SMART，打开其系统块，首先添加 CPU 和模拟量混合模块，然后选中 EM0 的扩展插槽上的 EM AM06 模拟量混合模块，选择通道 0，将其组态如下：测量信号类型为电压、测量范围为+/-10 V，其他采用默认，如图 5-11 所示。

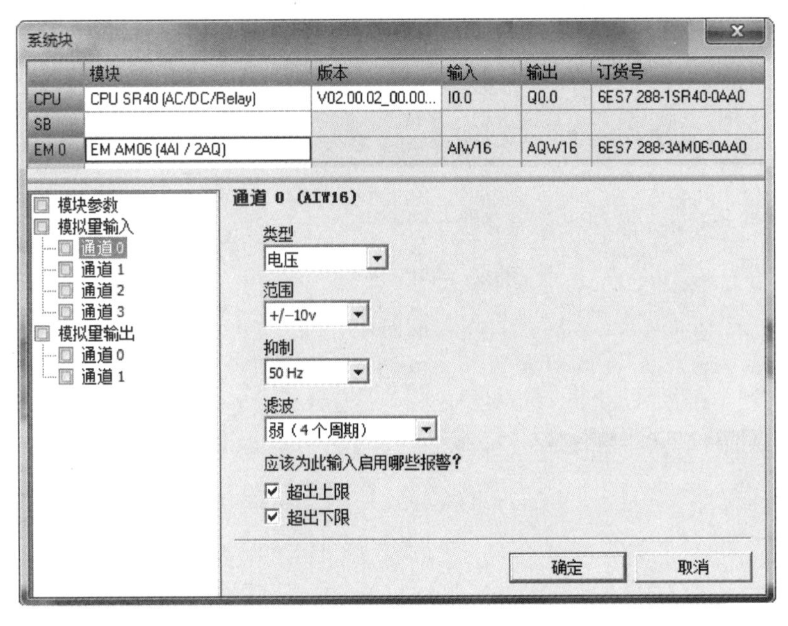

图 5-11　组态 S7-200 SMART PLC 模拟量输入通道

4. 编写 S7-200 SMART PLC 程序

在主程序中将 S7-200 SMART PLC 的端口 0 设置为自由口通信，传送两个字节，使用 100 ms 定时中断发送数据，建立中断连接并允许中断，具体程序如图 5-12 所示。

在中断程序中将模拟量混合模块的通道 0 中采集到的数据通过数据发送区发出，具体程序如图 5-13 所示。

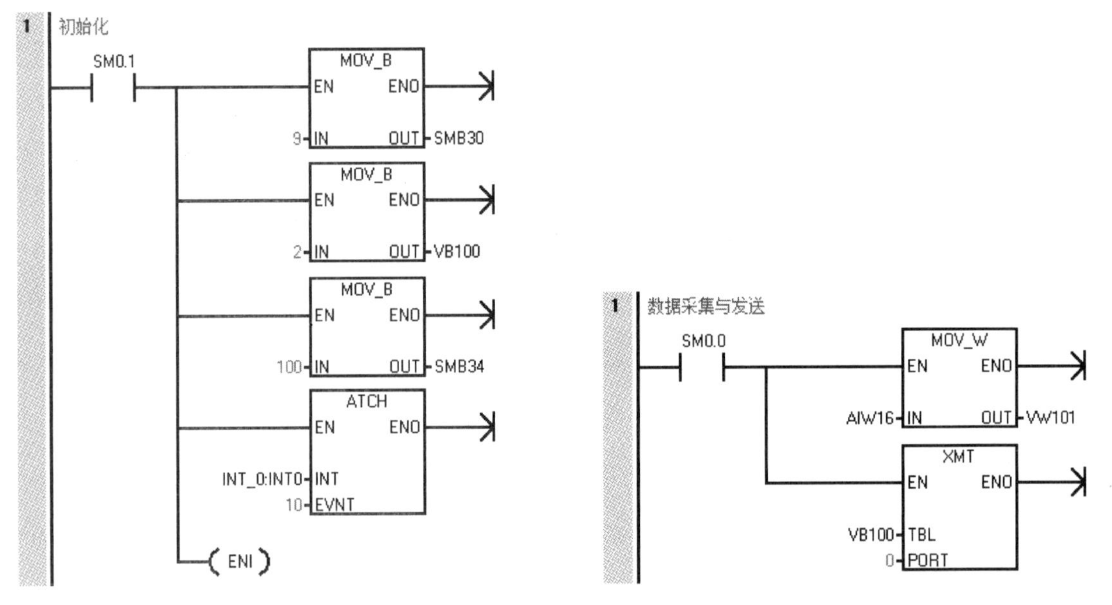

图 5-12　设备 2 上主程序

图 5-13　设备 2 上中断程序

5. S7-1200 PLC 硬件组态

1）新建工程。按前面介绍的方法新建工程，其名称为“自由口 1200_200 通信”。

2）硬件组态。添加新设备，CPU 选择为 CPU 1214C，然后在 CPU 右侧的 101 槽添加通信模块 CM 1241（RS485）。

3）启用系统时间存储字节。选中 CPU 后，在“属性”窗口中选中“系统与时钟存储器”后，在右边窗口中勾选“启用系统存储器字节”，使用系统默认的存储器字节 MB1，其中的 M1.2 位始终为“1”，相当于 S7-200 SMART PLC 中的 SM0.0。

4）添加数据块。在项目树的“程序块”文件夹中单击“添加新块”，然后选择“数据块”后，添加一个名称为“DB1”的数据块。在项目树中，用鼠标右键单击“DB1[DB1]”，然后单击“属性”选项，在弹出的对话框中选中“属性”后，在右边窗口中取消勾选“优化的块访问”复选框，即取消块的符号访问，改为绝对地址寻址，否则无法输入 BUFFER 的实参变量，通信则不能建立。注意：数据块建立后一定要编译和保存。

5）创建数组。打开数据块 DB1，创建数组 A[0..1]，数据类型为 WORD，数组中有两个字 A[0] 和 A[1]。

6. 编写 S7-1200 PLC 程序

用 S7-1200 PLC 主要接收来自 S7-200 SMART PLC 的数据，其程序如图 5-14 所示。运行程序后，打开数组，再打开监控功能，可以看到数组 A[0]的数据随着设备 2 模拟量输入的变化而变化。

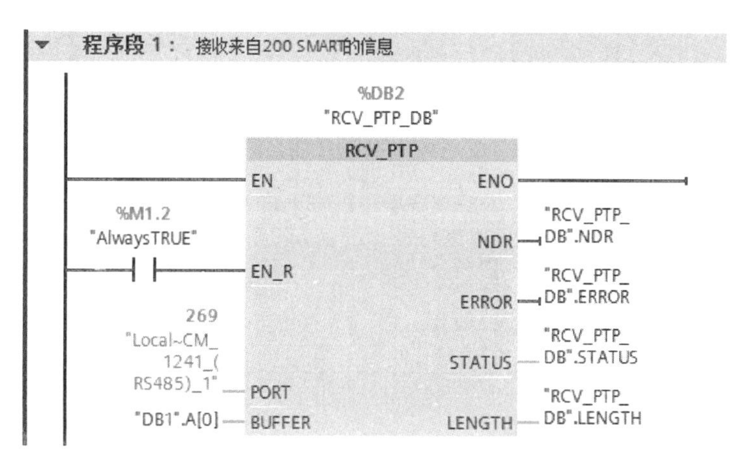

图 5-14　设备 1 上数据接收的程序

5.3　案例 17　两台电动机的异地起停控制

5.3.1　目的

1）掌握自由口通信的硬件组态。

2）掌握自由口通信指令的使用。

5.3.2　任务

使用 S7-1200 PLC 自由口通信方式实现两台电动机的异地起停控制。控制要求如下：按下本地的起动按钮 SB1 和停止按钮 SB2，本地电动机起动和停止。按下本地控制远程电动机的起动按钮 SB3 和停止按钮 SB4，远程电动机能起动和停止。

5.3.3 步骤

1. I/O 分配

根据 PLC 输入/输出点分配原则及本案例控制要求，进行 I/O 地址分配，如表 5-2 所示。

表 5-2 两台电动机异地起停的 PLC 控制 I/O 分配表

输入		输出	
输入继电器	元 器 件	输出继电器	元 器 件
I0.0	本地起动按钮 SB1	Q0.0	接触器 KM
I0.1	本地停止按钮 SB2		
I0.2	本地过载保护 FR		
I0.3	远程起动按钮 SB3		
I0.4	远程停止按钮 SB4		

2. I/O 接线图

根据控制要求及表 5-2 的 I/O 分配表，两台电动机异地起停 PLC 控制的 I/O 接线图如图 5-15 所示，两站原理图相同，在此只给出其中一站的接线，两台 PLC 均扩展出一个点到点通信模块 CM 1241（RS-485），并通过双绞线电缆相连接。

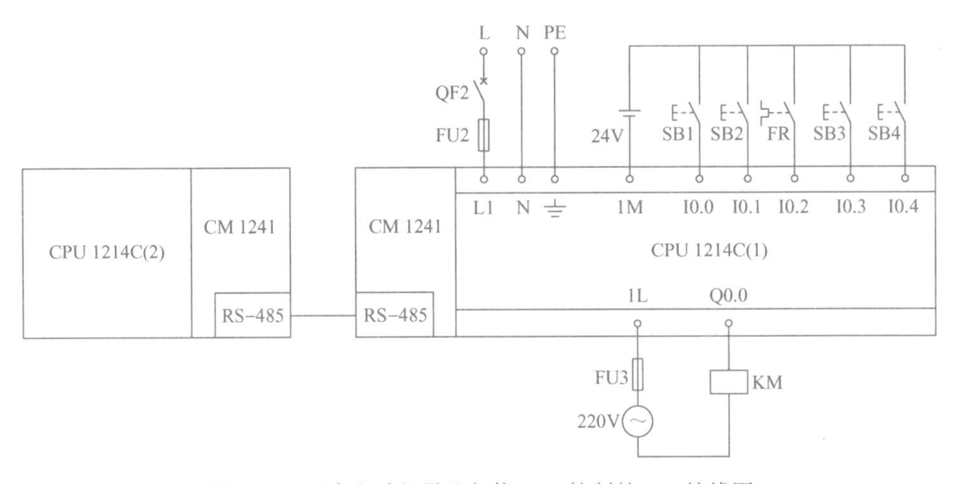

图 5-15 两台电动机异地起停 PLC 控制的 I/O 接线图

3. 创建工程项目

用鼠标双击桌面上的图标，打开博途编程软件，在 Portal 视图中选择“创建新项目”，输入项目名称“M_yideqiting”，选择项目保存路径，然后单击“创建”按钮完成创建。

4. 硬件组态

在项目视图的项目树中用鼠标双击“添加新设备”图标，添加设备名称为 PLC_1 的设备 CPU 1214C 和点到点通信模块 CM 1241（RS485）；按上述方法再次用鼠标双击“添加新设备”图标，添加设备名称为 PLC_2 的设备 CPU 1214C 和点到点通信模块 CM 1241（RS485）；分别启用系统和时钟存储器字节 MB1 和 MB0，组态完成后分别对其进行保存和编译。

5. 编辑变量表

分别打开 PLC_1 和 PLC_2 下的“PLC 变量”文件夹，用鼠标双击“添加新变量表”，均生成图 5-16 所示的变量表。

M_yideqiting ▸ PLC_1 [CPU 1214C AC/DC/Rly] ▸ PLC变量 ▸ 变量表_1 [6]

变量 | 用户常量

变量表_1

	名称	数据类型	地址	保持	在 H...	可从 ...	注释
1	本地起动按钮SB1	Bool	%I0.0	☐	☑	☑	
2	本地停止按钮SB2	Bool	%I0.1	☐	☑	☑	
3	本地过载保护FR	Bool	%I0.2	☐	☑	☑	
4	远程起动按钮SB3	Bool	%I0.3	☐	☑	☑	
5	远程停止按钮SB4	Bool	%I0.4	☐	☑	☑	
6	接触器KM	Bool	%I0.5	☐	☑	☑	

图 5-16　两台电动机异地起停 PLC 控制的变量表

6. 添加数据块

分别打开 PLC_1 和 PLC_2 下的“程序块”文件夹，用鼠标双击“添加新块”，均生成图 5-17所示的数据块 DB1。然后在数据块 DB1 中分别创建数组 YIDEQT_S[0..1] 和 YIDEQT_R[0..1]，数据类型均为 BOOL。最后在项目树中，用鼠标右键单击“DB1[DB1]”，然后单击“属性”选项，在弹出的对话框中选中“属性”后，在右边窗口中取消勾选“优化的块访问”选项，即取消块的符号访问，改为绝对地址寻址，然后对设置窗口进行编译和保存。

..._yideqiting ▸ PLC_1 [CPU 1214C AC/DC/Rly] ▸ 程序块 ▸ DB1 [DB1]

DB1

	名称	数据类型	偏移量	启动值	保持性
1	▼ Static				☐
2	▼ YIDEQT_S	Array[0..1] of Bool	0.0		☐
3	YIDEQT_S[0]	Bool	0.0	false	☐
4	YIDEQT_S[1]	Bool	0.1	false	☐
5	▼ YIDEQT_R	Array[0..1] of Bool	2.0		☐
6	YIDEQT_R[0]	Bool	0.0	false	☐
7	YIDEQT_R[1]	Bool	0.1	false	☐

图 5-17　两台电动机异地起停 PLC 控制的数据块

7. 编写程序

分别打开 PLC_1 和 PLC_2 下的“程序块”文件夹，双击“Main[OB1]”，分别在主程序中编写两台电动机的异地起/停控制程序（两站程序相似）。本案例采用 M0.3，即每秒发送两次对方的起/停信息，其程序如图 5-18 所示。

8. 调试程序

将调试好的用户程序及设备组态分别下载到各自 CPU 中，并连接好线路。按下本地电动机的起动和停止按钮，观察本地电动机是否能正常起动和停止。再按下本地控制远程站电动机的起动和停止按钮，观察远程站电动机是否能正常起动和停止。同样，在另一站调试本地电动机的起停和控制远程电动机的起停，若上述调试现象与控制要求一致，则说明本案例任务实现。

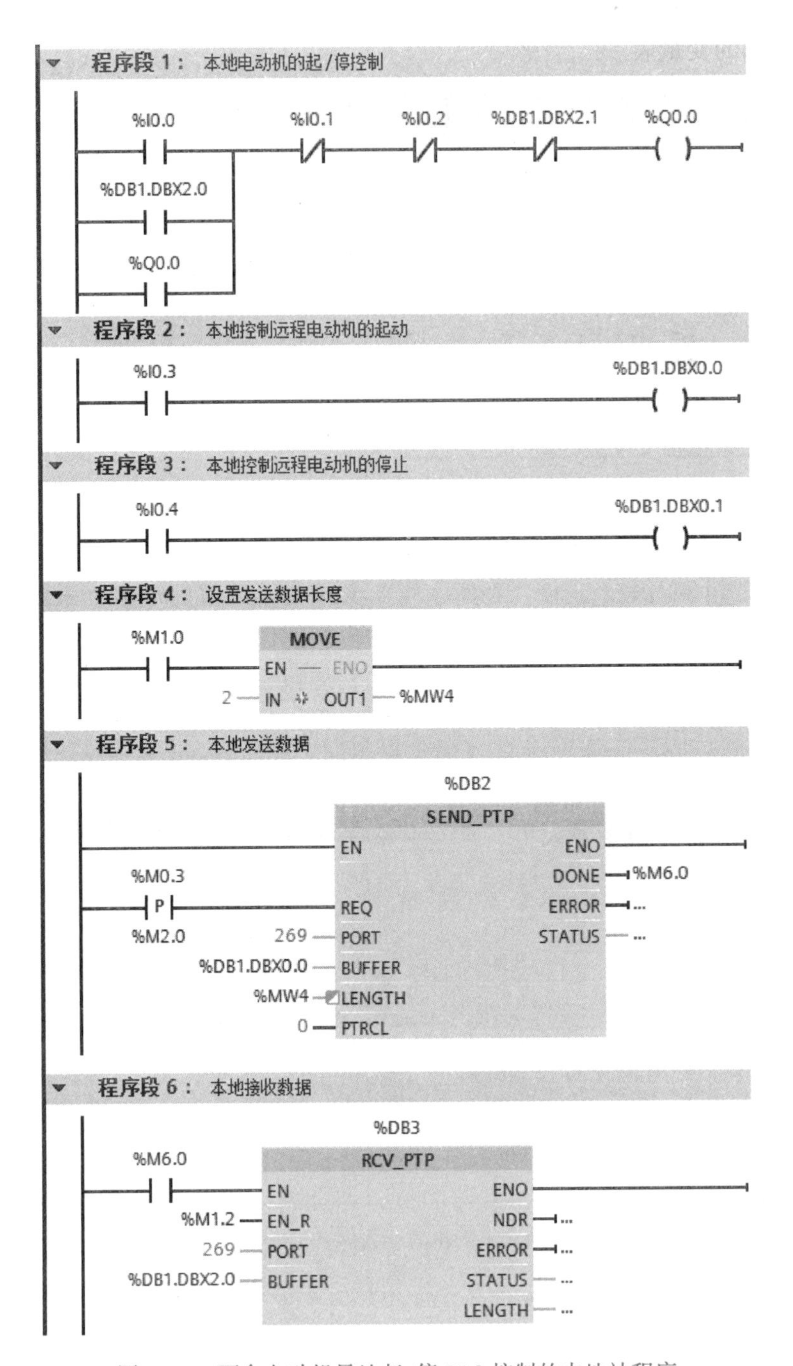

图 5-18　两台电动机异地起/停 PLC 控制的本地站程序

5.3.4　训练

1）训练 1：本案例同时还要求，在两站点均能显示两台电动机的工作状态。

2）训练 2：用循环中断 OB30 起动定时发送信息实现本案例的控制任务。

3）训练 3：用自由口通信实现设备 1 上的跑动按钮控制设备 2 上 QB0 输出端的 8 盏指示灯，使它们以跑马灯形式点亮，即每按一次设备 1 上的跑动按钮，设备 2 上指示灯向左或向右跑动1盏。

5.4 以太网通信

5.4.1 S7-1200 PLC 之间

1. S7-1200 PLC 以太网通信简介

S7-1200 PLC 本体上集成一个 PROFINET 接口，既可作为编程下载接口，也可作为以太网通信接口，该接口支持以下通信协议及服务：TCP、ISO on TCP、S7 通信。目前 S7-1200 PLC 只支持 S7 通信的服务器端，还不能支持客户端的通信。

（1）S7-1200 PLC 的以太网通信连接

S7-1200 PLC 的 PROFINET 接口有两种网络连接方法：直接连接和网络连接。

1）直接连接。当一个 S7-1200 PLC 与一个编程设备、一个 HMI、一个 PLC 通信时，也就是说只有两个通信设备时，实现的是直接通信。直接连接不需要使用交换机，用网线直接连接两个设备即可。网线有 8 芯和 4 芯的两种双绞线电缆，双绞线电缆连接方式也有两种，即正线（标准 568B）和反线（标准 568A），其中正线也称为直通线，反线也称为交叉线。正线接线如图 5-19 所示，两端线序一样，从下至上的线序是：白橙、橙、白绿、蓝、白蓝、绿、白棕、棕。反线接线如图 5-20 所示，一端为正线的线序，另一端为从下至上的线序是：白绿、绿、白橙、蓝、白蓝、橙、白棕、棕。对于千兆以太网，用 8 芯双绞线，但接法不同于以上所述的接法，请参考有关文献。

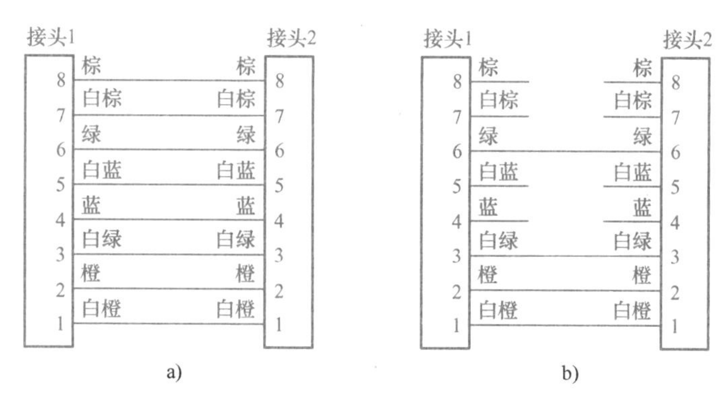

图 5-19 双绞线电缆正线接线图
a）8 芯线 b）4 芯线

2）网络连接。当多个通信设备进行通信时，也就是说通信设备数量为两个以上时，实现的是网络连接。多个通信设备的网络连接需要使用以太网交换机来实现。可以使用导轨安装的西门子 CSM 1277 的 4 口交换机连接其他 CPU 或 HMI 设备。CSM 1277 交换机是即插即用的，使用前不用进行任何设置。

注意： 如果使用交换机进行两个或多个通信设备的通信连接时，可以是正线接线也可以是反线接线，原因在于交换机具有自动交叉功能。如果不使用交换机进行两个通信设备的通信连接时，若是 S7-1200 PLC 与 S7-200 PLC 之间的以太网通信，因 S7-200 PLC 的以太网模块不支持交叉自适应功能，所以只能使用正线接线。S7-1200 PLC 和 S7-200 SMART PLC 的以太网

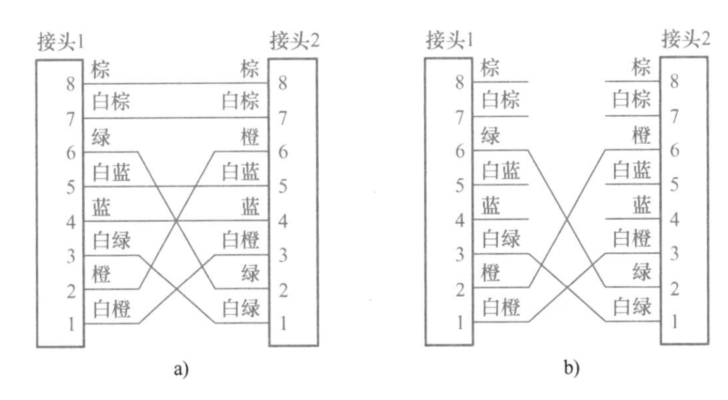

图 5-20 双绞线电缆反线接线图

a）8 芯线 b）4 芯线

接口具备交叉自适应功能。

（2）与 S7-1200 PLC 有关的以太网通信方法

1）S7-1200 PLC 与 S7-1200 PLC 之间的以太网通信方法。它们之间的以太网通信可以通过 TCP 和 ISO on TCP 来实现。使用的指令是在双方 CPU 中调用 T_block 指令来实现。

2）S7-1200 PLC 与 S7-200 PLC 之间的以太网通信方法。它们之间的以太网通信可以通过 S7 通信来实现。因为 S7-1200 PLC 的以太网模块只支持 S7 通信。由于 S7-1200 PLC 的 PROFINET 通信接口只支持 S7 通信的服务器，所以在编程方面，S7-1200 PLC 不用做任何工作，只需在 S7-200 PLC 一侧将以太网设置成客户端，并用 ETHx_XFR 指令编程通信。如果使用的是 S7-200 SMART PLC，则需要使用 PUT、GET 指令编程通信，双方都可以做服务器。

3）S7-1200 PLC 与 S7-300/400 PLC 之间的以太网通信方法。它们之间的以太网通信方式相对来说要多一些，可以采用 TCP、ISO on TCP 和 S7 通信。

使用 TCP 和 ISO on TCP 这两种协议进行通信所使用的指令是相同的，在 S7-1200 PLC 中使用 T_block 指令编辑通信。如果是以太网模块，在 S7-300/400 PLC 上使用 AG_SEND、AG_RECV 编程实现通信。如果是支持 Open IE 的 PN 口，则使用 Open IE 的通信指令实现。

对于 S7 通信，由于 S7-1200 PLC 的 PROFINET 通信接口只支持 S7 通信的服务器，所以在编程方面，S7-1200 PLC 不用做任何工作，只需在 S7-300/400 PLC 一侧建立单边连接，并用 PUT、GET 指令进行通信。

2. S7-1200 PLC 以太网通信指令

S7-1200 PLC 中所有需要编程的以太网通信都使用开放式以太网通信指令块 T-block 来实现，所有 T-block 通信指令必须在 OB1 中调用。调用 T-block 指令并配置两个 CPU 之间的连接参数，定义数据发送或接收的参数。博途软件提供两套通信指令：不带连接管理的通信指令和带连接管理的通信指令。

不带连接管理的通信指令如表 5-3 所示，带连接管理的通信指令如表 5-4 所示。

表 5-3 不带连接管理的通信指令

指 令	功 能
TCON	建立以太网连接

（续）

指　　令	功　　能
TDISCON	断开以太网连接
TSEND	发送数据
TRCV	接收数据

表 5-4　带连接管理的通信指令

指　　令	功　　能
TSEND_C	建立以太网连接并发送数据
TRCV_C	建立以太网连接并接收数据

实际上 TSEND_C 指令实现的是 TCON、TDISCON 和 TSEND 三个指令综合的功能，而 TRCV_C 指令是 TCON、TDISCON 和 TRCV 三个指令综合的功能。

3. S7-1200 PLC 之间的以太网通信

S7-1200 PLC 之间的以太网通信可以通过 TCP 或 ISO on TCP 来实现，是在双方 CPU 中调用 T-block 指令来实现。通信方式为双边通信，因此发送和接收指令必须成对出现。因为 S7-1200 PLC 目前只支持 S7 通信的服务器端，所以它们之间不能使用 S7 这种通信方式。下面通过一个例子介绍 S7-1200 PLC 之间的以太网通信的组态步骤及其编程。

（1）控制要求

将设备 1 的 IB0 中数据发送到设备 2 的接收数据区 QB0 中，设备 1 的 QB0 接收来自设备 2 发送的 IB0 中数据。

（2）硬件接线图

根据控制要求可绘制出图 5-21 所示的接线图，设备 2 上的输入端及设备 1 上的输出端未详细画出，两设备（PLC）通过带有水晶头的网线相连接。

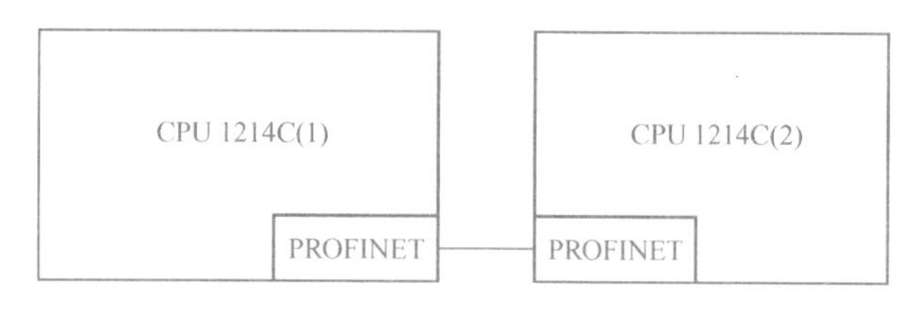

图 5-21　S7-1200 PLC 之间以太网通信硬件接线图

（3）组态网络

创建一个新项目，名称为 NET_1200-to-1200，添加两个 PLC，均为 CPU 1214C，分别命名为 PLC_1 和 PLC_2。分别启用两个 CPU 中的系统和时钟存储器字节 MB1 和 MB0。

在项目视图的“设备组态”中，单击 CPU 的属性的“PROFINET 接口［X1］”选项，可以设置 PLC 的 IP 地址，在此设置 PLC_1 和 PLC_2 的 IP 地址分别为 192.168.0.1 和 192.168.0.2，如图 5-22 所示。切换到“网络视图”（或用鼠标双击项目树的“设备和网络”选项），要创建 PROFINET 的逻辑连接，首先进行以太网的连接。选中 PLC_1 的

PROFINET 接口的绿色小方框，拖动到另一台 PLC 的 PROFINET 接口上，松开鼠标，则连接建立，并保存窗口设置，如图 5-23 所示。

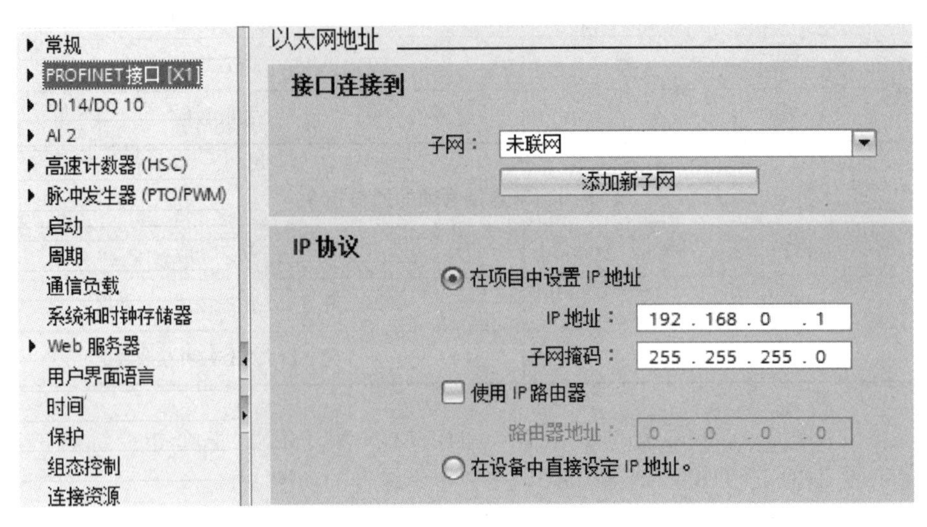

图 5-22　设置 PLC 的 IP 地址

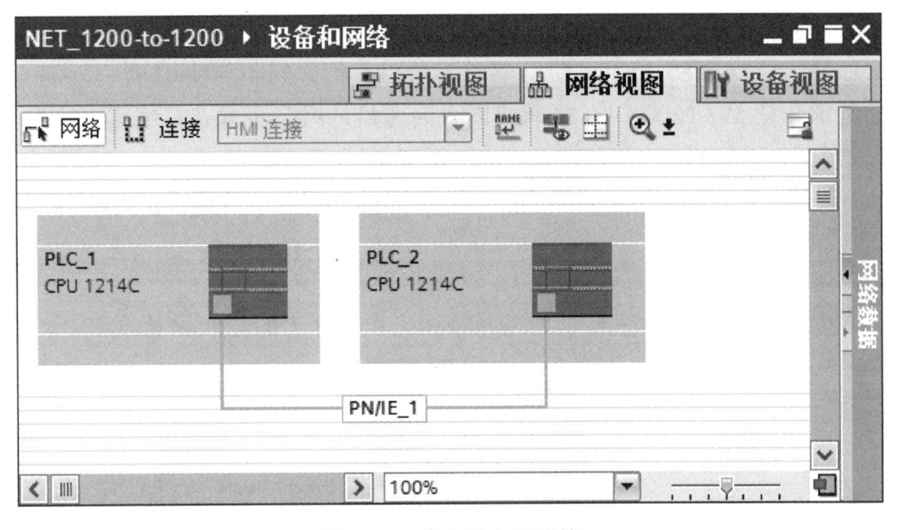

图 5-23　建立以太网连接

（4）PLC_1 通信编程

1）在 PLC_1 的 OB1 中调用 TSEND_C 通信指令。

打开 PLC_1 主程序 OB1 的编辑窗口，在右侧“通信”指令文件夹中，打开“开放式用户通信”文件夹，用鼠标双击或拖动 TSEND_C 指令至某个程序段中，自动生成名称为 TSEND_C_DB 的背景数据块。TSEND_C 指令可以用 TCP 或 ISO on TCP。它们均使本地机与远程机进行通信，TSEND_C 指令使本地机向远程机发送数据。TSEND_C 指令及参数如表 5-5 所示。

表 5-5 TSEND_C 指令及参数

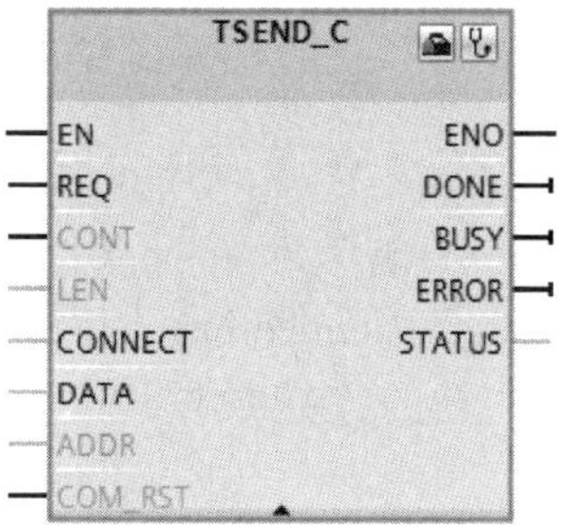

指 令	参 数	描 述	数据类型
TSEND_C EN ENO REQ DONE CONT BUSY LEN ERROR CONNECT STATUS DATA ADDR COM_RST	EN	使能	BOOL
	REQ	当上升沿时，向远程机发送数据的启动	BOOL
	CONT	1 表示连接，0 表示断开连接	BOOL
	LEN	发送数据的最大长度，用字节表示	UDINT
	CONNECT	连接数据 DB	ANY
	DATA	指向发送区的指针，包含要发送数据的地址和长度	ANY
	ADDR	可选参数（隐藏），指向接收方地址的指针	ANY
	COM_RST	可选参数（隐藏），重置连接：0 表示无关；1 表示重置现有连接	BOOL
	DONE	0 表示任务没有开始或正在运行；1 表示任务没有错误地执行	BOOL
	BUSY	0 表示任务已经完成；1 表示任务没有完成或一个新任务没有触发	BOOL
	ERROR	0 表示没有错误；1 表示处理过程中有错误	BOOL
	STATUS	状态信息	WORD

TRCV_C 指令使本地机接收远程机发送来的数据，TRCV_C 指令及参数如表 5-6 所示。

表 5-6 TRCV_C 指令及参数

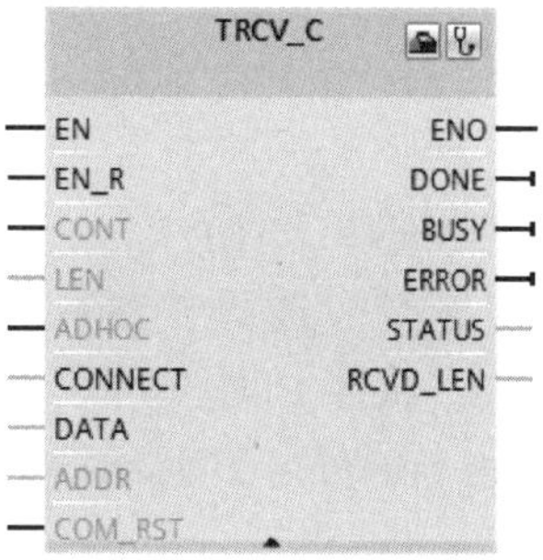

指 令	参 数	描 述	数据类型
TRCV_C EN ENO EN_R DONE CONT BUSY LEN ERROR ADHOC STATUS CONNECT RCVD_LEN DATA ADDR COM_RST	EN	使能	BOOL
	EN_R	为 1 时为接收数据做准备	BOOL
	CONT	1 表示连接，0 表示断开连接	BOOL
	LEN	要接收数据的最大长度，用字节表示。如果在 DATA 参数中使用具有优化访问权限的接收区，LEN 参数值必须为 0	UDINT
	ADHOC	可选参数（隐藏），TCP 选项使用 Ad-hoc 模式	BOOL
	CONNECT	连接数据 DB	ANY
	DATA	指向接收区的指针	ANY
	ADDR	可选参数（隐藏），指向连接类型为 UDP 的发送地址的指针	ANY
	COM_RST	可选参数（隐藏），重置连接：0 表示无关；1 表示重置现有连接	BOOL
	DONE	0 表示任务没有开始或正在运行；1 表示任务没有错误地执行	BOOL
	BUSY	0 表示任务已经完成；1 表示任务没有完成或一个新任务没有触发	BOOL
	ERROR	0 表示没有错误；1 表示处理过程中有错误	BOOL
	STATUS	状态信息	WORD
	RCVD_LEN	实际接收到的数据量（以字节为单位）	UDINT

2）定义 PLC_1 的 TSEND_C 连接参数。

要设置 PLC_1 的 TSEND_C 连接参数，先选中该指令，用鼠标右键单击该指令，在弹出的对话框中单击“属性”，打开属性对话框，然后选择其左上角的“组态”选项卡，单击其中的“连接参数”选项，如图 5-24 所示。在右边窗口“伙伴”的“端点”中选择“PLC_2”，则接口、子网及地址等随之自动更新。此时“连接类型”和“连接 ID”两栏呈灰色，即无法进行选择和数据的输入。在“连接数据”栏中输入连接数据块“PLC_1_Connection_DB（所有的连接数据都会存于该 DB 块中)”，或单击“连接数据”栏后面的倒三角，单击“新建”生成新的数据块。单击本地 PLC_1 的“主动建立连接”复选框（即本地 PLC_1 在通信时为主动连接方)，此时“连接类型”和“连接 ID”两栏呈现亮色，即可以选择“连接类型”，ID 默认是“1”。然后在“伙伴”的“连接数据”栏输入连接的数据块“PLC_2_Connection_DB”，或单击“连接数据”栏后面的倒三角，单击“新建”生成新的数据块，新的连接数据块生成后连接 ID 则也自动生成，这个 ID 号在后面的编程中将会用到。

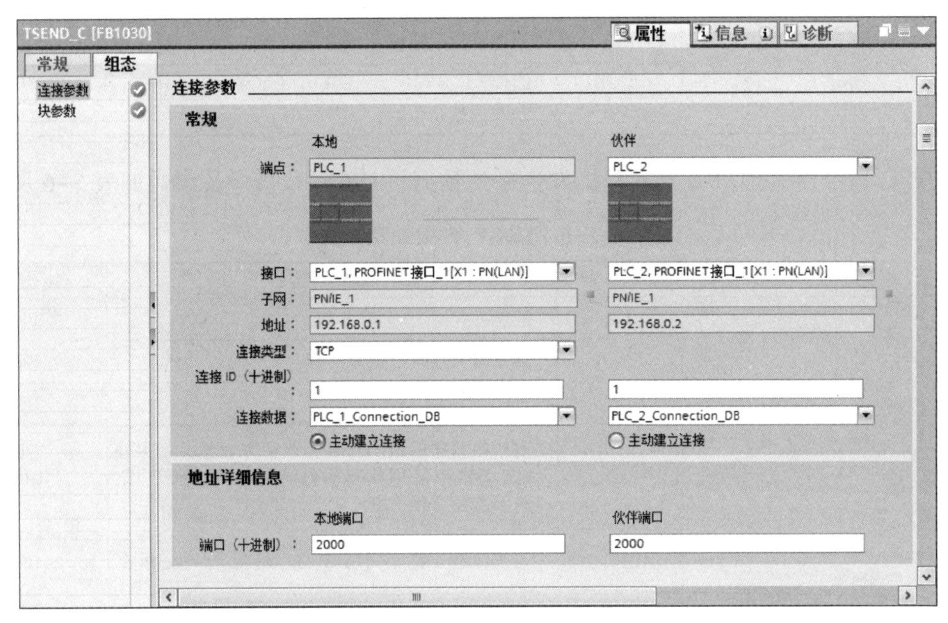

图 5-24 定义 TSEND_C 连接参数

“连接类型”可选择为“TCP”、“ISO-on-TCP”和“UDP”，在此选择“TCP”，在“地址详细信息”栏可以看到通信双方的端口号为 2000。如果“连接类型”选择“ISO-on-TCP”，则需要设定 TSAP 地址，此时本地 PLC_1 可以设置成“PLC1”，伙伴 PLC_2 可以设置成“PLC2”。使用 ISO-on-TCP 通信，除了连接参数的定义不同，其组态编程与 TCP 通信完全相同。

3）定义 PLC_1 的 TSEND_C 块参数。

要设置 PLC_1 的 TSEND_C 块参数，先选中指令，用鼠标右键单击该指令，在弹出的对话框中单击“属性”，打开属性对话框，然后选择其左上角的“组态”选项卡，单击其中的“块参数”选项，如图 5-25 所示。在“输入”参数中，“启动请求（REQ）”使用“Clock_2 Hz（M0.3)”，上升沿激发发送任务，“连接状态（CONT)”设置为常数 1，表示建立连接并一直保持连接。在“输入/输出”参数中，“相关的连接指针”是前面建立的连接数据块

PLC_1_Connection_DB，“发送区域（DATA）”中使用指针寻址或符号寻址，本例设置为“P#I0.0 BYTE 1”，即定义的是发送数据 IB0 开始的 1B 的数据。在此只需要在“起始地址”中输入 P#I0.0，在“长度”输入 1，在后面方框中选择“BYTE”即可。“发送长度（LEN）”设为 1，即最大发送的数据为 1B。“重新启动块（COM_RST）”为 1 时重新启动通信块，现存的连接会中断，在此不设置。在“输出”参数中，“请求完成（DONE）、请求处理（BUSY）、错误（ERROR）、错误信息（STATUS）”可以不设置或使用数据块中变量，如图 5-25 所示。

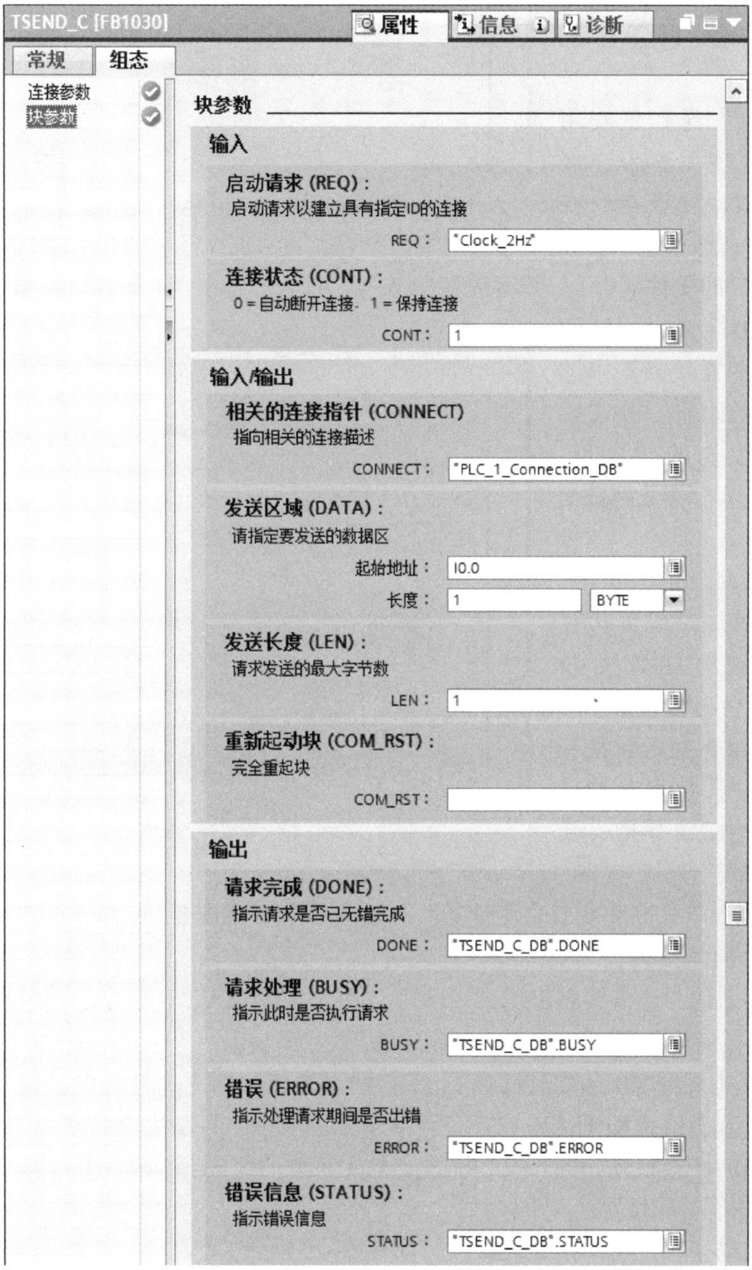

图 5-25　定义 TSEND_C 块参数

设置 TSEND_C 指令块参数后，程序编辑器中的指令将随之更新，也可以直接编辑指令，如图 5-26 所示。

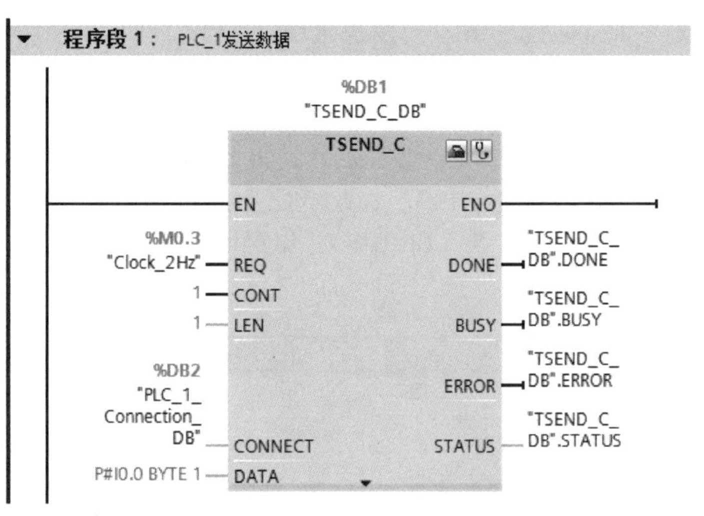

图 5-26　设置 TSEND_C 指令块参数

4）在 OB1 中调用接收指令 TRCV 并组态参数。

为了使 PLC_1 能接收到来自 PLC_2 的数据，在 PLC_1 调用接收指令 TRCV 并组态其参数。

接收数据与发送数据使用同一连接，所以使用不带连接管理的 TRCV 指令（该指令在右侧指令树的“\通信\开放式用户通信\其他”的文件夹中），其编程如图 5-27 所示。其中“EN_R”参数为 1，表示准备好接收数据；ID 号为 1，使用的是 TSEND_C 的连接参数中的“连接 ID”的参数地址；“DATA”为 QB0，表示接收的数据区；“RCVD_LEN”为实际接收到数据的字节数。

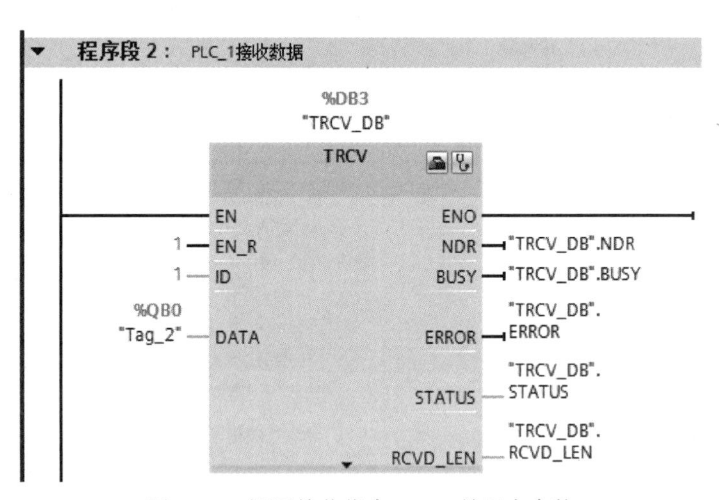

图 5-27　调用接收指令 TRCV 并组态参数

注意：本地站使用 TSEND_C 指令发送数据，在通信伙伴（远程站）就得使用 TRCV_C 指令接收数据。双向通信时，本地调用 TSEND_C 指令发送数据和用 TRCV 指令接收数据；在远程站调用 TRCV_C 指令接收数据和 TSEND 指令发送数据。TSEND 和 TRCV 指令只有块参数需要设置，无连接参数需要设置。

（5）PLC_2 通信编程

要实现上述通信，还需要在 PLC_2 中调用 TRCV_C 和 TSEND 指令，并组态其参数。

1）在 PLC_2 中调用指令 TRCV_C 并组态参数。

打开 PLC_2 主程序 OB1 的编辑窗口，在右侧“通信”指令文件夹中，打开“开放式用户通信”文件夹，双击或拖动 TRCV_C 指令至某个程序段中，自动生成名称为 TRCV_C_DB 的背景数据块。定义的连接参数如图 5-28 所示，连接参数的组态与 TSEND_C 基本相似，各参数要与通信伙伴 CPU 对应设置。

定义通信数据接收 TRCV 指令块参数，如图 5-29 所示。

2）在 PLC_2 中调用 TSEND 指令并组态参数。

PLC_2 是将 IB0 中数据发送到 PLC_1 的 QB0 中，则在 PLC_2 调用 TSEND 发送指令并组态相关参数，发送指令与接收指令使用同一个连接，所以也使用不带连接的发送指令 TSEND，其块参数组态如图 5-30 所示。

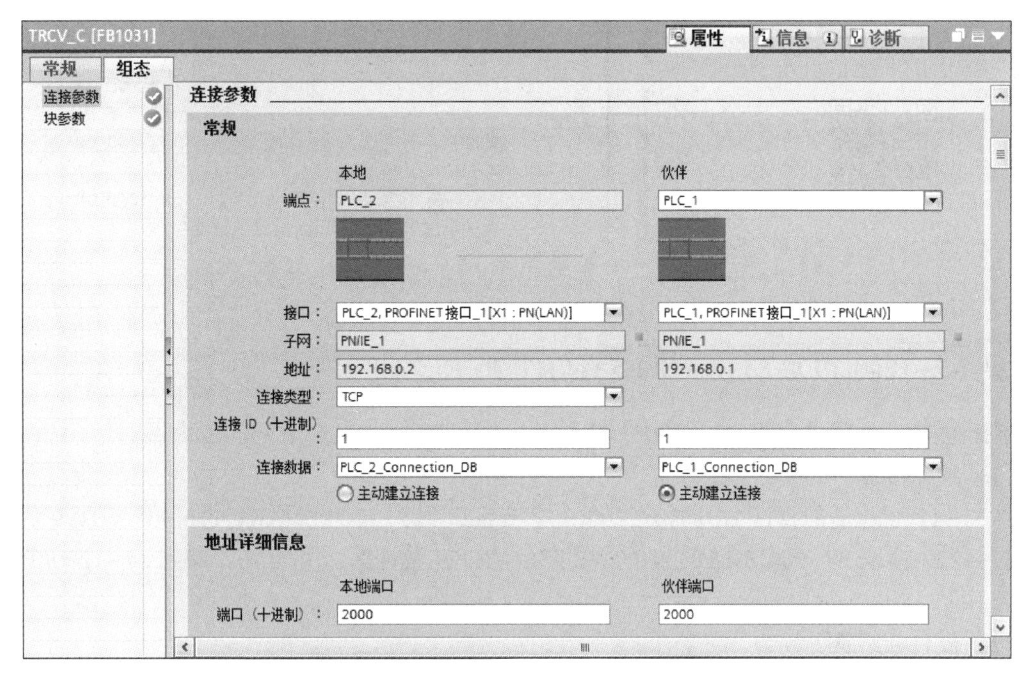

图 5-28　组态 TRCV_C 指令的连接参数

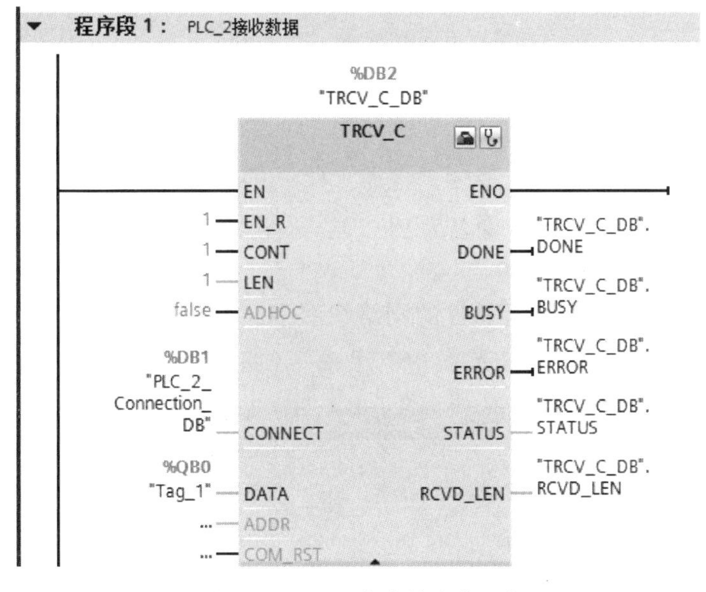

图 5-29　TRCV 指令块参数组态

码 5-3　以太网通信指令

码 5-4　以太网通信指令的应用

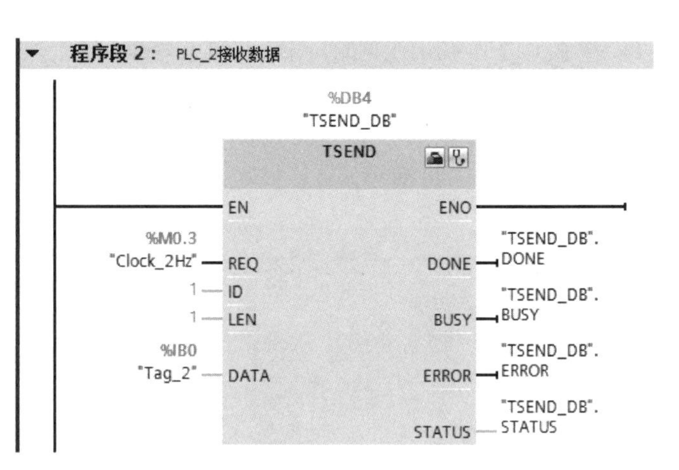

图 5-30　调用发送指令 TSEND 并组态参数

5.4.2　S7-1200 PLC 与 S7-200 SMART PLC 之间

下面通过一个例子介绍 S7-1200 PLC 与 S7-200 SMART PLC 之间的以太网通信。

（1）控制要求

将 S7-1200 通信数据区 DB1 中的 200 个字节发送到 S7-200 SMART 的 VB0~VB199 的数据区。S7-1200 读取 S7-200 SMART 中的 VB200~VB399 数据区，并将其存储到 S7-1200 的数据区 DB2 中。

（2）硬件接线图

根据控制要求可绘制出图 5-31 所示的接线图，两设备（PLC）通过带有水晶头的网线相连接。

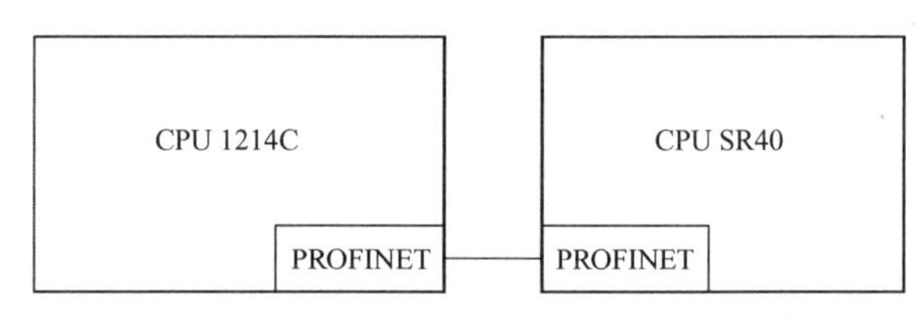

图 5-31　1200 与 200 SMART 以太网通信硬件接线图

（3）S7-1200 侧硬件组态和网络组态

1）创建一个新项目，并添加一个 S7-1200 PLC 站点。打开博途编程软件，创建一个名称为 NET_1200-to-200 SMART 的项目，添加一个 PLC 型号为 CPU 1214C，命名为 PLC_1，采用默认的 IP 地址（192.168.0.1），同时启用 CPU 中的时钟存储器字节 MB0。

2）创建 S7 连接。在博途编程软件的网络视图中，先单击连接图标 连接 创建一个新的连接，然后在其右边连接列表中选择“S7 连接”（如图 5-32 所示），然后用鼠标键单击网络视图中的 CPU，在弹出的菜单中选择“添加新连接”。在弹出的“创建新连接”对话框中将“连接类型”选择“S7 连接”，在左边选择“未指定”，指定本地 ID 为“100”，然后单击“添加”按钮，添加新连接，再单击“关闭”按钮，关闭创建新连

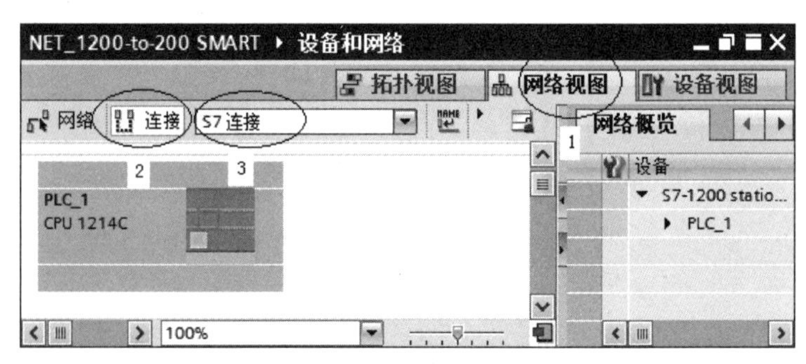

图 5-32　创建 S7 连接

接对话框，如图 5-33 所示。

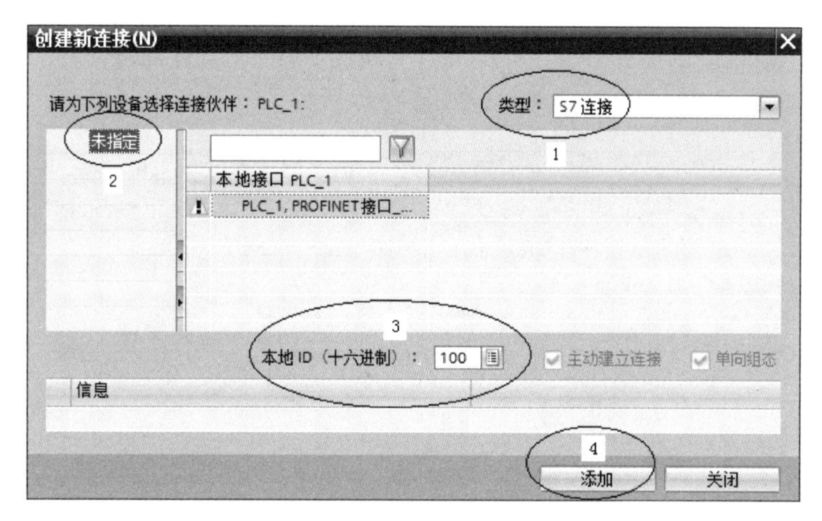

图 5-33　添加 S7 连接

3）添加子网。添加完新连接后，在图 5-32 中，用鼠标右键单击 CPU 右下方绿色的小方框，在弹出的菜单中单击“添加子网”，然后生成一条 PN/IE_1 子网，如图 5-34 左上角所示。

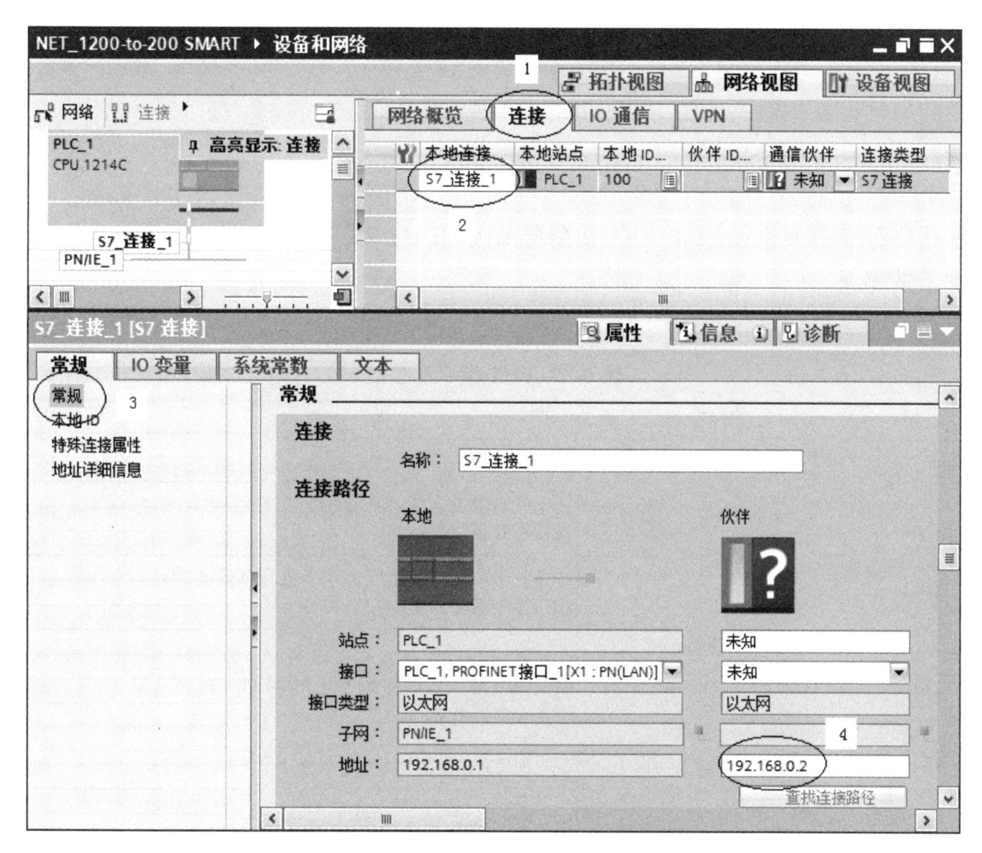

图 5-34　设置连接伙伴的 IP 地址

4）组态连接参数。选择图 5-34 中右上角的“连接”选项卡，在“本地连接”列中选中“S7_连接_1”，然后在该连接的“属性”中选择“常规”，然后设置伙伴方 S7-200 SMART 的 IP 地址，如 192.168.0.2。单击图 5-34 左侧“常规”属性下的“地址详细信息”，可以看出伙伴方 S7-200 SMART 的机架/槽号和 TSAP 地址，如图 5-35 所示。

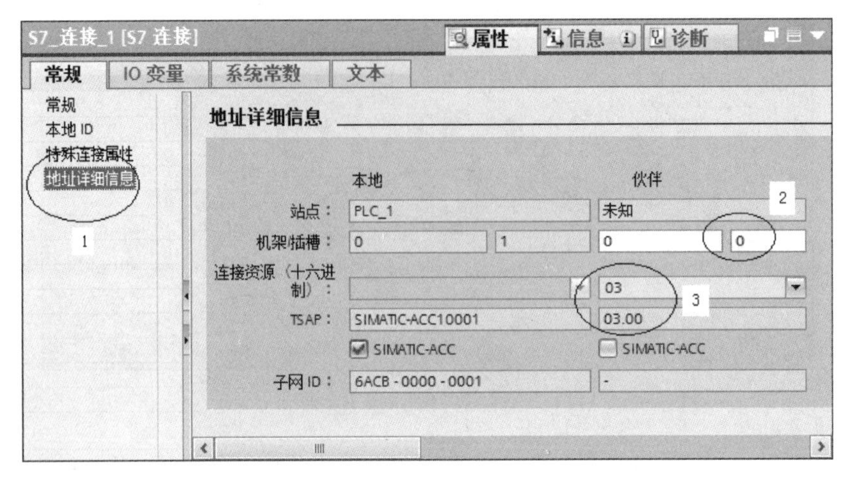

图 5-35　连接伙伴的 TSAP 地址

（4）S7-1200 通信编程

1）首先创建发送数据块 DB1（接收数据块 DB2 类似），数据块定义为 200 个字节的数组，且数据块的属性设置中需要取消“优化的块访问”选项。

2）在 PLC_1 的 OB1 中调用 PUT/GET 通信指令。

打开 PLC_1 主程序 OB1 的编辑窗口，在右侧“通信”指令文件夹中，打开“S7 通信”文件夹，用鼠标双击或拖动 PUT/GET 指令至某个程序段中，自动生成名称为 PUT_DB 和 GET_DB 的背景数据块。PUT 指令及参数如表 5-7 所示，GET 指令及参数如表 5-8 所示。根据控制要求，编写的本例通信程序如图 5-36 所示。

表 5-7　PUT 指令及参数

指　令	参　数	描　述	数据类型
PUT Remote - Variant EN　ENO REQ　DONE ID ERROR ADDR_1 STATUS SD_1	EN	使能	BOOL
	REQ	上升沿触发，可以使用系统时钟或自定义时钟，或使用通信状态触发	BOOL
	ID	连接号，要与连接配置中一致，创建连接时的连接号（为十六进制）	WORD
	ADDR_1	发送到通信伙伴数据区的地址，本例对应于 S7-200 SMART PLC 的 VB0-VB199（最多可设置 4 个接收数据区）	ANY
	SD_1	本地发送数据区（最多可设置 4 个发送数据区）	ANY
	DONE	0 表示任务没有开始或正在运行，1 表示发送任务完成	BOOL
	ERROR	0 表示没有错误，1 表示处理过程中有错误	BOOL
	STATUS	状态信息	WORD

表 5-8　GET 指令及参数

指　　令	参　　数	描　　述	数据类型
GET Remote - Variant	EN	使能	BOOL
	REQ	上升沿触发，可以使用系统时钟或自定义时钟，或使用通信状态触发	BOOL
	ID	连接号，要与连接配置中一致，创建连接时的连接号（为十六进制）	WORD
	ADDR_1	从通信伙伴数据区读取数据的地址，对应于本例 S7-200 SMART PLC 的 VB200-VB399（最多可设置 4 个读取数据区）	ANY
	RD_1	本地接收数据地址（最多可设置 4 个接收数据区）	ANY
	NDR	0 表示任务没有开始或正在运行，1 表示发送任务完成	BOOL
	ERROR	0 表示没有错误，1 表示处理过程中有错误	BOOL
	STATUS	状态信息	WORD

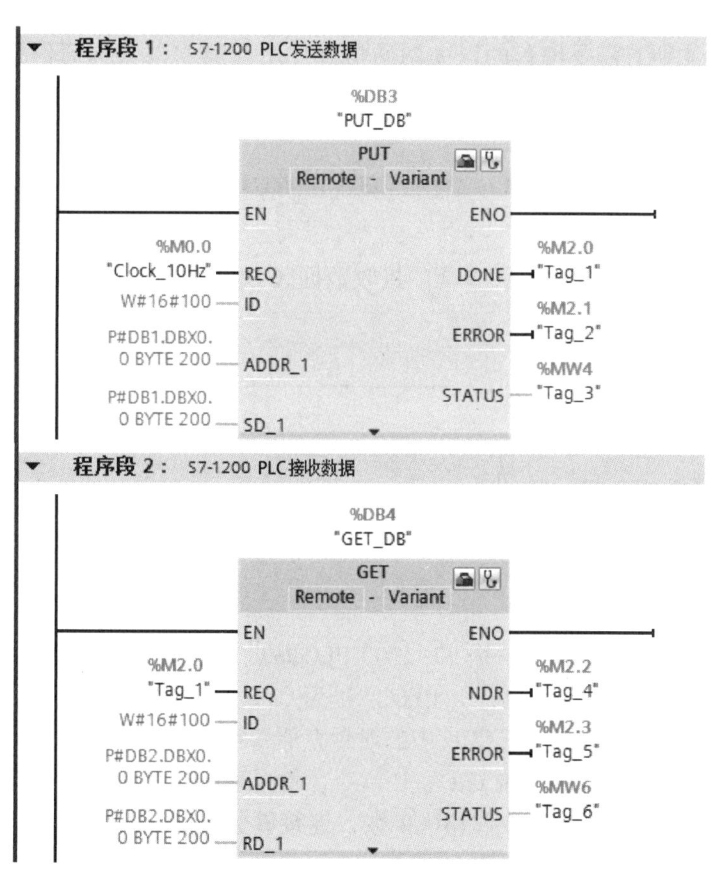

图 5-36　S7-1200 PLC 与 S7-200 SMART PLC 的通信程序

注意：S7-200 SMART PLC 中 V 区对应于 DB1，即在 PUT 指令中使用的通信伙伴数据区 ADDR_1 = P#DB1. DBX0. 0 BYTE 200 在 S7-200 SMART PLC 中对应地址为 VB0 ~ VB199。本例中 S7-200 SMART PLC 作为 S7 通信的服务器，占用 S7-200 SMART PLC 的服务器连接资源，S7-200 SMART PLC 本身不需要编写通信程序。S7-1200 PLC 与 S7-200 SMART S7 通信的另外一种方法是 S7-200 SAMRT PLC 作为客户端，S7-1200 PLC 作为服务器。该方式需要 S7-200 SMART PLC 调用 PUT/GET 指令，S7-1200 PLC 则不需要编写通信程序。

5.4.3 S7-1200 PLC 与 S7-300 PLC 之间

S7-1200 PLC 与 S7-300/400 PLC 之间的以太网通信方式相对要多一些，可以采用 TCP、ISO on TCP 和 S7 通信。

采用 TCP 和 ISO on TCP 这两种协议通信所使用的指令是相同的，在 S7-1200 PLC 中使用 T-Block 指令通信进行编程。如果使用以太网模块，在 S7-300/400 PLC 使用 AG_SEND 和 AG_RECV 通信进行编程。如果使用 PROFINET 接口，则调用 OPEN IE 指令（如建立通信连接指令 TCON、断开通信连接指令 TDISCON、发送数据指令 TSEND、接收数据指令 TRCV 等）进行通信进行编程。

对于 S7 通信，S7-1200 PLC 的 PROFINET 接口只支持 S7 通信的服务器端，所以在组态编程和建立连接方面，S7-1200 PLC 不用做任何工作，只需在 S7-300/400 PLC 一侧建立单边连接，并使用单边编程方式的 PUT、GET 指令进行通信。

S7-1200 PLC 中所有需要编程的以太网通信都使用开放式以太网通信指令 T-Block 来实现，即调用 T-Block 通信指令，配置两个 CPU 之间的连接参数，定义数据发送和接收信息的参数。

1. S7-1200 PLC 与 S7-300 PLC 之间的 ISO on TCP 通信

（1）控制要求

将设备 1 的 IB0 中数据发送到设备 2 的接收数据区 QB0 中，设备 1 的 QB0 接收来自设备 2 发送的 IB0 中数据。

（2）硬件接线图

根据控制要求可绘制出图 5-37 所示的接线图，两设备（PLC）通过带有水晶头的网线相连接（在此 300 选用 CPU 314C-2DP 型 PLC）。

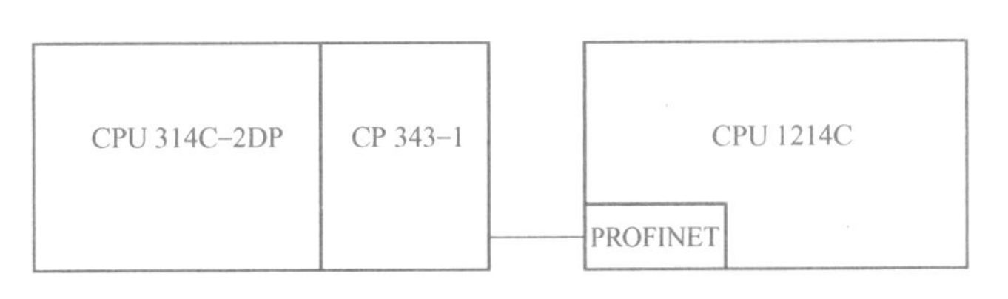

图 5-37　1200 与 300 之间的 ISO on TCP 通信硬件接线图

（3）S7-1200 PLC 的组态和编程

1）创建一个新项目，并添加一个 S7-1200 PLC 站点。打开博途编程软件，创建一个名称为 NET_1200-to-300 的项目，添加一个 PLC 型号为 CPU 1214C，命名为 PLC_1，采用默认的 IP 地址（192. 168. 0. 1），同时启用 CPU 中的时钟存储器字节 MB0。

2）在 OB1 中调用 TSEND_C 和 TRCV_C 指令，将自动生成其背景数据块 TSEND_C_DB 和 TRCV_C_DB，配置其指令的连接参数和块参数，连接参数如图 5-38 所示，块参数与图 5-25 类似。在图 5-38 中，选择通信伙伴为“未指定”，在“连接数据”栏中新建一个连接数据块 PLC_1_Connection_DB，或单击“连接数据”栏右侧按钮▾，选择“新建”按钮，然后自动生成一个连接数据块，通信协议为“ISO-on-TCP”，选择 PLC_1 为主动连接方，要设置通信双方的 TSAP 地址，如 1200 和 300，为通信伙伴设置 IP 地址，如 192.168.0.1。

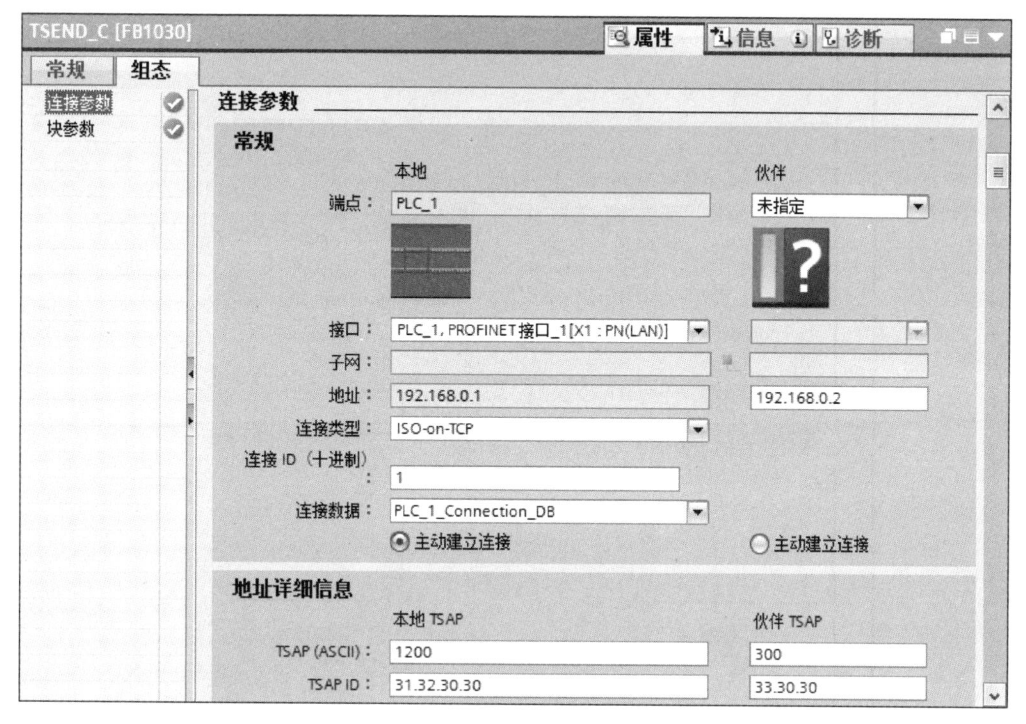

图 5-38　组态 S7-1200 PLC 与 S7-300 PLC 以太网通信的 ISO-on-TCP 连接参数

3）组态网络。打开 CPU 1214C 的“属性”对话框，选中“PROFINET 接口［X1］”选项，在其右侧的窗口单击“添加新子网”按钮，生成“PN/IE_1”子网。

4）S7-1200 PLC 编程。S7-1200 PLC 侧的通信程序如图 5-39 所示。

（4）S7-300 PLC 的组态和编程

其步骤如下所述。

1）添加新设备。

在项目 NET_1200-to-300 中用鼠标双击项目树中“添加新设备”，新添一个 CPU 314C-2DP 的 PLC_2 设备。并激活 MB0 为时钟存储器字节，如图 5-40 所示。在 4 号槽上添加一块 PROFINET/以太网模块 CP 343-1。

2）配置以太网模块。

打开以太网模块的“属性”对话框（如图 5-41 所示），选中“PROFINET 接口［X1］”选项，在其右侧的窗口的“接口连接到”栏单击“子网”后面的图标，在弹出列表中选择 PN/IE_1，即将 CP 343-1 模块连接到子网 PN/IE_1 上（若 S7-1200 PLC 硬件组态时未生成子网，可在此处单击“添加新子网”按钮，生成“PN/IE_1”子网），并将其 IP 地址设置为 192.168.0.2。

3）网络组态。

打开网络视图，单击窗口左上角的“创建新连接”按钮 连接，然后在其右侧的列表中选择“ISO-on-TCP”通信方式，如图 5-42 所示。

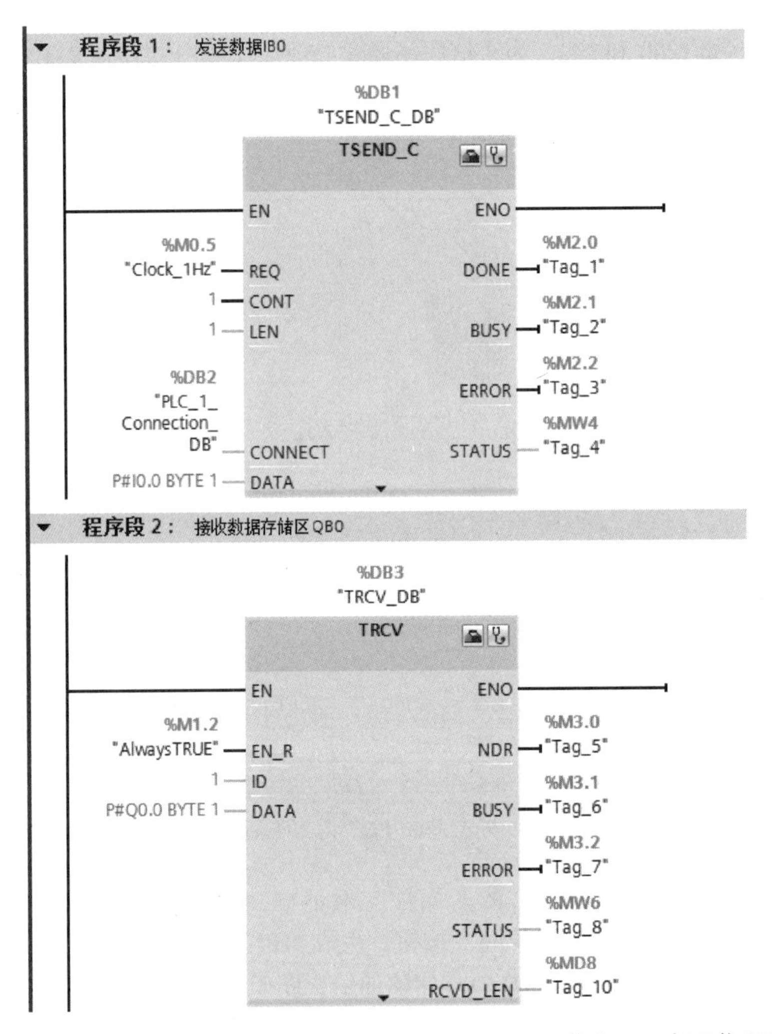

图 5-39 S7-1200 PLC 与 S7-300 PLC 的 ISO-on-TCP 通信中 1200 侧通信程序

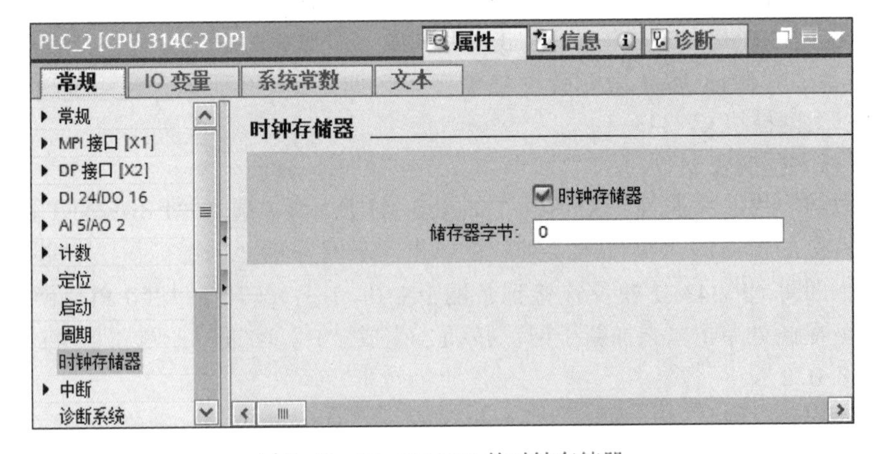

图 5-40 S7-300 PLC 的时钟存储器

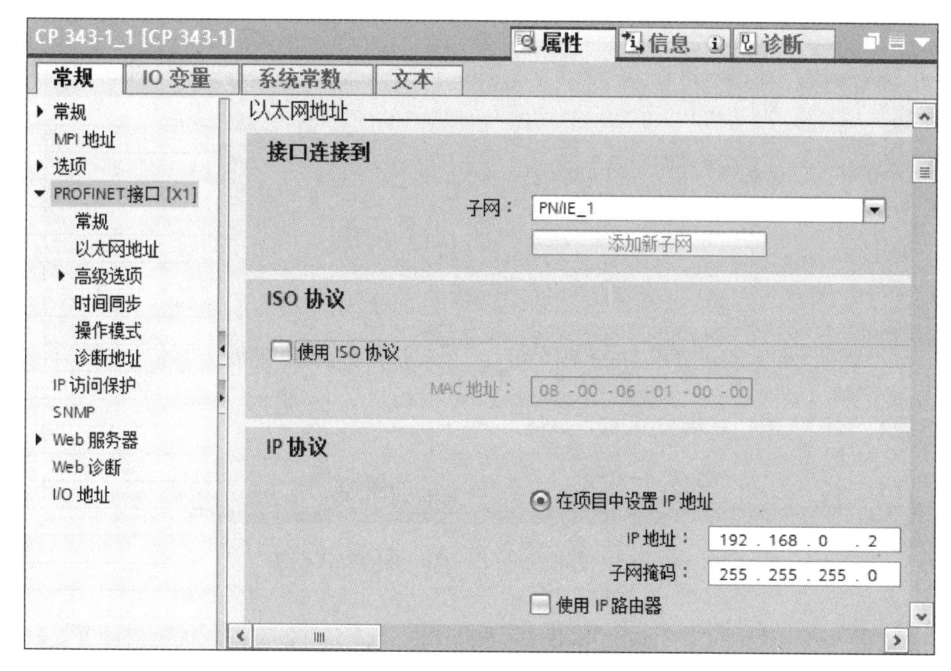

图 5-41　配置以太网 CP 343-1 模块

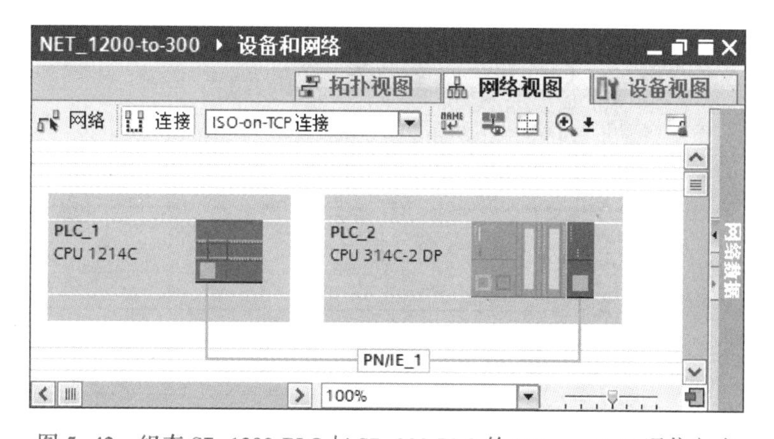

图 5-42　组态 S7-1200 PLC 与 S7-300 PLC 的 ISO-on-TCP 通信方式

选中 PLC_2 的 CPU 后用鼠标右键单击，在弹出的对话框中单击“添加新连接”，弹出图 5-43 所示的“创建新连接”对话框，选中窗口右上角的“ISO-on-TCP”连接，选中左边的“未指定”，单击“添加”按钮，可以在图 5-43 中下面的信息窗口中看到连接信息。同时，在网络视图中显示“ISO on TCP_连接_1”连接。

选中网络视图中“连接”，再选中“ISO on TCP_连接_1”，打开其“属性”，在其“常规”选项卡中添加通信伙伴的 IP 地址“192. 168. 0. 1”。然后在其“本地 ID”中可以看到“标识 ID”是“1”和“LADDR（CP 的起始地址）”是“W#16#0100”（如图 5-44 所示），后面编程要用到。

单击图 5-44 左侧的“地址详细信息”选项，弹出图 5-45 所示的对话框，输入通信双方的 TSAP，它们应与图 5-38 中一致。

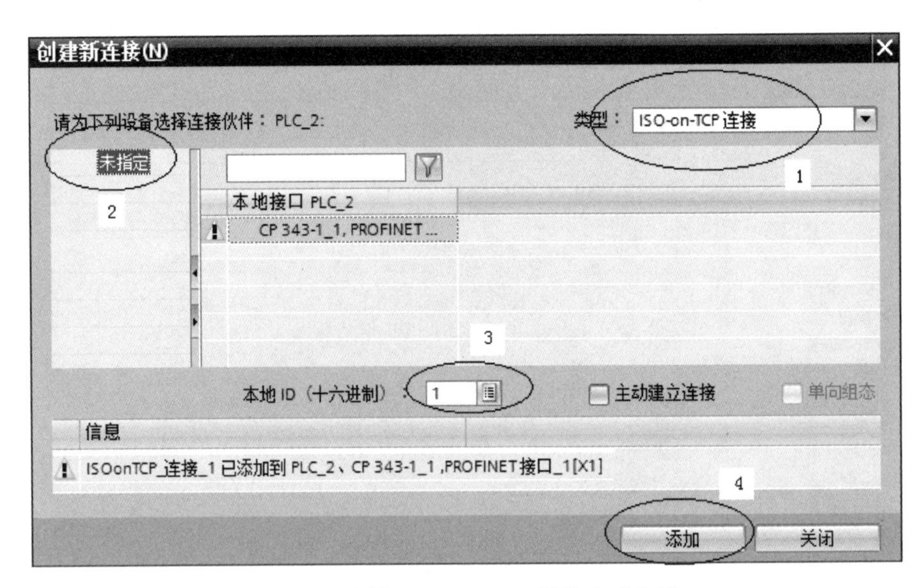

图 5-43　添加 ISO-on-TCP 通信方式连接

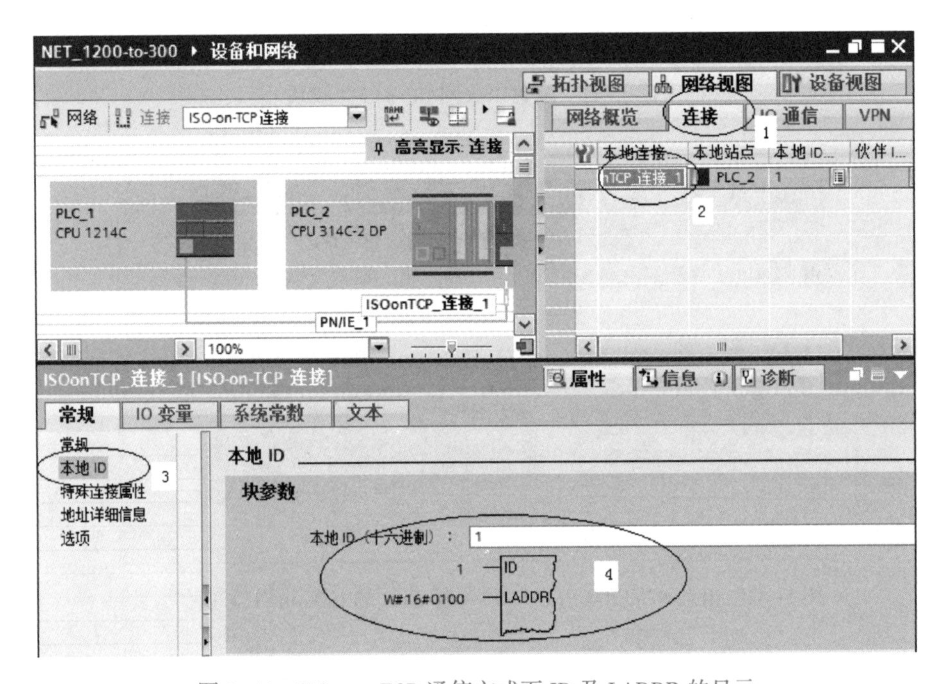

图 5-44　ISO-on-TCP 通信方式下 ID 及 LADDR 的显示

组态好连接后，单击“保存窗口设置”按钮进行 ISO-on-TCP 通信组态的保存。

4）300 编程。在 OB1 程序编辑窗口中打开“通信”指令文件夹下“通信处理器”文件夹中的“Simatic NET CP”文件夹，将通信指令“AG_SEND”和“AG_RECV”拖放至程序段上，具体 S7-300 侧的通信程序如图 5-46 所示。

2. S7-1200 PLC 与 S7-300 PLC 之间的 TCP 通信

使用 TCP 通信，除了连接参数的定义不同，通信双方的其他组态及编程与前面的 ISO-on-TCP 通信完全相同。

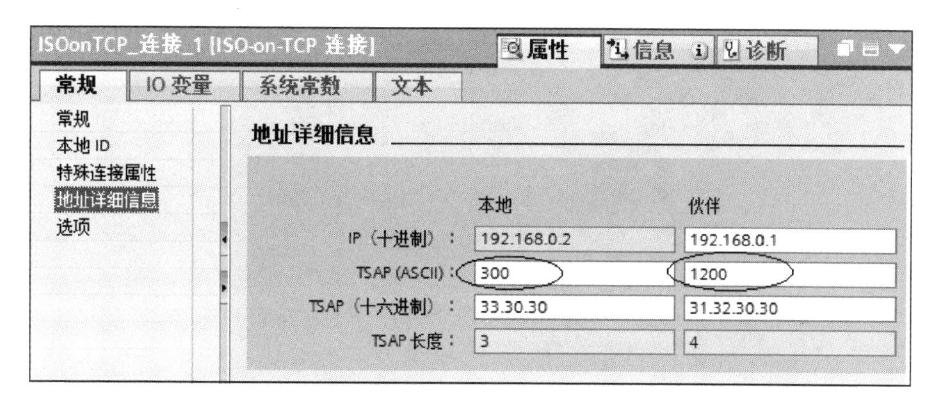

图 5-45　组态 ISO-on-TCP 通信双方的 TSAP

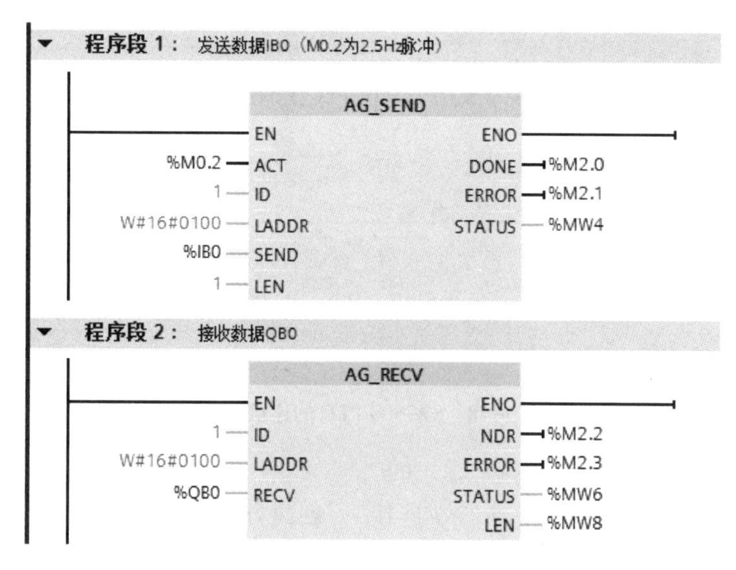

图 5-46　1200 与 300 的 ISO-on-TCP 通信的 300 通信程序

S7-1200 PLC 中，使用 TCP 与 S7-300 PLC 通信时，设置 PLC_1 的连接参数如图 5-47 所示，设置通信伙伴 S7-300 PLC 的连接参数如图 5-48 所示。

3. S7-1200 PLC 与 S7-300 PLC 之间的 S7 通信

对于 S7 通信，S7-1200 PLC 的 PROFINET 通信只支持 S7 通信的服务器端，所以在编程和建立连接方面，S7-1200 PLC 不用做任何工作，只需在 S7-300 PLC 一侧建立单边连接，并使用单边编程方式的 PUT、GET 指令进行通信。

下面以一个简单例子介绍 S7-1200 PLC 与 S7-300 PLC 之间的 S7 通信，只需要在 S7-300 PLC 一侧进行配置和编程。其控制要求和硬件原理图同 ISO-on-TCP 连接。

（1）生成新项目

打开博途编程软件，新建一个名称为“NET_S7_1200-to-300”的项目。添加两个设备，分别为 CPU 1214C 和 CPU 314C-2DP，在 300CPU 后添加一个以太网通信模块 CP 341-1，设置其 IP 地址为 192. 168. 0. 2，CPU 1214C 采用默认的 IP 地址为 192. 168. 0. 1。在 S7-1200 PLC 创建子网 PN/IE_1。

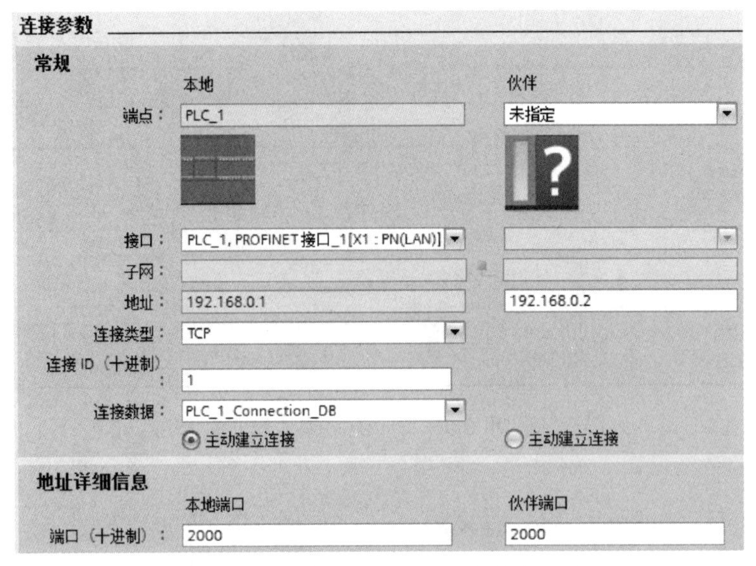

图 5-47　使用 TCP 时 PLC_1 的连接参数

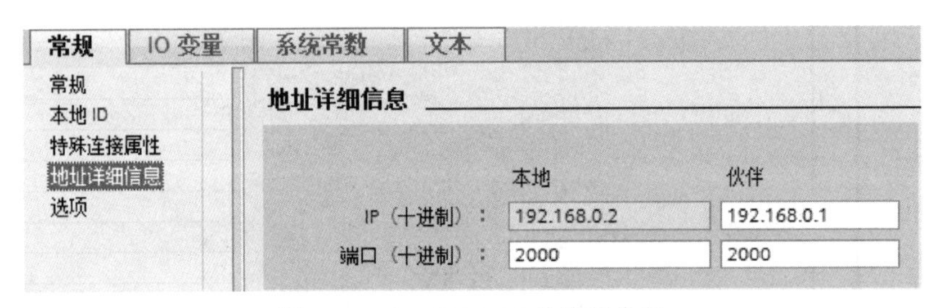

图 5-48　S7-300 PLC 的连接参数

（2）S7-300 PLC 组态编程

打开“设备和网络”窗口，创建“S7 连接”，创建方法同 5.4.2 节，将 TCP 连接改为 S7 连接。其“属性”参数如图 5-49~图 5-51 所示。

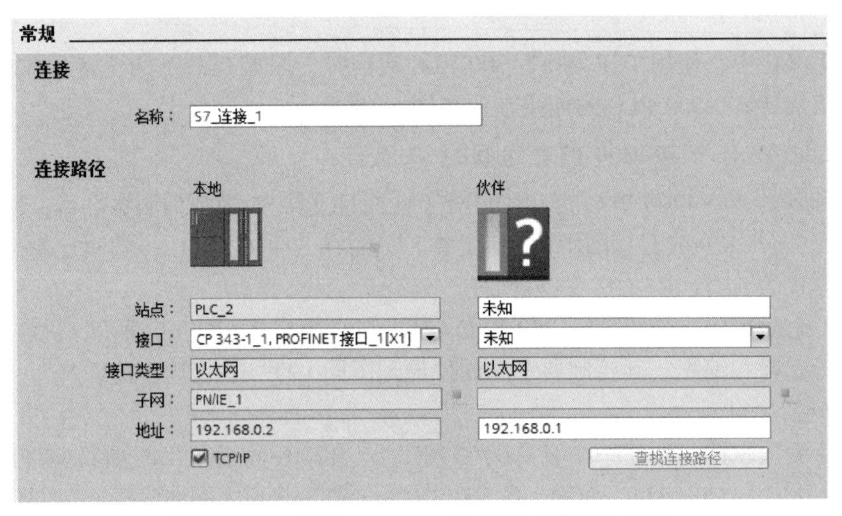

图 5-49　S7 通信 S7-300 PLC 侧的“常规”属性

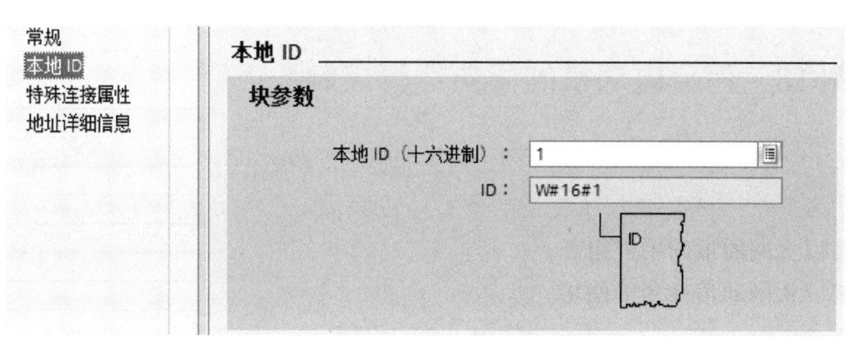

图 5-50　S7 通信 S7-300 PLC 侧的“本地 ID”

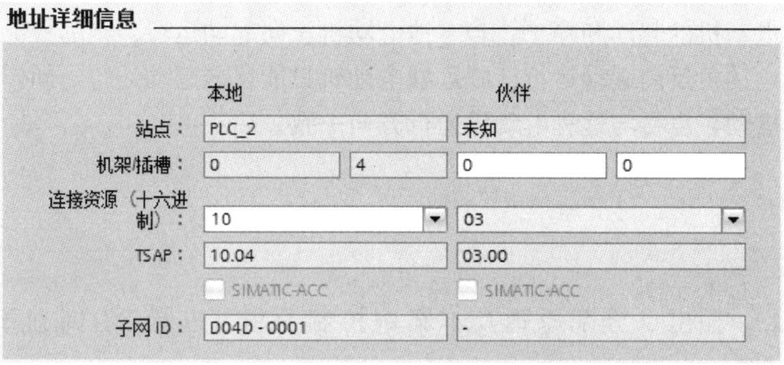

地址详细信息

	本地		伙伴	
站点：	PLC_2		未知	
机架/插槽：	0	4	0	0
连接资源（十六进制）：	10		03	
TSAP：	10.04		03.00	
	SIMATIC-ACC		SIMATIC-ACC	
子网 ID：	D04D-0001		-	

图 5-51　S7 通信 S7-300 PLC 侧的地址详细信息

打开 PLC_2 的主程序 OB1，打开“通信”指令文件夹下的“S7 通信”文件夹、将 PUT 和 GET 指令拖放至程序段上，S7-300 PLC 侧的具体通信程序如图 5-52 所示。

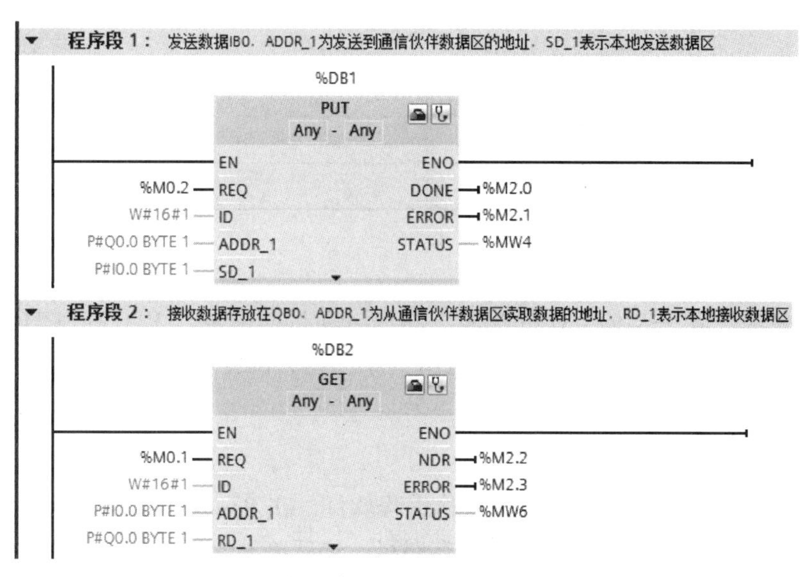

图 5-52　S7 通信 S7-300 PLC 侧的通信程序

使用发送指令 PUT 和接收指令 GET 可以同时发送或接收地址不连续的 4 个数据区域，只需单击 PUT 和 GET 指令块下方的图标 ▾，指令块便可显示 4 个发送区域和接收区域。

5.5 案例18 两台电动机的同向运行控制

5.5.1 目的

1）掌握以太网通信的硬件组态。
2）掌握以太网通信指令的使用。

5.5.2 任务

使用S7-1200 PLC以太网通信方式实现两台电动机的同向运行控制。控制要求如下：本地按钮控制本地电动机的起动和停止。若本地电动机正向起动运行，则远程电动机只能正向起动运行；若本地电动机反向起动运行，则远程电动机只能反向起动运行。同样，若先起动远程电动机，则本地电动机也得与远程电动机运行方向一致。

5.5.3 步骤

1. I/O分配

根据PLC输入/输出点分配原则及本案例控制要求，进行I/O地址分配，如表5-9所示。

表5-9 两台电动机同向运行PLC控制的I/O分配表

输 入		输 出	
输入继电器	元 器 件	输出继电器	元 器 件
I0.0	本地正向起动SB1	Q0.0	正转接触器KM1
I0.1	本地反向起动SB2	Q0.1	反转接触器KM2
I0.2	本地停止按钮SB3		
I0.3	本地过载保护FR		

2. I/O接线图

根据控制要求及表5-9的I/O分配表，两台电动机同向运行PLC控制的I/O接线图如图5-53所示，两站原理图相同，在此只给出其中一站，两台PLC均通过集成的PN接口相连接。

3. 创建工程项目

用鼠标双击桌面上的图标，打开博途编程软件，在Portal视图中选择“创建新项目”，输入项目名称“M_tongxiang”，选择项目保存路径，然后单击“创建”按钮创建项目。

4. 硬件组态

在项目视图的项目树中用鼠标双击“添加新设备”图标，添加两台设备，设备名称分别为PLC_1和PLC_2，分别启用系统和时钟存储器字节MB1和MB0。

在项目视图的PLC_1的“设备组态”中，如图5-54所示单击CPU属性的“PROFINET

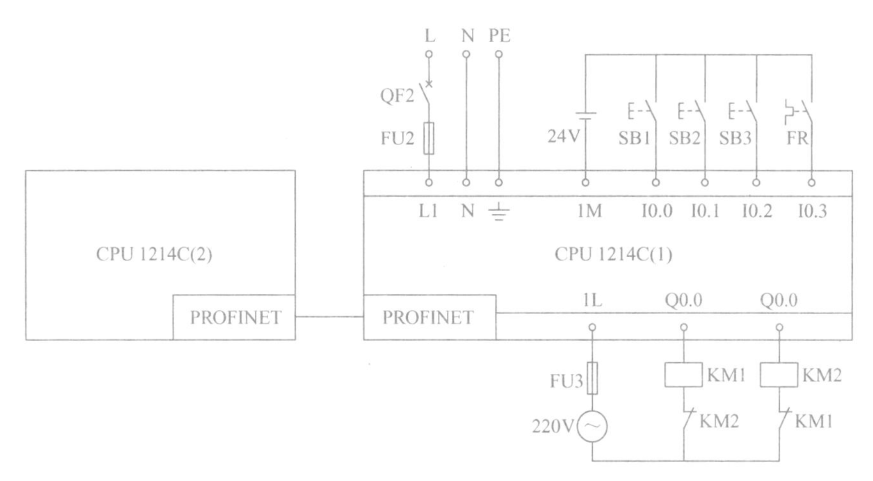

图 5-53　两台电动机同向运行 I/O 接线图 PLC 控制

接口［X1］”选项，可以设置 PLC 的 IP 地址，在此设置 PLC_1 的 IP 地址为 192.168.0.1，单击右侧“接口连接到”下的“子网”后的“添加新子网”按钮，生成子网“PN/IE_1”。

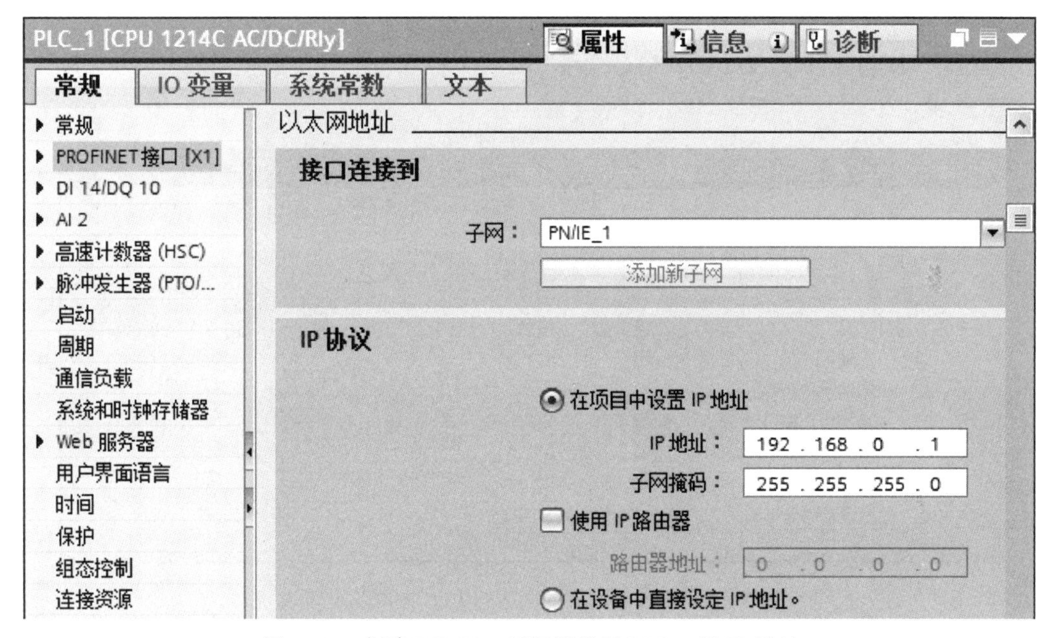

图 5-54　创建 PN/IE_1 子网及设置 PLC_1 的 IP 地址

用同样的方法设置 PLC_2 的 IP 地址为 192.168.0.2，单击“接口连接到”下的“子网”后面的“添加新子网”按钮，选择“PN/IE_1”子网名称，如图 5-55 所示。此时切换到“网络视图”可以看到两台 PLC 已经通过 PN/IE_1 子网连接起来（如图 5-23 所示），然后对上述的网络组态进行编译和保存。以太网的创建也可以通过以下方法创建：在程序编辑窗口选中 PLC_1 的 PROFINET 接口的绿色小方框，拖动到另一台 PLC 的 PROFINET 接口上，松开鼠标，连接建立。

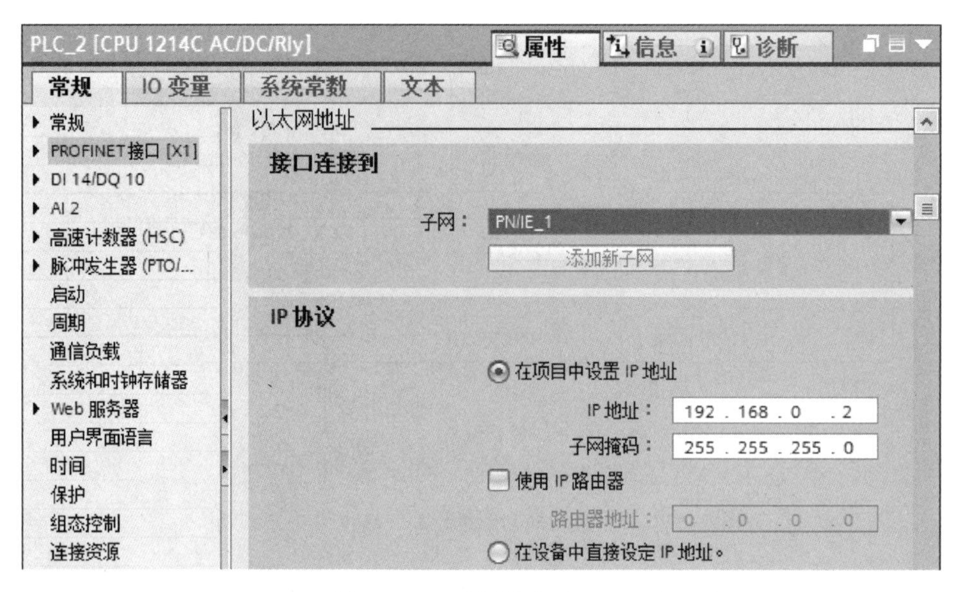

图 5-55　连接 PN/IE_1 子网及设置 PLC_2 的 IP 地址

5. 编辑变量表

分别打开 PLC_1 和 PLC_2 下的“PLC 变量”文件夹，双击“添加新变量表”，均生成图 5-56 所示的变量表。

M_tongxiang ▸ PLC_1 [CPU 1214C AC/DC/Rly] ▸ PLC 变量 ▸ 变量表_1 [6]

变量　用户常量

变量表_1

	名称	数据类型	地址	保持	在 H...	可从 ...	注释
1	本地正向起动SB1	Bool	%I0.0	☐	☑	☑	
2	本地反向起动SB2	Bool	%I0.1	☐	☑	☑	
3	本地停止按钮SB3	Bool	%I0.2	☐	☑	☑	
4	本地过载保护FR	Bool	%I0.3	☐	☑	☑	
5	正转接触器KM1	Bool	%Q0.1	☐	☑	☑	
6	反转接触器KM2	Bool	%Q0.2	☐	☑	☑	

图 5-56　两台电动机同向运行 PLC 控制的变量表

6. 编写程序

(1) 在 PLC_1 的 OB1 中调用 TSEND_C 和 T_RCV 通信指令

打开 PLC_1 主程序 OB1 的编辑窗口，在右侧“通信”指令文件夹中，打开“开放式用户通信”文件夹，双击或拖动 TSEND_C 和 T_RCV 指令至程序段中，自动生成名称为 TSEND_C_DB 和 T_RCV_DB 的背景数据块，在此使用 ISO on TCP。

(2) 设置 TSEND_C 指令的连接参数和块参数

定义 TSEND_C 指令的连接参数和块参数的方法同 5.4.1 节。其连接参数设置如图 5-57 所示，块参数设置如图 5-58 所示（其他块参数可参考图 5-25 设置）。

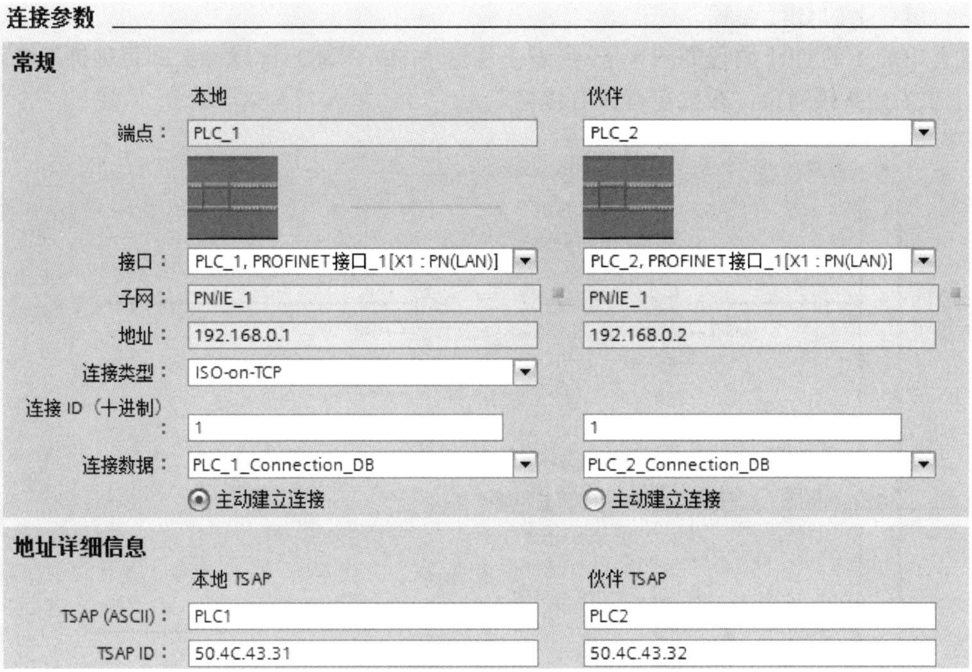

连接参数

常规

	本地	伙伴
端点：	PLC_1	PLC_2
接口：	PLC_1, PROFINET接口_1[X1 : PN(LAN)]	PLC_2, PROFINET接口_1[X1 : PN(LAN)]
子网：	PN/IE_1	PN/IE_1
地址：	192.168.0.1	192.168.0.2
连接类型：	ISO-on-TCP	
连接 ID（十进制）：	1	1
连接数据：	PLC_1_Connection_DB	PLC_2_Connection_DB
	◉ 主动建立连接	○ 主动建立连接

地址详细信息

	本地 TSAP	伙伴 TSAP
TSAP (ASCII)：	PLC1	PLC2
TSAP ID：	50.4C.43.31	50.4C.43.32

图 5-57　设置 TSEND_C 指令的连接参数

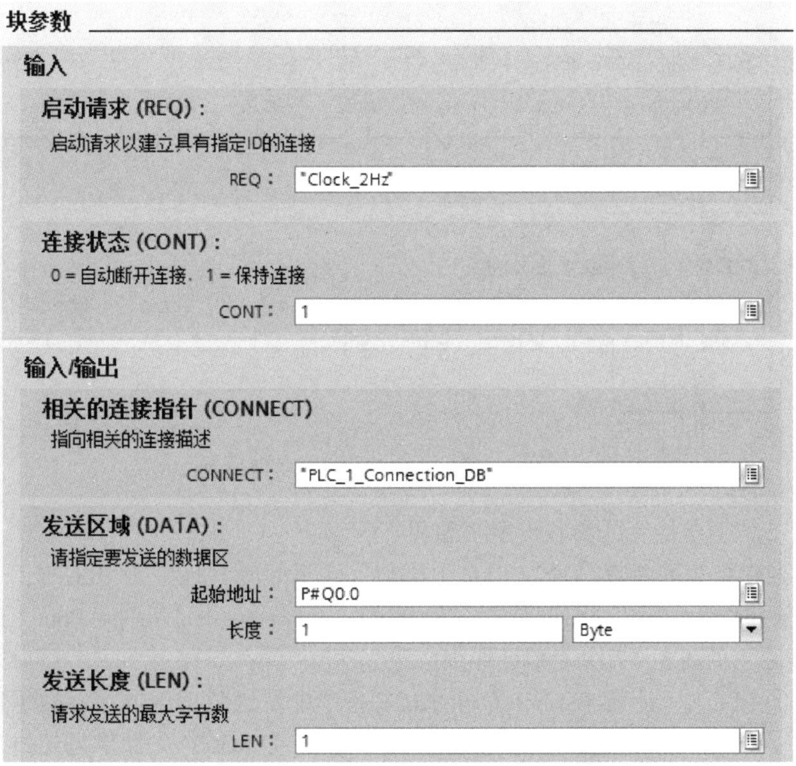

块参数

输入

启动请求 (REQ)：

启动请求以建立具有指定ID的连接

REQ： "Clock_2Hz"

连接状态 (CONT)：

0 = 自动断开连接，1 = 保持连接

CONT： 1

输入/输出

相关的连接指针 (CONNECT)

指向相关的连接描述

CONNECT： "PLC_1_Connection_DB"

发送区域 (DATA)：

请指定要发送的数据区

起始地址： P#Q0.0

长度： 1 Byte

发送长度 (LEN)：

请求发送的最大字节数

LEN： 1

图 5-58　设置 TSEND_C 指令的块参数

（3）PLC_1 的 OB1 编程

本地 PLC_1 的 OB1 编程如图 5-59 所示。程序中 M0.3 为 2 Hz 脉冲，即每秒钟发送两次数据，M1.2 为始终接通位，在此也可以直接输入 1。

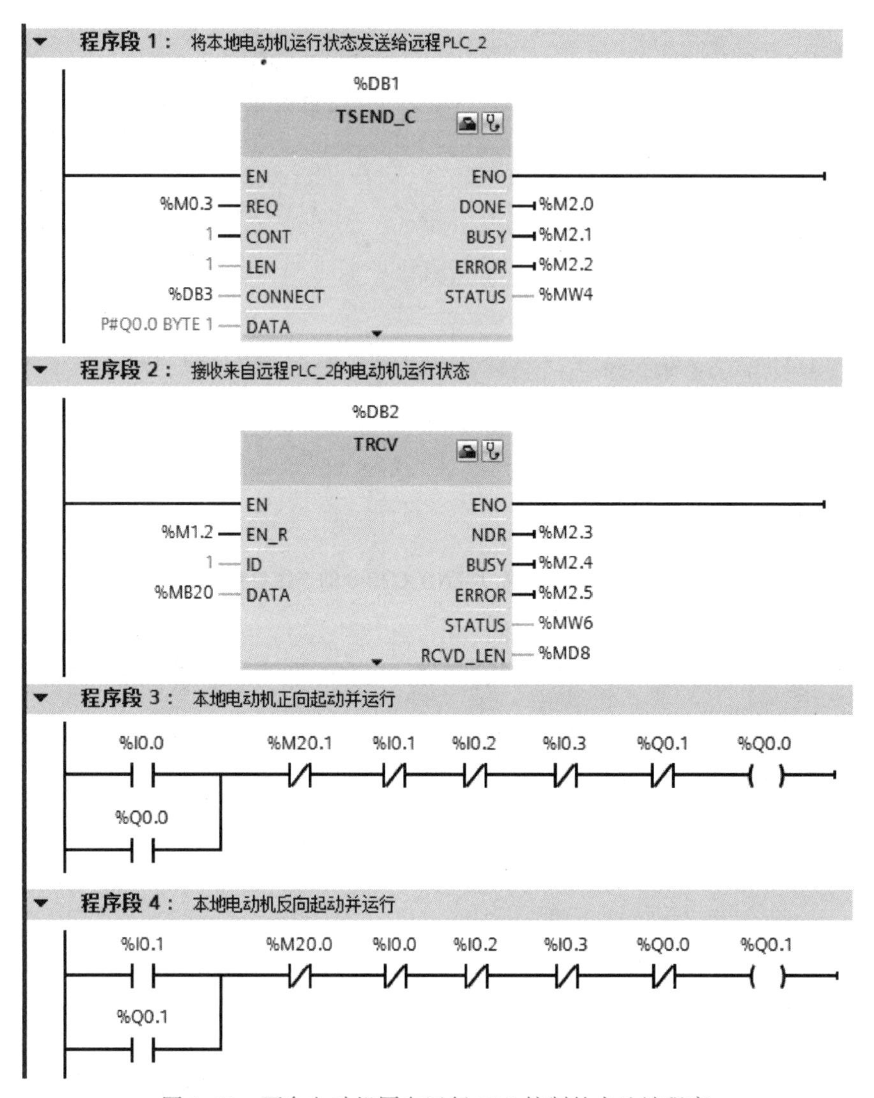

图 5-59 两台电动机同向运行 PLC 控制的本地站程序

（4）PLC_2 的通信指令的参数设置及编程

PLC_2 的通信指令的参数设置与 PLC_1 类似，注意此时本地应为 PLC_2，通信伙伴应为 PLC_1，通信伙伴作为主动建立连接方，TSAP（Transport Service Access Poin，传输服务访问点）地址也类似（见图 5-57 中“地址详细信息”区）。

编程方法同 PLC_1，注意 TSEND_C 和 TRCV 指令中发送数据区或接收数据区若为一个字节或一个字或一个双字，可直接输入（如 IB0 或 MW20 或 MD50），如果是超过 4 个字节的数据区域必须使用“P#”格式。发送和接收数据区也可以使用符号地址寻址。

7. 调试程序

将调试好的用户程序及硬件和网络组态分别下载到各自 CPU 中，并连接好线路。若先按下本地电动机的正向起动按钮，观察本地电动机是否能正向起动。再按下远程电动机的反向和正向起动按钮，观察远程电动机是否能起动；停止两站电动机，若先按下本地电动机的反向起动按钮，观察本地电动机是否能反向起动。再按下远程电动机的正向和反向起动按钮，观察远程电动机是否能起动。同样，也可以先按下远程电动机的正向或反向起动按钮，再按下本地电动机反向或正向起动按钮，观察本地电动机是否能起动及是否与远程电动机同向运行。若上述调试现象与控制要求一致，则说明本案例任务实现。

5.5.4 训练

1）训练 1：本案例中同时还要求，在两站点均能显示两台电动机的工作状态。

2）训练 2：用 TCP 通信协议实现本案例的控制任务。

3）训练 3：用以太网通信实现设备 1 上的流动按钮控制设备 2 上 QB0 输出端的 8 盏指示灯，使它们以流水灯形式点亮，即每按一次设备 1 上的流动按钮，设备 2 上指示灯向左或向右流动点亮 1 盏。

5.6 习题

1. 通信方式有哪几种？何谓并行通信和串行通信？
2. PLC 可与哪些设备进行通信？
3. 何谓单工、半双工和全双工通信？
4. 西门子 PLC 与其他设备通信的传输介质有哪些？
5. 通信端口 RS-485 接口每个针脚的作用是什么？
6. RS-485 半双工通信串行字符通信的格式可以包括哪几位？
7. 西门子 S7-1200 PLC 的常见通信方式有哪几种？
8. 自由口通信涉及哪些通信指令？
9. 西门子 PLC 通信的常用波特率有哪些？
10. S7-1200 PLC 常用的串口通信主要含有哪些通信协议？
11. S7-1200 PLC 常用的以太网通信主要含有哪些通信协议？
12. 如何修改 CPU 的 IP 地址？
13. 如何创建两台 PLC 的以太网连接？
14. S7-1200 PLC 的 S7 单向通信中何为客户机，何为服务器？
15. 使用自由口通信实现两站点的两台电动机同时起/停的控制，若有一台电动机不能起动，或使用中停止运行，运行中的电动机延时 5 s 后停止运行。
16. 使用以太网的 TCP 通信协议实现第 15 题的控制任务。
17. 使用以太网的 ISO-on-TCP 通信协议实现第 15 题的控制任务。
18. 使用以太网的 S7 协议实现 S7-1200 PLC 与带 PN 接口的 S7-300 PLC 之间的通信，要求本地 QB0 接收来自远程 IB0 数据，本地发送数据为 IB0，远程使用 QB0 接收。

第 6 章　顺序控制系统的编程及应用

6.1　顺序控制系统

6.1.1　典型顺序控制系统

在工业应用现场诸多控制系统的加工工艺有一定的顺序性，它是按照生产工艺预先规定的顺序，在各个输入信号的作用下，根据内部状态和时间的顺序，在生产过程中各个执行机构自动地、有秩序地进行操作，这样的控制系统称之为顺序控制系统。采用顺序控制设计法容易被初学者接受，有经验的工程师也会因此而提高设计的效率，因此它对程序的调试、修改和阅读很方便。

图 6-1 为机械手搬运工件的动作过程：在初始状态下（步 S0）若在工作台 E 点处检测到有工件，则机械手下降（步 S1）至 D 点处，然后开始夹紧工件（步 S2），夹紧时间为 3 s，机械手上升（步 S3）至 C 点处，手臂向左伸出（步 S4）至 B 点处，然后机械手下降（步 S5）至 D 点处，释放工件（步 S6），释放时间为 3 s，将工件放在工作台的 F 点处，机械手上升（步 S7）至 C 点处，手臂向右缩回（步 S8）至 A 点处，一个工作循环结束。若再次检测到工作台 E 点处有工件，则又开始下一工作循环，周而复始。

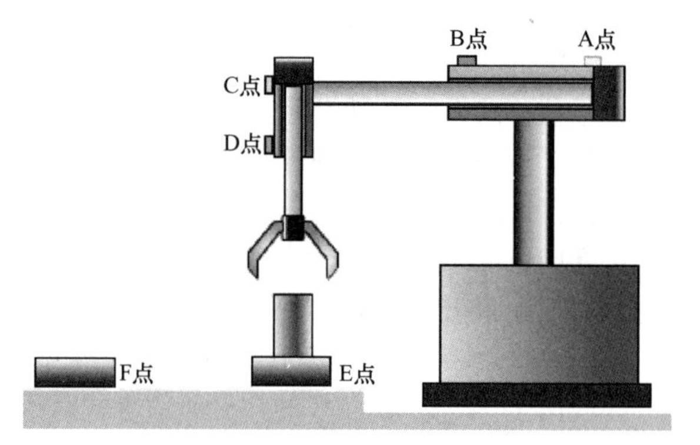

图 6-1　机械手搬运工件的动作过程——顺序动作示例

从以上描述可以看出，机械手搬运工件过程是由一系列步（S）或功能组成，这些步或功能按顺序由转换条件激活，这样的控制系统就是最为典型的顺序控制系统，也称之为步进系统。

6.1.2　顺序控制系统的结构

一个完整的顺序控制系统由 4 个部分组成：方式选择、顺控器、命令输出和故障及运行信号，如图 6-2 所示。

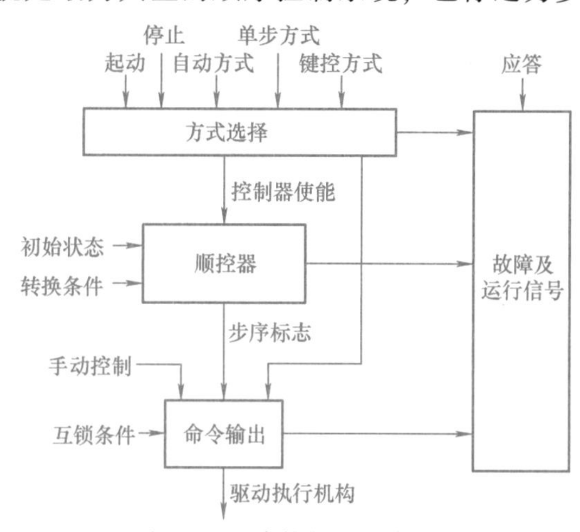

图 6-2　顺序控制系统结构图

1. 方式选择

在方式选择部分主要处理各种运行方式的条件和封锁信号。运行方式在操作台上通过选择开关或按钮进行设置和显示。设置的结果形成使能信号或封锁信号，并影响“顺控器”和“命令输出”部分的工作。基本的运行方式有以下几种。

1）自动方式：在该方式下，系统将按照顺控器中确定的控制顺序，自动执行各控制环节的功能，一旦系统起动后就不再需要操作人员的干预，但可以响应停止和急停操作。

2）单步方式：在该方式下，系统在操作人员的控制下，依据控制按钮一步一步地完成整个系统的功能，但并不是每一步都需要操作人员确认。

3）键控方式：在该方式下，各执行机构（输出端）动作需要由手动控制实现，不需要PLC程序。

2. 顺控器

顺控器是顺序控制系统的核心，是实现按时间顺序控制工业生产过程的一个控制装置。这里所讲的顺控器专指用S7-GRAPH语言或LAD语言编写的一段PLC控制程序，使用顺序功能图描述控制系统的控制过程、功能和特性。

3. 命令输出

命令输出部分主要实现控制系统各控制步的具体功能，如驱动执行机构。

4. 故障及运行信号

故障及运行信号部分主要处理控制系统运行过程中的故障及运行状态，如当前系统工作于哪种方式、已经执行到哪一步、工作是否正常等。

6.2 顺序功能图

6.2.1 顺序控制设计法

1. 顺序控制设计法的基本思想

将系统的一个工作周期划分为若干个顺序相连的阶段，这些阶段称为步（Step），并用编程软元件（如位存储器M）来代表各步。在任何一步之内，输出量的状态保持不变，这样使步与输出量的逻辑关系变得十分简单。

2. 步的划分

根据输出量的状态来划分步，只要输出量的状态发生变化就在该处划出一步，如图6-1所示，共分为9步。

3. 步的转换

系统不能总停在一步内工作，从当前步进入到下一步称为步的转换，这种转换的信号称为转换条件。转换条件可以是外部输入信号，也可以是PLC内部信号或若干个信号的逻辑组合。顺序控制设计就是用转换条件去控制代表各步的编程软元件，让它们按一定的顺序变化，然后用代表各步的软元件去控制PLC的各输出位。

6.2.2 顺序功能图的结构

顺序功能图（Sequential Function Chart）是描述控制系统的控制过程、功能和特性的一种图形，也是设计PLC的顺序控制程序的有力工具。它涉及所描述的控制功能的具体技术，是一种通用的技术语言。在IEC的PLC编程语言标准（IEC 61131-3）中，顺序功能图被确定为位居首位的 PLC 编程语言。现在还有相当多的 PLC（包括 S7-200 PLC）没有配备顺序功能图语言，但是可以用顺序功能图来描述系统的功能，根据它来设计梯形图程序。

顺序功能图主要由步、初始步、有向连线、转换、转换条件和动作（或命令）组成。

1. 步

步表示系统的某一工作状态，用矩形框表示，方框中可以用数字表示该步的编号，也可以用代表该步的编程软元件的地址作为步的编号（如 M0.0），这样在根据顺序功能图设计梯形图时较为方便。

2. 初始步

初始步表示系统的初始工作状态，用双线框表示，初始状态一般是系统等待起动命令的相对静止的状态。每一个顺序功能图至少应该有一个初始步。

3. 与步对应的动作或命令

与步对应的动作或命令用于在每一步内把状态为 ON 的输出位表示出来。可以将一个控制系统划分为被控系统和施控系统。对于被控系统，在某一步要完成某些“动作”（action）；对于施控系统，在某一步要向被控系统发出某些“命令”（command）。

为了方便，以后将命令或动作统称为动作，也用矩形框中的文字或符号表示，该矩形框与对应的步相连表示在该步内的动作，并放置在步序框的右边。在每一步之内只标出状态为 ON 的输出位，一般用输出类指令（如输出、置位、复位等）。步相当于这些指令的子母线，这些动作命令平时不被执行，只有当对应的步被激活才被执行。

根据需要，指令与对象的动作响应之间可能有多种情况，如有的动作仅在指令激活的时间内有响应，指令结束后动作终止（点动动作）；而有的一旦发出指令，动作就一直继续（存储性动作），除非再发出停止或撤销指令，这就需要用不同的符号来进行修饰。动作的修饰词如表 6-1 所示。

表 6-1　动作的修饰词

修饰词	动作类型	说明
N	非存储型	当步变为不活动步时动作终止
S	置位（存储型）	当步变为活动步时动作继续，直到动作被复位
R	复位（存储型）	被修饰词 S、SD、SL 和 DS 启动的动作被终止
L	时间限制	步或变为活动步时动作被启动，直到步变为不活动步或设定时间到
D	时间延迟	步变为活动步时延时定时器被启动，如果延迟之后步仍然是活动的，动作被启动和继续，直到步变为不活动步
P	脉冲	当步变为活动步，动作被启动并且只执行一次
SD	存储与时间延迟	在时间延迟之后动作被启动，一直到动作被复位
DS	延迟与存储	在延迟之后如果步仍然是活动的，动作被启动直到被复位
SL	存储与时间限制	步变为活动步动作被启动，一直到设定的时间到或动作被复位

如果某一步有几个动作，可以用图 6-3 中的两种画法来表示，但是并不表示这些动作之间有任何顺序。

图 6-3　动作

4. 有向连线

有向连线把每一步按照它们成为活动步的先后顺序用直线连接起来。

5. 活动步

活动步是指系统正在执行的那一步。步处于活动状态时，相应的动作被执行，即该步内的元件为 ON 状态；处于不活动状态时，相应的非存储型动作被停止执行，即该步内的元件为 OFF 状态。有向连线的默认方向由上至下，凡与此方向不同的连线均应标注箭头表示方向。

6. 转换

转换用有向连线上与有向连线垂直的短画线来表示，将相邻两步分隔开。步的活动状态的进展是由转换的实现来完成的，并与控制过程的发展相对应。

转换表示从一个状态到另一个状态的变化，即从一步到另一步的转移，用有向连线表示转移的方向。

转换实现的条件：该转换所有的前级步都是活动步，且相应的转换条件得到满足。

转换实现后的结果：使该转换的后续步变为活动步，前级步变为不活动步。

7. 转换条件

使系统由当前步进入到下一步的信号称为转换条件。转换是一种条件，当条件成立时，称为转换使能。该转换如果能够使系统的状态发生转换，则称为触发。转换条件是指系统从一个状态向一个状态转移的必要条件。

转换条件是与转换相关的逻辑命令，转换条件可以用文字语言、布尔代数表达式或图形符号标注在表示转换的短画线旁边，使用最多的是布尔代数表达式。

在顺序功能图中，只有当某一步的前级步是活动步时，该步才有可能变成活动步。如果用没有断电保持功能的编程软元件代表各步，进入 RUN 工作方式时，它们均处于 0 状态，必须在开机时将初始步预置为活动步，否则因顺序功能图中没有活动步，系统将无法工作。

绘制顺序功能图应注意以下几点。

1）步与步不能直接相连，要用转换隔开。

2）转换也不能直接相连，要用步隔开。

3）初始步描述的是系统等待起动命令的初始状态，通常在这一步里没有任何动作。但是初始步是不可缺少的，因为如果没有该步，无法表示系统的初始状态，系统也无法返回停止状态。

4）自动控制系统应能多次重复完成某一控制过程，要求系统可以循环执行某一程序，因此顺序功能图应是一个闭环，即在完成一次工艺过程的全部操作后，应从最后一步返回初始步，系统停留在初始状态（单周期操作）；在连续循环工作方式下，系统应从最后一步返回下一工作周期开始运行的第一步。

6.2.3 顺序功能图的类型

码 6-1 顺序功能图的构成与绘制

顺序功能图主要用单序列、选择序列、并行序列 3 种类型。

1. 单序列

单序列是由一系列相继激活的步组成，每一步的后面仅有一个转换，每一个转换的后面只有一个步，如图 6-4a 所示。

2. 选择序列

选择序列的开始称为分支，转换符号只能标在水平连线之下，如图 6-4b 所示。步 5 后有两个转换 h 和 k 所引导的两个选择序列，如果步 5 为活动步并且转换 h 使能，则步 8 被触发；如果步 5 为活动步并且转换 k 使能，则步 10 被触发。一般只允许选择一个序列。

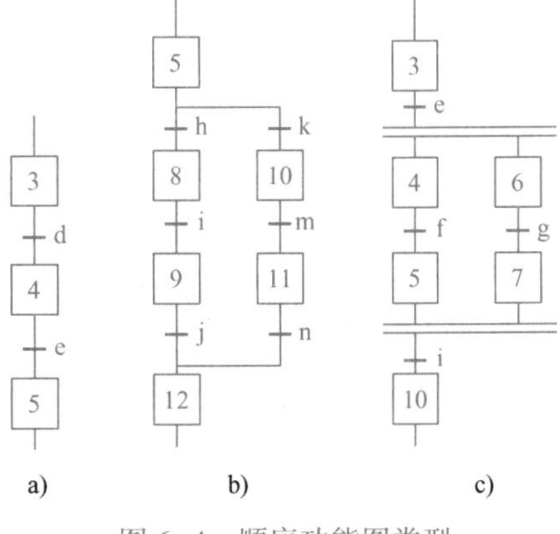

图 6-4　顺序功能图类型

a）单序列　b）选择序列　c）并行序列

选择序列的合并是指几个选择序列合并到一个公共序列。此时，用需要重新组合的序列相同数量的转换符号和水平连线来表示，转换符号只允许在水平连线之上。图 6-4b 中如果步 9 为活动步并且转换 j 使能，则步 12 被触发；如果步 11 为活动步并且转换 n 使能，则步 12 也被触发。

3. 并行序列

当转换的实现导致几个序列同时激活时，这些序列称为并行序列。并行序列用来表示系统的几个同时工作的独立部分情况，如图 6-4c 所示。并行序列的开始称为分支。当步 3 是活动步并且转换条件 e 为 ON，步 4、步 6 这两步同时变为活动步，同时步 3 变为不活动步。为了强调转换的实现，水平连线用双线表示。步 4、步 6 被同时激活后，每个序列中活动步的进展将是独立的。在表示同步的水平双线上，只允许有一个转换符号。并行序列的结束称为合并，在表示同步水平双线之下，只允许有一个转换符号。当直接连在双线上的所有前级步（步 5、步 7）都处于活动状态，并且转换状态条件 i 为 ON 时，才会发生步 5、步 7 到步 10 的进展，步 5、步 7 同时变为不活动步，而步 10 变为活动步。

码 6-2　顺序功能图的类型

6.3　顺序功能图的编程方法

根据控制系统的工艺要求画出系统的顺序功能图后，若 PLC 没有配备顺序功能图语言，则必须将顺序功能图转换成 PLC 执行的梯形图程序（S7-300 PLC 配备有顺序功能图语言）。将顺序功能图转换成梯形图的方法主要有两种，分别是采用起保停电路的设计方法和采用置位（S）与复位（R）指令的设计方法。

6.3.1　起保停设计法

起保停电路仅仅使用与触点和线圈有关的指令，任何一种 PLC 的指令系统都有这一类指令，因此这是一种通用的编程方法，可以用于任意型号的 PLC。

图 6-5a 给出了自动小车运动的示意图。当按下起动按钮时，小车由原点 SQ0 处前进（Q0.0 动作）到 SQ1 处，停留 2 s 返回（Q0.1 动作）到原点，停留 3 s 后前进至 SQ2 处，停留 2 s 后返回到原点。当再次按下起动按钮时，重复上述动作。

设计起保停电路的关键是找出它的起动条件和停止条件。根据转换实现的基本规则，转换实现的条件是它的前级步为活动步，并且满足相应的转换条件。在起保停电路中，则应将代表

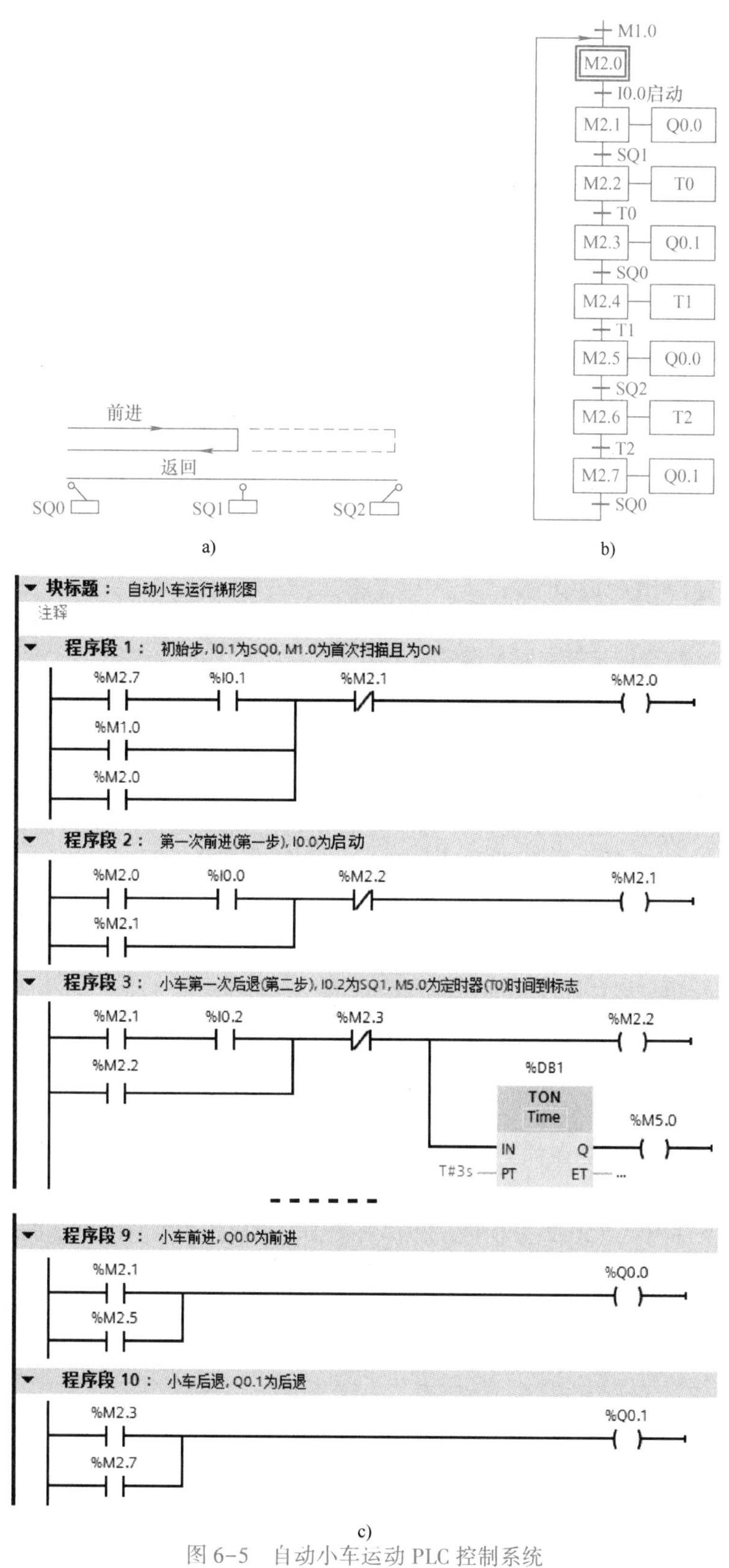

图 6-5 自动小车运动 PLC 控制系统

a）示意图 b）顺序功能图 c）梯形图

前级步的存储器位 Mx. x 的常开触点和代表转换条件的常开触点（如 Ix. x）串联，作为控制下一位的起动电路。

图 6-5b 给出了自动小车运动顺序功能图，当 M2. 1 和 SQ1 的常开触点均闭合时，步 M2. 2 变为活动步，这时步 M2. 1 应变为不活动步，因此可以将 M2. 2 为 ON 状态作为使存储器位 M2. 1 变为 OFF 的条件，即将 M2. 2 的常闭触点与 M2. 1 的线圈串联。上述的逻辑关系可以用逻辑代数式表示如下。

$$\mathrm{M2.1}=(\mathrm{M2.0}\cdot\mathrm{I0.0}+\mathrm{M2.1})\cdot\overline{\mathrm{M2.2}}$$

根据上述的编程方法和顺序功能图，很容易画出梯形图如图 6-5c 所示。

顺序控制梯形图输出电路部分的设计：由于步是根据输出变量的状态变化来划分的，它们之间的关系极为简单，可以分为两种情况来处理。其一某输出量仅在某一步为 ON，则可以将它原线圈与对应步的存储器位 M 的线圈相并联；其二如果某输出在几步中都为 ON，应将使用各步的存储器位的常开触点并联后，驱动其输出线圈，如图 6-5c 中程序段 9 和程序段 10 所示。

码 6-3　起保停顺控设计法

6.3.2　置位/复位指令设计法

1. 使用 S、R 指令设计顺序控制程序

在使用 S、R 指令设计顺序控制程序时，将各转换的所有前级步对应的常开触点与转换对应的触点或电路串联，该串联电路即为起保停电路中的启动电路，用它作为使所有后续步置位（使用 S 指令）和使所有前级步复位（使用 R 指令）的条件。在任何情况下，各步的控制电路都可以用这一原则来设计，每一个转换对应一个这样的控制置位和复位的电路块，有多少个转换就有多少个这样的电路块。这种设计方法特别有规律可循，梯形图与转换实现的基本规则之间有着严格的对应关系，在设计复杂的顺序功能图的梯形图时，既容易掌握，又不容易出错。

2. 使用 S、R 指令设计顺序功能图的方法

（1）单序列的编程方法

某组合机床的动力头在初始状态时停在最左边，限位开关 I0. 1 为 ON 状态。按下起动按钮 I0. 0，动力头的进给运动如图 6-6a 所示，工作一个循环后，返回并停在初始位置，控制电磁阀的 Q0. 0、Q0. 1 和 Q0. 2 在各工步的状态为如图 6-6b 所示。

实现图 6-6 中 I0. 2 对应的转换需要同时满足两个条件，即该步的前级步是活动步（M2. 1 为 ON）和转换条件满足（I0. 2 为 ON）。在梯形图中，可以用 M2. 1 和 I0. 2 的常开触点组成的串联电路来表示上述条件。该电路接通时，两个条件同时满足。此时应将该转换的后续步变为活动步，即用置位指令将 M2. 2 置位；还应将该转换的前级步变为不活动步，即用复位指令将 M2. 1 复位。图 6-6c 中 M1. 0 为 CPU 首次扫描接通位，本章节中 M1. 0 如不特殊说明均为此含义。

使用这种编程方法时，不能将输出位的线圈与置位/复位指令并联，这是因为图 6-6 中控制置位/复位的串联电路接通的时间只有一个扫描周期，转换条件满足后前级步马上被复位，该串联电路断开，而输出位的线圈至少应该在某一步对应的全部时间内被接通。所以应根据顺序功能图，用代表步的存储器位的常开触点或它们的并联电路来驱动输出位的线圈。

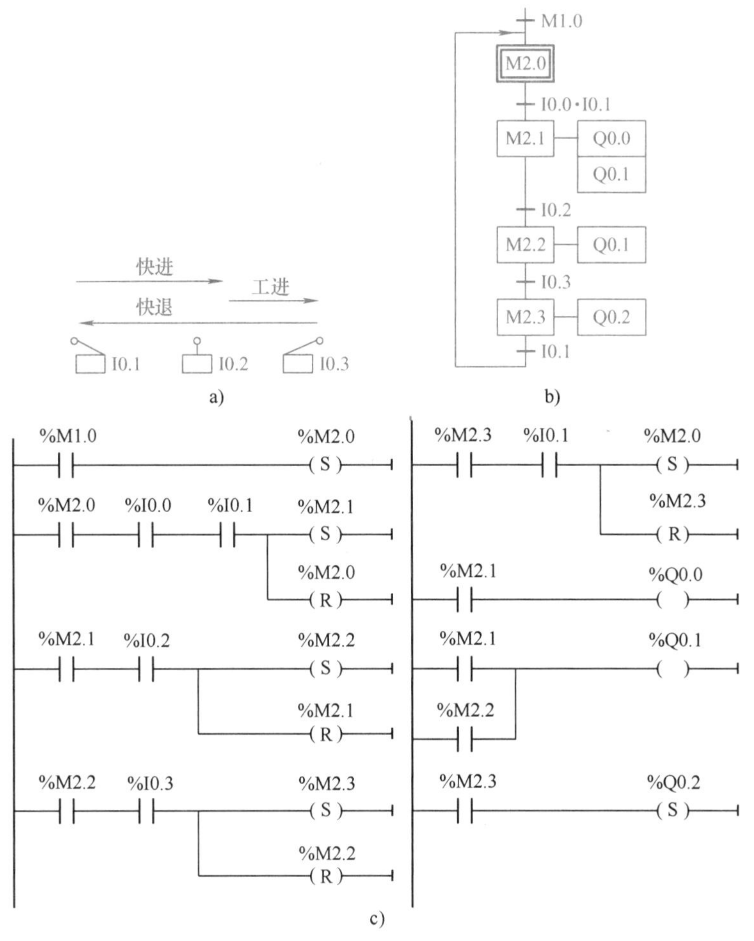

图 6-6 动力头 PLC 控制系统

a）进给运动图 b）顺序功能图 c）梯形图

（2）并行序列的编程方法

图 6-7 所示是一个并行序列的顺序功能图，采用 S、R 指令进行并行序列控制程序设计的梯形图如图 6-8 所示。

1）并行序列分支的编程。

在图 6-7 中，步 M2.0 之后有一个并行序列的分支。当 M2.0 是活动步，并且转换条件 I0.0 为 ON 时，步 M2.1 和步 M2.3 应同时变为活动步，这时用 M2.0 和 I0.0 的常开触点串联电路使 M2.1 和 M2.3 同时置位，用复位指令使步 M2.0 变为不活动步，编程如图 6-8 所示。

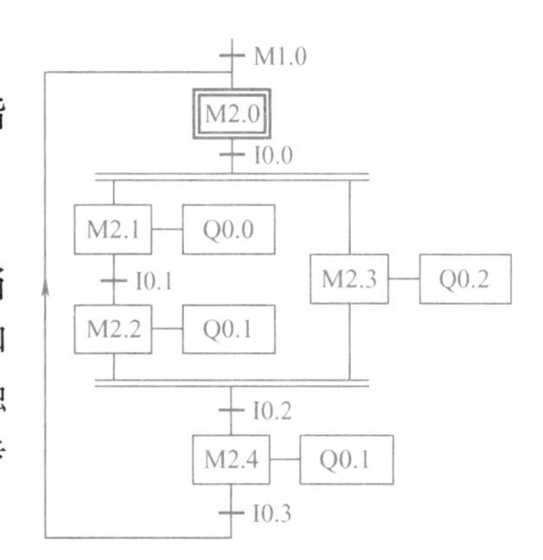

图 6-7 并行序列的顺序功能图

2）并行序列合并的编程。

在图 6-7 中，在转换条件 I0.2 之前有一个并行序列的合并。当所有的前级步 M2.2 和 M2.3 都是活动步，并且转换条件 I0.2 为 ON 时，实现并行序列的合并。用 M2.2、M2.3 和 I0.2 的常开触点串联电路使后续步 M2.4 置位，用复位指令使前级步 M2.2 和 M2.3 变为不活动步，编程如图 6-8 所示。

某些控制要求有时需要并行序列的合并和并行序列的分支由一个转换条件同步实现，

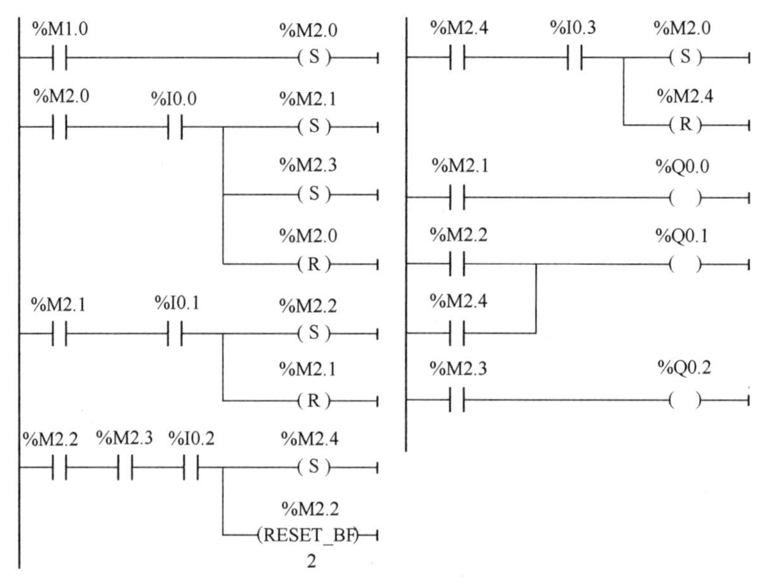

图 6-8　并行序列的梯形图

如图 6-9a 所示。转换的上面是并行序列的合并，转换的下面是并行序列的分支，该转换实现的条件是所有的前级步 M2. 0 和 M2. 1 都是活动步且转换条件 I0. 1 或 I0. 3 为 ON。因此，应将 I0. 1 的常开触点与 I0. 3 的常开触点并联后再与 M2. 0、M2. 1 的常开触点串联，作为 M2. 2、M2. 3 置位和 M2. 0、M2. 1 复位的条件，其梯形图如图 6-9b 所示。

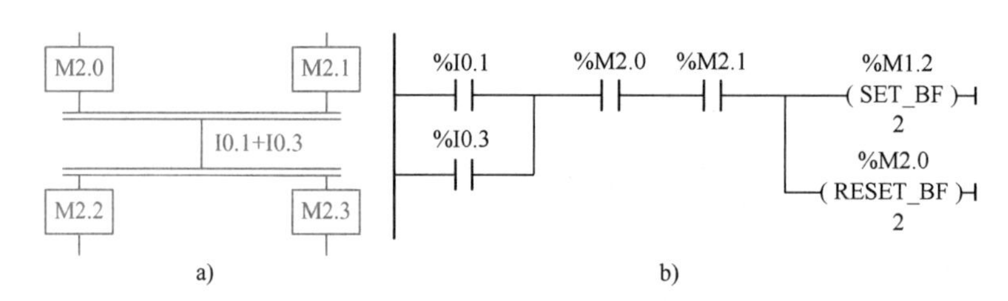

a)　　b)

图 6-9　并行序列转换的同步实现
a）并行序列合并顺序功能图　b）梯形图

（3）选择序列的编程方法

图 6-10 所示是一个选择序列的顺序功能图，采用 S、R 指令进行选择序列控制程序设计的梯形图如图 6-11 所示。

1）选择序列分支的编程。

在图 6-10 中，步 M2.0 之后有一个选择序列的分支。当 M2. 0 为活动步时，可以有两种不同的选择，当转换条件 I0. 0 满足时，后续步 M2. 1 变为活动步，M2. 0 变为不活动步；而当转换条件 I0. 1 满足时，后续步 M2. 3 变为活动步，M2. 0 变为不活动步。

当 M2. 0 被置为"1"时，后面有两个分支可以选择。若转换条件 I0. 0 为 ON 时，执行程序段中置位

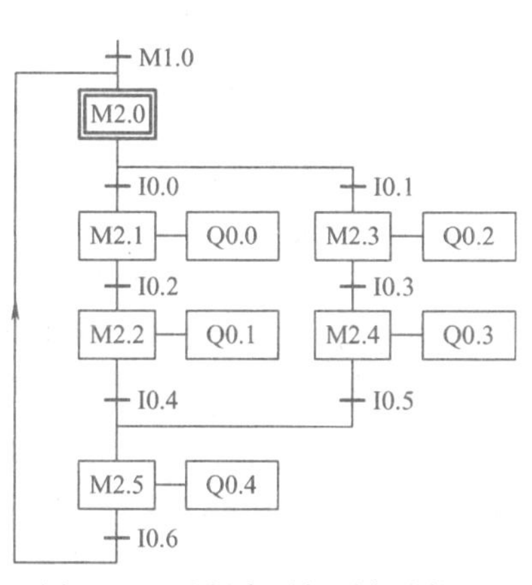

图 6-10　选择序列的顺序功能图

M2.1 指令，活动步将转换到步 M2.1，然后向下继续执行；若转换条件 I0.1 为 ON 时，执行程序段中置位 M2.3 指令后，将转换到步 M2.3，然后向下继续执行。

2）选择序列合并的编程。

在图 6-10 中，步 M2.5 之前有一个选择序列的合并，当步 M2.2 为活动步，并且转换条件 I0.4 满足，或者步 M2.4 为活动步，并且转换条件 I0.5 满足时，步 M2.5 应变为活动步。在步 M2.2 和步 M2.4 后续对应的程序段中，分别用 I0.4 和 I0.5 的常开触点驱动置位 M2.5 指令，就能实现选择序列的合并。

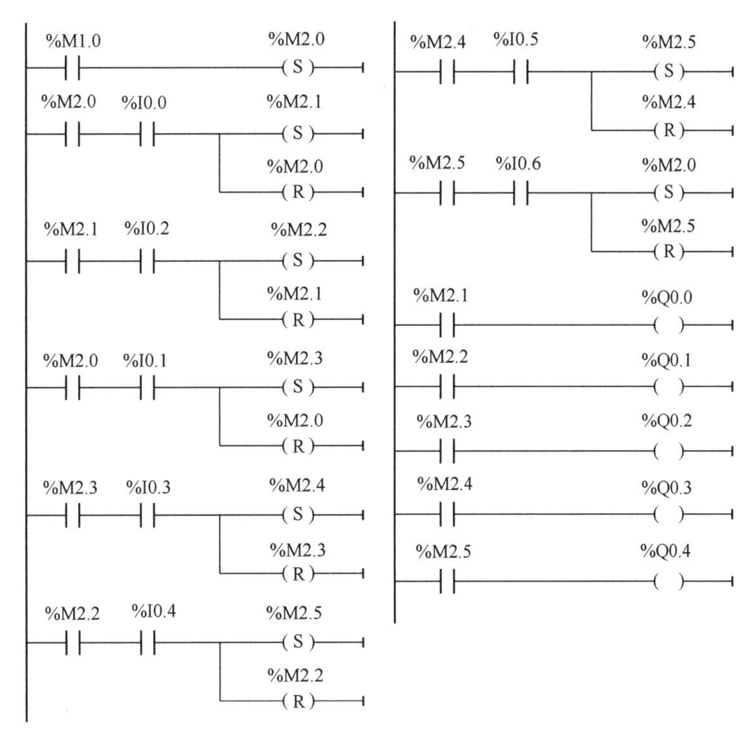

图 6-11　选择序列控制程序设计的梯形图

6.4　案例 19　折弯机系统的 PLC 控制

码 6-4　置位复位顺控设计法

码 6-5　顺控序列的分支与合并的处理方法

6.4.1　目的

1）掌握顺序功能图的绘制方法。
2）掌握单序列顺序控制程序的设计方法。
3）掌握用起保停电路设计顺序控制程序的方法。

6.4.2　任务

使用 S7-1200 PLC 实现折弯机系统的控制。图 6-12 为折弯机将板材折成 U 形的工作示意图，活塞由液压系统驱动，具体控制要求如下：系统供电后，按下液压泵起动按钮 SB2，起动液压泵。当液压缸活塞处于原位 SQ1 处时，按下活塞下行按钮 SB3，活塞快速下行（电磁阀 YV1、YV2 得电），当遇到快转慢转换检测传感器 SQ2 时，活塞慢行（仅电磁阀 YV1 得电），在压到工件后活塞继续下行，当压力达到设置值时，压力继电器 KP 动作，即停止下行（电磁阀 YV1 失电），保压 3 s 后，电磁阀 YV3 得电，活塞开始返回，当到达 SQ1 时停止。无论何时按下液压泵停止按钮 SB1，折弯机停止工作。控制系统还需要有：液压泵电动机工作指示，活塞下行指示、保压及返回指示。

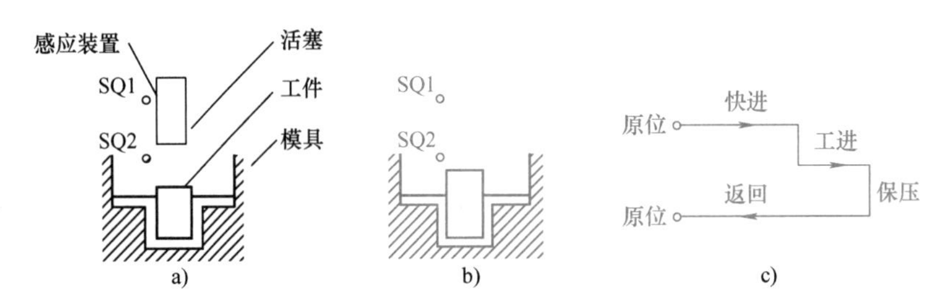

图 6-12　折弯机工作示意图

a）放料图　b）成型图　c）活塞运动过程

6.4.3　步骤

1. I/O 分配

根据 PLC 输入/输出点分配原则及本案例控制要求进行 I/O 地址分配，如表 6-2 所示。

表 6-2　折弯机系统 PLC 控制的 I/O 分配表

输　　入		输　　出	
输入继电器	元　器　件	输出继电器	元　器　件
I0. 0	液压泵停止 SB1	Q0. 0	接触器 KM
I0. 1	液压泵起动 SB2	Q0. 1	电磁阀 YV1
I0. 2	活塞下行 SB3	Q0. 2	电磁阀 YV2
I0. 3	原位检测传感器 SQ1	Q0. 3	电磁阀 YV3
I0. 4	快转慢检测传感器 SQ2	Q0. 5	工作指示灯 HL1
I0. 5	压力继电器 KP	Q0. 6	下行指示灯 HL2
I0. 6	热继电器 FR	Q0. 7	保压指示灯 HL3
		Q1. 0	返回指示灯 HL4

2. I/O 接线图

根据控制要求及表 6-2 的 I/O 分配表，折弯机系统 PLC 控制的 I/O 接线图如图 6-13 所示。

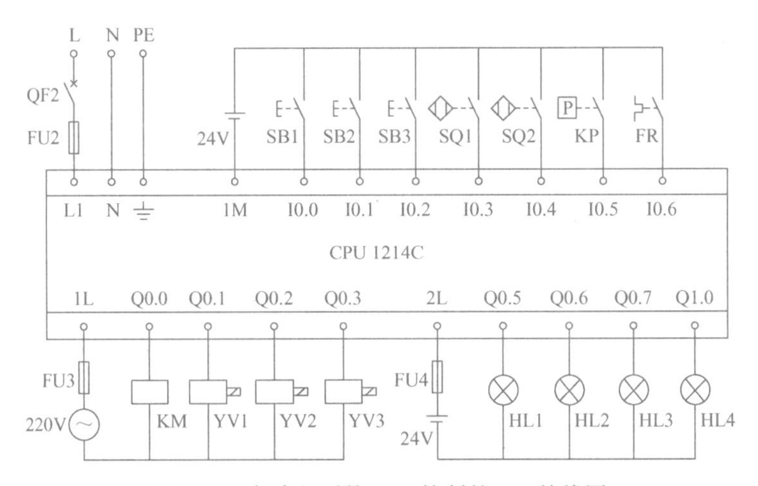

图 6-13　折弯机系统 PLC 控制的 I/O 接线图

3. 创建工程项目

用鼠标双击桌面上的 TIA 图标，打开博途编程软件，在 Portal 视图中选择“创建新项目”，输入项目名称“J_zhewan”，选择项目保存路径，然后单击“创建”按钮创建项目。

4. 硬件组态

在项目视图的项目树中用鼠标双击“添加新设备”图标，添加设备名称为 PLC_1 的设备 CPU 1214C。启用系统存储器字节 MB1，位 M1.0 为首次扫描且为 ON。

5. 编辑变量表

打开 PLC_1 下的“PLC 变量”文件夹，用鼠标双击“添加新变量表”，生成图 6-14 所示的折弯机系统 PLC 控制的变量表。

J_zhewan ▸ PLC_1 [CPU 1214C AC/DC/Rly] ▸ PLC 变量 ▸ 变量表_1 [15]

变量表_1

	名称	数据类型	地址	保持	在 H...	可从...	注释
1	液压泵停止SB1	Bool	%I0.0	☐	☑	☑	
2	液压泵起动SB2	Bool	%I0.1	☐	☑	☑	
3	活塞下行SB3	Bool	%I0.2	☐	☑	☑	
4	原位SQ1	Bool	%I0.3	☐	☑	☑	
5	快转慢SQ2	Bool	%I0.4	☐	☑	☑	
6	压力继电器KP	Bool	%I0.5	☐	☑	☑	
7	热继电器FR	Bool	%I0.6	☐	☑	☑	
8	接触器KM	Bool	%Q0.0	☐	☑	☑	
9	电磁阀YV1	Bool	%Q0.1	☐	☑	☑	
10	电磁阀YV2	Bool	%Q0.2	☐	☑	☑	
11	电磁阀YV3	Bool	%Q0.3	☐	☑	☑	
12	工作指示HL1	Bool	%Q0.5	☐	☑	☑	
13	下行指示HL2	Bool	%Q0.6	☐	☑	☑	
14	保压指示HL3	Bool	%Q0.7	☐	☑	☑	
15	返回指示HL4	Bool	%Q1.0	☐	☑	☑	

图 6-14　折弯机系统 PLC 控制的变量表

6. 编写程序

根据工作过程要求，画出折弯机动作的顺序功能图（如图 6-15 所示），并使用起保停电路编写的程序如图 6-16 所示。为了在按下停止按钮后，系统在不断电的情况下能再次起动运行，在程序段 8 设置了置位 M2.0，为了保证系统正常工作，在程序段 3 中设置了复位 M2.0。

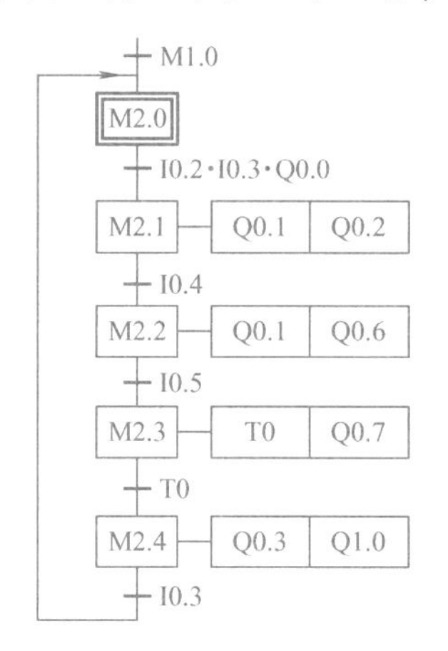

图 6-15　折弯机动作的顺序功能图

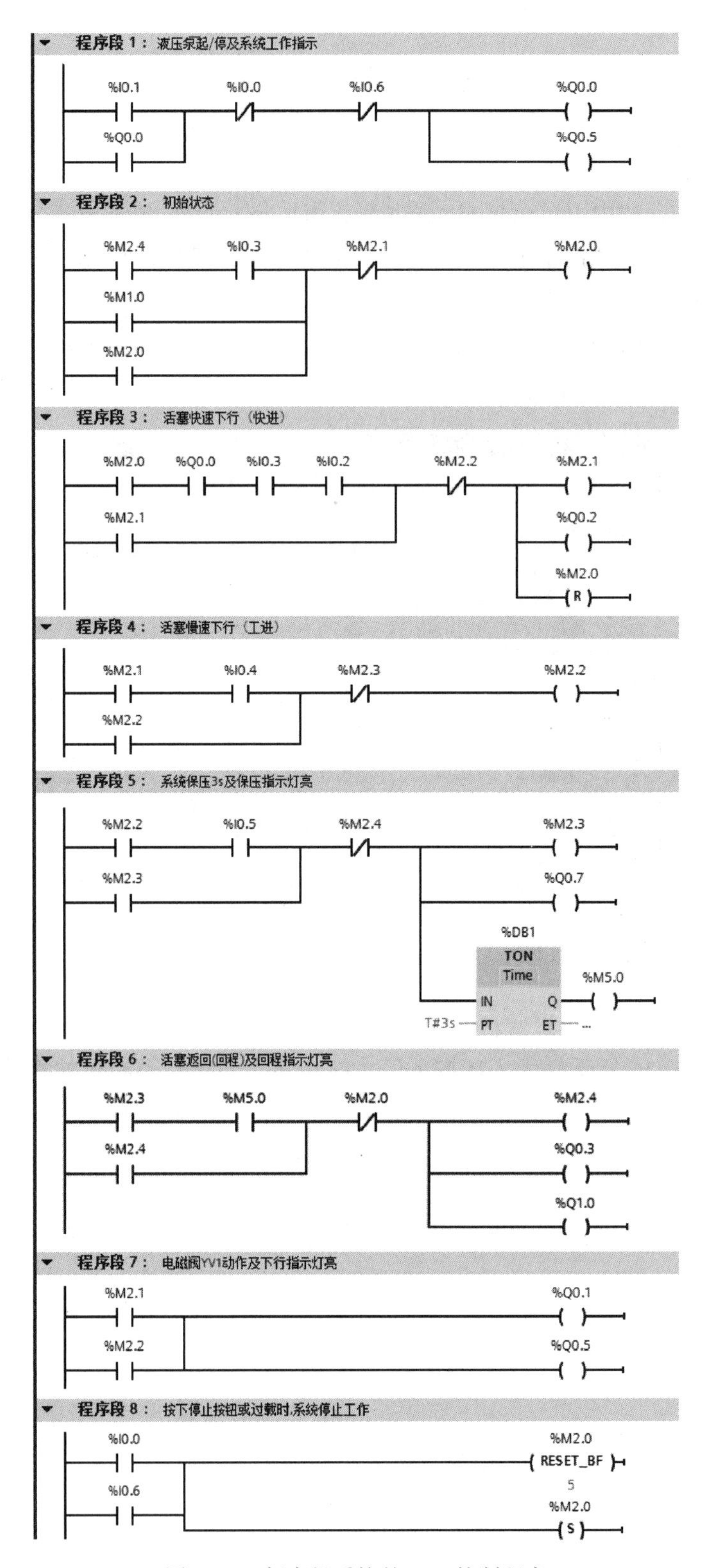

图 6-16　折弯机系统的 PLC 控制程序

7. 调试程序

将调试好的用户程序及设备组态分别下载到 CPU 中，并连接好线路。首先起动液压泵，观察液压泵是否起动，工作指示灯是否点亮；按下活塞下行按钮，观察折弯机是否进行以下动作：快进、工进、保压、返回，同时工作过程中相应指示灯是否点亮。按下停止按钮时液压泵是否立即停止运行。再次起动液压泵，按下活塞下行按钮后，观察折弯机能否再次投入运行，若上述调试现象与控制要求一致，则说明本案例任务功能实现。

6.4.4 训练

1）训练 1：用起保停电路的顺控设计法实现交通灯的控制。系统起动后，东西方向绿灯亮 15 s，闪烁 3 s，黄灯亮 3 s，红灯亮 18 s，闪烁 3 s；同时，南北方向红灯亮 18 s，闪烁 3 s，绿灯亮 15 s，闪烁 3 s，黄灯亮 3 s。如此循环，无论何时按下停止按钮，东西南北方向交通灯全部熄灭。

2）训练 2：用起保停电路的顺控设计法实现 3 台电动机顺序起动逆序停止的控制。按下起动按钮后，第一台电动机立即起动，10 s 后第二台电动机起动，15 s 后第三台电动机起动，工作 2 h 后第三台电动机停止，15 s 后第二台电动机停止，10 s 后第一台电动机停止。无论何时按下停止按钮，当前所运行的电动机中编号最大的电动机立即停止（第三台电动机编号最大，第二台电动机编号次之，第一台电动机编号最小），然后按照逆停的方式依次停止运行，直到电动机全部停止运行。

3）训练 3：在本案例中增加计数控制，即首次按下活塞下行按钮后，折弯机连续进行折弯工作，当加工到 50 块板材后，折弯板材的工作停止，但液压泵不停止，若再次按下活塞下行按钮，折弯机再次进行 50 块板材的连续折弯工作。

6.5 案例 20 剪板机系统的 PLC 控制

6.5.1 目的

1）熟练掌握顺序功能图的绘制。

2）掌握并行序列顺序控制程序的设计方法。

3）掌握使用 S、R 指令编写顺序控制系统程序。

6.5.2 任务

使用 S7-1200 PLC 实现剪板机系统的控制。图 6-17 是某剪板机的工作示意图，具体控制要求如下：开始时压钳和剪刀都在上限位，限位开关 I0.0 和 I0.1 都为 ON。按下压钳下行按钮 I0.5 后，首先板料右行（Q0.0 为 ON）至限位开关 I0.3 动作，然后压钳下行（Q0.3 为 ON 并保持）压紧板料后，压力继电器 I0.4 为 ON，压钳保持压紧，剪刀开始下行（Q0.1 为 ON）。剪断板料后，剪刀限位开关 I0.2 变为 ON，Q0.1 和 Q0.3 为 OFF，延时 2 s 后，剪刀和压钳同时上行（Q0.2 和 Q0.4 为 ON），它们分别碰到限位开关 I0.0 和 I0.1 后，分别停止上行，直至再次按下压钳下行按

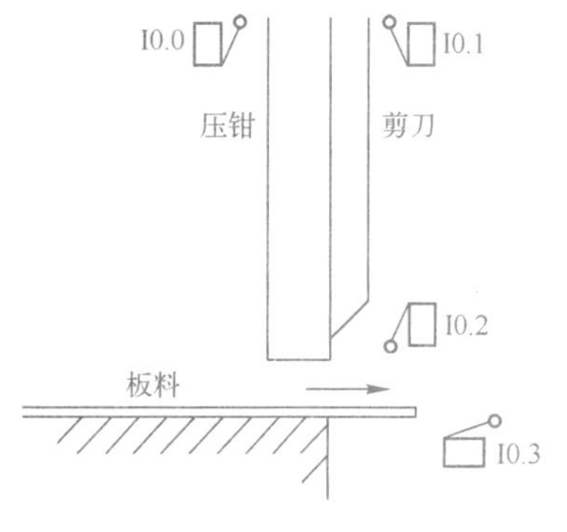

图 6-17 剪板机工作示意图

钮，方才进行下一个周期的工作。为简化程序工作量，在此液压泵及压钳驱动电动机相关控制已省略。

6.5.3 步骤

1. I/O 分配

根据 PLC 输入/输出点分配原则及本案例控制要求进行 I/O 地址分配，如表 6-3 所示。

表 6-3 剪板机系统 PLC 控制的 I/O 分配表

输入		输出	
输入继电器	元 器 件	输出继电器	元 器 件
I0.0	压钳上限位开关 SQ1	Q0.0	板料右行接触器 KM1
I0.1	剪刀上限位开关 SQ2	Q0.1	剪刀下行接触器 KM2
I0.2	剪刀下限位开关 SQ3	Q0.2	剪刀上行接触器 KM3
I0.3	板料右限位开关 SQ4	Q0.3	压钳下行电磁阀 YV1
I0.4	压力继电器 KP	Q0.4	压钳上行电磁阀 YV2
I0.5	压钳下行按钮 SB		

2. I/O 接线图

根据控制要求及表 6-3 的 I/O 分配表，剪板机系统的 PLC 控制的 I/O 接线图如图 6-18 所示。

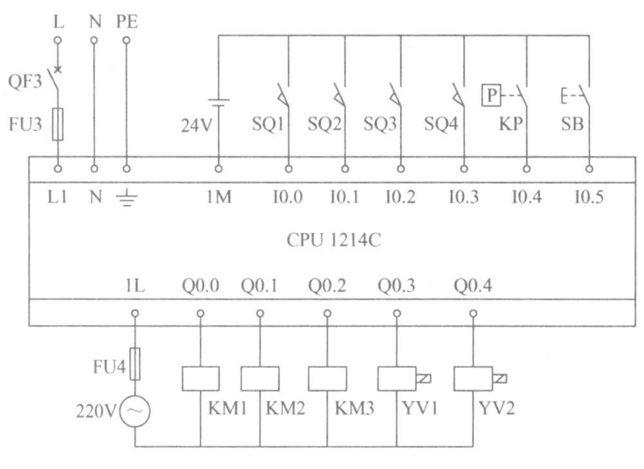

图 6-18 剪板机系统的 PLC 控制 I/O 接线图

3. 创建工程项目

用鼠标双击桌面上的图标，打开博途编程软件，在 Portal 视图中选择“创建新项目”，输入项目名称“J_jianban”，选择项目保存路径，然后单击“创建”按钮创建项目。

4. 硬件组态

在项目视图的项目树中双击“添加新设备”图标，添加设备名称为 PLC_1 的设备 CPU

1214C。启用系统存储器字节 MB1，位 M1.0 为首次扫描且为 ON。

5. 编辑变量表

打开 PLC_1 下的“PLC 变量”文件夹，双击“添加新变量表”，生成图 6-19 所示的变量表。

J_jianban ▸ PLC_1 [CPU 1214C AC/DC/Rly] ▸ PLC 变量 ▸ 变量表_1 [11]

变量 | 用户常量

变量表_1

	名称	数据类型	地址	保持	在 H...	可从 ...	注释
1	压钳上限位SQ1	Bool	%I0.0	☐	☑	☑	
2	剪刀上限位SQ2	Bool	%I0.1	☐	☑	☑	
3	剪刀下限位SQ3	Bool	%I0.2	☐	☑	☑	
4	板料右限位SQ4	Bool	%I0.3	☐	☑	☑	
5	压力继电器KP	Bool	%I0.4	☐	☑	☑	
6	压钳下行SB	Bool	%I0.5	☐	☑	☑	
7	板料右行KM1	Bool	%Q0.0	☐	☑	☑	
8	剪刀下行KM2	Bool	%Q0.1	☐	☑	☑	
9	剪刀上行KM3	Bool	%Q0.2	☐	☑	☑	
10	压钳下行YV1	Bool	%Q0.3	☐	☑	☑	
11	压钳上行YV2	Bool	%Q0.4	☐	☑	☑	

图 6-19　剪板机系统 PLC 控制的变量表

6. 编写程序

根据工作过程要求，画出的顺序功能图如图 6-20 所示，使用置位/复位指令编写的 PLC 控制程序如图 6-21 所示。

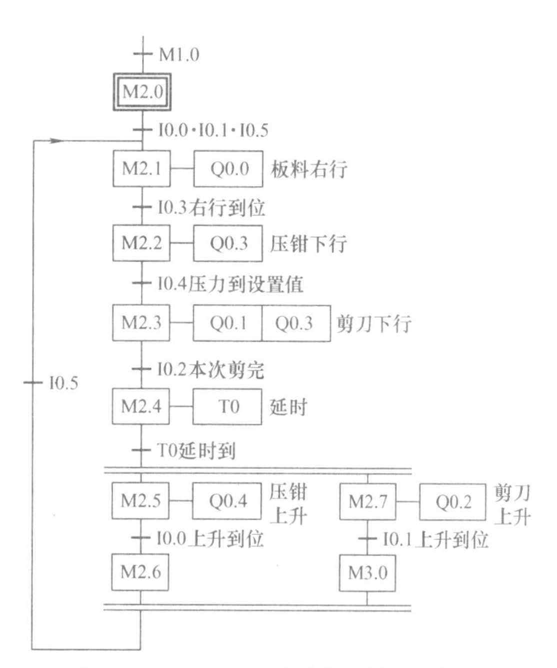

图 6-20　剪板机系统动作的顺序功能图

7. 调试程序

将调试好的用户程序及设备组态分别下载到 CPU 中，并连接好线路。首先观察压钳和剪刀上限位是否动作，若已动作说明它们已在原位准备就绪，这时按下压钳下行按钮，观察板料是否右行。若碰到右行限位开关，是否停止运行，同时压钳是否下行，当压力继电器动作时，观察剪刀是否下行。当剪完本次板料时，是否延时一段时间后压钳和剪刀均上升，各自上升到位后，是否停止上升。若再次按下压钳下行按钮，压钳是否再次下行，若下行，则说明剪板机系统能进行循环剪料工作，若上述调试现象与控制要求一致，则说明本案例任务实现。

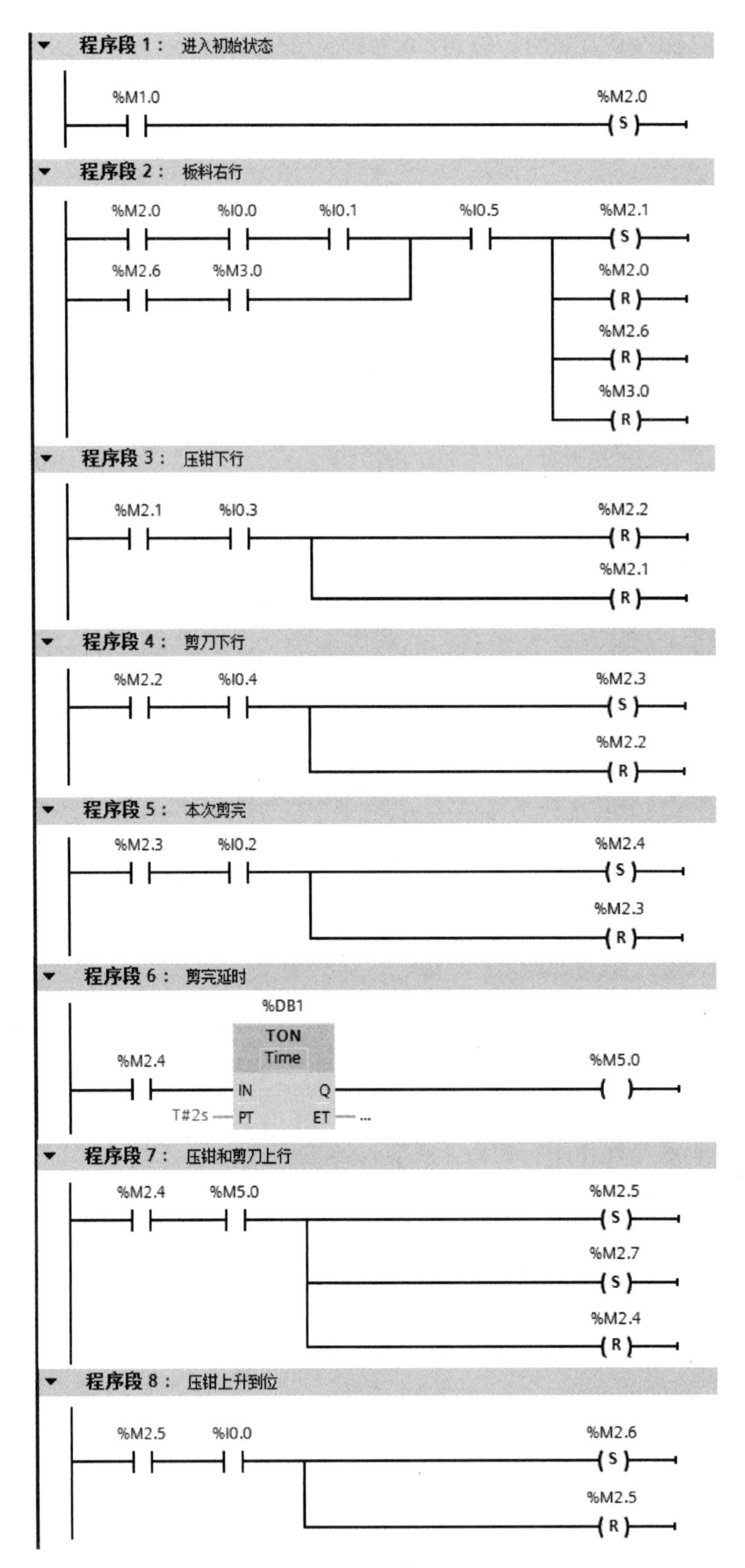

图 6-21　剪板机系统的 PLC 控制程序

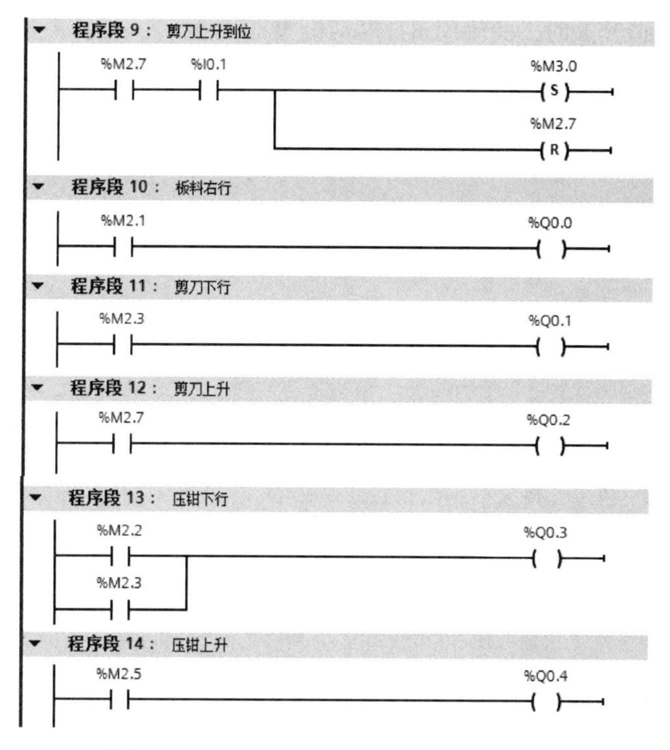

图 6-21　剪板机系统的 PLC 控制程序（续）

6.5.4　训练

1）训练 1：用起保停电路的顺控设计法实现本项目的控制。

2）训练 2：控制要求同本案例，同时系统还要求，在液压泵电动机起动情况下，方可进行剪板工作，并且对剪板数量进行计数。

3）训练 3：用置位/复位指令和并行序列实现交通灯系统的 PLC 控制。

6.6　习题

1. 什么是顺序控制系统?

2. 在功能图中，什么是步、初始步、活动步、动作和转换条件?

3. 步的划分原则是什么?

4. 在顺控系统中设计顺序功能图时要注意什么?

5. 在顺控系统中编写梯形图程序时要注意哪些问题?

6. 编写顺序控制系统梯形图程序有哪些常用的方法?

7. 简述转换实现的条件和转换实现时应完成的操作。

8. 根据图 6-22 所示的顺序功能图编写程序，要求用起保停电路和置位/复位指令分别进行编写。

9. 用 PLC 设计液体混合装置控制系统，其装置如图 6-23 所示，上、中、下限位液位传感器被液体淹没时为 ON 状态，阀 A、阀 B 和阀 C 为电磁阀，线圈通电时打开，线圈断电时关闭。在初始状态时容器是空的，各阀门均关闭，所有传感器均为 OFF 状态。按下起动按钮后，打开阀 A，液体 A 流入容器，中限位开关变为 ON 状态时，关闭阀 A，打开阀 B，液体 B 流入容器。液面升到上限位开关时，关闭阀 B，电动机 M 开始运行，搅拌液体，60 s 后停止搅拌，打开阀 C，放出混合液，当液面降至下限位开关之后 5 s，容器放空，关闭阀 C，打开阀 A，又开始下一轮周期的操作，任意时刻按下停止按钮，当前工作周期的操作结束后，才停止操作，返回并停留在初始状态。

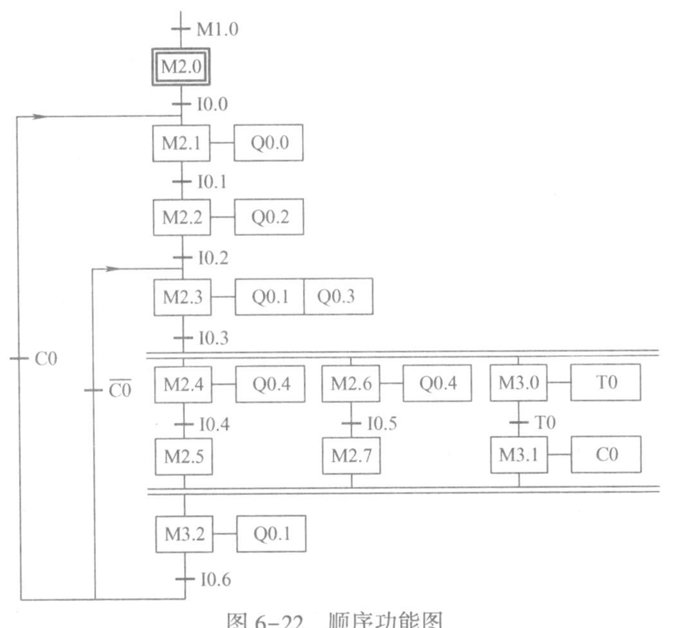

图 6-22　顺序功能图

10. 用 PLC 对某专用钻床控制系统进行设计，其工作示意图如图 6-24 所示。此钻床用来加工圆盘状零件上均匀分布的 6 个孔，开始自动运行时两个钻头在最上面的位置，限位开关 I0. 3 和 I0. 5 均为 ON。操作人员放好工件后，按下起动按钮 I0. 0，Q0. 0 变为 ON，工件被夹紧，夹紧后压力继电器 I0. 1 为 ON，Q0. 1 和 Q0. 3 使两只钻头同时开始工作，分别钻到由限位开关 I0. 2 和 I0. 4 设定的深度时，Q0. 2 和 Q0. 4 使两只钻头分别上行，升到由限位开关 I0. 3 和 I0. 5 设定的起始位置时，分别停止上行，设定值为 3 的计数器的当前值加 1。两个都上升到位后，若没有钻完 3 对孔，Q0. 5 使工作旋转 120°旋转后又开始钻第 2 对孔。3 对孔都钻完后，计数器的当前值等于设定值 3，Q0. 6 使工件松开，松开到位时，限位开关 I0. 7 为 ON，系统返回初始状态。

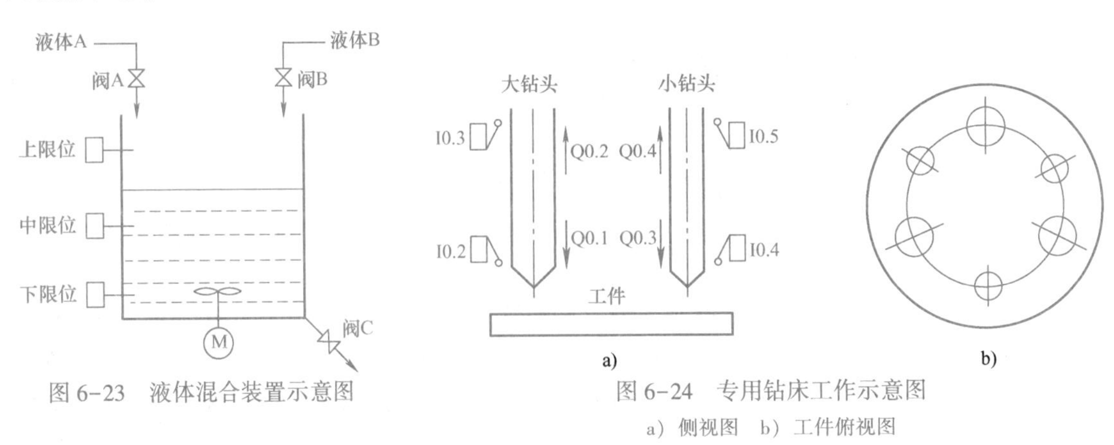

图 6-23　液体混合装置示意图

图 6-24　专用钻床工作示意图
a）侧视图　b）工件俯视图

参 考 文 献

[1] 侍寿永 . S7-200 PLC 技术及应用 [M]. 北京：机械工业出版社，2020.
[2] 侍寿永 . S7-300 PLC、变频器与触摸屏综合应用教程 [M]. 北京：机械工业出版社，2020.
[3] 侍寿永 . 西门子 S7-200 SMART PLC 编程及应用项目教程 [M]. 2 版 . 北京：机械工业出版社，2021.
[4] 侍寿永 . 西门子 S7-300 PLC 编程及应用项目教程 [M]. 北京：机械工业出版社，2020.
[5] 侍寿永 . 电气控制与 PLC 技术应用教程 [M]. 北京：机械工业出版社，2020.
[6] 向晓汉 . 西门子 PLC 工业通信完全精通教程 [M]. 北京：化学工业出版社，2013.
[7] 廖常初 . S7-1200 PLC 编程及应用项目教程 [M]. 2 版 . 北京：机械工业出版社，2020.
[8] 刘华波，刘丹，赵岩岭，等 . 西门子 S7-1200 PLC 编程及应用项目教程 [M]. 北京：机械工业出版社，2016.
[9] 西门子（中国）有限公司 . 深入浅出西门子 S7-1200 PLC [M]. 北京：北京航空航天大学出版社，2009.
[10] 西门子（中国）有限公司 . SIMATIC S7-1200 可编程控制器系统手册 [Z]. 2009.

本书二维码清单

名　称	图　形	名　称	图　形
码 1-1　PLC 产生与发展		码 1-9　数字量输入输出端口的配置	
码 1-2　S7-1200PLC 硬件模块		码 1-10　接通延时定时器指令	
码 1-3　博途软件的视窗介绍		码 1-11　加计数器指令	
码 1-4　项目的创建		码 2-1　基本数据类型	
码 1-5　硬件组态		码 2-2　移动值指令	
码 1-6　触点与线圈指令		码 2-3　比较指令	
码 1-7　置位指令和复位指令		码 2-4　移位指令	
码 1-8　边沿检测触点指令		码 2-5　加法指令	

(续)

名　称	图　形	名　称	图　形
码 2-6　减法指令		码 3-5　程序循环组织块	
码 2-7　乘法指令		码 3-6　启动组织块	
码 2-8　除法指令		码 3-7　循环中断组织块	
码 2-9　逻辑与指令		码 3-8　延时中断组织块	
码 2-10　跳转及标签指令		码 3-9　硬件中断组织块	
码 3-1　用户程序及块的创建		码 4-1　PID 指令	
码 3-2　无形参函数的创建与调用		码 4-2　PID 指令的应用	
码 3-3　带形参函数的创建与调用		码 4-3　HSC 指令	
码 3-4　函数块的创建与调用		码 4-4　HSC 指令应用	

（续）

名　称	图　形	名　称	图　形
码 4-5　PTO 指令		码 5-4　以太网通信指令的应用	
码 4-6　PTO 指令应用		码 6-1　顺序功能图的构成和绘制	
码 4-7　PWM 指令		码 6-2　顺序功能图类型	
码 4-8　PWM 指令应用		码 6-3　起保停顺控设计法	
码 5-1　自由口通信指令		码 6-4　置位复位顺控设计法	
码 5-2　自由口通信指令的应用		码 6-5　顺控序列的分支与合并的处理方法	
码 5-3　以太网通信指令			